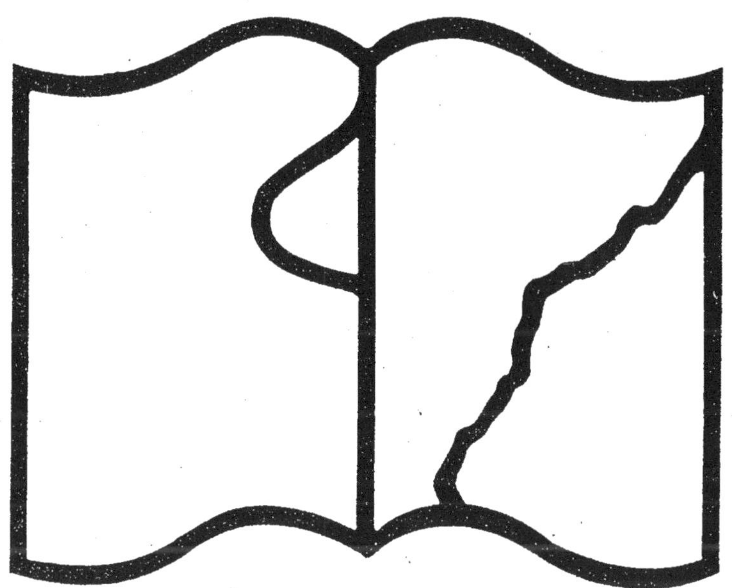

Texte détérioré — reliure défectueuse

NF Z 43-120-11

O. D. CHWOLSON

PROFESSEUR ORDINAIRE A L'UNIVERSITÉ IMPÉRIALE DE ST-PÉTERSBOURG

TRAITÉ DE PHYSIQUE

OUVRAGE TRADUIT SUR LES ÉDITIONS RUSSE & ALLEMANDE

PAR

E. DAVAUX

INGÉNIEUR PRINCIPAL DE LA MARINE

Édition revue et considérablement augmentée par l'Auteur

SUIVIE DE

Notes sur la Physique théorique

PAR

<table>
<tr><td>E. COSSERAT
Correspondant de l'Institut,
Directeur
de l'Observatoire de Toulouse.</td><td>F. COSSERAT
Ingénieur en Chef des Ponts et Chaussées,
Ingénieur en Chef
à la Cie des Chemins de fer de l'Est</td></tr>
</table>

TOME CINQUIÈME

PREMIER FASCICULE

Champ magnétique variable

Avec 36 figures dans le texte

PARIS

LIBRAIRIE SCIENTIFIQUE A. HERMANN ET FILS

LIBRAIRES DE S. M. LE ROI DE SUÈDE

6, RUE DE LA SORBONNE, 6

1914

VIENT DE PARAÎTRE

A. SAINTE-LAGUË

Professeur de Mathématiques spéciales au Lycée de Besançon

INOTIONS FONDAMENTALES DE MATHÉMATIQUES
Introduction au Cours de Mathématiques Générales

Avec Préface de G. Kœnigs
Professeur à la Faculté des Sciences de Paris

1 fort volume in-8 de 512 pages. 1913. . . . . 7 fr.

Cet ouvrage est surtout destiné aux jeunes gens qui veulent aborder le cours de Mathématiques générales avec une instruction *insuffisante*, et *qui n'ont pas beaucoup de temps pour refaire leur éducation mathématique*. Pour eux un problème se pose : que doivent-ils faire pour compléter leur instruction ? Quelles sont les questions *indispensables* à connaître, quelles sont celles qu'ils peuvent *négliger*. Comment doivent-ils s'y prendre pour les reconnaître et les dégager des ouvrages étendus qu'ils ont entre les mains ?

C'est pour répondre à ce besoin nouveau, créé par l'institution du cours de Mathématiques générales, que l'ouvrage de M. Sainte-Laguë a été composé. Ce n'est pas un résumé de Mathématiques avec des démonstrations trop courtes ou insuffisantes, c'est l'exposé systématique avec des développements suffisants des notions **indispensables** à connaître, les autres étant systématiquement écartées. C'est pour cela que l'auteur insiste tant : sur la mesure des grandeurs, les nombres positifs et négatifs, les fonctions et dérivés, les relations métriques, les méthodes en géométrie. La nature de l'ouvrage lui a permis de faire une innovation heureuse. S'adressant à des lecteurs qui ont déjà étudié la géométrie, il a pu établir un rapprochement entre la géométrie plane et la géométrie de l'espace, rapprochement suggestif qui éclaire singulièrement les problèmes et les théories de la géométrie.

J'ajouterai, comme le dit si bien M. Kœnigs, qu'une des qualités fondamentales de l'ouvrage, c'est « *l'éveil de l'intuition, l'examen direct des choses, le recours occasionnel à l'expérience, méthodes éminemment propres à préparer les esprits à traiter mathématiquement les contingences, sans exclure le souci d'une correcte application du raisonnement.*

TRAITÉ DE PHYSIQUE

O. D. CHWOLSON

TRAITÉ DE PHYSIQUE

OUVRAGE TRADUIT SUR LES ÉDITIONS RUSSE & ALLEMANDE

PAR

E. DAVAUX

INGÉNIEUR PRINCIPAL DE LA MARINE

Édition revue et considérablement augmentée par l'Auteur

SUIVIE DE

Notes sur la Physique théorique

PAR

E. COSSERAT	F. COSSERAT
Correspondant de l'Institut,	Ingénieur en Chef des Ponts et Chaussées,
Directeur	Ingénieur en Chef
de l'Observatoire de Toulouse.	à la Cⁱᵉ des Chemins de fer de l'Est

TOME CINQUIÈME

PREMIER FASCICULE

Champ magnétique variable

Avec 36 figures dans le texte

PARIS

LIBRAIRIE SCIENTIFIQUE A. HERMANN ET FILS

LIBRAIRES DE S. M. LE ROI DE SUÈDE

6, RUE DE LA SORBONNE, 6

1914

TABLE DES MATIÈRES
DU PREMIER FASCICULE DU TOME CINQUIÈME

DIXIÈME PARTIE (*suite*)

L'ÉNERGIE ELECTRIQUE

LIVRE III
CHAMP MAGNÉTIQUE VARIABLE

Chapitre premier. — Introduction.

Chapitre II. — Induction.

Chapitre III. — La théorie de Maxwell.

Chapitre IV. — Les fondements de la théorie électronique.

Chapitre V. — Le principe de relativité.

TRAITÉ DE PHYSIQUE

DIXIÈME PARTIE (SUITE)

—

L'ÉNERGIE ÉLECTRIQUE

—

LIVRE III

—

CHAMP MAGNÉTIQUE VARIABLE

—

CHAPITRE PREMIER

—

INTRODUCTION

1. Remarques générales. — Dans les deux premiers Livres de la partie de notre Traité consacrée à l'ÉNERGIE ÉLECTRIQUE, nous avons considéré le champ électrique *constant* et le champ magnétique *constant*. L'intensité de ces deux champs est indépendante du *temps* ; en général, il a été très rarement question de ce dernier, qui n'intervient que dans quelques lois où il se présente comme facteur de proportionnalité. Il en est ainsi, par exemple, pour la quantité de chaleur dégagée dans les actions calorifiques du courant (Livre II, Chap. IV), pour la quantité d'ions libérés dans l'électrolyse (Livre II, Chap. V) ; ces grandeurs sont proportionnelles au temps pendant lequel le phénomène correspondant se manifeste.

Pour faire connaître les propriétés des champs constants, nous nous sommes presque complètement borné à décrire les phénomènes eux-mêmes et à indiquer les lois qui les régissent. En pénétrant plus avant dans l'étude de ces phénomènes, nous avons fait appel aux principes de la Mécanique et, là où c'était possible, à ceux de la Thermodynamique. Tout ce qui a été dit à ce sujet ou déduit de la manière indiquée est absolument exact et ne dépend pas des idées hypothétiques qu'on peut se faire sur la nature intime des causes fondamentales de tous les phénomènes considérés ; ces idées n'ont donc joué jusqu'ici aucun rôle essentiel. Nous avons, au commencement du Livre I, mentionné trois *images*, correspondant aux trois hypothèses qui suffisent, presque de la même manière, pour expliquer les faits que nous avons envisagés jusqu'à présent. On pourrait, dès le début, partir de celle de ces hypothèses à laquelle paraît devoir revenir le premier rang et, à cet égard, nous avons indiqué que notre choix se porterait sur l'image C et la théorie électronique qui en est le développement. Mais nous n'avons pas fait ainsi, pour les raisons indiquées en détail dans l'introduction (Tome IV) et nous nous sommes servi habituellement de l'image A, qui a donné naissance à la terminologie usuelle. Nous avons pensé qu'il convenait, *au point de vue didactique*, de présenter d'abord, parmi la profusion des faits importants plus ou moins bien déterminés, ceux dont l'étude n'exige encore aucun choix décisif entre les différentes hypothèses.

Quand on aborde, comme nous allons le faire maintenant, le sujet du champ magnétique variable, il y a certainement un très grand nombre de phénomènes, qu'on peut *décrire* sans avoir recours à aucune hypothèse ; pourtant, en suivant exclusivement une telle voie, on ne pourrait arriver à l'intelligence exacte et complète des faits. Le rôle de l'hypothèse qu'il convient de choisir possède ici une très réelle importance, puisque la notion d'électron a été établie en partant presque uniquement des phénomènes qui accompagnent le champ variable. De tous les phénomènes que nous avons étudiés dans le Tome IV, il n'y a guère que ceux de l'électrolyse qui conduisent à cette notion et lui servent d'appui. Mais, puisqu'on peut facilement séparer le vaste Chapitre des phénomènes fondamentaux de *l'induction électromagnétique* et lui conserver un caractère plus ou moins descriptif, sans recourir à des hypothèses déterminées, nous reporterons plus loin l'exposé des éléments de la théorie électronique et nous nous bornerons ici à indiquer une seule formule, que nous appliquerons en quelques endroits dans la théorie de l'induction.

Nous traiterons d'une manière approfondie, dans un Chapitre ultérieur, de la *radioactivité* ; cependant, comme elle est en relation étroite avec les phénomènes que nous aurons préalablement à envisager, il est nécessaire que nous donnions, dans cette introduction, une idée sommaire des faits radioactifs fondamentaux.

Les savants, qui ont récemment contribué au développement de la théorie des phénomènes électromagnétiques, se sont généralement servi d'un mode de calcul abrégé particulier, très commode pour écrire les équations et en déduire les conséquences mathématiques. Ce calcul se nomme *l'analyse vectorielle* ; il n'est pas du tout aisé de s'y habituer et encore moins de l'employer spontanément. Dans beaucoup de questions relativement simples, on peut d'ailleurs s'en passer, mais dans les cas compliqués les formules sont abrégées, ainsi que les opérations auxquelles elles donnent lieu, d'une manière réellement notable. Il ne nous paraîtrait pas du reste opportun de renoncer tout à fait à l'analyse vectorielle, car il faut savoir en user dès que l'on veut étudier les mémoires originaux où la théorie des phénomènes électriques est traitée avec quelque rigueur. Nous n'introduirons l'analyse vectorielle que là où cela est réellement désirable, et, comme nous supposons qu'elle n'est pas familière à tous les lecteurs, nous en exposerons ici brièvement les éléments.

2. Propriétés des scalaires et des vecteurs. — Les grandeurs qui se présentent dans la Physique peuvent se diviser en *scalaires* et en *vecteurs*. Un *scalaire* est complètement défini par un seul paramètre, que l'on peut supposer variable d'une manière *continue*. La température, la densité, la capacité calorifique, le potentiel, l'énergie, etc. sont des exemples de scalaires. Il a déjà été question des vecteurs dans le Tome I (Introduction, § **11**) ; un vecteur est une grandeur physique qui, en dehors de sa valeur numérique, possède une *direction* déterminée. La vitesse, l'accélération, la force, l'intensité de courant, etc. sont des exemples de vecteurs. Les scalaires peuvent évidemment être désignés par des lettres quelconques. Sir W. R. Hamilton, l'un des fondateurs du calcul vectoriel, réservait exclusivement les lettres grecques pour désigner les vecteurs ; dans beaucoup d'ouvrages, en particulier dans les ouvrages allemands, tous les vecteurs sont représentés par des lettres gothiques ; dans d'autres, on emploie des caractères gras (O. Heaviside). Nous emploierons la notation que P. Curie avait adoptée dans son enseignement et que P. Appell et P. Langevin ont introduite dans l'édition française de *l'Encyclopédie des Sciences mathématiques pures et appliquées ;* un vecteur sera désigné par une lettre quelconque, surmontée par une flèche droite ou courbe, suivant une distinction entre les diverses catégories de vecteurs que nous établirons plus loin.

Un scalaire peut dépendre de nombreuses variables ; il peut, par exemple, être donné comme fonction continue des coordonnées d'un point de l'espace (fonction de point), ou comme fonction continue de ces coordonnées et du temps. De même, un vecteur peut dépendre des coordonnées de son origine, de la vitesse de son origine, des coordonnées ou des vitesses d'autres points de l'espace, du temps et de bien d'autres quantités. Dans ce paragraphe, nous considérerons les scalaires et les vecteurs en eux-mêmes, abstraction faite des variables dont ils dépendent. Nous ne tiendrons généralement pas compte des changements qu'ils peuvent subir et nous les regarderons le plus souvent comme des grandeurs constantes. Dès qu'on regarde les scalaires et les vecteurs comme des grandeurs variables, en général comme des fonctions de point, on entre dans le domaine propre de l'*Analyse vectorielle*, dont nous nous occuperons dans le paragraphe suivant.

L'analyse vectorielle trouve des applications dans toutes les parties de la Physique, mais elle doit recevoir des extensions plus ou moins importantes, suivant le sujet spécial que l'on étudie, notamment par la considération de quantités qui ont plus de composantes encore que les vecteurs, comme les déformations et les efforts dans un milieu déformable (Tomes I et II), et par l'introduction des conditions de symétrie dans les états de l'espace créés par les agents physiques, comme dans les phénomènes de conduction thermique ou électrique et les phénomènes d'induction magnétique (Tomes III et IV). Comme MALLARD l'a fait le premier dans son *Traité de cristallographie physique*, on peut se proposer de spécifier la symétrique caractéristique des grandeurs qui interviennent comme *causes* dans la production des phénomènes et la [symétrie caractéristique des grandeurs qui représentent les *effets* produits; on doit envisager de plus la symétrie du milieu dans lequel agissent les causes. Ce point de vue très général a été particulièrement développé par W. VOIGT dans son ouvrage classique *Lehrbuch der Kristallphysik* et par P. CURIE dans ses études sur les propriétés physiques des corps cristallisés.

Il n'existe malheureusement pas, pour les opérations du calcul vectoriel, de notations adoptées d'une manière générale. Nous emploierons les plus usuelles; mais, pour faciliter la lecture des mémoires originaux, nous indiquerons les diverses variantes que plusieurs auteurs ont cru devoir proposer.

Un vecteur peut se rapporter à un point déterminé de l'espace, qu'on nomme alors son *point d'application*: telle est la vitesse d'un point, la force agissant sur une particule matérielle déterminée, etc. A. E. H. LOVE a proposé de dire, dans ce cas, que le vecteur est *localisé à un point* ou *lié à un point*. Mais il y a aussi des vecteurs qui sont situés sur une droite déterminée donnée, où le point d'application peut être choisi d'une manière quelconque; telle est, par exemple, une force qui agit sur un corps invariable. On dit alors que chacun des vecteurs considérés est *localisé sur une droite* ou qu'il est *glissant sur une droite* (E. BUDDE, SOMOFF, H. GRASSMANN JUNIOR). On dit enfin qu'un vecteur n'est *pas localisé* ou est *libre* (SOMOFF), lorsqu'il possède simplement une grandeur et une direction et que son point d'application peut être choisi en un point *quelconque* de l'espace; il en est ainsi, par exemple, pour la vitesse et l'accélération dans le mouvement de translation d'un système invariable, pour le moment d'un couple, etc.

Un vecteur peut être regardé comme l'ensemble de deux points de l'espace A et B pris dans un ordre déterminé et de la portion de droite comprise entre eux. Le premier point A est l'*origine* ou le *point d'application* du vecteur, le second l'*extrémité*. Dans les figures, on indique l'extrémité d'un vecteur par une pointe de flèche.

Nous représenterons un vecteur par une seule lettre surmontée d'une flèche, par exemple $\vec{a}$; la grandeur absolue (numérique) du vecteur $\vec{a}$ sera désignée par $|\vec{a}|$. Un vecteur, dont la grandeur est égale à *un*, sera appelé *vecteur unité*. Le vecteur unité qui a même direction que le vecteur $\vec{a}$ sera désigné par $\vec{a}_1$. Les vecteurs unités qui ont respectivement les directions de trois axes de coordonnées rectangulaires sont habituellement représentés (HAMILTON) par les lettres

$$(1) \qquad \vec{i}, \quad \vec{j}, \quad \vec{k}.$$

Le produit du vecteur $\vec{a}$ et du scalaire α est un vecteur qui est α fois plus.

grand que le vecteur $\vec{a}$; on peut donc représenter tout vecteur $\vec{a}$ par le produit de son module $|\vec{a}|$ et du vecteur unité correspondant $\vec{a_1}$:

$$(2) \qquad \vec{a} = |\vec{a}|\,\vec{a_1}.$$

Par la *somme* ou la *différence* de deux vecteurs, on entend toujours leur somme ou leur différence *géométrique*, appelée aussi *vectorielle*. Il a déjà été question de l'addition géométrique dans le Tome I (Introduction, § **12**); d'après la figure 1, il est visible que la somme et la différence de deux vecteurs $\vec{a}$ et $\vec{b}$ sont respectivement représentées par les deux diagonales du parallélogramme construit sur $\vec{a}$ et $\vec{b}$. La somme d'un nombre quelconque

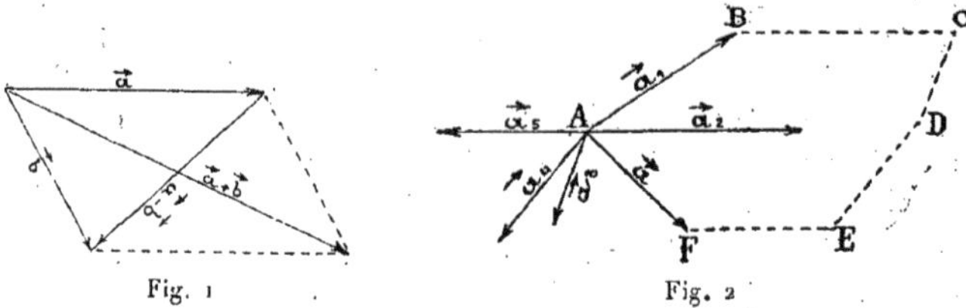

Fig. 1   Fig. 2

de vecteurs $\vec{a_1}$, $\vec{a_2}$, $\vec{a_3}$, ... (*fig.* 2) est le vecteur de fermeture de la ligne polygonale ABCDEF, dont les côtés sont parallèles aux vecteurs donnés (Tome I).

Par l'accroissement $\Delta\vec{a}$ d'un vecteur, on entend également l'accroissement vectoriel de ce vecteur (*fig.* 3). Lorsque le vecteur $\vec{a}$ est fonction d'un paramètre variable t quelconque, la dérivée

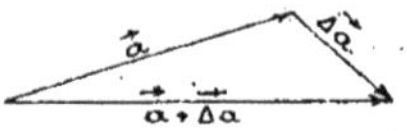

$$(3) \qquad \frac{d\vec{a}}{dt} = \lim \frac{\Delta\vec{a}}{\Delta t}$$

Fig. 3

possède la direction limite du vecteur $\Delta\vec{a}$. Quand, par exemple, un vecteur change de direction sans que sa grandeur varie, la dérivée de ce vecteur lui est perpendiculaire (accélération dans le mouvement curviligne uniforme).

Un vecteur $\vec{a}$ peut être décomposé en deux ou plusieurs vecteurs, par exemple dans les composantes a_x, a_y, a_z suivant les axes de coordonnées ordinaires; on a alors, d'après (1) et (2),

$$(4) \qquad \vec{a} = a_x\vec{i} + a_y\vec{j} + a_z\vec{k}$$

et

$$(4.a) \qquad |\vec{a}| = \sqrt{a_x^2 + a_y^2 + a_z^2},$$

où les grandeurs sous le radical sont des scalaires, voir en outre plus loin la formule (6, b).

Lorsque trois vecteurs $\vec{a}$, $\vec{b}$, $\vec{c}$ satisfont à une relation linéaire de la forme

$$(5) \qquad \alpha\,\vec{a} + \beta\,\vec{b} + \gamma\,\vec{c} = 0,$$

dans laquelle α, β, γ désignent trois nombres, ces vecteurs sont *coplanaires*, c'est-à-dire situés dans un même plan ; en effet, si on divise tous les termes du premier membre par α et si on fait passer les deux derniers termes dans le second membre, on voit que $\vec{a}$ est la somme de deux vecteurs ayant respectivement même direction que $\vec{b}$ et $\vec{c}$ (ou une direction opposée).

De la définition de la somme vectorielle résulte que la projection d'une somme de vecteurs sur une direction quelconque est égale à la somme algébrique (qui se confond ici avec la somme géométrique) des projections des composantes vectorielles sur la même direction.

On distingue deux espèces de *produits de vecteurs*, les produits *scalaires* et les produits *vectoriels*.

Nous appellerons *produit scalaire* de deux vecteurs $\vec{a}$ et $\vec{b}$ le produit de leurs valeurs numériques, multiplié par le cosinus de l'angle qu'ils comprennent ; on nomme parfois aussi le même produit scalaire *produit intérieur* (H. GRASSMANN) ou *produit géométrique* (SOMOFF) ; nous le représenterons avec H. A. LORENTZ par le symbole $(\vec{a} \cdot \vec{b})$ ou plus simplement $(\vec{a}\ \vec{b})$, de sorte que

$$(6) \qquad (\vec{a}\ \vec{b}) = |\,\vec{a}\,| \cdot |\,\vec{b}\,| \cos (\vec{a}, \vec{b}).$$

On emploie encore les notations suivantes : — $\mathrm{S}\ \vec{a}\ \vec{b}$ (HAMILTON), $\vec{a} \cdot \vec{b}$ (J. W. GIBBS), $\vec{a}\ \vec{b}$ (O. HEAVISIDE et M. ABRAHAM), $\vec{a} \times \vec{b}$ (C. BURALI-FORTI et R. MARCOLONGO).

L'ordre de succession des facteurs est indifférent ; on a

$$(6,\ a) \qquad (\vec{a}\ \vec{b}) = (\vec{b}\ \vec{a}),$$

$$(6,\ b) \qquad (\vec{a}\ \vec{a}) = \vec{a}^2 = |\,\vec{a}\,|^2$$

$$(6,\ c) \qquad (\vec{i}\ \vec{j}) = (\vec{j}\ \vec{k}) = (\vec{k}\ \vec{i}) = 0$$

$$(6,\ d) \qquad (\vec{i}\ \vec{i}) = (\vec{j}\ \vec{j}) = (\vec{k}\ \vec{k}) = 1.$$

De la formule $\cos(\vec{a}, \vec{b}) = \cos(\vec{a}, x) \cos(\vec{b}, x) + \cos(\vec{a}, y) \cos(\vec{b}, y) + \cos(\vec{a}, z) \cos(\vec{b}, z)$ résulte, en effet, l'équation fondamentale

$$(7) \qquad (\vec{a}\ \vec{b}) = a_x b_x + a_y b_y + a_z b_z.$$

Il est aisé d'établir les formules suivantes :

$$(7, a) \qquad \left(\vec{a} \cdot (\vec{b} + \vec{c})\right) = \overrightarrow{(a\ b)} + \overrightarrow{(a\ c)},$$

$$(7, b) \qquad \left((\vec{a} + \vec{b}) \cdot (\vec{c} + \vec{d})\right) = \overrightarrow{(a\ c)} + \overrightarrow{(a\ d)} + \overrightarrow{(b\ c)} + \overrightarrow{(b\ d)}.$$

On a en effet $\left(\vec{a} \cdot (\vec{b} + \vec{c})\right) = |\vec{a}| \cdot |\vec{b} + \vec{c}| \cos \overrightarrow{(a, b + c)}$, où $\vec{b} + \vec{c}$ est la somme vectorielle des vecteurs $\vec{b}$ et $\vec{c}$, de sorte que

$$|\vec{b} + \vec{c}| \cos \overrightarrow{(a, b + c)} = |\vec{b}| \cos \overrightarrow{(a, b)} + |\vec{c}| \cos \overrightarrow{(a, c)}.$$

On a, pour la dérivée du produit scalaire de deux vecteurs,

$$\frac{d\overrightarrow{(a\ b)}}{dt} = lim\ \frac{\Delta \overrightarrow{(a, b)}}{\Delta t} = lim\ \frac{\left((\vec{a} + \Delta \vec{a})(\vec{b} + \Delta \vec{b})\right) - \overrightarrow{(a\ b)}}{\Delta t};$$

d'après $(7, b)$, il vient donc à la limite

$$(7, c) \qquad \frac{d\overrightarrow{(a\ b)}}{dt} = \left(\vec{a}\ \frac{d\vec{b}}{dt}\right) + \left(\vec{b}\ \frac{d\vec{a}}{dt}\right).$$

Quand une force $\vec{f}$ agit sur un point, dont le déplacement le long d'une courbe est $\vec{\Delta s}$, le travail effectué ΔR est égal à

$$(7, d) \qquad \Delta R = (\vec{f} \cdot \vec{\Delta s}).$$

Nous exprimerons le *produit vectoriel* de deux vecteurs $\vec{a}$ et $\vec{b}$ par le symbole $[\vec{a}\ \vec{b}]$ et la *valeur numérique* de ce produit par la formule

$$(8) \qquad |[\vec{a}\ \vec{b}]| = |\vec{a}| \cdot |\vec{b}| \sin \overrightarrow{(a, b)}.$$

La *valeur numérique* de la grandeur $[\vec{a}\ \vec{b}]$ est évidemment égale à l'aire du

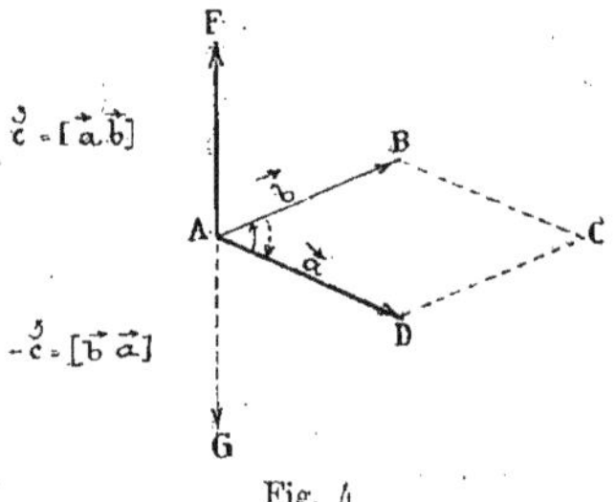

Fig. 4

parallélogramme ABCD (*fig.* 4) construit sur les vecteurs $\vec{a}$ et $\vec{b}$. Nous supposerons ici que $\vec{a}$ et $\vec{b}$ étant situés dans un même plan horizontal, $\vec{a}$ est *plus voisin* du lecteur que $\vec{b}$ et nous considérerons la grandeur $[\vec{a}\ \vec{b}]$ comme une nouvelle espèce de vecteur $\overset{\curvearrowleft}{c}$, dont la direction AF, *normale* au plan ABCD des vecteurs $\vec{a}$ et $\vec{b}$, est déterminée par la *règle de la vis* (règle du tire-bouchon). Imaginons que le long de AF soit située une vis, ayant sa tête en A et tournant dans le sens de $\vec{a}$ vers $\vec{b}$, par conséquent dans le sens de la flèche pleine, de sorte que la vis reçoit un mouvement de progression dans la direction AF du vecteur $\overset{\curvearrowleft}{c}$: d'après cela, $[\vec{b}\,\vec{a}]$ correspondra à une rotation de $\vec{b}$ vers $\vec{a}$ (flèche ponctuée) et possédera la direction opposée AG. On a par suite

$$(8,\,a) \qquad\qquad [\vec{b}\,\vec{a}] = -\,[\vec{a}\,\vec{b}],$$

ce qui montre *l'importance particulière que prend, dans un produit vectoriel, l'ordre de succession des facteurs*.

Il convient d'insister sur le *sens de rotation* qui est un élément essentiel de la définition d'un vecteur tel que $\overset{\curvearrowleft}{c}$. Soient Ox, Oy deux axes de coordonnées rectangulaires situés dans un plan horizontal; élevons au point O une *demi-droite* Oz verticale, située par rapport à ce plan horizontal d'un côté tel qu'un observateur placé le long de Oz, la tête en z et les pieds en O, verrait qu'il faut faire tourner Ox de droite à gauche, pour l'amener sur Oy par une rotation d'un angle droit. On obtient ainsi un trièdre trirectangle parfaitement déterminé parmi les huit trièdres que font entre elles les trois droites qui portent les axes Ox, Oy, Oz. On dit que tout ensemble de points rapporté à de pareils axes est *orienté*. Si l'on remplace *deux* des demi-droites Ox, Oy, Oz par leurs *prolongements* Ox', Oy', Oz', on obtient trois nouveaux trièdres qui ont la même orientation que le premier. Au contraire, si, conservant deux des axes, on prend le symétrique du troisième par rapport à l'origine O, ou si l'on prend les symétriques des trois axes par rapport au même point, on obtient quatre trièdres dont l'orientation est *inverse* de la première, c'est-à-dire que pour le trièdre $Ox'y'z'$, par exemple, la rotation d'un angle droit qui amènerait Ox' sur Oy' se ferait, pour un observateur placé les pieds en O et la tête en z', *de la gauche vers la droite*. Le sens de la rotation pour ce nouveau trièdre est dit *rétrograde ou inverse*. Pour abréger, on appelle souvent les trièdres orientés comme le premier trièdre $Oxyz$ des trièdres *directs*, et les trièdres orientés comme $Ox'y'z'$ des trièdres *inverses*; le remplacement d'un trièdre direct par un trièdre inverse, ou vice versa, se nomme un *renversement* des axes. Ce renversement sert, comme nous le verrons plus loin, à distinguer les deux espèces de vecteurs pour lesquelles nous adoptons respectivement les notations $\vec{a}$ et $\overset{\curvearrowleft}{a}$. Remarquons à cet effet que quand on donne un système de coordonnées rectangulaires, on donne en même temps la manière dont on fait correspondre le sens positif d'une rotation au sens positif d'une translation. Cette correspondance sera la même que celle qui existe entre le sens positif de l'axe Oz et celui de la rotation qui amène l'axe Ox sur l'axe Oy par un quart de tour.

Par les mêmes considérations, on est conduit à donner un signe à l'aire d'un triangle situé dans un plan, qui se trouve orienté par le choix de deux axes rectangulaires Ox, Oy. On commence par faire correspondre à ce plan orienté un axe orienté perpendiculaire Oz. Cela posé, on suppose qu'un observateur ayant les pieds sur le plan du triangle, à l'intérieur du triangle, et dirigé suivant l'axe orienté correspondant au plan orienté, voit un mobile passer successivement par les trois sommets du triangle dans l'ordre où on les nomme. Si ce mobile tourne autour de l'observateur dans le sens positif, l'aire du triangle sera envisagée comme positive : si le sens est négatif, l'aire du triangle sera négative. Ces conventions s'étendent sans peine aux aires planes, limitées par des courbes quelconques.

Nous pouvons maintenant distinguer nettement les uns des autres les deux espèces de vecteurs que nous avons désignées par les notations $\overrightarrow{a}$ et $\overset{\smile}{a}$. Nous appellerons avec W. Voigt *vecteurs polaires* les vecteurs notés $\overrightarrow{a}$, qui sont analogues à des rayons vecteurs issus d'un point et dont les composantes suivant les trois axes de coordonnées changent de signe *si les axes sont renversés*.

Nous appellerons *vecteurs axiaux* les vecteurs notés $\overset{\smile}{a}$, que l'on peut interpréter comme des segments ayant non seulement une direction déterminée, mais étant aussi doués d'un sens de rotation. Ils sont intimement liés aux aires planes douées de signe que l'on peut en déduire en traçant, dans un plan normal à la direction du segment, une surface d'aire égale à la longueur du segment (l'unité d'aire étant le carré construit sur l'unité de longueur). Les projections de chacun de ces derniers vecteurs *conservent* leur signe et leur valeur absolue dans le renversement des axes.

Dans le Tome I (note de E. et F. Cosserat, *sur la dynamique du point et du corps invariable*), nous avons distingué les transformations de coordonnées qu'on appelle *mouvements propres* (translation, rotation et leurs produits), et celles qu'on dénomme *mouvements impropres* (mouvement précédent suivi d'une réflexion sur un point ou sur un plan). Les transformations de coordonnées qui laissent invariables les composantes d'un *vecteur polaire* sont des mouvements *propres*, savoir les translations et les rotations d'angle quelconque autour de la direction du vecteur ; les transformations qui ne modifient pas les composantes d'un *vecteur axial* sont les mouvements *impropres*, translations et rotations autour de la direction du vecteur, inversions planes par rapport à un plan perpendiculaire à cette direction, et renversements.

Il est facile de voir, d'après cela, que le produit vectoriel de deux vecteurs axiaux ou de deux vecteurs polaires est un vecteur *axial* : le produit vectoriel d'un vecteur axial et d'un vecteur polaire est un vecteur *polaire*.

Le vecteur $\overset{\smile}{c} = [\,\overrightarrow{a}\ \overrightarrow{b}\,]$ a été appelé par H. Grassmann *produit extérieur* des deux vecteurs $\overrightarrow{a}$ et $\overrightarrow{b}$; le symbole $[\,\overrightarrow{a}\ \overrightarrow{b}\,]$ lui est dû aussi et H. A. Lorentz, ainsi que la plupart des auteurs allemands se sont conformés à cette notation. Les notations suivantes sont encore usitées : $V\,\overrightarrow{a}\ \overrightarrow{b}$ (Hamilton), $\overrightarrow{a} \times \overrightarrow{b}$ (J. W. Gibbs), $\overrightarrow{a} \wedge \overrightarrow{b}$ (C. Burali-Forti et R. Marcolongo).

On a évidemment

$$(8,\,b) \qquad\qquad [\,\vec{a}\ \vec{a}\,] = 0,$$

et il est aisé de voir que

$$(8,\,c) \quad \begin{cases} [\,\vec{i}\ \vec{j}\,] = \vec{k}, & [\,\vec{j}\ \vec{k}\,] = \vec{i}, & [\,\vec{k}\ \vec{i}\,] = \vec{j}\,; \\ [\,\vec{j}\ \vec{i}\,] = -\vec{k}, & [\,\vec{k}\ \vec{j}\,] = -\vec{i}, & [\,\vec{i}\ \vec{k}\,] = -\vec{j}, \end{cases}$$

quand le trièdre $Oxyz$ est *direct*; qu'en outre

$$[\,\vec{i}\ \vec{i}\,] = [\,\vec{j}\ \vec{j}\,] = [\,\vec{k}\ \vec{k}\,] = 0.$$

En géométrie analytique, on établit les expressions des projections sur les trois *plans coordonnés* du parallélogramme construit sur les vecteurs $\vec{a}$ et $\vec{b}$; ce sont évidemment les projections du vecteur $[\,\vec{a}\ \vec{b}\,] = \vec{c}$ sur les *axes de coordonnées*. Ces expressions sont les suivantes :

$$(9) \quad \begin{cases} [\,\vec{a}\ \vec{b}\,]_x = a_y b_z - a_z b_y, \\ [\,\vec{a}\ \vec{b}\,]_y = a_z b_x - a_x b_z, \\ [\,\vec{a}\ \vec{b}\,]_z = a_x b_y - a_y b_x. \end{cases}$$

Il en résulte que

$$[\,\vec{a}\,(\vec{b} + \vec{c})\,]_x = a_y(\vec{b} + \vec{c})_z - a_z(\vec{b} + \vec{c})_y$$
$$= a_y(b_z + c_z) - a_z(b_y + c_y) = a_y b_z - a_z b_y + a_y c_z - a_z c_y = [\,\vec{a}\ \vec{b}\,]_x + [\,\vec{a}\ \vec{c}\,]_x,$$

et comme la direction de l'axe des x est arbitraire, on a

$$(9,\,a) \qquad\qquad [\,\vec{a}\,(\vec{b} + \vec{c})\,] = [\,\vec{a}\ \vec{b}\,] + [\,\vec{a}\ \vec{c}\,].$$

On voit facilement que

$$(9,\,b) \quad [\,(\vec{a} + \vec{b})(\vec{c} + \vec{d})\,] = [\,\vec{a}\ \vec{c}\,] + [\,\vec{a}\ \vec{d}\,] + [\,\vec{b}\ \vec{c}\,] + [\,\vec{b}\ \vec{d}\,];$$

cette dernière relation peut évidemment être généralisée. En particulier, la dérivée

$$\frac{d}{dt}[\,\vec{a}\ \vec{b}\,] = \lim \frac{[\,(\vec{a} + \vec{\Delta a})(\vec{b} + \vec{\Delta b})\,] - [\,\vec{a}\ \vec{b}\,]}{\Delta t}$$

devient, d'après $(9, b)$,

$$(9,\,c) \qquad\qquad \frac{d}{dt}[\,\vec{a}\ \vec{b}\,] = \left[\,\vec{a}\ \frac{d\vec{b}}{dt}\,\right] + \left[\,\frac{d\vec{a}}{dt}\ \vec{b}\,\right].$$

Les sommes qui se présentent dans les relations (9, a), (9, b) et (9, c) sont toutes *vectorielles*.

Nous considèrerons encore quelques autres produits scalaires et vectoriels, dont les expressions ont été établies par HAMILTON et qui sont très utiles dans le calcul vectoriel.

Quand $\vec{a}$, $\vec{b}$ et $\vec{c}$ sont trois vecteurs *quelconques*, que nous supposerons ici *polaires* pour plus de commodité, la grandeur $(\vec{c}\,[\vec{a}\,,\vec{b}\,])$ est le *produit scalaire* du vecteur polaire $\vec{c}$ et du vecteur axial $[\vec{a}\,\vec{b}\,]$; ce produit est égal à $|\vec{c}\,| \cdot |[\vec{a}\,\vec{b}\,]| \cos (\vec{c}\,,[\vec{a}\,\vec{b}\,])$; le vecteur axial $[\vec{a}\,\vec{b}\,]$ est normal, comme nous l'avons dit plus haut, au plan du parallélogramme construit sur $\vec{a}$ et $\vec{b}$ et sa grandeur est égale à celle de l'aire de ce parallélogramme. On voit donc que *le produit scalaire considéré est égal au volume du parallélépipède construit sur les trois vecteurs* $\vec{a}$, $\vec{b}$ et $\vec{c}$; ce produit est *positif*, quand l'ordre de succession de $\vec{a}$, $\vec{b}$, $\vec{c}$ correspond au *mouvement d'une vis* ; il en est de même alors pour l'ordre de succession $\vec{b}$, $\vec{c}$, $\vec{a}$ et $\vec{c}$, $\vec{a}$, $\vec{b}$, car on peut prendre chacune des faces du parallélépipède comme base du volume et on a évidemment

$$(10) \qquad (\vec{c}\,[\vec{a}\,\vec{b}\,]) = (\vec{a}\,[\vec{b}\,\vec{c}\,]) = (\vec{b}\,[\vec{c}\,\vec{a}\,]) ;$$

mais on a, par exemple,

$$(10,\,a) \qquad (\vec{c}\,[\vec{a}\,\vec{b}\,]) = -(\vec{b}\,[\vec{a}\,\vec{c}\,]).$$

Nous avons appelé *scalaire* toute grandeur dont la détermination est fixée par un nombre, et par un nombre seulement, comme par exemple, la densité, ou encore la température. Mais, ainsi que nous venons de le voir, deux cas peuvent se présenter ; 1. le nombre en question est indépendant du sens des axes de coordonnées ; on dit alors qu'il est *scalaire de première espèce* ; tel est le cas précisément pour la densité et la température ; 2. le nombre qui définit la quantité considérée change de signe lorsque l'on *renverse* les axes de coordonnées : on dit alors qu'il est *scalaire de seconde espèce* ; l'exemple d'un tel scalaire que nous avons rencontré dans ce qui précède est celui du volume d'un parallélélipipède ; mais on peut encore mentionner l'angle solide sous lequel on voit d'un point une surface limitée à un contour dont le sens de parcours est donné, puisque cet angle solide est positif du côté où l'on voit le parcours s'effectuer dans le sens positif. Il en est de même du pouvoir rotatoire d'un liquide actif, dont la mesure exige aussi le choix d'une rotation positive.

Lorsque les vecteurs $\vec{a}$, $\vec{b}$, $\vec{c}$ sont dans *un même plan*, on a

$$(10,\,b) \qquad (\vec{a}\,[\vec{b}\,\vec{c}\,]) = 0 ;$$

on a aussi

$$(\vec{a}\,[\,\vec{a}\ \vec{b}\,]) = 0.$$

Il résulte de la formule (7) que

$$(\vec{a}\,[\,\vec{b}\ \vec{c}\,]) = a_x[\,\vec{b}\ \vec{c}\,]_x + a_y[\,\vec{b}\ \vec{c}\,]_y + a_z[\,\vec{b}\ \vec{c}\,]_z,$$

d'où, en utilisant les expressions (9), le déterminant bien connu

$$(10,\ c) \qquad (\vec{a}\,[\,\vec{b}\ \vec{c}\,]) = \begin{vmatrix} a_x & a_y & a_z \\ b_x & b_y & b_z \\ c_x & c_y & c_z \end{vmatrix}.$$

Considérons maintenant la grandeur $[\,\vec{a}\,[\,\vec{b}\ \vec{c}\,]\,] = \vec{d}$, où nous supposons encore que $\vec{a}$, $\vec{b}$ et $\vec{c}$ sont des vecteurs polaires ; ce vecteur $\vec{d}$ est perpendiculaire à $\vec{a}$ et au vecteur axial $\vec{e} = [\,\vec{b}\ \vec{c}\,]$, qui de son côté est normal au plan des vecteurs $\vec{b}$ et $\vec{c}$; le vecteur $\vec{d}$ est donc situé dans le plan des vecteurs $\vec{b}$ et $\vec{c}$ et de plus est perpendiculaire au vecteur $\vec{a}$. En appliquant deux fois la première formule (9), on trouve

$$d_x = a_y(b_x c_y - b_y c_x) - a_z(b_z c_x - b_x c_z)$$
$$= b_x(a_x c_x + a_y c_y + a_z c_z) - c_x(a_x b_x + a_y b_y + a_z b_z),$$

ou, d'après (7),

$$d_x = [\,\vec{a}\,[\,\vec{b}\ \vec{c}\,]\,]_x = b_x(\vec{a}\ \vec{c}) - c_x(\vec{a}\ \vec{b}).$$

L'axe des coordonnées x étant complètement arbitraire, on a donc

$$(11) \qquad \vec{d} = [\,\vec{a}\,[\,\vec{b}\ \vec{c}\,]\,] = \vec{b}\,(\vec{a}\ \vec{c}) - \vec{c}\,(\vec{a}\ \vec{b});$$

dans le second membre, se présente la différence *géométrique* des deux vecteurs $\vec{b}$ et $\vec{c}$ multipliés respectivement par les grandeurs *scalaires* $(\vec{a}\ \vec{c})$ et $(\vec{a}\ \vec{b})$.

D'après (10), on peut transformer le *produit scalaire de deux produits vectoriels* $([\,\vec{a}\ \vec{b}\,]\,.\,[\,\vec{c}\ \vec{d}\,])$ dans l'expression $(\vec{c}\,[\,\vec{d}\,[\,\vec{a}\ \vec{b}\,]\,])$. Il résulte alors de la formule (11) que

$$(11,\ a) \qquad ([\,\vec{a}\ \vec{b}\,]\,.\,[\,\vec{c}\ \vec{d}\,]) = (\vec{a}\ \vec{c})(\vec{b}\ \vec{d}) - (\vec{b}\ \vec{c})(\vec{a}\ \vec{d}).$$

La théorie électronique fera l'objet d'un chapitre ultérieur, mais nous indiquerons dès maintenant une formule de cette théorie que nous aurons à employer dans le Chapitre II.

Supposons qu'un électron de charge e se meuve avec la vitesse $\vec{v}$ dans un *champ électrique* d'intensité $\vec{E}$ et dans un *champ magnétique* d'intensité

$\overset{\curvearrowleft}{H}$. Le champ électrique exerce sur l'électron la force $e\overrightarrow{E}$. Le champ magnétique agit sur l'électron en mouvement comme sur l'élément $\overrightarrow{ds}$ d'un courant d'intensité i_e tel que $i_e\overrightarrow{ds} = \overrightarrow{v}\,e$, $\overrightarrow{v}$ ayant la direction de $\overrightarrow{ds}$ et l'intensité i_e du courant étant exprimée en *unités électrostatiques*. Nous avons vu que le champ magnétique $\overset{\curvearrowleft}{H}$ exerce sur l'élément $\overrightarrow{ds}$ du courant i une force de grandeur égale, avec les notations cartésiennes du Tome IV, à

$$\mathrm{H}\,i\,ds\,\sin\,(ds, \mathrm{H}),$$

où i est exprimé en unités *électromagnétiques*, de sorte que $i = i_e : c$, c étant la vitesse de la lumière ; la force considérée est normale au plan qui contient les vecteurs $\overset{\curvearrowleft}{H}$ et $\overrightarrow{ds}$ et a par conséquent pour expression

$$[\overrightarrow{i\,ds} \,.\, \overset{\curvearrowleft}{H}] = \frac{1}{c}\,[\overrightarrow{i_e\,ds} \,.\, \overset{\curvearrowleft}{H}] = \frac{1}{c}\,[\overrightarrow{v}\,e \,.\, \overset{\curvearrowleft}{H}].$$

Si on désigne par $\overrightarrow{F}$ la force qui agit sur l'*unité électrostatique* de quantité d'électricité, $\overrightarrow{F}\,e$ est la force exercée sur l'électron mobile et on a

$$(12) \qquad\qquad \overrightarrow{F} = \overrightarrow{E} + \frac{1}{c}\,[\overrightarrow{v}\,\overset{\curvearrowleft}{H}].$$

Dans cette formule, $\overrightarrow{E}$ est exprimé en unités *électrostatiques*, $\overset{\curvearrowleft}{H}$ en unités *électromagnétiques*. Nous donnerons plus tard les raisons pour lesquelles on regarde $\overrightarrow{E}$ comme un vecteur *polaire* et $\overset{\curvearrowleft}{H}$ comme un vecteur *axial*.

3. Éléments de l'analyse vectorielle. Les champs de scalaires et de vecteurs. — Un espace, à tous les points duquel se trouve adjoint un scalaire ou un vecteur, s'appelle un champ scalaire ou un champ vectoriel. Un espace, dans lequel sont distribuées des masses pondérables, électriques ou magnétiques, représente un *champ scalaire du potentiel* de ces masses et en même temps un *champ vectoriel des forces* auxquelles il donne naissance, ou plus exactement un *champ vectoriel des intensités* qu'il possède. Nous appliquerons surtout l'analyse vectorielle, dans ce paragraphe, à la considération des phénomènes électriques et magnétiques ; nous nous attacherons donc à mettre en évidence l'usage de cette analyse dans l'établissement des formules et des équations qui ont été envisagées dans le Tome IV. Nous mentionnerons simplement ici qu'un espace occupé par un *fluide en mouvement*, dont les particules ont un *potentiel de vitesse*, représente un champ scalaire de ce potentiel ; on peut aussi le regarder comme champ vectoriel des vitesses des éléments du fluide. Un espace où existent des *courants électriques* est un champ vectoriel des forces magnétiques qui s'exercent dans cet espace.

Nous désignerons par V un scalaire quelconque ; les lettres représentant des vecteurs seront surmontées d'une flèche droite ou courbe, suivant qu'il s'agira d'un vecteur polaire ou d'un vecteur axial, comme dans le § **2.**

Avant tout, nous avons à faire connaître *quatre grandeurs*, qui jouent un rôle particulièrement important dans l'analyse vectorielle.

I. LAPLACIEN. — Le scalaire V, dans un champ scalaire, est une fonction continue des coordonnées x, y, z du point auquel il se rapporte (fonction de point). Nous désignerons par ΔV la grandeur suivante :

$$(13) \qquad \Delta V = \frac{\partial^2 V}{\partial x^2} + \frac{\partial^2 V}{\partial y^2} + \frac{\partial^2 V}{\partial z^2},$$

que nous appellerons le *laplacien* de V ; ce scalaire a été aussi nommé par G. LAMÉ le *paramètre différentiel du second ordre de* V. On peut employer le même symbole pour le champ d'un vecteur quelconque $\vec{a}$; mais alors sa signification est tout autre. Nous désignerons par $\Delta \vec{a}$ un *vecteur*, dont les composantes par rapport aux axes de coordonnées sont Δa_x, Δa_y, Δa_z (a_x, a_y, a_z étant les composantes du vecteur $\vec{a}$). On a ici

$$(14) \qquad \Delta a_x = \frac{\partial^2 a_x}{\partial x^2} + \frac{\partial^2 a_x}{\partial y^2} + \frac{\partial^2 a_x}{\partial z^2},$$

avec des expressions analogues pour Δa_y et Δa_z. On peut donc écrire

$$(14,\, a) \qquad \Delta \vec{a} = \vec{i}\, \Delta a_x + \vec{j}\, \Delta a_y + \vec{k}\, \Delta a_z ;$$

dans cette formule, toutes les grandeurs sont des vecteurs et l'addition dans le second membre est évidemment *vectorielle*. La formule (13) ne s'applique donc pas immédiatement aux vecteurs ; la formule (14, a) n'est pas constituée de la même manière que (13).

II. GRADIENT. — Considérons le champ d'un *scalaire* V, qui est partout continu et fini et dont la grandeur est une fonction des coordonnées x, y, z. Les surfaces V $=$ *const.* s'appellent les *surfaces de niveau du scalaire* V. Si on élève au point M d'une telle surface la normale n et si on porte sur cette normale la grandeur $\frac{\partial V}{\partial n}$, on obtient un vecteur $\vec{a}$ qui est nommé la *chute* (slope, Gefälle) ou le *gradient* du scalaire V ; nous le désignerons par *grad* V et nous écrirons par conséquent

$$(15) \qquad \left\{ \begin{array}{l} \vec{a} = grad\ V \\[2mm] |\,\vec{a}\,| = \dfrac{\partial V}{\partial n}. \end{array} \right.$$

Si V est un potentiel, $\vec{a}$ est l'intensité du champ de ce potentiel en un point donné, voir Livre I, Chap. I, § 6. Les lignes en tous les points desquelles le vecteur $\vec{a}$ est dirigé suivant la tangente peuvent être appelées *lignes du vecteur* $\vec{a}$; ce sont les *trajectoires orthogonales* des surfaces de niveau du scalaire V. Les composantes du vecteur $\vec{a}$ sont

$$(15,\, a) \qquad a_x = \frac{\partial V}{\partial x}, \qquad a_y = \frac{\partial V}{\partial y}, \qquad a_z = \frac{\partial V}{\partial z},$$

de sorte que

$$(15, b) \qquad |\overrightarrow{a}| = \sqrt{\left(\frac{\partial V}{\partial x}\right)^2 + \left(\frac{\partial V}{\partial y}\right)^2 + \left(\frac{\partial V}{\partial z}\right)^2}.$$

Cette dernière expression a été nommée par G. Lamé le *paramètre différentiel du premier ordre* de V. G. Lamé n'a pas considéré le vecteur $\overrightarrow{a}$ en tant que grandeur dirigée ; cette dernière notion a été introduite par Hamilton.

Un vecteur qui est le gradient d'un scalaire s'appelle vecteur lamellaire et donne lieu à un champ vectoriel lamellaire (Lord Kelvin) ; on rappelle ainsi qu'on peut décomposer ce champ en lamelles minces, au moyen de surfaces de niveau, de manière que d'une face à l'autre de chaque lamelle le scalaire diminue d'une quantité fixe.

Les composantes du *vecteur lamellaire* $\overrightarrow{a}$ satisfont évidemment aux équations suivantes :

$$(15, c) \qquad \frac{\partial a_y}{\partial z} - \frac{\partial a_z}{\partial y} = 0, \qquad \frac{\partial a_z}{\partial x} - \frac{\partial a_x}{\partial z} = 0, \qquad \frac{\partial a_x}{\partial y} - \frac{\partial a_y}{\partial x} = 0.$$

Quand un vecteur n'est pas *lamellaire*, les *lignes du vecteur* peuvent néanmoins en général exister.

Soit s une courbe quelconque dans l'espace. Désignons par ds la valeur numérique d'un élément de cette courbe ; nous désignerons le même élément, comme *vecteur*, par $\overrightarrow{ds}$, de sorte que $|\overrightarrow{ds}| = ds$. Nous appellerons *intégrale du vecteur* $\overrightarrow{a}$ *le long de la courbe* la grandeur.

$$\int_{s_0}^{s_1} \overrightarrow{(a\,ds)} = \int_{s_0}^{s_1} a_s ds,$$

où l'expression $\overrightarrow{(a\,ds)}$ sous le premier signe somme est le produit scalaire des deux vecteurs $\overrightarrow{a}$ et $\overrightarrow{ds}$. Si $\overrightarrow{a}$ est un vecteur *lamellaire*, on a

$$(16) \qquad \int_{s_0}^{s_1} \overrightarrow{(a\,ds)} = \int_{s_0}^{s_1} a_s ds = \int_{s_0}^{s_1} \frac{\partial V}{\partial s}\, ds = V_1 - V_0.$$

V_0 et V_1 étant les valeurs du scalaire V aux extrémités s_0 et s_1 de la courbe.

De (16) résulte que *l'intégrale d'un vecteur lamellaire le long d'une courbe ne dépend que de la position des extrémités, mais non de la forme de la courbe.* Pour une courbe fermée, on a

$$(16, a) \qquad \int_{(s)} \overrightarrow{(a\,ds)} = \int_{(s)} grad\ V \cdot ds = 0,$$

d'où ce théorème particulièrement important : *les lignes d'un vecteur lamellaire ne peuvent être des courbes fermées.* En effet, lorsqu'on applique (16, a) à une telle ligne de vecteur lamellaire, $\overrightarrow{a}$ et $\overrightarrow{ds}$ ont la même direction, tous les éléments de l'intégrale sont positifs, et cette dernière ne peut par suite s'annuler. Les *lignes d'un vecteur lamellaire doivent donc avoir un commencement (point d'émission) et une fin (point d'absorption)*. Par exemple, les lignes de force, c'est-à-dire les lignes du gradient du potentiel de masses électriques ou magnétiques ont leur commencement et leur fin là où se trouvent ces masses.

On peut aisément démontrer qu'un vecteur est le gradient d'un certain scalaire V, lorsque l'intégrale de ce vecteur le long d'une courbe joignant deux points donnés quelconques est indépendante de la forme de cette courbe.

Nous avons jusqu'ici appliqué exclusivement le symbole *grad* aux *scalaires*. Mais de même que nous avons introduit, sous certaines conditions, le symbole $\Delta \vec{a}$ et que nous l'avons défini par les formules (14) et (14, a), nous pouvons aussi, en remarquant que l'opérateur *grad* a pour expression

$$grad = \vec{i}\,\frac{\partial}{\partial x} + \vec{j}\,\frac{\partial}{\partial y} + \vec{k}\,\frac{\partial}{\partial z},$$

employer le symbole $(\vec{a}\,grad)\,\vec{b}$ pour un *vecteur* dont les composantes sont $(\vec{a}\,grad)\,b_x$, $(\vec{a}\,grad)\,b_y$, $(\vec{a}\,grad)\,b_z$, de sorte que

$$(17) \qquad (\vec{a}\,grad)\,\vec{b} = \vec{i}\,(\vec{a}\,grad)\,b_x + \vec{j}\,(\vec{a}\,grad)\,b_y + \vec{k}\,(\vec{a}\,grad)\,b_z\,;$$

on a

$$(17, a) \qquad (\vec{a}\,grad) = a_x\,\frac{\partial}{\partial x} + a_y\,\frac{\partial}{\partial y} + a_z\,\frac{\partial}{\partial z}$$

et

$$(17, b) \qquad (\vec{a}\,grad)\,b_x = a_x\,\frac{\partial b_x}{\partial x} + a_y\,\frac{\partial b_x}{\partial y} + a_z\,\frac{\partial b_x}{\partial z}\,,$$

avec des formules analogues pour les composantes $(\vec{a}\,grad)\,b_y$ et $(\vec{a}\,grad)\,b_z$.

Quelques auteurs prennent $-\dfrac{\partial V}{\partial n}$ pour la grandeur du gradient du scalaire V ; Hamilton a adopté la notation

$$\nabla = grad = \vec{i}\,\frac{\partial}{\partial x} + \vec{j}\,\frac{\partial}{\partial y} + \vec{k}\,\frac{\partial}{\partial z},$$

et on appelle quelquefois *nabla* l'opérateur ∇, du nom d'un instrument de musique hébreu ou assyrien de forme analogue.

III. Divergence. — La *divergence* d'un vecteur $\vec{a}$ (W. K. Clifford ; le terme russe correspondant a été employé par Somoff) est la *grandeur scalaire*

$$(18) \qquad div\,\vec{a} = \frac{\partial a_x}{\partial x} + \frac{\partial a_y}{\partial y} + \frac{\partial a_z}{\partial z}.$$

On a évidemment

$$(18, a) \qquad div\ \overrightarrow{(a + b)} = div\ \overrightarrow{a} + div\ \overrightarrow{b}.$$

Lorsque $\overrightarrow{a}$ est un vecteur *lamellaire*, c'est-à-dire lorsqu'on a $\overrightarrow{a} = grad\ V$, on trouve par la formule (13) que

$$(19) \qquad div\ grad\ V = \Delta V.$$

On sait que quand V est un potentiel, on a $\Delta V = -\ 4\pi\rho$, ρ désignant la densité de volume des masses électriques ou magnétiques ; autrement dit, $div\ \overrightarrow{a} = div\ grad\ V = \Delta V = -\ 4\pi\rho$ *est différent de zéro à l'endroit où finissent ou commencent les lignes de force.* Dans ce cas $\overrightarrow{a}$ est l'intensité $\overrightarrow{F}$ du champ changée de signe. Si, dans tout l'espace infini, $div\ \overrightarrow{a} = \Delta V = 0$, les lignes de force sont fermées ; il n'y a ni points d'émission, ni points d'absorption et le champ est dit *libre de sources.* Le champ magnétique d'un courant électrique est un champ libre de sources.

J. W. Gibbs a proposé, pour exprimer les relations mutuelles des grandeurs V, $\overrightarrow{F}$ et ρ, les notations

$$(19, a) \qquad \begin{cases} V = Pot\ \rho \\ \overrightarrow{F} = New\ \rho = -\ grad\ V \\ 4\pi\rho = div\ \overrightarrow{F} = -\ div\ grad\ V \end{cases}$$

qui s'énoncent en disant que V est le *potentiel* de ρ dont $\overrightarrow{F}$ est le *newtonien* ou le *champ newtonien.*

Théorème de Gauss. — Nous avons déjà donné un cas particulier de ce théorème dans le Livre I, Chap. I, § **4**. Considérons une surface fermée S ; soit dS un élément de cette surface, n la direction de la normale à cet élément, v le volume enfermé par la surface S ; l'élément de volume est $dv = dxdydz$. Soit en outre $\overrightarrow{a}$ un vecteur qui est une fonction finie, continue et uniforme de x, y, z, a_n la projection du vecteur lié à l'élément dS sur la normale n. La grandeur $a_n dS$ est appelée le *flux du vecteur* $\overrightarrow{a}$ *à travers l'élément* dS *de la surface* S. L'intégrale étendue à la surface totale S

$$\iint a_n dS$$

correspond au flux total du vecteur $\overrightarrow{a}$ à travers la surface entière S. Si $\overrightarrow{n_1}$ est un *vecteur unité* pris dans la direction de la normale n, on peut écrire $a_n = \overrightarrow{(a}\ \overrightarrow{n_1})$. Par une transformation bien connue et très simple, on a

$$(20) \qquad \iiint \left(\frac{\partial a_x}{dx} + \frac{\partial a_y}{dy} + \frac{\partial a_z}{dz} \right) dxdydz = \iint a_n dS.$$

En désignant, pour abréger, l'intégrale multiple par un seul signe de sommation, on peut écrire, en ayant égard à (18),

$$(21) \qquad \int div\,\vec{a}\; dv = \int a_n dS.$$

L'intégrale de la divergence du vecteur $\vec{a}$ étendue à un certain volume est égale au flux du vecteur $\vec{a}$ à travers la surface renfermant ce volume. Tel est le théorème de GAUSS.

En appliquant la formule (21) au volume infiniment petit dv, on peut écrire

$$(21,\,a) \qquad div\,\vec{a} = \frac{\int a_n dS}{dv},$$

l'intégrale du second membre étant étendue à la surface infiniment petite du volume dv. En prenant, par exemple, le parallélépipède $dx\,dy\,dz$ pour dv, on retrouve l'expression (18) de $div\,\vec{a}$; la démonstration est tout à fait la même que celle de la formule (20) du Livre I, Chap. I, § **4**. Il s'ensuit que la formule (21, a) peut être prise comme définition de la grandeur $div\,\vec{a}$. Au moyen de cette formule, on voit que la grandeur $div\,\vec{a}$ n'est *différente* de zéro en un point donné que quand le flux du vecteur $\vec{a}$ à travers la surface infiniment petite S qui entoure le point considéré n'est lui-même pas nul ; mais ceci n'est possible que lorsque le point est un point d'émission ($div\,\vec{a} > 0$) ou un point d'absorption ($div\,\vec{a} < 0$) des lignes du vecteur $\vec{a}$. S'il n'y a au point donné ni émission, ni absorption, le flux qui entre dans la surface S est égal à celui qui en sort, de sorte que l'intégrale dans le second membre de (21, a) est nulle et par suite $div\,\vec{a} = 0$. *Lorsque $div\,\vec{a}$ n'est pas nul, il y a naissance (émission, $div\,\vec{a} > 0$) ou fin (absorption, $div\,\vec{a} < 0$) des lignes du vecteur $\vec{a}$. Quand il n'y a ni émission, ni absorption, on a partout $div\,\vec{a} = 0$.* Ceci se trouve complètement confirmé lorsque V désigne un potentiel et qu'on a $div\,grad\,V = -4\pi\rho$, par suite $div\,\vec{F} = 4\pi\rho$, l'intensité $\vec{F}$ du champ étant égale à $-grad\,V$.

Si on a, dans tout l'espace infini, $div\,\vec{a} = 0$, les lignes du vecteur $\vec{a}$ sont des courbes fermées et l'espace lui-même est libre de sources, comme nous l'avons déjà vu pour le cas où V a la signification d'un potentiel. On peut donc énoncer le théorème suivant : *Dans le champ d'un vecteur lamellaire $\vec{a} = grad\,V$, il y a des points où $div\,\vec{a}$ n'est pas nul.*

Au lieu de $div\,\vec{a}$, HAMILTON et TAIT écrivent $- S\nabla\vec{a}$; de même, la plupart des auteurs anglais emploient au lieu du symbole Δ le symbole ∇^2.

IV. TOURBILLON (*curl* ou *rot*). Dans le champ d'un vecteur $\vec{a}$, on peut, sous des conditions déterminées, construire un autre *vecteur* $\overset{\curvearrowright}{b}$ qu'on nomme le *tourbillon du vecteur a*. Nous le désignerons de la manière suivante :

$$(22) \qquad \overset{\curvearrowright}{b} = rot \ \vec{a},$$

en remarquant que, comme nous le montrerons plus loin, le tourbillon d'un vecteur polaire est un vecteur axial et inversement. Très souvent, les auteurs anglais emploient la notation proposée par O. HEAVISIDE $\overset{\curvearrowright}{b} = curl \ \vec{a}$; P. G. TAIT a adopté le symbole $V\nabla \ \vec{a}$ que J. W. GIBBS a simplifié en écrivant $\nabla \times \vec{a}$; W. VOIGT écrit $\overset{\curvearrowright}{b} = vort \ \vec{a}$ (*vort* étant l'abréviation du mot *vortex*).

Nous définirons le tourbillon $\overset{\curvearrowright}{b}$ par ses composantes

$$(23) \qquad \begin{cases} b_x = rot_x \ \vec{a} = \dfrac{\partial a_z}{\partial y} - \dfrac{\partial a_y}{\partial z}, \\[2mm] b_y = rot_y \ \vec{a} = \dfrac{\partial a_x}{\partial z} - \dfrac{\partial a_z}{\partial x}, \\[2mm] b_z = rot_z \ \vec{a} = \dfrac{\partial a_y}{\partial x} - \dfrac{\partial a_x}{\partial y}. \end{cases}$$

Les équations (15, c) montrent que *le tourbillon d'un vecteur lamellaire est nul* ; autrement dit, quand $\vec{a} = grad \ V$, on a

$$(24) \qquad rot \ \vec{a} = rot \ grad \ V = 0.$$

Si on calcule, par la formule (18), l'expression $div \ \overset{\curvearrowright}{b} = div \ rot \ \vec{a}$, tous les termes disparaissent et on obtient

$$(25) \qquad div \ rot \ \vec{a} = 0.$$

Cette équation montre que le vecteur $\overset{\curvearrowright}{b}$, *qui est le tourbillon d'un autre vecteur* $\vec{a}$, *n'a aucune divergence ; son champ est libre de sources et toutes les lignes du vecteur* $\overset{\curvearrowright}{b}$ *sont fermées.* Le vecteur $\overset{\curvearrowright}{b} = rot \ \vec{a}$ s'appelle un *vecteur solénoïdal* et son champ un *champ solénoïdal*.

Théorème de STOKES. Dans le Livre II, Chap. I, § 5, nous avons fait connaître la formule (43) de STOKES. Nous lui avons donné l'expression suivante :

$$(26) \qquad \int_s \varphi dx + \psi dy + \theta dz =$$

$$\iint_S \left\{ \left(\frac{\partial \theta}{\partial y} - \frac{\partial \psi}{\partial z} \right) \cos(n, x) + \left(\frac{\partial \varphi}{\partial z} - \frac{\partial \theta}{\partial x} \right) \cos(n, y) + \left(\frac{\partial \psi}{\partial x} - \frac{\partial \varphi}{\partial y} \right) \cos(n, z) \right\} dS ;$$

φ, ψ et 0 sont trois fonctions de point quelconques, mais finies, continues et uniformes ; S est une surface limitée par la courbe s, n est la normale menée à l'élément de surface dS, dx, dy, dz sont les composantes de l'élément ds du contour s. L'intégrale dans le premier membre s'étend au contour entier s et est prise dans un sens qui, avec celui de la normale n, répond à la règle de la vis. Supposons maintenant que $\varphi = a_x$, $\psi = a_y$, $0 = a_z$ soient les composantes d'un certain vecteur $\vec{a}$. Si on pose alors, comme précédemment, $ds = |\vec{ds}|$, on a $\varphi dx + \psi dy + 0 dz = \{ a_x \cos(n, x) + a_y \cos(n, y) + a_z \cos(n, z) \} ds = a_s ds = (\vec{a}\,\vec{ds})$. L'expression sous le signe de sommation dans le second membre est alors

$$rot_x\,\vec{a}\,\cos(n, x) + rot_y\,\vec{a}\,\cos(n, y) + rot_z\,\vec{a}\,\cos(n, z) = rot_n\,\vec{a}.$$

Si on prend partout, comme plus haut, un signe unique de sommation, on obtient

$$(27) \qquad \int (\vec{a}\,\vec{ds}) = \int rot_n\,\vec{a}\,dS.$$

L'intégrale d'un vecteur le long d'une courbe fermée est égale au flux du tourbillon de ce vecteur à travers une surface quelconque limitée par cette courbe. On voit ainsi que par toutes les surfaces limitées par une courbe fermée donnée passe un seul et même flux d'un vecteur solénoïdal et qu'en outre *le flux d'un vecteur solénoïdal à travers toute surface fermée est nul.*

Quand on a *dans tout l'espace* $rot\,\vec{a} = 0$, alors $\vec{a} = grad\,V$ et la formule (27) donne de nouveau (16, *a*). Il peut arriver cependant qu'*en tous les points d'un espace en forme d'anneau environnant la courbe fermée s, on ait* $rot\,\vec{a} = 0$, *sauf en certains points* ; *dans ce cas, l'intégrale du vecteur* $\vec{a}$ *le long de la courbe s n'est pas nulle, bien qu'en tous les points de cette courbe on ait* $rot\,\vec{a} = 0$, car la surface S limitée par la courbe s franchit nécessairement les points où $rot\,\vec{a}$ n'est pas nul.

Les grandeurs scalaires ou vectorielles que nous avons introduites jusqu'ici dans l'analyse vectorielle permettent de s'affranchir de toute considération où l'on a recours à des axes de coordonnées sans relations géométriques ou physiques avec les questions que l'on doit étudier. On voit très simplement comment on est arrivé à ce résultat en remarquant avec H. BURKHARDT que les symboles employés se déduisent des invariants qu'un système de points possède à l'égard du *groupe des déplacements euclidiens.*

Pour un seul vecteur $\vec{a}$ l'invariant *scalaire* à envisager est la longueur $|\vec{a}|$ de ce vecteur. Pour deux vecteurs $\vec{a}$ et $\vec{b}$, on doit introduire de plus le produit scalaire $(\vec{a}\,\vec{b})$. Pour trois vecteurs $\vec{a}$, $\vec{b}$ et $\vec{c}$, il faut ajouter l'invariant désigné précédemment par $(\vec{a}\,[\vec{b}\,\vec{c}])$, mais que l'on peut écrire plus simplement $(\vec{a}\ \vec{b}\ \vec{c})$ et qui est le volume du parallélépipède construit sur les trois vecteurs $\vec{a}, \vec{b}, \vec{c}$. Tout invariant scalaire rationnel entier de degré *pair* d'un nombre quelconque de vecteurs est uniquement fonction de produits géométriques tels que $(\vec{a}\ \vec{b})$, qui comprennent $|\vec{a}|$ et $|\vec{b}|$ puisque $(\vec{a}\ \vec{a}) = |\vec{a}|^2$. Tout invariant de degré *impair* est fonction de produits scalaires tels que $(\vec{a}\ \vec{b})$ et $(\vec{a}\ \vec{b}\ \vec{c})$. Il est facile de voir qu'on a en particulier

$$(\vec{a}\ \vec{b}\ \vec{c})\ (\vec{d}\ \vec{e}\ f) = \begin{vmatrix} (\vec{a}\ \vec{d}) & (\vec{a}\ \vec{e}) & (\vec{a}\ f) \\ (\vec{b}\ \vec{d}) & (\vec{b}\ \vec{e}) & (\vec{b}\ f) \\ (\vec{c}\ \vec{d}) & (\vec{c}\ \vec{e}) & (\vec{c}\ f) \end{vmatrix}$$

et en outre la relation très utile

$$(\vec{a}\ \vec{b}\ \vec{c})\ (\vec{d}\ \vec{e}) - (\vec{b}\ \vec{c}\ \vec{d})\ (\vec{a}\ \vec{e}) + (\vec{c}\ \vec{d}\ \vec{a})\ (\vec{b}\ \vec{e}) - (\vec{d}\ \vec{a}\ \vec{b})\ (\vec{c}\ \vec{e}) = 0.$$

Le seul invariant *vectoriel* à considérer, en dehors d'un vecteur pris isolément, est le produit vectoriel $[\vec{a}\ \vec{b}]$ de deux vecteurs $\vec{a}$ et $\vec{b}$, qui est évidemment indépendant d'un choix quelconque d'axes de coordonnées. En effet, un produit tel que $[\vec{a}\ \vec{b}\ \vec{c}]$ s'exprime, comme nous l'avons vu dans la formule (11), au moyen des invariants précédents et il en est de même de toute fonction vectorielle rationnelle entière de degré pair ou impair.

Passons maintenant aux *invariants différentiels*. Pour les former, il suffit de recourir au symbolisme de Boole, ainsi que l'ont fait Hamilton et Tait, et d'appliquer l'opérateur très curieux

$$grad = \vec{i}\ \frac{\partial}{\partial x} + \vec{j}\ \frac{\partial}{\partial y} + \vec{k}\ \frac{\partial}{\partial z},$$

en l'assimilant à un vecteur. D'après ce qui précède, on voit alors apparaître l'invariant

$$div\ \vec{a} = (grad\ \vec{a}),$$

en remplaçant dans un produit scalaire tel que $(\vec{a}\ \vec{b})$ l'un des deux vecteurs par *grad*, *l'autre vecteur étant affecté par cet opérateur*. Si l'opérateur *grad* n'affecte pas cet autre vecteur, on a dans $(\vec{a}\ grad)$ l'expression d'une dérivée partielle prise dans la direction de $\vec{a}$ (telle que la dérivée $\frac{\partial}{\partial n}$ suivant la normale que nous avons déjà employée souvent). En remplaçant dans $(\vec{a}\ \vec{a}) = |\vec{a}|^2$ le vecteur $\vec{a}$ par *grad*, on retrouve en particulier l'opérateur différentiel $\Delta = (grad\ grad)$. Si l'on part du produit scalaire $(\vec{a}\ \vec{b}\ \vec{c})$, on a les deux invariants scalaires

$$(\vec{a}\ grad\ \vec{b}\ ) = (\vec{a}\ [grad\ \vec{b}\ ])$$
$$(\vec{a}\ \vec{b}\ grad) = ([\vec{a}\ \vec{b}]\ grad).$$

Les fonctions scalaires rationnelles entières d'un nombre quelconque de vecteurs, qui contiennent les dérivées partielles de ces vecteurs *linéairement*, sont formées au moyen de scalaires des quatre types

$$(\vec{a}\,\vec{b}), \quad (\vec{a}\,\vec{b}\,\vec{c}), \quad (grad\,\vec{a}), \quad (\vec{a}\,grad\,\vec{b}).$$

De même, pour les opérations scalaires différentielles du premier ordre, il suffit d'associer les quatre types de scalaires

$$(\vec{a}\,\vec{b}), \quad (\vec{a}\,\vec{b}\,\vec{c}), \quad (\vec{a}\,grad), \quad (\vec{a}\,\vec{b}\,grad).$$

Les invariants différentiels vectoriels sont tout aussi aisés à former. De $[\vec{a}\,\vec{b}]$, on déduit la notion de tourbillon par la relation

$$[grad\,\vec{a}] = rot\,\vec{a}\,;$$

de $\vec{a}\,(\vec{b}\,\vec{c})$ dérivent les expressions $\Delta\,\vec{a} = (grad\,grad)\,\vec{a}$ et $(\vec{a}\,grad)\,\vec{b}$, etc.

L'opérateur *grad* est donc fondamental. Si on l'envisage comme *polaire*, on voit que le tourbillon d'un vecteur axial est un vecteur polaire et inversement ; la divergence d'un vecteur polaire est un scalaire de première espèce et celle d'un vecteur axial un scalaire de deuxième espèce ; le gradient d'un scalaire de première espèce est un vecteur polaire et le gradient d'un scalaire de deuxième espèce un vecteur axial, etc.

P. G. Tait a étendu plus loin le symbolisme de Boole. L'opérateur algébrique

$$e^{h\frac{d}{dx}},$$

appliqué à une fonction quelconque de x, transforme x en $x + h$. De même, lorsque $\vec{a}$ est un vecteur, non affecté par *grad*, l'opérateur

$$e^{(\vec{a}\,grad)},$$

appliqué à une fonction quelconque d'un vecteur $\vec{b}$, donne

$$e^{(\vec{a}\,grad)}\,f(\vec{b}) = f(\vec{a} + \vec{b}).$$

Nous réunirons ici quelques formules importantes qu'il est facile d'établir d'après ce qui précède et dont nous aurons à nous servir dans la suite :

$$(28) \qquad div\,(\vec{a}\,V) = V\,div\,\vec{a} + (\vec{a}\,grad\,V),$$

$$(29) \qquad div\,[\vec{a}\,\vec{b}] = (\vec{b}\,rot\,\vec{a}) - (\vec{a}\,rot\,\vec{b}),$$

$$(30) \qquad rot\,(\vec{a}\,V) = V\,rot\,\vec{a} + [grad\,V\,.\,\vec{a}],$$

$$(31) \qquad rot\,rot\,\vec{a} = grad\,div\,\vec{a} - \Delta\,\vec{a},$$

$$(32) \qquad rot\,[\vec{a}\,\vec{b}] = \vec{a}\,div\,\vec{b} - \vec{b}\,div\,\vec{a} + (\vec{b}\,grad)\,\vec{a} - (\vec{a}\,grad)\,\vec{b},$$

$$(33) \qquad (\vec{a}\,grad)\,\vec{b} + (\vec{b}\,grad)\,\vec{a} = grad\,(\vec{a}\,\vec{b}) - [\vec{a}\,rot\,\vec{b}] - [\vec{b}\,rot\,\vec{a}].$$

Tous les termes dans les relations (28) et (29) sont des *scalaires* et dans les relations (30), (31), (32) et (33) des *vecteurs*, de sorte que dans ce dernier cas les additions ou soustractions indiquées sont vectorielles. Il est facile d'établir toutes ces formules directement, quoique les calculs soient parfois un peu longs. On obtient la formule (28) très simplement; il résulte en effet de la formule (18) que

$$\operatorname{div}(\vec{a}\,V) = \frac{\partial(a_x V)}{\partial x} + \frac{\partial(a_y V)}{\partial y} + \frac{\partial(a_z V)}{\partial z} = V\frac{\partial a_x}{\partial x} + a_x\frac{\partial V}{\partial x} + \text{etc.}\;;$$

en ayant égard à (7), on trouve (28); d'une manière analogue, on a (29) au moyen de (18), (9), (7) et (23). Pour obtenir les autres relations, on peut se borner à considérer la composante suivant l'axe des x du vecteur du premier membre, par exemple $\operatorname{rot}_x \operatorname{rot} a$ dans (31), et faire les transformations qui conduisent aux composantes suivant le même axe des vecteurs du second membre.

Nous considérerons encore deux questions importantes.

A. VARIATION DANS LE TEMPS D'UN SCALAIRE ET D'UN VECTEUR. Supposons qu'un scalaire V se rapporte à une particule de substance déterminée, qui se meut avec la vitesse $\vec{v}$ et se trouve à l'instant t en un certain point M de l'espace. Dans le cours de l'intervalle de temps dt, les coordonnées de cette particule changent de dx, dy, dz. Nous caractériserons par $\dfrac{dV}{dt}$ la vitesse du changement du scalaire *lié à la particule en mouvement*, mais par $\dfrac{\partial V}{\partial t}$ la vitesse du changement du scalaire au point non mobile M. On a alors

$$\frac{dV}{dt} = \frac{\partial V}{\partial t} + \frac{\partial V}{\partial x}\frac{dx}{dt} + \frac{\partial V}{\partial y}\frac{dy}{dt} + \frac{\partial V}{\partial z}\frac{dz}{dt},$$

c'est-à-dire

$$(34)\qquad \frac{dV}{dt} = \frac{\partial V}{\partial t} + (\vec{v}\,\operatorname{grad} V).$$

D'une manière analogue, on obtient pour un vecteur $\vec{a}$ la relation aisée à établir

$$(35)\qquad \frac{d\vec{a}}{dt} = \frac{\partial \vec{a}}{\partial t} + (\vec{v}\,\operatorname{grad})\,\vec{a}.$$

Nous mentionnerons aussi une autre formule du même genre, qui est très importante. Soit S une surface fermée qui se meut en même temps que les éléments matériels dont elle est constituée et qui prend à l'instant donné t la position S_0. Nous désignerons par $\dfrac{d}{dt}\displaystyle\int a_n dS$ la vitesse du changement qu'é-prouve le flux du vecteur $\vec{a}$ à travers la surface en mouvement S, et par $\dfrac{\partial}{\partial t}\displaystyle\int a_n dS$ la vitesse du changement du flux s'écoulant à travers la surface immobile S_0. Les surfaces S, S_0 et la bande annulaire infiniment étroite qui est décrite par le contour de S dans son mouvement forment une surface fermée à laquelle on peut appliquer le théorème (21) de GAUSS ; en ayant égard de plus à la formule (27) de STOKES, on obtient l'expression

$$(36) \qquad \frac{d}{dt}\int a_n dS = \int \left\{ \frac{\partial a_n}{\partial t} + v_n\, div\ \vec{a} + rot_n\ [\overrightarrow{a\ v}] \right\} dS.$$

B. DÉTERMINATION D'UN VECTEUR, QUAND ON DONNE SA DIVERGENCE ET SON TOURBILLON. On peut établir qu'un vecteur $\vec{a}$ est complètement déterminé par les conditions suivantes : 1. $div\ \vec{a}$ est donné dans tout l'espace infini ; 2. $rot\ \vec{a}$ est également donné dans tout l'espace ; 3. au point infiniment éloigné M, le vecteur $\vec{a}$ est infiniment petit, au moins de l'ordre $1 : r^2$, r étant la distance du point M à un point à distance finie, l'origine des coordonnées par exemple. Les forces électriques et magnétiques satisfont à la troisième condition ; nous ne reviendrons plus dans la suite sur cette *troisième condition*, que nous supposerons *remplie dans tous les cas*. Nous traiterons d'abord deux cas particuliers, puis le problème général.

PROBLÈME I. *Déterminer un vecteur lamellaire* $\vec{a}$, *pour lequel* $div\ \vec{a} = m$ *est donné*. Puisque le vecteur est lamellaire, on a

$$(37) \qquad\qquad div\ \vec{a} = m,$$

$$(38) \qquad\qquad rot\ \vec{a} = 0 ;$$

par conséquent le vecteur $\vec{a}$ est complètement déterminé (nous regardons la troisième condition comme toujours remplie). On peut considérer un vecteur lamellaire comme le gradient d'un certain scalaire que nous désignerons par V ; on a donc

$$(39) \qquad\qquad \vec{a} = grad\ V.$$

Des équations (19) et (37) résulte que

$$(39,\ a) \qquad\qquad \Delta V = m.$$

Le potentiel V de masses dont la densité de volume est ρ satisfait à l'équation $\Delta V = -4\pi\rho$ et on a comme on sait

$$(39,\ b) \qquad\qquad V = \int \frac{\rho dv}{r},$$

où dv est un élément de volume, dont nous désignerons les coordonnées par x', y', z' ; r est la distance entre dv et le point x, y, z auquel la valeur V se rapporte ; ρ est une fonction de x', y', z', tandis que r dépend des six coordonnées x, y, z, x', y', z'. L'intégrale s'étend à l'espace entier dans lequel ρ est différent de zéro. Si on pose $m = -\,4\pi\rho$ et par suite $\rho = -\dfrac{m}{4\pi}$, on a

$$(39,\ c) \qquad\qquad V = -\int \frac{m\,dv}{4\pi r}.$$

La grandeur V s'appelle *potentiel scalaire*. Si on désigne par $div'\ \vec{a}$ la valeur de $div\ \vec{a}$ au point x', y', z' où se trouve dv, on obtient, d'après (37) et (39),

$$(40) \qquad\qquad \vec{a} = -\,grad \int \frac{div'\ \vec{a}\ dv}{4\pi r}.$$

PROBLÈME II. *Déterminer un vecteur solénoïdal $\vec{a}$ pour lequel $rot\ \vec{a} = \overset{\smile}{b}$ est donné.* Puisque le vecteur est solénoïdal, on a

$$(41) \qquad\qquad rot\ \vec{a} = \overset{\smile}{b},$$
$$(42) \qquad\qquad div\ \vec{a} = 0\,;$$

par conséquent le vecteur $\vec{a}$ est complètement déterminé. Nous introduirons un vecteur $\overset{\smile}{c}$ (axial si $\vec{a}$ est polaire et polaire si $\vec{a}$ est axial), en posant

$$(42,\ a) \qquad\qquad \vec{a} = rot\ \overset{\smile}{c}\,;$$

d'après (25), la condition (42) est satisfaite. Le vecteur $\overset{\smile}{c}$ n'est pas déterminé par l'équation (42, a) car, s'il satisfait à celle-ci, il en est de même de tout vecteur $\overset{\smile}{c} + \overset{\smile}{d}$, où $\overset{\smile}{d}$ est un vecteur *lamellaire*, c'est-à-dire le gradient d'un scalaire quelconque V ; on a en effet *rot grad* $V = 0$, d'après (24). D'après cela, il est possible de soumettre $\overset{\smile}{c}$ à une *condition supplémentaire*. Si on porte (42, a) dans (41), on a

$$rot\ rot\ \overset{\smile}{c} = \overset{\smile}{b},$$

ou, d'après (31), qui est applicable à un vecteur polaire ou axial,

$$(42,\ b) \qquad\qquad grad\ div\ \overset{\smile}{c} - \Delta\ \overset{\smile}{c} = \overset{\smile}{b}.$$

Introduisons la condition supplémentaire

$$(42,\ c) \qquad\qquad div\ \overset{\smile}{c} = 0,$$

auquel cas, nous dirons avec MAXWELL que $\overset{\smile}{c}$ est un *potentiel vecteur* ; on a alors

$$(43) \qquad\qquad \Delta\ \overset{\smile}{c} = -\,\overset{\smile}{b},$$

ou, en notations cartésiennes,

$$(43,\ a)\qquad \Delta c_x = -\ b_x,\qquad \Delta c_y = -\ b_y,\qquad \Delta c_z = -\ b_z.$$

Ces équations sont entièrement analogues à l'équation à laquelle satisfait la grandeur $(39,\ b)$, $4\pi\rho$ devant être remplacé par c_x, c_y, c_z, de sorte que

$$(43,\ b)\qquad c_x = \int \frac{b_x dv}{4\pi r},\qquad c_y = \int \frac{b_y dv}{4\pi r},\qquad c_z = \int \frac{b_z dv}{4\pi r}.$$

On a donc pour $\overset{\smile}{c} = \overset{\smile}{i}\, c_x + \overset{\smile}{j}\, c_y + \overset{\smile}{k}\, c_z$ l'expression

$$(44)\qquad \overset{\smile}{c} = \int \frac{\overset{\smile}{b}\, dv}{4\pi r},$$

où *la sommation indiquée par l'intégrale est une sommation vectorielle*. Nous admettrons sans démonstration que l'expression (44) satisfait effectivement à la condition $(42,\ c)$, que par conséquent elle est la solution cherchée de l'équation $(42,\ b)$. Si on introduit de nouveau la notation rot' pour le point $(x',\ y',\ z')$ où se trouve dv, on trouve, à l'aide des formules $(42,\ a)$ et (41), le résultat suivant

$$(45)\qquad \vec{a} = rot \int \frac{rot'\ \vec{a}}{4\pi r}\, dv.$$

Nous pouvons maintenant aborder le problème général.

Problème III. *Déterminer le vecteur* $\vec{a}$ *pour lequel*

$$(46)\qquad \operatorname{div} \vec{a} = m,$$

$$(47)\qquad rot\, \vec{a} = \overset{\smile}{b}$$

sont donnés.

Posons

$$(48)\qquad \vec{a} = \vec{a_1} + \vec{a_2},$$

où $\vec{a_1}$ et $\vec{a_2}$ sont des vecteurs pour lesquels on a

$$(49)\qquad \begin{cases} \operatorname{div} \vec{a_1} = m, & rot\, \vec{a_1} = 0, \\ \operatorname{div} \vec{a_2} = 0, & rot\, \vec{a_2} = \overset{\smile}{b}. \end{cases}$$

Évidemment $\vec{a_1}$ est un vecteur lamellaire, $\vec{a_2}$ un vecteur solénoïdal ; il en résulte que, *dans tout champ vectoriel, le vecteur du champ peut être décomposé en deux vecteurs, dont l'un est un vecteur lamellaire et l'autre un vecteur solénoïdal*. Les formules (40) et (45) donnent les vecteurs $\vec{a_1}$ et $\vec{a_2}$; on a donc

$$(50)\qquad \vec{a} = -\ grad \int \frac{m dv}{4\pi r} + rot \int \frac{\overset{\smile}{b}\, dv}{4\pi r},$$

puisque $div \vec{a_1} = div \vec{a}$ et $rot \vec{a_2} = rot \vec{a}$. On peut encore écrire

$$(51) \qquad \vec{a} = - grad \int \frac{div' \vec{a} \, dv}{4\pi r} + rot \int \frac{rot' \vec{a} \, dv}{4\pi r} \ ;$$

le vecteur cherché $\vec{a}$ est donc la somme vectorielle du gradient d'un potentiel scalaire et du tourbillon d'un potentiel vecteur.

Nous dirons seulement quelques mots du cas où se présente à la surface donnée S une discontinuité du vecteur $\vec{a}$. Supposons d'abord que la composante *normale* a_n ait des deux côtés de la surface S, aux points M' et M", des valeurs différentes a'_n et a''_n; alors $div \vec{a}$ est infiniment grand sur la surface S, tandis que $h \, div \vec{a}$ peut prendre une valeur finie, si h désigne la distance infiniment petite entre les points M' et M". Lorsqu'au contraire c'est la composante *tangentielle* a_t qui a des valeurs différentes a'_t et a''_t aux points M' et M", $curl_s \vec{a}$ est infiniment grand, s étant une direction tangentielle à S perpendiculaire à la direction de t; mais la grandeur $h \, curl_s \vec{a}$ peut rester finie, quand M' et M" se rapprochent indéfiniment de la surface S. Le lecteur trouvera dans les ouvrages énumérés plus loin l'étude de ces questions faite avec tous les détails nécessaires.

4. Relations mutuelles des champs de scalaires et de vecteurs. Les champs tensoriels [1]. — P. CURIE et W. VOIGT ont tout particulièrement insisté sur l'intérêt que présente, dans l'étude des phénomènes physiques, les considérations de symétrie familières aux cristallographes. Au point de vue des idées générales, la notion de symétrie peut être rapprochée de la notion de dimension : ces deux notions fondamentales sont respectivement caractéristiques pour le milieu où se passe un phénomène et pour la grandeur qui sert à évaluer l'intensité de ce dernier.

P. CURIE énonce les propositions suivantes :

La symétrie caractéristique d'un phénomène est la symétrie maxima compatible avec l'existence de ce phénomène.

Un phénomène peut exister dans un milieu qui possède sa symétrie caractéristique ou celle d'un des sous-groupes de sa symétrie caractéristique.

Autrement dit, certains éléments de symétrie peuvent coexister avec certains phénomènes, mais ils ne sont pas nécessaires. Ce qui est nécessaire, c'est que certains éléments de symétrie n'existent pas. C'est la dissymétrie qui crée le phénomène.

A chaque classe de grandeurs physiques correspond une symétrie caractéristique ; c'est le groupe des opérations autour d'un point (rotation autour d'un axe, réflexion, etc.) qui superposent à lui-même un champ uniforme de la grandeur considérée. Pour une grandeur comme la température, la densité, l'énergie, ce groupe est celui des milieux complètement isotropes et

---

[1] Ce paragraphe a été ajouté à l'édition française (Note du TRADUCTEUR).

comprend l'ensemble de toutes les rotations autour d'axes quelconques et de toutes les réflexions; pour la force, la vitesse, le champ électrique, etc., le groupe contient toutes les rotations autour d'une direction particulière, celle de la grandeur dirigée, et toutes les réflexions dans des plans passant par cette direction; pour d'autres grandeurs dirigées, comme la vitesse angulaire, le champ magnétique, etc., le groupe comprend toutes les rotations autour de la direction particulière de la grandeur, la réflexion dans un plan perpendiculaire à cette direction et par suite la symétrie par rapport à un centre.

Le problème de la physique cristalline consiste dans la détermination de la dépendance entre deux phénomènes A et B qui se manifestent dans un milieu doué de symétrie.

Si A et B sont l'un et l'autre scalaires (influence de la température sur la densité), la symétrie du milieu n'intervient pas.

Si B est scalaire et A vectoriel (pyroélectricité), la dépendance cherchée est, au moins à une première approximation, de la forme

$$(52) \qquad \vec{\rho} = \vec{\alpha}\,\theta,$$

$\vec{\rho}$ étant le vecteur qui représente A, quand le scalaire θ qui représente B est donné. Le phénomène A est donc déterminé en grandeur et en direction par le rayon vecteur de l'ellipsoïde

$$(53) \qquad \frac{x^2}{\alpha_x^2} + \frac{y^2}{\alpha_y^2} + \frac{z^2}{\alpha_z^2} = 3\,\theta^2,$$

les dimensions et l'orientation de cet ellipsoïde dépendant uniquement de la symétrie du milieu.

Si A et B sont tous les deux vectoriels (dépendance entre le courant électrique et la force électromotrice), la relation entre les deux phénomènes s'exprime par le système d'équations

$$(54) \qquad \begin{cases} \rho_x = \alpha_{11}\sigma_x + \alpha_{12}\sigma_y + \alpha_{13}\sigma_z, \\ \rho_y = \alpha_{21}\sigma_x + \alpha_{22}\sigma_y + \alpha_{23}\sigma_z, \\ \rho_z = \alpha_{31}\sigma_x + \alpha_{32}\sigma_y + \alpha_{33}\sigma_z, \end{cases}$$

que l'on écrit avec HAMILTON, P. G. TAIT et J. W. GIBBS

$$\vec{\rho} = \varphi\,\vec{\sigma},$$

$\vec{\rho}$ représentant le phénomène A, $\vec{\sigma}$ le phénomène B et φ un *opérateur linéaire* dépendant uniquement du milieu. On dit que $\vec{\rho}$ est une *fonction vectorielle linéaire* de $\vec{\sigma}$; l'opérateur φ est appelé par J. W. GIBBS une *dyadic.* Si l'on considère le système

$$(54,\,a) \qquad \begin{cases} \rho'_x = \alpha_{11}\sigma_x + \alpha_{21}\sigma_y + \alpha_{31}\sigma_z, \\ \rho'_y = \alpha_{12}\sigma_x + \alpha_{22}\sigma_y + \alpha_{32}\sigma_z, \\ \rho'_z = \alpha_{13}\sigma_x + \alpha_{23}\sigma_y + \alpha_{33}\sigma_z, \end{cases}$$

le vecteur $\overrightarrow{\rho'}$ est appelé la fonction vectorielle linéaire *conjuguée* de ρ. Dans certains cas, on établit, par des considérations thermodynamiques (dépendance entre le moment d'un diélectrique et le champ électrique) ou à défaut par voie expérimentale, que

$$(54, b) \qquad a_{12} = a_{21}, \qquad a_{31} = a_{13}, \qquad a_{23} = a_{32} \,;$$

la fonction vectorielle linéaire considérée est alors *conjuguée d'elle-même*. Supposons que dans les phénomènes étudiés il en soit ainsi et considérons l'ellipsoïde

$$(54, c) \qquad\qquad (\overrightarrow{\sigma}\, \varphi\, \overrightarrow{\sigma}\,) = 1.$$

A l'extrémité du vecteur $\overrightarrow{\sigma}$ qui représente B, menons le plan tangent à cet ellipsoïde. Le vecteur $\overrightarrow{\rho}$ qui représente A a même direction que la perpendiculaire $\overrightarrow{p}$ abaissée du centre sur ledit plan tangent et sa longueur est donnée par la relation

$$(54, d) \qquad\qquad |\overrightarrow{\rho}|\,|\overrightarrow{p}| = 1.$$

Quand la dépendance entre deux phénomènes peut être ainsi représentée par un ellipsoïde, cet ellipsoïde doit posséder la symétrie du milieu. Les éléments de symétrie de tout ellipsoïde sont trois axes de rotation binaires rectangulaires, un centre de symétrie et trois plans de symétrie perpendiculaires aux axes. Un ellipsoïde ne peut posséder d'axe d'ordre supérieur à deux, à moins qu'il ne soit de révolution autour de cet axe ; il ne peut posséder plus d'un axe d'ordre supérieur à deux, à moins qu'il ne soit une sphère. En ce qui concerne les phénomènes physiques que nous envisageons actuellement (dont un exemple typique est la propagation de la lumière), les cristaux peuvent par suite être divisés en cinq classes :

1. Dans le système régulier, l'ellipsoïde doit être une sphère ; le milieu est isotrope.

2. Dans les systèmes hexagonal, quadratique et rhomboèdrique, l'ellipsoïde doit être une figure de révolution dont l'axe coïncide avec l'axe de symétrie sénaire, quaternaire ou ternaire ; tous les cristaux de ces systèmes sont uniaxes pour la lumière.

3. Dans le système orthorhombique, tous les cristaux sont biaxes et les directions des axes principaux de l'ellipsoïde restent les mêmes pour toute longueur d'onde.

4. Dans le système clinorhombique, *l'un* des axes de l'ellipsoïde doit coïncider avec l'axe de symétrie ou être perpendiculaire au plan de symétrie ; tous les cristaux de ce système sont biaxes à l'égard de la lumière et la direction de l'un des axes principaux de l'ellipsoïde est la même pour toute longueur d'onde, les directions des deux autres axes variant en général avec cette longueur d'onde.

5. Dans le système triclinique, il n'y a pas de position avec laquelle un

axe de l'ellipsoïde doive nécessairement coïncider ; tous les cristaux de cette classe sont biaxes à l'égard de la lumière et les directions de tous les axes de l'ellipsoïde varient avec la longueur d'onde.

Donnons maintenant quelques indications sur les champs qu'on appelle *tensoriels* suivant une proposition de W. Voigt. On appelle *phénomène tensoriel* un phénomène qui peut se représenter par la *déformation d'un milieu continu*. On dit qu'un milieu a reçu une déformation, lorsque ses points, dans leur changement de position, n'ont pas subi un déplacement d'ensemble combiné ou non avec une transformation par symétrie. Soient x, y, z les coordonnées primitives d'un point et

$$(55) \qquad x_1 = x + \mathrm{u}, \qquad y_1 = y + \mathrm{v}, \qquad z_1 = z + \mathrm{w}$$

ce qu'elles deviennent après le déplacement de ce point. Les formules (55) définissent une correspondance entre deux espaces, l'un lieu du point (x, y, z), l'autre lieu du point (x_1, y_1, z_1). Mais on peut aussi les envisager comme des formules rapportant l'espace, lieu du point (x_1, y_1, z_1), à un système de coordonnées curvilignes (x, y, z). On est ainsi conduit, pour définir la déformation, à prendre des fonctions de x, y, z déterminant ce système de coordonnées curvilignes d'une façon unique et qui soient déterminées de la même façon par lui. De telles fonctions sont soit les *six coefficients* de la forme différentielle quadratique qui représente le carré de l'élément linéaire du second espace rapporté au système de coordonnées (x, y, z), soit des fonctions convenables de ces six coefficients. Si

$$(56) \qquad dx_1^2 + dy_1^2 + dz_1^2 = \mathrm{A}\,dx^2 + \mathrm{B}\,dy^2 + \mathrm{C}\,dz^2 + 2\mathrm{D}\,dy\,dz + 2\mathrm{E}\,dz\,dx + 2\mathrm{F}\,dx\,dy$$

est le carré de l'élément linéaire du second espace, cette expression devient identique au carré de l'élément linéaire du premier espace, lorsque les fonctions A, B, C se réduisent à l'unité et que les fonctions D, E, F s'annulent. On peut donc adopter, pour définir la *déformation* et par suite un *phénomène tensoriel*, les six fonctions

$$\varepsilon_1 = \frac{\mathrm{A}-1}{2}, \quad \varepsilon_2 = \frac{\mathrm{B}-1}{2}, \quad \varepsilon_3 = \frac{\mathrm{C}-1}{2}, \quad \gamma_1 = \mathrm{D}, \quad \gamma_2 = \mathrm{E}, \quad \gamma_3 = \mathrm{F},$$

dont les expressions, au moyen de x, y, z, se calculent, lorsque u, v, w sont donnés, par les formules

$$(57)\quad \begin{cases} \varepsilon_1 = \dfrac{\partial \mathrm{u}}{\partial x} + \dfrac{1}{2}\left[\left(\dfrac{\partial \mathrm{u}}{\partial x}\right)^2 + \left(\dfrac{\partial \mathrm{v}}{\partial x}\right)^2 + \left(\dfrac{\partial \mathrm{w}}{\partial x}\right)^2\right], \\[2ex] \varepsilon_2 = \dfrac{\partial \mathrm{v}}{\partial y} + \dfrac{1}{2}\left[\left(\dfrac{\partial \mathrm{u}}{\partial y}\right)^2 + \left(\dfrac{\partial \mathrm{v}}{\partial y}\right)^2 + \left(\dfrac{\partial \mathrm{w}}{\partial y}\right)^2\right], \\[2ex] \varepsilon_3 = \dfrac{\partial \mathrm{w}}{\partial z} + \dfrac{1}{2}\left[\left(\dfrac{\partial \mathrm{u}}{\partial z}\right)^2 + \left(\dfrac{\partial \mathrm{v}}{\partial z}\right)^2 + \left(\dfrac{\partial \mathrm{w}}{\partial z}\right)^2\right], \\[2ex] \gamma_1 = \dfrac{\partial \mathrm{w}}{\partial y} + \dfrac{\partial \mathrm{v}}{\partial z} + \dfrac{\partial \mathrm{u}}{\partial y}\dfrac{\partial \mathrm{u}}{\partial z} + \dfrac{\partial \mathrm{v}}{\partial y}\dfrac{\partial \mathrm{v}}{\partial z} + \dfrac{\partial \mathrm{w}}{\partial y}\dfrac{\partial \mathrm{w}}{\partial z}, \\[2ex] \gamma_2 = \dfrac{\partial \mathrm{u}}{\partial z} + \dfrac{\partial \mathrm{w}}{\partial x} + \dfrac{\partial \mathrm{u}}{\partial z}\dfrac{\partial \mathrm{u}}{\partial x} + \dfrac{\partial \mathrm{v}}{\partial z}\dfrac{\partial \mathrm{v}}{\partial x} + \dfrac{\partial \mathrm{w}}{\partial z}\dfrac{\partial \mathrm{w}}{\partial x}, \\[2ex] \gamma_3 = \dfrac{\partial \mathrm{v}}{\partial x} + \dfrac{\partial \mathrm{u}}{\partial y} + \dfrac{\partial \mathrm{u}}{\partial x}\dfrac{\partial \mathrm{u}}{\partial y} + \dfrac{\partial \mathrm{v}}{\partial x}\dfrac{\partial \mathrm{v}}{\partial y} + \dfrac{\partial \mathrm{w}}{\partial x}\dfrac{\partial \mathrm{w}}{\partial y}, \end{cases}$$

que l'on déduit immédiatement des suivantes :

$$(58) \quad \left\{ \begin{aligned} dx_1 &= \left(1 + \frac{\partial u}{\partial x} \right) dx + \frac{\partial u}{\partial y}\, dy + \frac{\partial u}{\partial z}\, dz, \\ dy_1 &= \frac{\partial v}{\partial x}\, dx + \left(1 + \frac{\partial v}{\partial y} \right) dy + \frac{\partial v}{\partial z}\, dz, \\ dz_1 &= \frac{\partial w}{\partial x}\, dx + \frac{\partial w}{\partial y}\, dy + \left(1 + \frac{\partial w}{\partial z} \right) dz, \end{aligned} \right.$$

qui résultent de la différentiation des relations (55).

En rattachant, comme nous venons de le faire, à la théorie des coordonnées curvilignes, les six fonctions associées à une déformation, on est immédiatement conduit à la proposition suivante, qui résulte des travaux de Lamé, Bonnet, Lipschitz et G. Darboux :

Les six fonctions déterminées par les formules (57) *ne peuvent pas être prises arbitrairement; elles vérifient un système d'équations aux dérivées partielles du second ordre; à toute solution de ce système correspond une déformation et une seule, en considérant comme équivalentes deux déformations qui ne diffèrent que par un déplacement d'ensemble, combiné ou non avec une transformation par symétrie.*

Envisageons une portion du milieu non déformé entourant un point $P(x, y, z)$. Si cette portion est suffisamment petite, les six fonctions ε_1, ε_2, ε_3, γ_1, γ_2, γ_3, qui sont des fonctions continues de x, y, z, conserveront, en ses différents points, sensiblement les mêmes valeurs, celles qu'elles ont au point $P(x, y, z)$. Nous sommes ainsi amené à substituer à la déformation d'une portion du milieu entourant un point $P(x, y, z)$, lorsque cette portion est suffisamment petite, une déformation qu'on appelle avec Lord Kelvin et Tait *homogène* et qui est définie par les équations

$$(59) \quad \left\{ \begin{aligned} X_1 &= a_{10} + (1 + a_{11})X + a_{12}Y + a_{13}Z, \\ Y_1 &= a_{20} + a_{21}X + (1 + a_{22})Y + a_{23}Z, \\ Z_1 &= a_{30} + a_{31}X + a_{32}Y + (1 + a_{33})Z, \end{aligned} \right.$$

où X, Y, Z désignent les coordonnées d'un point Q du milieu non déformé par rapport au point P, c'est-à-dire par rapport à trois axes ayant leur origine en P et parallèles aux axes coordonnés, où X_1, Y_1, Z_1 désignent les coordonnées de la nouvelle position de Q par rapport aux mêmes axes, et où enfin les coefficients a_{ij}, qui sont déterminés en même temps que x, y, z, sont donnés par les formules

$$(59, a) \quad \left\{ \begin{aligned} a_{10} &= u, & a_{11} &= \frac{\partial u}{\partial x}, & a_{12} &= \frac{\partial u}{\partial y}, & a_{13} &= \frac{\partial u}{\partial z}, \\ a_{20} &= v, & a_{21} &= \frac{\partial v}{\partial x}, & a_{22} &= \frac{\partial v}{\partial y}, & a_{23} &= \frac{\partial v}{\partial z}, \\ a_{30} &= w, & a_{31} &= \frac{\partial w}{\partial x}, & a_{32} &= \frac{\partial w}{\partial y}, & a_{33} &= \frac{\partial w}{\partial z}. \end{aligned} \right.$$

Il existera généralement un trièdre de sommet P, que la déformation homogène précédente transformera dans un trièdre dont les arêtes seront respectivement parallèles à celles du premier ; c'est ce que montrent immédiatement les formules (59).

Il existera en outre un trièdre trirectangle de sommet P, qui restera trirectangle lorsqu'on lui appliquera la déformation homogène au point P ; c'est ce qu'on établit par le raisonnement bien connu que nous allons rappeler.

A un ellipsoïde placé dans l'un des deux espaces, les formules (59) font correspondre un nouvel ellipsoïde, et à trois diamètres conjugués de l'un des ellipsoïdes correspondent trois diamètres conjugués de l'autre. En particulier, à la sphère du premier espace, qui est définie par l'équation

$$X^2 + Y^2 + Z^2 = 1,$$

les formules (59) font correspondre un ellipsoïde $\mathcal{E}_1$ que nous appellerons avec Cauchy *le premier ellipsoïde de déformation relatif au point* P. Cet ellipsoïde étant supposé à axes inégaux, il existe un système et un seul de trois diamètres rectangulaires de la sphère considérée qui se transforment par (59) en trois droites rectangulaires : ce sont les diamètres qui se transforment dans les axes de l'ellipsoïde $\mathcal{E}_1$. De même, à la sphère du second espace, qui est définie par l'équation

$$(X_1 - a_{1_0})^2 + (Y_1 - a_{2_0})^2 + (Z_1 - a_{3_0})^2 = 1,$$

correspond l'ellipsoïde $\mathcal{E}$ défini par l'équation

$$(1 + 2\varepsilon_1)X^2 + (1 + 2\varepsilon_2)Y^2 + (1 + 2\varepsilon_3)Z^2 + 2\gamma_1 YZ + 2\gamma_2 ZX + 2\gamma_3 XY = 1$$

et que nous appellerons avec Lord Kelvin et Tait *le second ellipsoïde de déformation relatif au point* P. Les axes correspondent à trois diamètres rectangulaires de la sphère correspondante.

On peut, de plusieurs façons, par une rotation, suivie de la translation de composantes a_{1_0}, a_{2_0}, a_{3_0}, appliquer les trois axes de l'ellipsoïde $\mathcal{E}$ sur les axes correspondants de l'ellipsoïde $\mathcal{E}_1$. Parmi ces rotations, on distingue celle pour laquelle les trois arêtes d'un trièdre formé avec les axes de $\mathcal{E}$ s'appliquent finalement sur les trois arêtes *qui leur correspondent par* (59) et qui appartiennent à un trièdre formé avec les axes de $\mathcal{E}_1$. Cette rotation est ce qu'on appelle la *rotation au point* P *du milieu*.

Pour que cette dernière rotation soit nulle, il faut (mais cette condition n'est pas suffisante, d'après ce que nous venons de dire) que les directions des axes du second ellipsoïde de déformation soient aussi celles que (59) laisse invariables. Comme on le voit immédiatement, ceci revient à dire que l'on a

$$a_{23} = a_{32}, \qquad a_{31} = a_{13}, \qquad a_{12} = a_{21}.$$

Si ces conditions sont remplies, on peut affirmer simplement que les deux ellipsoïdes de déformation ont mêmes axes. La déformation homogène correspondante est ce que Lord Kelvin et Tait ont nommé une *déformation pure*.

La définition que nous avons donnée des composantes de la déformation en un point du milieu dépend des axes coordonnés. Si l'on considère de nouveaux axes, on aura six nouvelles composantes qui seront fonctions des anciennes et dont il est facile de trouver les expressions.

Soit

	x'	y'	z'
x	a	b	c
y	a'	b'	c'
z	a''	b''	c''

le tableau de transformation qui définit les cosinus directeurs des nouveaux axes. Soient x', y', z' et x'_1, y'_1, z'_1 les coordonnées, pour ces nouveaux axes, des points (x, y, z) et (x_1, y_1, z_1). On a

$$dx'^2_1 + dy'^2_1 + dz'^2_1 = dx^2_1 + dy^2_1 + dz^2_1$$
$$= (1 + 2\varepsilon_1)dx^2 + (1 + 2\varepsilon_2)dx^2 + (1 + 2\varepsilon_3)dz^2 + 2\gamma_1 dydz + 2\gamma_2 dzdx + 2\gamma_3 dxdy$$

et

$$dx = adx' + bdy' + cdz',$$
$$dy = a'dx' + b'dy' + c'dz',$$
$$dz = a''dx' + b''dy' + c''dz' ;$$

par suite

$$dx'^2_1 + dy'^2_1 + dz'^2_1 = (1 + 2\varepsilon'_1)dx'^2 + (1 + 2\varepsilon'_2)dy'^2 + (1 + 2\varepsilon'_3)dz'_2 + 2\gamma'_1 dy'dz$$
$$+ 2\gamma'_2 dz'dx' + 2\gamma'_3 dx'dy',$$

en posant

$$(60)\begin{cases}
\varepsilon'_1 = \varepsilon_1 a^2 + \varepsilon_2 a'^2 + \varepsilon_3 a''^2 + \gamma_1 a'a'' + \gamma_2 a''a + \gamma_3 aa', \\
\varepsilon'_2 = \varepsilon_1 b^2 + \varepsilon_2 b'^2 + \varepsilon_3 b''^2 + \gamma_1 b'b'' + \gamma_2 b''b + \gamma_3 bb', \\
\varepsilon'_3 = \varepsilon_1 c^2 + \varepsilon_2 c'^2 + \varepsilon_3 c''^2 + \gamma_1 c'c'' + \gamma_2 c''c + \gamma_3 cc', \\
\gamma'_1 = 2\varepsilon_1 bc + 2\varepsilon_2 b'c' + 2\varepsilon_3 b''c'' + \gamma_1(b'c'' + b''c') + \gamma_2(b''c + bc'') + \gamma_3(bc' + b'c), \\
\gamma'_2 = 2\varepsilon_1 ca + 2\varepsilon_2 c'a' + 2\varepsilon_3 c''a'' + \gamma_1(c'a'' + c''a') + \gamma_2(c''a + ca'') + \gamma_3(ca' + c'a), \\
\gamma'_3 = 2\varepsilon_1 ab + 2\varepsilon_2 a'b' + 2\varepsilon_3 a''b'' + \gamma_1(a'b'' + a''b') + \gamma_2(a''b + ab'') + \gamma_3(ab' + a'b).
\end{cases}$$

Telles sont les formules cherchées. On peut remarquer que si l'on considère le second ellipsoïde de déformation

$$(1 + 2\varepsilon_1)X^2 + (1 + 2\varepsilon_2)Y^2 + (1 + 2\varepsilon_3)Z^2 + 2\gamma_1 YZ + 2\gamma_2 ZX + 2\gamma_3 XY = 1,$$

et si l'on remplace dans son équation X, Y, Z par

$$X = aX' + bY' + cZ',$$
$$Y = a'X' + b'Y' + c'Z',$$
$$Z = a''X' + b''Y'' + c''Z',$$

la nouvelle équation est

$$(1+2\varepsilon'_1)X'^2 + (1+2\varepsilon'_2)Y'^2 + (1+2\varepsilon'_3)Z'^2 + 2\gamma'_1 Y'Z' + 2\gamma'_2 Z'X' + 2\gamma'_3 X'Y' = 1.$$

Il en résulte que les expressions

$$\varepsilon_1 + \varepsilon_2 + \varepsilon_3,$$
$$\gamma_1^2 + \gamma_2^2 + \gamma_3^2 - 4(\varepsilon_2\varepsilon_3 + \varepsilon_3\varepsilon_1 + \varepsilon_1\varepsilon_2),$$
$$4\varepsilon_1\varepsilon_2\varepsilon_3 + \gamma_1\gamma_2\gamma_3 - \varepsilon_1\gamma_1^2 - \varepsilon_2\gamma_2^2 - \varepsilon_3\gamma_3^2,$$

restent inaltérées par une transformation de coordonnées.

Il convient ici de mentionner que les formules (60) sont à la base de la théorie des *tenseurs* et *triples-tenseurs* que W. Woigt (1898) s'est proposé de modeler sur la théorie des *vecteurs*.

Nous avons déjà introduit dans le Tome I la notion de *déformation infiniment petite* d'un milieu continu. Envisageons un milieu dont les différentes positions soient définies de la manière suivante. Dans les formules

$$x_1 = x + \mathrm{u}, \qquad y_1 = y + \mathrm{v}, \qquad z_1 = z + \mathrm{w},$$

qui donnent les coordonnées x_1, y_1, z_1 de la nouvelle position du point (x, y, z), les quantités u, v, w sont fonctions de x, y, z et d'une nouvelle variable t ; nous supposerons que le milieu proposé corresponde, par exemple, à la valeur zéro du paramètre t.

Lorsque t sera infiniment petit, les quantités variables avec la déformation, telles, par exemple, que les six fonctions ε_1, ε_2, ε_3, γ_1, γ_2, γ_3, différeront de leurs valeurs primitives de quantités infiniment petites. L'étude de la partie principale de tels infiniment petits constitue *ce que l'on doit entendre* par l'étude de la déformation infiniment petite du milieu considéré.

Supposons que u, v, w, fonctions de la variable t en même temps que de x, y, z, puissent être développés suivant les puissances entières positives de t ; comme u, v, w doivent se réduire respectivement à zéro pour $t = 0$, nous aurons

$$(61) \qquad \left\{ \begin{array}{l} \mathrm{u} = u + u_1 + u_2 + \ldots, \\ \mathrm{v} = v + v_1 + v_2 + \ldots, \\ \mathrm{w} = w + w_1 + w_2 + \ldots, \end{array} \right.$$

en désignant par u, v, w les termes de ces développements qui renferment t en facteur, et généralement par u_n, v_n, w_n ceux qui renferment t^{n+1} en facteur. Nous aurons avec ces notations

$$\varepsilon_1 = \frac{\partial u}{\partial x} + \cdots, \qquad \gamma_1 = \frac{\partial w}{\partial y} + \frac{\partial v}{\partial z} + \cdots,$$

$$\varepsilon_2 = \frac{\partial v}{\partial y} + \cdots, \qquad \gamma_2 = \frac{\partial u}{\partial z} + \frac{\partial w}{\partial x} + \cdots,$$

$$\varepsilon_3 = \frac{\partial w}{\partial z} + \cdots, \qquad \gamma_3 = \frac{\partial v}{\partial x} + \frac{\partial u}{\partial y} + \cdots;$$

on voit que lorsque t est suffisamment petit, les six composantes de la déformation en un point ont sensiblement pour valeurs les expressions

$$(62) \quad \begin{cases} e_1 = \dfrac{\partial u}{\partial x}, & e_2 = \dfrac{\partial v}{\partial y}, & e_3 = \dfrac{\partial w}{\partial z}, \\[2mm] g_1 = \dfrac{\partial w}{\partial y} + \dfrac{\partial v}{\partial z}, & g_2 = \dfrac{\partial u}{\partial z} + \dfrac{\partial w}{\partial x}, & g_3 = \dfrac{\partial v}{\partial x} + \dfrac{\partial u}{\partial y}. \end{cases}$$

Nous avons fait remarquer que six fonctions quelconques de x, y, z ne peuvent pas représenter la déformation d'un milieu continu ; elles doivent vérifier un système d'équations aux dérivées partielles qui représente la condition nécessaire et suffisante pour que les équations (57), où l'on considère ε_1, ε_2, ε_3, γ_1, γ_2, γ_3 comme des fonctions données, déterminent les inconnues u, v, w. De même les six fonctions e_1, e_1, e_3, g_1, g_2, g_3 associées à une déformation *infiniment petite* satisfont à un système d'équations, donné pour la première fois par BARRÉ DE SAINT-VENANT et que nous avons déjà considéré dans le Tome IV (page 330).

Dans ce qui suit, nous nous bornerons désormais à la déformation infiniment petite. En partant de l'expression de l'*énergie de déformation* rapportée à l'unité de volume, qui est une forme quadratique des six fonctions e_1, e_2, e_3, g_1, g_2, g_3 que l'on peut écrire :

$$(63) \quad \begin{aligned} 2W = {} & c_{11}e_1^2 + 2c_{12}e_1e_2 + 2c_{13}e_1e_3 + 2c_{14}e_1g_1 + 2c_{15}e_1g_2 + 2c_{16}e_1g_3 \\ & + c_{22}e_2^2 \quad + 2c_{23}e_2e_3 + 2c_{24}e_2g_1 + 2c_{25}e_2g_2 + 2c_{26}e_2g_3 \\ & + c_{33}e_3^2 \quad + \cdots \cdots \cdots \cdots \\ & + \cdots \cdots \cdots \cdots \\ & + \cdots \cdots \cdots \\ & + c_{66}g_3^2, \end{aligned}$$

LORD KELVIN, par la méthode que nous avons indiquée dans le Tome I, a introduit la notion de l'*effort en un point du milieu*, dont les six composantes sont

$$N_1 = \frac{\partial W}{\partial e_1}, \quad N_2 = \frac{\partial W}{\partial e_2}, \quad N_3 = \frac{\partial W}{\partial e_3}, \quad T_1 = \frac{\partial W}{\partial g_1}, \quad T_2 = \frac{\partial W}{\partial g_2}, \quad T_3 = \frac{\partial W}{\partial g_3}.$$

Regardons l'*effort* (N_1, N_2, N_3, T_1, T_2, T_3) comme le phénomène tensoriel A et la déformation (e_1, e_2, e_3, g_1, g_2, g_3) comme le phénomène tensoriel B. Nous allons être conduit, par les considérations suivantes qui sont dues à C. SOMIGLIANA (1894), à une classification des milieux doués de symétrie, qui nous permettra, sans faire appel aux considérations moléculaires des cristallographes, de déduire la *loi de rationalité des indices* du simple fait que l'énergie de déformation est une forme quadratique des composantes de la déformation.

Pour déterminer la symétrie d'un milieu, nous devons chercher le groupe de transformations de coordonnées qui laisse invariante l'expression de l'énergie de déformation. Soit G ce groupe ; on peut toujours supposer qu'*il ne comprend que des rotations*, car une symétrie I par rapport à l'origine des coordonnées laisse invariante la forme quadratique W quels que soient ses coefficients et G contenant toujours une symétrie I, il est possible de remplacer par des rotations toutes les symétries II par rapport à des plans passant par l'origine (le produit d'une symétrie II par une symétrie I est en effet une rotation de π autour d'un axe déterminé). Introduisons encore une définition ; nous dirons que deux axes de symétrie sont *équivalents*, lorsqu'il existe une transformation de G qui permute ces deux axes.

Cela étant, proposons-nous de choisir les coefficients c_{ij} de W de telle sorte que W soit invariant par une rotation d'amplitude déterminée autour d'un axe donné. Prenons Oz pour l'axe de rotation et soit $\dfrac{2\pi}{n}$ l'amplitude de cette rotation ; dans le tableau de cosinus de la page 33, on aura

$$a = \cos \frac{2\pi}{n}, \qquad b = -\sin \frac{2\pi}{n}, \qquad c = 0,$$

$$a' = \sin \frac{2\pi}{n}, \qquad b' = \cos \frac{2\pi}{n}, \qquad c' = 0,$$

$$a'' = 0, \qquad b'' = 0, \qquad c'' = 1,$$

et par conséquent les formules analogues à (60) et relatives à la déformation infiniment petite donneront

$$(64) \quad \begin{cases} e_1 = e'_1 \cos^2 \dfrac{2\pi}{n} + e'_2 \sin^2 \dfrac{2\pi}{n} - g'_3 \cos \dfrac{2\pi}{n} \sin \dfrac{2\pi}{n}, \\[2mm] e_2 = e'_1 \sin^2 \dfrac{2\pi}{n} + e'_2 \cos^2 \dfrac{2\pi}{n} + g'_3 \cos \dfrac{2\pi}{n} \sin \dfrac{2\pi}{n}, \\[2mm] e_3 = e'_3 \\[2mm] g_1 = g'_1 \cos \dfrac{2\pi}{n} + g'_2 \sin \dfrac{2\pi}{n} \\[2mm] g_2 = - g'_1 \sin \dfrac{2\pi}{n} + g'_2 \cos \dfrac{2\pi}{n} \\[2mm] g_3 = 2 (e'_1 - e'_2) \cos \dfrac{2\pi}{n} \sin \dfrac{2\pi}{n} + 2 g'_3 \left(\cos^2 \dfrac{2\pi}{n} - \sin^2 \dfrac{2\pi}{n} \right). \end{cases}$$

Écrivant alors que la forme quadratique W est invariante par la transformation (64), on obtiendra entre les coefficients c_{ij} des relations d'où résultera la forme particulière cherchée de l'expression de l'énergie de déformation. C. SOMIGLIANA obtient ainsi les résultats suivants :

Si n est différent de 2, 3, 4, l'énergie W reste invariante par une rotation d'axe Oz et d'amplitude *quelconque* ; on dit alors que Oz est un *axe d'isotropie* et W est de la forme

$$\begin{aligned} 2W = \; &c_{11}e_1^2 + 2c_{12}e_1e_2 + 2c_{13}e_1e_3 \\ &+ c_{11}e_2^2 + 2c_{13}e_2e_3 \\ &+ c_{33}e_3^2 \\ &+ c_{44}g_1^2 \\ &+ c_{44}g_2^2 \\ &+ \tfrac{1}{2}(c_{11} - c_{22})g_3^2. \end{aligned}$$

[A$_z$]

(5 *constantes*)

Si $n = 2, 3, 4$, on dit que Oz *est un axe d'ordre* n ; W a alors l'une des formes suivantes (dans lesquelles $[A_z^n]$ indique que Oz est un axe d'ordre n) :

$$
\begin{aligned}
2W = c_{11}e_1^2 &+ 2c_{12}e_1e_2 + 2c_{13}e_1e_3 &&+ 2c_{16}e_1g_3 \\
&+ c_{22}e_2^2 \quad + 2c_{23}e_2e_3 &&+ 2c_{26}e_2g_3 \\
&+ c_{33}e_3^2 &&+ 2c_{36}e_3g_3
\end{aligned}
$$

$[A_z^2]$
(13 *constantes*)
$$
\begin{aligned}
&+ c_{44}g_1^2 + 2c_{45}g_1g_2 \\
&+ c_{55}g_2^2 \\
&+ c_{66}g_3^2,
\end{aligned}
$$

$$
\begin{aligned}
2W = c_{11}e_1^2 &+ 2c_{12}e_1e_2 + 2c_{13}e_1e_3 + 2c_{14}e_1g_1 + 2c_{15}e_1g_2 \\
&+ c_{22}e_2^2 \quad + 2c_{13}e_2e_3 - 2c_{14}e_2g_1 - 2c_{15}e_2g_2 \\
&+ c_{33}e_3^2
\end{aligned}
$$

$[A_z^3]$
(7 *constantes*)
$$
\begin{aligned}
&+ c_{44}g_1^2 &&- 2c_{15}g_1g_3 \\
&+ c_{44}g_2^2 &&+ 2c_{14}g_2g_3. \\
&&&+ \tfrac{1}{2}(c_{11} - c_{12})g_3^2.
\end{aligned}
$$

$$
\begin{aligned}
2W = c_{11}e_1^2 &+ 2c_{12}e_1e_2 + 2c_{13}e_1e_3 &&+ 2c_{16}e_1g_3, \\
&+ c_{11}e_2^2 \quad + 2c_{13}e_2e_3 &&- 2c_{16}e_2g_3 \\
&+ c_{33}e_3^2
\end{aligned}
$$

$[A_z^4]$
(7 *constantes*
$$
\begin{aligned}
&+ c_{44}g_1^2 \\
&+ c_{44}g_2^2 \\
&+ c_{66}g_3^2.
\end{aligned}
$$

Supposons maintenant qu'il existe *deux* axes de symétrie ; les rotations correspondantes constitueront la base d'un groupe Γ. On trouve alors sans peine que, si Γ ne comprend que des rotations autour d'axes d'ordres 2, 3, 4, W a nécessairement l'une des formes suivantes (dans lesquelles A_x^n et A_y^n indiquent que Ox et Oy sont des axes d'ordre n) :

$$
\begin{aligned}
2W = c_{11}e_1^2 &+ 2c_{12}e_1e_2 + 2c_{13}e_1e_3 \\
&+ c_{22}e_2^2 \quad + 2c_{23}e_2e_3 \\
&+ c_{33}e_3^2
\end{aligned}
$$

$[A_z^2 A_x^2]$
(9 *constantes*)
$$
\begin{aligned}
&+ c_{44}g_1^2 \\
&+ c_{55}g_2^2 \\
&+ c_{66}g_3^2.
\end{aligned}
$$

$$
\begin{aligned}
2W = c_{11}e_1^2 &+ 2c_{12}e_1e_2 + 2c_{13}e_1e_3 + 2c_{14}e_1g_1 \\
&+ c_{11}e_2^2 \quad + 2c_{13}e_2e_3 - 2c_{14}e_2g_1 \\
&+ c_{33}e_3^2
\end{aligned}
$$

$[A_z^3 A_x^2]$
(6 *constantes*)
$$
\begin{aligned}
&+ c_{44}g_1^2 \\
&+ c_{44}g_2^2 + 2c_{14}g_2g_3 \\
&+ \tfrac{1}{2}(c_{11} - c_{12})g_3^2.
\end{aligned}
$$

$$2W = c_{11}e_1^2 + 2c_{12}e_1e_2 + 2c_{13}e_1e_3$$
$$+ c_{11}e_2^2 \quad + 2c_{13}e_2e_3$$
$$+ c_{33}e_3^2$$

$[A_z^1A_x^2]$

(6 *constantes*)
$$+ c_{44}g_1^2$$
$$+ c_{55}g_2^2$$
$$+ c_{66}g_3^2.$$

$$2W = c_{11}e_1^2 + 2c_{12}e_1e_2 + 2c_{12}e_1e_3$$
$$+ c_{11}e_2^2 \quad + 2c_{12}e_2e_3$$
$$+ c_{11}e_3^2$$

$[A_z^1A_x^1]$

(3 *constantes*)
$$+ c_{44}g_1^2$$
$$+ c_{44}g_2^2$$
$$+ c_{44}g_3^2.$$

Dans ce dernier cas, il existe trois axes A_x^2, A_y^2, A_z^2 équivalents.

Enfin, s'il existe deux axes dont le premier est un axe d'isotropie, ou bien le second est un axe d'ordre 2 perpendiculaire au premier, et alors W a la forme $[A_5]$, ou bien *toutes les droites issues de* O *sont des axes d'isotropie*. Le milieu est dit *isotrope* et G coïncide avec le groupe des rotations autour de tous les axes issus de O ; l'expression de l'énergie de déformation possède la forme la plus réduite qu'elle puisse prendre :

$$2W = c_{11}e_1^2 + 2c_{12}e_1e_2 + 2c_{12}e_1e_3$$
$$+ c_{11}e_2^2 \quad + 2c_{12}e_2e_3$$
$$+ c_{11}e_3^2$$

$[A]$
$$+ \frac{1}{2}(c_{11} - c_{12})g_1^2$$

(2 *constantes*)
$$+ \frac{1}{2}(c_{11} - c_{12})g_2^2$$
$$+ \frac{1}{2}(c_{11} - c_{12})g_3^2.$$

Si le milieu déformable que nous venons de considérer possède des propriétés de symétrie au sens que nous avons défini, l'énergie de déformation a nécessairement l'une des *dix formes réduites* données plus haut, *qui ne sont différentes de celle de l'isotropie uniaxe ou complète que pour n = 2, 3, 4*. On constate que ces formes coïncident avec celles assignées par MINNIGERODE, W. VOIGT, LIEBISCH, LOVE aux dix classes cristallines que l'on obtient en supprimant dans les 32 groupes connus (Tome I) les subdivisions fondées sur l'existence d'un centre de symétrie, lesquelles sont ici indifférentes. Voici l'énumération de ces dix classes, avec l'indication des 32 classes de SCHOENFLIES qui leur correspondent :

		Classification de Schoenflies
1. Système triclinique	(forme générale de W)	1, 2
2. » clinorhombique. . . .	$[A_z^2]$	3, 4, 5
3. » rhomboédrique	$[A_z^3]$	12, 13
4. » quadratique.	$[A_z^4]$	17. 18, 20
5. » orthorhombique . . .	$[A_z^2 A_x^2]$	6, 7, 8
6. » rhomboédrique. . . .	$[A_z^3 A_x^2]$	9, 10, 11
7. » quadratique.	$[A_z^4 A_x^2]$	14, 15, 16, 19
8. » hexagonal	$[A_z]$ et $[A_z A_x^2]$	21 à 27
9. » régulier	$[A_z^4 A_x^4]$	28, 29, 30
10. » cubique	$[A]$	31, 32

La loi de rationnalité des indices, que l'on peut exprimer ainsi : *tout axe de symétrie cristalline est un axe d'isotropie ou un axe d'ordre 2, 3, 4 ou 6* (un axe de symétrie cristallographique d'ordre 6 étant un axe d'isotropie au point de vue de la déformation d'un milieu continu), se trouve donc *déduite, sans aucune hypothèse moléculaire*, des principes de la théorie des corps déformables. R. Garnier (1913) a repris récemment la démonstration de C. Somigliana en lui donnant une forme géométrique très intuitive.

5. Notions préliminaires sur les phénomènes radioactifs. — Nous consacrerons plus loin un Chapitre spécial aux phénomènes radioactifs ; mais, comme quelques notions sur ces phénomènes nous seront tout de suite nécessaires, nous allons énumérer ici, sans entrer dans aucun détail, les faits essentiels et les idées qui sont à la base de la théorie actuelle de la radioactivité. Ces faits et ces idées se trouvent en relation très étroite avec la théorie électronique que nous avons déjà caractérisée brièvement au début du Tome IV et il nous suffira d'ajouter quelques indications à ce que nous avons dit précédemment.

L'électron représente en quelque sorte un atome d'électricité *négative*, c'est-à-dire la quantité élémentaire de cette électricité la plus petite et semble-t-il indivisible. Sa charge est approximativement

$$(52) \qquad e = 4{,}9 \cdot 10^{-10} \text{ unité él. st. C. G. S.}$$

de quantité d'électricité ou $1{,}6 \cdot 10^{-19}$ coulomb.

On n'a pu encore se former de vue très claire sur *l'électricité positive*, en tant que substratum indépendant. Quand on a affaire à une *électrisation positive*, on peut toujours supposer qu'elle consiste en une *perte* d'un ou plusieurs électrons négatifs. Il ne paraît pas douteux que l'atome matériel renferme un certain nombre d'électrons et on a proposé l'hypothèse que l'action extérieure de ces derniers se trouve compensée par celle du noyau de l'atome, constitué par de l'électricité positive ; les électrons seraient en mouvement autour de ce noyau ou à son intérieur. Lorsque des électrons libres existent à l'intérieur d'un corps ou qu'on ajoute aux atomes matériels d'autres électrons, en dehors de ceux qu'ils possèdent déjà à l'état neutre, la substance considérée se présente comme électrisée négativement ; si les atomes ont au contraire perdu un ou plusieurs électrons, le corps manifeste les propriétés qui sont attribuées à l'électrisation positive. On n'a pas encore réussi jusqu'ici (1913) à établir avec certitude l'existence *d'électrons positifs* libres.

Lorsqu'on fait passer un courant électrique à haute tension dans un tube muni d'électrodes métalliques et renfermant un gaz extrêmement raréfié, de la cathode sort un flux rectiligne d'électrons, constituant ce qu'on appelle les *rayons cathodiques* ; ces rayons peuvent d'ailleurs, comme nous le verrons, être aussi obtenus par d'autres moyens, en éclairant par exemple des surfaces métalliques dans le vide par les radiations ultraviolettes. La *vitesse* des rayons cathodiques dépend des circonstances dans lesquelles ils sont produits et varie entre $0,025\ c$ et $0,3\ c$ ou plus, c désignant la *vitesse de la lumière*. Les rayons lents ou *mous*, comme on les nomme parfois, sont déviés par le champ magnétique plus fortement que les rayons rapides ou *durs*. Dans le bombardement de la surface d'un corps solide par les rayons cathodiques, il se forme des *rayons* RÖNTGEN, qui ne sont pas du tout déviés par le champ magnétique.

Dans le même tube où apparaissent les rayons cathodiques, une autre sorte de rayons, les *rayons canaux*, peuvent aussi prendre naissance dans des circonstances déterminées. Ces derniers rayons sont constitués par un flux de particules *matérielles électrisées positivement*. Les rayons canaux sont déviés par le champ magnétique beaucoup plus faiblement que les rayons cathodiques.

Passons maintenant aux phénomènes *radioactifs*. Avant la découverte de la radioactivité, on considérait les atomes matériels comme invariants dans toutes les modifications physiques ou chimiques ; mais, à la fin du siècle dernier, on a trouvé *des éléments, dont les atomes manifestent une décomposition spontanée* ; ce fait a conduit à attribuer à l'atome une structure intérieure très complexe.

De tels éléments s'appellent *radioactifs :* *l'uranium* et le *thorium* sont connus depuis longtemps ; parmi ceux récemment découverts, on peut mentionner le *radium*, le *polonium*, *l'actinium*, ainsi qu'un grand nombre d'autres substances dont nous parlerons plus tard. Les phénomènes manifestés par les substances radioactives s'observent avec une netteté particulière dans les composés du radium, ce qui a fait adopter la terminologie usitée aujourd'hui. Nous ferons remarquer dès maintenant que *tous les composés chimiques d'un même élément radioactif possèdent les mêmes propriétés radioactives, aussi bien à l'égard de l'intensité qu'au point de vue purement qualitatif, de sorte que ces propriétés ne dépendent que de la quantité d'élément radioactif contenue dans un composé donné.*

Les substances radioactives donnent lieu à une série de phénomènes que nous allons indiquer rapidement.

L'air et les autres gaz, quand ils se trouvent dans le voisinage de substances adioactives, éprouvent *l'ionisation*; autrement dit, des ions libres positifs et négatifs y prennent naissance, de sorte que le gaz devient conducteur de l'électricité. Lorsqu'on approche une substance radioactive d'un corps électrisé, par exemple d'un électroscope, ce dernier perd rapidement sa charge.

Les substances radioactives agissent sur les plaques sensibles à la lumière (plaques photographiques); en outre, elles provoquent la luminosité des corps fluorescents. Souvent, ces deux actions se manifestent encore, même quand on a interposé entre la substance radioactive et le corps sensible ou fluorescent une feuille de papier, une lame de bois et même une plaque de métal, dont l'épaisseur doit cependant, dans chaque cas particulier, ne pas dépasser une limite déterminée.

Mais le phénomène le plus essentiel est *l'émission, par les substances radio-actives, de différentes espèces de rayons,* et c'est là que réside la cause de l'ioni-sation, de la fluorescence et de l'action photogénique. On distingue d'abord *quatre sortes de rayons,* que l'on appelle les rayons α, β, γ et δ. Le radium émet ces quatre sortes de rayons, mais la plupart des autres substances radio-tives n'émettent qu'une ou deux espèces de rayons. Il semble d'ailleurs que le radium n'émet que des rayons α, β, les rayons γ et δ pouvant être consi-dérés comme des rayons *secondaires* produits par les rayons α et β, de même que les rayons RÖNTGEN dérivent des rayons cathodiques.

Les *rayons α* représentent un flux *d'atomes d'hélium,* dont chacun porte une charge d'électricité *positive* égale à $2\ e$ en valeur absolue, voir (52); on peut entendre par là que chaque atome a perdu deux électrons négatifs. Le poids atomique de l'hélium est égal à 4. Les rayons α rappellent par leur caractère les rayons canaux, mais leur vitesse, qui varie entre $\dfrac{c}{30}$ et $\dfrac{c}{15}$ (c étant la vitesse de la lumière), est beaucoup plus grande que la vitesse ordinaire des rayons canaux. Les gaz et les corps à l'état solide absorbent fortement les rayons α. Des feuilles de verre ou de mica d'une épaisseur de $0^{mm},1$ n'en laissent presque pas passer; une feuille d'aluminium de $0^{mm},0034$ retient déjà à peu près la moitié de ces rayons. Leur action photogénique est faible, mais leur action ionisante est très forte. Le champ magnétique et le champ électrique les dévient relativement peu et dans un sens qui correspond à un flux d'électricité positive.

Les *rayons β* forment un flux d'électrons libres et sont par suite tout à fait analogues aux rayons cathodiques; mais leur vitesse est considérable et varie de $0,5\ c$ à $0,97\ c$, c'est-à-dire qu'elle atteint parfois presque la vitesse de la lumière. Les rayons β traversent une couche d'air de 30^{cm} d'épaisseur, le mica, etc.; une feuille d'aluminium de $0^{mm},5$ d'épaisseur laisse passer environ $50\ ^0/_0$ de ces rayons. Le champ magnétique les dévie plus fortement que les rayons α et en sens contraire. Ils exercent une faible action ionisante, une très forte action fluorescente et aussi une action photogénique intense.

Les *rayons γ* ressemblent beaucoup, par leurs propriétés, aux rayons RÖNTGEN, mais possèdent un plus grand pouvoir pénétrant. Ils traversent une feuille de Pb ou Fe de plusieurs centimètres d'épaisseur, de même qu'une lame de Al de 70^{mm} d'épaisseur. Ils exercent une action fluorescente intense, mais produisent une faible ionisation et n'ont qu'une petite action photogénique. Il est très probable qu'ils dérivent des rayons β émis par les particules intérieures de la substance radioactive, à une certaine distance de sa surface. Le champ magnétique et le champ électrique n'ont pas d'action sensible sur les rayons γ.

Les rayons δ ne se distinguent des rayons β que par une plus petite vitesse, égale à 0,01 c environ. Ils correspondent aux rayons cathodiques mous; ils sont fortement déviés par le champ magnétique. Il est possible que les rayons δ soient aussi des rayons secondaires, produits par les rayons α.

L'émission de rayons accompagne, comme on l'a déjà dit, la *décomposition des atomes* de la substance radioactive. La vitesse de cette décomposition est tout à fait indépendante de la nature du composé chimique dans lequel entre l'élément radioactif; elle ne dépend pas non plus des circonstances physiques, par exemple de la température. Quand un élément radioactif émet des rayons α, c'est-à-dire des atomes d'hélium, il se forme, à partir de cet élément, une nouvelle substance, dont le |poids atomique est inférieur de 4 unités ($He = 4$) à celui de l'élément primitif. Le poids atomique du radium est égal à 226,4; pendant l'émission des rayons α, le radium se transforme en une substance qu'on appelle *l'émanation du radium*. C'est un corps à l'état *gazeux*, possédant toutes les propriétés des gaz ordinaires. L'émanation du radium suit la loi de Boyle-Mariotte et se liquéfie à — 150°. Ramsay et Gray (1911) ont déterminé le poids de 0^{mm3},0730 de ce gaz avec une microbalance qui permettait d'observer une variation de poids de 3.10^{-6} gr. (le changement de la pression de l'air étant de 0^{mm},1 de colonne de mercure); ils ont trouvé 710.10^{-6} gr., d'où on déduit pour le poids atomique de l'émanation du radium γ (appelée aussi le *niton* par Ramsay) le nombre 223, effectivement très voisin de la différence entre le poids atomique du radium (226,4) et celui de l'hélium (4). L'émanation du radium émet également des rayons α, en se transformant en une nouvelle substance, le *radium* A. Nous désignerons par T le temps pendant lequel la *moitié* de la quantité de substance radioactive est décomposée; on nomme ce temps la *période*. Pour le radium, T $=$ 1900 ans; pour l'émanation du radium, T $=$ 3,8 jours; enfin pour le radium A, T $=$ 3 minutes. Il se forme en outre du radium B (T $=$ 26,7 minutes), du radium C (T $=$ 19,5 minutes), du radium D (T $=$ 40 ans), du radium E (T $=$ 5,6 jours); il existe vraisemblablement encore les substances E_1 et E_2 et le radium F (polonium, T $=$ 143 jours). Le radium B et le radium E émettent seulement des rayons β, le radium C des rayons α, β et γ.

La substance qui donne naissance au radium et à ses produits de décomposition est probablement *l'uranium* (T ici est de l'ordre de 10^9 années); il se forme à partir de celui-ci d'abord l'uranium X (T $=$ 22 jours), ensuite l'ionium et enfin le radium.

Le *thorium* et *l'actinium* donnent lieu à des générations analogues de substances radioactives; on a, pour l'émanation gazeuse du thorium, T $=$ 54 secondes, pour celle de l'actinium, qui est également gazeuse, T $=$ 3,9 secondes.

La décomposition des substances radioactives est accompagnée d'un *dégagement très considérable d'énergie calorifique*, de sorte que la température de ces substances est toujours plus élevée que celle du milieu environnant. Un atome-gramme ($226^{gr},4$) de radium dégage, dans sa décomposition complète, 142.10^6 cal. kg.

Il est très possible que toutes les substances soient radioactives ; mais la décomposition de leurs atomes s'effectue avec une telle lenteur que leur période T se trouve colossalement grande, même comparativement à celle de l'uranium.

BIBLIOGRAPHIE

—

2. — Propriétés des scalaires et des vecteurs.

W. R. Hamilton. — *Proc. Irish. Acad.*, (1), **2**, 1840/44 ; *Phil. Mag.*, **25**, 1844 ; *Lectures on quaternions*, Dublin, 1853 ; *Elements of quaternions*, London, 1866 (œuvre posth.) ; 2° éd. publ. par Ch. J. Joly, London, 1899 ; trad. allem. de P. Glan, Leipzig, 1882.

H. Grassmann. — *Die lineale Ausdehnungslehre*, Leipzig, 1844 ; 2° éd., Leipzig, 1878, *Werke*, publ. par F. Engel, Leipzig, 1894.

E. Budde. — *Allgemeine Mechanik der Punkte und starren Systeme*, **2**, Berlin, 1890.

O. Heaviside. — *Phil. Mag.*, (5), **22**, 1886 ; *Electromagnetic Theory*, London, 1894.

H. Grasmann junior. — *Schraubenrechnung und Nullsystem*, Halle, 1899.

A. E. H. Love. — *Theoretical mechanics*, Cambridge, 1897 ; 2° éd., 1906.

J. W. Gibbs. — *Vector-analysis* (publ. par E. B. Willson), New-York et London, 1902.

C. Burali-Forti et R. Marcolongo. — *Rend. Circ. math. Palermo*, **23**, 1907, p. 324 ; *Elementi di calcolo vettoriale*, Bologne, 1909 ; trad. fr. par S. Lattès, *Eléments de calcul vectoriel*, Paris, Hermann, 1910.

W. Voigt. — *Compendium der theoretischen Physik*, Leipzig, 1896.

3. — Eléments de l'analyse vectorielle.

G. Lamé. — *J. Ec. Polyt.*, (1), cah. 23, 1834 ; *Leçons sur les coordonnées curvilignes*, Paris, 1859.

Lord Kelvin. — *On solenoïdal and lamellar distributions of magnetism*, *Proc. R. Soc. London*, **5**, p. 977, 1843/50 ; *Reprint of papers*, London, 1872, p. 378.

W. K. Clifford. — *Elements of dynamics*, **1**, London, 1878.

P. G. Tait. — *Proc. R. Soc. Edinb.*, **4**, 1857/62 ; *Papers*, **1**, Cambridge, 1898 ; *An elementary Treatise on quaternions*, Oxford, 1867 ; 3° éd., Cambridge, 1890 ; trad. fr. par G. Plarr, **1**, Paris, 1882 ; **2**, Paris, 1884 ; *On Green's and other allied Theorems*, *Trans. R. Soc. Edinb.*, 1869/70.

P. Somoff. — *L'analyse vectorielle et ses applications* (en russe), St-Pétersbourg, 1907.

R. Gans. — *Einführung in die Vektoranalysis*, Leipzig, 1905.

Ignatowski. — *Die Vectoranalysis und ihre Anwendung*, 2 Teile (*Math.-Phys. Schriften*, publiés par E. Jahnke, n° 6), Leipzig, 1909/10.

Valentiner. — *Vectoranalysis* (*Sammlung Göschen*, n° 354), Leipzig, 1907.

Bucherer. — *Elemente der Vektoranalysis*, 2ᵉ éd., Leipzig, 1905.

Jahnke. — *Vorlesungen über die Vectorenrechnung*, Leipzig, 1905.

Coffin. — *Vektoranalysis*, 2ᵉ éd., London, 1911,

L'analyse vectorielle est également exposée dans les ouvrages cités au § **2** et on trouvera aussi des Chapitres spéciaux à ce sujet dans

W. Ignatowski. — *Lösung einiger Fragen der Elektrostatik und Elektrodynamik mit Hilfe der Lehre von den Vectoren* (mém. lithogr. en russe), St-Pétersbourg, 1902.

H. A. Lorentz. — *Versuch einer Theorie*, etc., Leiden, 1895, pp. 9-13.

Abraham et Föppl. — *Theorie der Elektrizität*, vol. I, 2ᵉ édit., Leipzig, 1904, pp. 4-122.

H. A. Lorentz. — *Maxwells elektromagnetische Theorie*, Encyclop. d. math. Wiss., vol. V, 2, Leipzig, 1904, pp. 67-78.

W. Voigt. — *Kristallphysik*, Leipzig, 1910, pp. 122-155.

4. — Relations entre les champs de scalaires et de vecteurs. Les champs tensoriels.

W. Voigt. — *Die fundamentalen physikalischen Eigenschaften der Krystalle*, Leipzig, 1898; *Rapp. au Congrès intern. de Physique*, **1**, Paris, 1900, pp. 277 et suiv.; *Kristallphysik*, Leipzig, 1910.

P. Curie. — *J. de Phys.*, (3), **3**, 1894; *OEuvres*, Paris, 1908.

C. Somigliana. — *Rend. della R. A. dei Lincei*, **3**, 1ᵉʳ Sem., fasc. 5, 4 mars 1894.

Minnigerode. — *Nachr. von der k. Gesell. der Wiss. zu Göttingen*, 1884.

M. Abraham et P. Langevin. — *Encycl. des Sc. math.*, IV, **5**, fasc. 1 de l'édit. fr., 31 juillet 1912.

R. Garnier. — *Bull. de la Soc. math. de France*, 1913.

CHAPITRE II

—

INDUCTION [1]

1. Le phénomène de l'induction. — Considérons un fil placé dans un champ magnétique. Lorsque, pour une *cause quelconque*, le nombre des lignes d'induction magnétique qui traversent la surface limitée par ce fil vient à

---

[1] Ce chapitre a été rédigé par A. A. Dobiasch.

changer, un courant prend naissance dans le fil. Un tel courant s'appelle un courant *induit*. Il cesse aussitôt que disparaît la cause qui l'a produit, c'est-à-dire dès que le nombre des lignes d'induction magnétique, qui passent à l'intérieur de sa ligne de parcours, ne varie plus.

Ce phénomène a été découvert par FARADAY en 1831. FARADAY a été conduit à cette découverte en raisonnant de la manière suivante : une charge électrique produit, dans des conducteurs voisins, l'apparition de charges induites ; on peut se représenter le courant électrique comme un écoulement de charges électriques ; une charge *en mouvement* doit entraîner les charges induites par elle dans des conducteurs voisins (induction galvanique ou voltaïque).

Les tentatives faites pour observer un courant *durable* de ce genre dans les conducteurs placés dans le voisinage du conducteur parcouru par le courant n'ont pas réussi ; mais FARADAY est parvenu à constater l'apparition d'un courant de courte durée dans un conducteur, auprès duquel se trouvait un autre conducteur parcouru par un courant d'intensité *variable.*

Cette première expérience a été faite de la manière suivante. Sur un cylindre en bois s'enroulaient successivement deux bobines de fil isolées l'une de l'autre. L'une d'entre elles était reliée à une batterie, l'autre à un galvanomètre. Au moment où le courant était lancé ou supprimé dans la première bobine, l'aiguille du galvanomètre relié à la seconde bobine accusait des déviations de courte durée.

Le phénomène s'est trouvé considérablement renforcé en montant les bobines non plus sur un cylindre en bois, mais sur un anneau de fer doux (*fig.* 5). Cette circonstance a amené FARADAY à considérer le phénomène comme étant exclusivement de nature magnétique et il a réussi effectivement à montrer par des expériences ultérieures qu'il se produit un courant induit dans une bobine, chaque fois que le nombre des lignes magnétiques qui la traversent varie, que celles-ci soient dues à un courant ou à toute autre cause (induction électromagnétique).

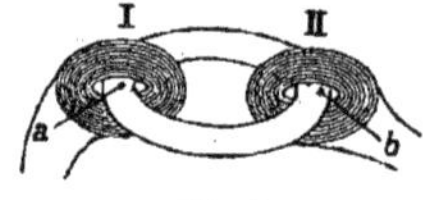

Fig. 5

FARADAY, qui croyait à la réalité des lignes d'induction magnétique, admettait que le phénomène de l'induction a lieu au moment où une ligne magnétique est coupée par le conducteur. La figure 6 illustre l'expérience correspondante de FARADAY. Entre les deux pôles d'un aimant, dans un plan perpendiculaire à la droite qui joint les pôles, tourne un disque de cuivre. Dans la rotation, la partie supérieure du disque coupe les lignes d'induction magnétique. Dans le disque, prend alors naissance une *force électromotrice* (Livre II, Chap. III, § 1), dont la direction, comme nous le verrons plus tard, est radiale. Suivant le sens de la rotation, cette force électromotrice est dirigée du centre vers le contour du disque ou inversement. Deux fils, qui touchent le disque tournant au moyen de deux contacts glissants, l'un sur l'axe et l'autre au point le plus élevé du contour, conduisent le courant induit

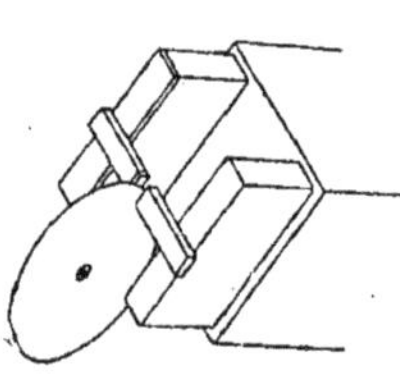

Fig. 6

à un galvanomètre. Cet appareil remarquable constitue le prototype des dynamos modernes.

Pour l'explication de cette expérience, il faut se reporter à ce qui a été dit dans le Livre II, Chap. III, § 9. On ne peut observer de courants ouverts ; tout courant est réellement un courant fermé. Cela est évident en ce qui concerne les courants constants, dont il a été question dans le Livre II ; mais même les courants de courte durée, qui se manifestent dans les phénomènes d'induction, sont des courants fermés. Ceci constitue l'une des propositions fondamentales de la théorie de MAXWELL, ainsi que nous le verrons dans le Chapitre suivant. Dans le cas où une impulsion électrique de courte durée se propage le long d'un conducteur ouvert, il prend notamment naissance, dans l'espace environnant, des *courants de déplacement* particuliers, équivalents aux courants ordinaires et qui complètent l'impulsion donnée en la transformant en un courant complet, fermé. Par exemple, quand on relie par un fil les armatures d'une bouteille de Leyde chargée, le fil de connexion est parcouru par un courant de conduction ordinaire, la bouteille est déchargée et la tension électrostatique dans la couche isolante de la bouteille s'affaiblit. Ce processus de l'affaiblissement de la tension se présente comme le *courant de déplacement*, qui complète le courant de conduction pour en faire un courant complet, fermé. On ne peut donc observer de courant ouvert et par suite, des interprétations analogues à celle donnée au Livre II ne sont pas susceptibles de vérification. Néanmoins, en partant des idées de FARADAY, on arrive à des lois intégrales exactes et nous nous en servirons souvent dans la suite.

Les expériences faites avec des fils flexibles, dont les *éléments* peuvent éprouver des déplacements dans le champ magnétique, ont montré que lorsqu'un conducteur déformable vient couper les lignes magnétiques, un courant induit prend naissance ; mais, quand les déplacements des éléments du conducteur sont *parallèles* à ces lignes, aucun courant ne se produit. Par suite, lorsqu'un conducteur se meut dans un champ magnétique et que la direction de son déplacement en un point fait un certain angle avec celle du champ, la composante de ce déplacement perpendiculaire à la direction du champ importe seule. *L'intensité du courant induit est proportionnelle au nombre des lignes magnétiques coupées par seconde.* Dans l'expérience à laquelle se rapporte la figure 6, l'intensité du courant induit est notamment proportionnelle à la vitesse de rotation du disque.

2. Règles pour la détermination de la direction de la force électromotrice d'induction. — D'après ce qui précède, une force électromotrice prend naissance dans un conducteur qui vient couper des lignes d'induction magnétique ; par suite, les trois directions respectives du champ magnétique, du mouvement et de la force électromotrice, doivent être perpendiculaires l'une sur l'autre, comme les axes d'un système de coordonnées rectangulaires. Parmi les nombreuses règles mnémotechniques que l'on emploie pour se rappeler la direction de la force électromotrice, nous mentionnerons seulement la *règle de la main droite*, qui correspond à la règle de

la main gauche indiquée dans le Livre II, Chap. III, § **8**. Elle s'énonce
ainsi : *quand le pouce, l'index et le médium de la main droite forment l'un avec
l'autre des angles droits et que l'index a la direction du champ magnétique,
le pouce celle du mouvement, le médium indique
la direction de la force électromotrice.* La figure 7
montre la position correspondante des vecteurs
représentatifs de ces trois grandeurs dirigées.
Les points représentent les traces des lignes de
force magnétique, perpendiculaires au plan de
la figure et dirigées *vers le lecteur* ; le conducteur se meut transversalement au champ de la

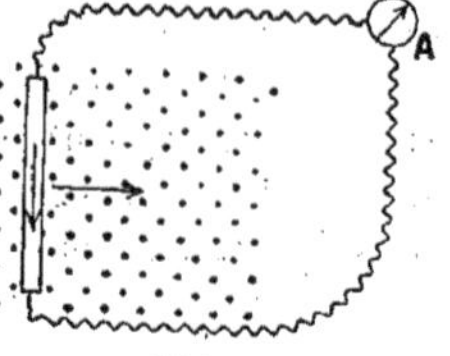

Fig. 7

gauche vers la droite et il s'y développe une force électromotrice dirigée de
haut en bas. On remarquera que le vecteur polaire $\vec{c} = [\vec{a}\,\overset{\curvearrowright}{b}]$, qui est le
produit vectoriel du vecteur polaire $\vec{a}$ et du vecteur axial $\overset{\curvearrowright}{b}$, a même direction que la force électromotrice induite, si on donne à $\vec{a}$ la direction du mouvement et à $\overset{\curvearrowright}{b}$ celle du champ magnétique. Désignons par $\vec{E}$ la force électromotrice, par $\vec{v}$ la vitesse du déplacement et par $\overset{\curvearrowright}{B}$ le flux magnétique, on voit
que *la direction (mais non la grandeur)* de la force électromotrice est déterminée
par la relation vectorielle

$$\vec{E} = [\vec{v}\,\overset{\curvearrowright}{B}] = -[\overset{\curvearrowright}{B}\,\vec{v}]\,;$$

nous expliquerons plus loin (voir § **10**) pourquoi l'on doit regarder $\overset{\curvearrowright}{B}$ comme
un vecteur axial.

Par analogie avec ce qui a été dit au Livre II, Chap. III, § **8**, on peut encore adopter une autre règle pour la détermination de la direction de l'induction dans un conducteur fermé. La figure 7 montre que, dans le mouvement
d'une portion de conducteur vers la droite, le nombre des lignes magnétiques,
qui pénètrent à l'intérieur de la ligne de parcours du courant, diminue. Inversement, dans le mouvement de la même portion de conducteur vers la
gauche, le nombre des lignes de force enveloppées par la ligne de parcours du
courant augmente, mais en même temps le sens de la force électromotrice est
renversé. Lorsqu'un contour fermé de *forme invariable* se déplace *parallèlement* à lui-même dans un champ magnétique *uniforme*, il ne se produit aucune
variation du nombre des lignes enveloppées par ce contour et, dans ce dernier, ne prend naissance aucune force électromotrice, car la force électromotrice induite dans l'une des moitiés du contour est compensée par la force
électromotrice induite en sens inverse dans l'autre moitié.

Les choses se passent autrement, quand un circuit conducteur se déplace
dans un champ *non uniforme*. Il peut arriver alors qu'une partie du circuit
pénètre dans une région plus dense que celle dans laquelle se trouve le reste
du conducteur ou dans une région dans laquelle la direction du champ
change ; il y a dans ce cas une certaine force électromotrice non compensée,
mais en même temps le nombre des lignes d'induction magnétique qu'embrasse le circuit a varié.

Lorsqu'on applique la règle de la main droite à tous ces cas, on obtient la règle mentionnée au § **1** : *une force électromotrice prend naissance dans un circuit fermé, quand le nombre des lignes magnétiques qui traversent ce dernier varie.* La force électromotrice est dirigée dans un certain sens, lorsqu'il y a accroissement du nombre des lignes, en sens contraire quand il y a diminution.

Une variation du nombre des lignes peut avoir lieu non seulement par suite du déplacement du circuit conducteur, mais aussi en raison d'un *changement dans la nature du champ magnétique.* Une force électromotrice prend alors également naissance dans le circuit fermé, le sens de cette force dépendant de celui de la variation de l'intensité du champ, qui peut, par exemple, augmenter ou diminuer. Ainsi, supposons que, dans la figure 7, le circuit restant immobile et le champ se déplaçant *de la gauche vers la droite,* le flux magnétique augmente à travers le circuit. Il se produit évidemment alors dans le circuit un courant ayant le sens du mouvement des aiguilles d'une montre, car un déplacement du conducteur de la droite vers la gauche équivaut à un déplacement du champ de la gauche vers la droite. Inversement, dans un déplacement du champ de la droite vers la gauche accompagné d'une diminution des lignes qui traversent le circuit, on obtient une force électromotrice dont le sens est contraire à celui du mouvement des aiguilles d'une montre. On arrive facilement à la règle générale suivante : lorsque les lignes sont dirigées vers l'observateur, celui-ci voit la force électromotrice agir dans le sens de la rotation des aiguilles d'une montre, s'il y a accroissement du champ (dérivée par rapport au temps positive) ; inversement, le sens de la force électromotrice est contraire à celui du mouvement des aiguilles d'une montre, s'il y a diminution du champ (dérivée négative).

La force électromotrice agissant dans un circuit *homogène, fermé,* son intégrale le long d'une courbe fermée n'est pas nulle ; elle représente donc un *tourbillon* voir page 19. A l'égard de la *direction* (mais non de la grandeur), elle est liée à la dérivée par rapport au temps du vecteur du champ magnétique par la relation

$$\mathrm{rot}\ \vec{\mathrm{E}} = -\ \frac{d\vec{\mathrm{B}}}{dt}\ ,$$

dans laquelle $\vec{\mathrm{E}}$ désigne la force électromotrice et $\vec{\mathrm{B}}$ l'induction magnétique.

3. Grandeur de la force électromotrice d'induction. — On peut obtenir, par des considérations théoriques, le sens ainsi que la grandeur de la force électromotrice d'induction. Lenz (1834) a indiqué le premier la loi de réaction entre le courant induit et le champ inducteur. La règle de Lenz est relative à un conducteur en mouvement dans un champ magnétique et s'énonce ainsi : *Lorsqu'un conducteur métallique se meut dans le voisinage d'un courant ou d'un aimant, un courant galvanique prend naissance dans ce conducteur. Le sens de ce courant (induit) est tel qu'il ferait prendre au conducteur au repos un mouvement directement opposé au déplacement effectif.* On suppose que *le conducteur ne peut se mouvoir que dans la direction du déplacement réel ou dans la direction contraire.* Dans la suite, F. NEUMANN et d'autres encore ont formulé plus brièvement la loi de LENZ. En 1847, HELMHOLTZ a établi théoriquement pour la première fois la nécessité du phénomène de l'induction.

Supposons qu'un circuit fermé, consistant en un élément galvanique de force électromotrice E et de résistance w, se déplace dans un champ magnétique dû à des aimants constants. Il effectue ainsi un certain travail dR contre les réactions du courant et du champ et de la chaleur de JOULE se dégage dans le conducteur. D'après le Livre II, Chap. IV, cette chaleur est égale à $I^2 w dt$, I désignant l'intensité du courant. Le travail mécanique accompli dans l'intervalle de temps dt est égal à $dR = I \dfrac{dN}{dt} dt$ (voir Livre II, Chap. III, § **8**, formule (68)), où N est le nombre des lignes d'induction magnétique, qui traversent la ligne de parcours du courant *du côté sud vers le côté nord.* Cette dépense d'énergie doit être couverte soit par la quantité d'énergie fournie par l'élément dans le temps dt, laquelle est égale à $EIdt$, soit par la variation de l'énergie potentielle du courant relativement aux aimants ; mais cette dernière est nulle, comme on l'a déjà vu dans le Livre II, Chap. VII, § **3**, et on a par conséquent l'égalité

$$EIdt = I^2 w dt + I \frac{dN}{dt} dt,$$

ou, en divisant par dt,

$$(1) \qquad Iw = E - \frac{dN}{dt}.$$

Autrement dit, en plus de la force électromotrice E appliquée de l'extérieur, une force électromotrice additionnelle égale à $- \dfrac{dN}{dt}$ apparaît dans un circuit qui se déplace dans un champ magnétique.

La formule (1) montre que, lorsqu'aucune force électromotrice n'est appliquée de l'extérieur, la force électromotrice induite e est égale en grandeur à

$$(2) \qquad e = wI = - \frac{dN}{dt}.$$

Si on mesure le courant induit en unités électromagnétiques absolues (Livre II, Chap. II, § **6**), on obtient e en unités électromagnétiques absolues. Comme *un* volt est égal à 10^8 unités él. mag. absolues (Livre II, Chap. III, § **3**), la valeur de e en unités *pratiques* est égale à

$$e = - 10^{-8} \frac{dN}{dt} \text{volts,}$$

N étant exprimé en unités absolues.

Remarquons que $N = \int \mu (\overset{\frown}{H} \, \overset{\frown}{ds})$, où $\overset{\frown}{H}$ désigne l'intensité du champ,

μ la perméabilité magnétique et $\overset{\frown}{ds}$ un élément d'aire de la surface limitée par le circuit. L'unité pratique d'intensité de champ est appelée *gauss* et elle est égale à l'unité absolue. Nous pouvons par suite exprimer $\overset{\frown}{H}$ en *gauss* (ne pas confondre avec le système d'unités de GAUSS, dont il a été question dans le Livre II, Chap. II, § **6**).

4. Vérification expérimentale des lois de l'induction. — Comme

les phénomènes d'induction ont une très courte durée, il est difficile de suivre la variation des forces électromotrices d'induction. La quantité totale d'électricité q, qui passe dans le circuit pendant la durée $t_2 — t_1$ d'un phénomène d'induction, se laisse beaucoup mieux observer. Cette quantité est égale à $\int_{t_1}^{t_2} i\,dt$, i étant l'intensité du courant dû à l'induction. Comme cette intensité est égale à $i = — \dfrac{1}{w} \dfrac{dN}{dt}$, on a

$$(3) \qquad q = — \int_{t_1}^{t_2} \frac{1}{w} \frac{dN}{dt}\, dt = — \frac{N_2 — N_1}{w},$$

où $N_2 — N_1$ est la variation du flux total d'induction, qui traverse le circuit fermé des conducteurs pendant le temps $t_2 — t_1$.

E. LENZ a confirmé et étendu par des expériences soignées les résultats de FARADAY. Il envoyait le courant induit dans un galvanomètre balistique. La quantité d'électricité, qui passe (dans un temps très court) à travers un tel galvanomètre, est proportionnelle à $\sin \dfrac{\alpha}{2}$, où α est l'angle de déviation de l'aiguille du galvanomètre (Livre II, Chap. XI, § **3**, formule (32, *d*)). LENZ a obtenu les résultats suivants : 1. la quantité d'électricité engendrée dans une bobine induite, toutes autres conditions restant les mêmes, est proportionnelle au nombre de tours du fil de cette bobine ; 2. lorsqu'on introduit, dans des bobines de diverses grandeurs, mais de même nombre de tours et de même résistance, des aimants identiques (les bobines ont par suite même résistance w et même flux total $N_2 — N_1$), la quantité d'électricité ne varie pas avec les dimensions de la bobine ; 3. quand la résistance des différentes bobines est la même, la quantité d'électricité ne dépend pas de la substance de la bobine.

W. WEBER a étudié avec un soin particulier les phénomènes d'induction. Il s'est servi dans ses recherches d'un électrodynamomètre construit de la manière suivante (Livre II, Chap. VII, § **6**). A l'intérieur d'une bobine yy, représentée en coupe dans la figure 8, s'en trouve une seconde c, qui est mobile et où le plan des spires est perpendiculaire au plan des spires de la bobine yy. La bobine intérieure c est fixée à un cadre mobile spécial, qui entoure librement la bobine yy. Les extrémités de la bobine c aboutissent à deux bornes isolées a et b, portées par le cadre précédent, qui est suspendu à deux fils métalliques isolés, reliés métalliquement aux bornes a et b. Les oscillations de la bobine intérieure autour de son axe vertical sont amorties par la résistance de l'air et par le frottement de la suspension. Ces oscillations sont observées par une petite fenêtre à l'aide des mouvements du miroir ff. Le décrément logarithmique des oscillations amorties de la bobine était

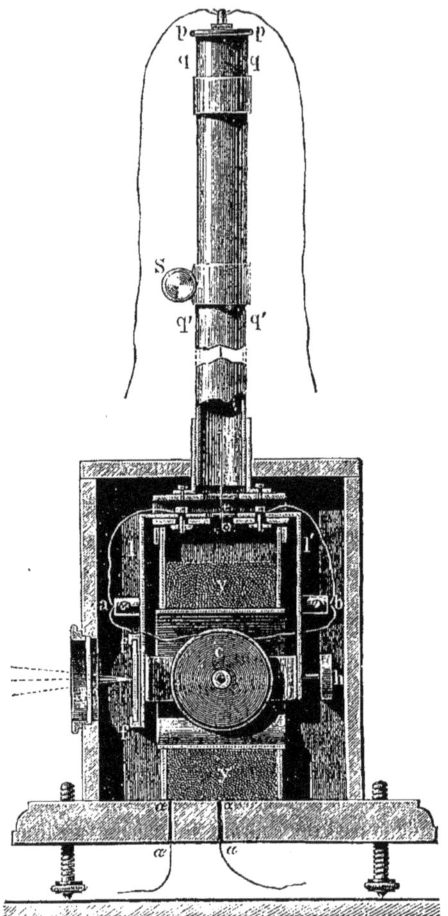

Fig. 8

$\lambda = 0,002541$ (Livre II, Chap. II, § 9). Tout l'instrument se trouve disposé de façon que l'axe de la bobine mobile soit situé dans le méridien magnétique (perpendiculairement au plan de la figure). Auprès de l'appareil, on place ensuite quelques aimants (A), orientés de la même manière (est-ouest). On observe pour la seconde fois l'amortissement de la bobine c en *fermant en court circuit* les extrémités de la suspension bifilaire ; la bobine est alors parcourue par des courants induits, dont la réaction sur le champ magnétique extérieur exerce un effet retardateur sur l'amplitude des oscillations, sans en changer la période ; le nouveau décrément logarithmique était égal à 0,002638. La différence de 0,000097 entre les deux décréments détermine la grandeur de la réaction. On éloigne ensuite les aimants et on envoie un courant dans la bobine yy, avec un sens tel que le champ magnétique de la bobine soit dirigé *est-ouest*. WEBER a observé la diminution d'amplitude des oscillations dans le cas où la bobine mobile est ouverte, puis en court circuit et a obtenu pour les valeurs du décrément logarithmique 0,002796 et 0,005423. La différence égale à 0,002627 détermine la grandeur de la réaction. Le rapport des réactions dans ces deux expériences était

$$\frac{0,002627}{0,000097} = 27,1.$$

On lance ensuite un courant peu intense dans la bobine c et on observe les déviations qu'éprouve cette bobine dans le champ des aimants et dans le champ de la bobine yy. Avec l'appareil dont s'est servi WEBER, ces déviations étaient égales à 19,1 et à 101,9. Leur rapport sert de mesure à l'intensité relative des champs magnétiques respectifs des aimants et de la bobine yy. Si on admet que l'*intensité du courant induit est proportionnelle à l'intensité du champ inducteur* et si l'on se rappelle que la grandeur de la réaction électromagnétique est proportionnelle au produit de l'intensité du champ par l'intensité du courant, on voit que les grandeurs des réactions dans les deux expériences doivent être entre elles comme les carrés des intensités des champs, c'est-à-dire comme $\left(\frac{101,9}{19,1}\right)^2$, ce qui donne 28,5. Ce nombre est assez voisin de 27,1 pour confirmer l'hypothèse admise.

5. Théories de F. Neumann et de W. Weber. — La première théorie mathématique des phénomènes d'induction produits par les courants a été donnée par F. NEUMANN (1845) ; cette théorie repose sur les données expérimentales suivantes que nous avons déjà indiquées :

1. Un courant induit prend naissance dans un conducteur chaque fois qu'un changement a lieu dans l'*action virtuelle* du courant inducteur sur ce conducteur, c'est-à-dire dans l'action électrodynamique qu'éprouverait le conducteur induit de la part du courant inducteur, si l'intensité de courant dans le premier était constante, égale à l'unité par exemple.

2. La force électromotrice induite ne dépend pas de la substance du conducteur induit.

3. Toutes autres circonstances restant les mêmes, la force électromotrice induite est proportionnelle à la vitesse relative des éléments de courant.

4. La composante suivant la direction du mouvement de l'action électrodynamique que le courant inducteur exerce sur un élément du courant induit en mouvement est toujours négative (règle de LENZ).

5. Toutes autres circonstances restant les mêmes, l'intensité du courant induit est proportionnelle à celle du courant inducteur.

Neumann a fait ses calculs en s'appuyant sur la loi électrodynamique d'Ampère (Livre II, Chapitre VII, § 5) ; sa théorie ne présente donc plus aujourd'hui qu'un intérêt historique et nous n'en indiquerons que les traits fondamentaux. En désignant par R l'action électrodynamique du courant inducteur sur l'unité de longueur du conducteur soumis à l'induction, que l'on suppose parcouru dans un sens quelconque déterminé par un courant d'intensité égale à *un*, on obtient, pour l'action électrodynamique sur l'élément de courant I*ds*, l'expression IR*ds*, I étant l'intensité du courant induit. Si l'élément *ds* du conducteur induit se déplace avec une vitesse v faisant un angle α avec la direction de la force électrodynamique R, l'intensité du courant induit est, d'après la proposition 3, proportionnelle à v, c'est-à-dire que l'on a $I = v I_1$, où I_1 est un facteur de proportionnalité. Plaçons-nous d'abord dans le cas où tous les éléments du conducteur soumis à l'induction ont la même vitesse v. La composante totale de la réaction électrodynamique dans la direction du mouvement est alors égale à

$$I_1 v = \int R \cos \alpha \, ds,$$

l'intégrale étant étendue à tout le conducteur induit. Cette expression doit, d'après la proposition 4, avoir un signe contraire à celui de v ; on satisfait le plus simplement à cette condition en posant

$$I_1 = - K \int R \cos \alpha \, ds,$$

où K est une grandeur *positive*. Le courant induit est par suite

$$I = - K v \int R \cos \alpha \, ds$$

et la force électromotrice E dans le conducteur induit, lorsque ρ désigne sa résistance, est, *d'après la loi d'Ohm*,

$$E = I \rho = - \rho K v \int R \cos \alpha \, ds.$$

Mais, d'après la proposition 2, cette force électromotrice est indépendante de la substance du conducteur induit ; par conséquent ρK doit être une constante universelle dépendant seulement des unités de mesure choisies pour le courant, la longueur, etc , que Neumann appelle *constante d'induction* ε. La force électromotrice totale est donc

$$E = - \varepsilon v \int R \cos \alpha \, ds,$$

et, en désignant par e la force électromotrice rapportée à l'unité de longueur du conducteur induit, on a

$$E = \int e\,ds = - \varepsilon v \int R \cos \alpha\,ds.$$

Quand tous les éléments du conducteur induit ont une vitesse commune v, on satisfait très simplement à cette équation, en supposant la force électromotrice distribuée uniformément le long du conducteur et on a

$$(4) \qquad\qquad c = - \varepsilon v R \cos \alpha.$$

Telle est l'équation fondamentale de la théorie de NEUMANN. Pour l'établir, on s'est placé dans le cas particulier où tous les éléments du conducteur induit ont même vitesse en grandeur et direction ; on peut après coup l'étendre au cas où le conducteur induit a un mouvement d'ensemble quelconque, composé d'une translation et d'une rotation, puis à celui où les éléments du conducteur ont des mouvements relatifs.

Pour déterminer R, NEUMANN a appliqué, comme on l'a déjà dit, la formule d'AMPÈRE, et a introduit l'expression

$$W_{1,2} = - \frac{1}{2} I_1 I_2 \iint \frac{\cos \varepsilon}{r}\,ds_1 ds_2$$

dont il a été question au Livre II, Chapitre VII, § 5 ; ce *potentiel de* NEUMANN est, comme nous l'avons vu, le travail mécanique total qu'on doit effectuer contre les forces électrodynamiques agissant entre deux courants, pour déplacer d'une manière quelconque et avec des vitesses tout à fait quelconques ces courants de la situation où leur distance mutuelle est infinie dans la situation considérée ; on suppose que les deux courants I_1 et I_2 sont *constants* et une conséquence immédiate du résultat que nous venons de rappeler est que la résultante des forces électrodynamiques entre deux conducteurs, de même que leur moment résultant, sont les dérivées négatives du potentiel de NEUMANN par rapport aux coordonnées définissant la position des conducteurs.

La théorie de W. WEBER a joué un rôle important dans le développement des théories de l'induction. WEBER a donné une formule qui rattache la loi de COULOMB sur l'action mutuelle entre des masses électriques en repos aux lois électrodynamiques relatives à des charges en mouvement. D'après cette formule (Livre II, Chap. VII, § 5), la force f, avec laquelle deux charges η_1 et η_2, dont la distance r est *variable avec le temps*, agissent l'une sur l'autre, est égale à

$$(5) \qquad\qquad f = C\,\frac{\eta_1 \eta_2}{r^2}\left\{ 1 - a^2\left(\frac{dr}{dt}\right)^2 + 2a^2 r \frac{d^2 r}{dt^2} \right\},$$

où les dérivées sont *totales*. Lorsque la distance r ne change pas, la formule (5) se transforme dans celle de COULOMB. En concevant les actions électrody-

namiques comme des actions mutuelles entre les charges elles-mêmes (sans
tenir compte de l'effet du milieu intermédiaire), WEBER a pu déduire de sa
formule les lois de l'induction. Il considère l'action exercée par un conducteur en repos, parcouru par un courant, sur un autre conducteur dont la
distance au premier varie. Pour WEBER, le courant est l'ensemble des mouvements de la charge positive e avec la vitesse c et de la charge négative $- e$
avec la même vitesse en sens contraire. Dans le conducteur induit, les
charges $\pm e$ sont supposées initialement à l'*état de repos* et se meuvent avec
le conducteur. En calculant par la formule (5) l'action mutuelle de toutes
ces charges l'une sur l'autre, WEBER obtient une *différence* entre les forces
qui agissent, dans le conducteur en mouvement, sur la charge positive et sur
la charge négative ; cette différence définit la force qui tend à séparer (Schei-
dungskraft) l'électricité positive de l'électricité négative et joue le rôle de la
force électromotrice d'induction. En intégrant la dite différence par rapport à
s_1 et s_2 et *en se plaçant dans le cas où les deux circuits auxquels s'étend l'intégration sont fermés*, on retrouve les lois ordinaires de l'induction. WEBER a ana-
lysé d'un manière analogue le cas du déplacement d'un conducteur dans le
voisinage d'un aimant, en identifiant celui-ci avec un électro-aimant. Les
résultats de WEBER coïncident à beaucoup d'égards avec ceux de F. NEUMANN ;
comme nous l'avons déjà dit, sa théorie a soulevé d'importantes objections,
en particulier de la part d'HELMHOLTZ (Tome IV, Chapitre VII, § 5) ; la discussion à laquelle elle a donné lieu n'a du reste pas reçu de conclusion défi-
nitive, l'attention générale des physiciens s'étant portée à cette époque sur la
théorie de MAXWELL, qui fait intervenir la propagation dans le temps des
actions électriques, tandis que la théorie de WEBER en est restée au point de
vue des actions *instantanées* à distance. Dans ces derniers temps, la conception atomistique de l'électricité a rendu cependant un certain intérêt aux
idées de WEBER, que l'on retrouve dans la théorie moderne des électrons.
Celle-ci considère l'apparition d'un courant induit dans un conducteur qui
vient couper un champ magnétique, comme le résultat de l'action du champ
sur les électrons qui se trouvent dans le conducteur et qui se meuvent avec
lui. Considérons en effet un conducteur en mouvement à travers un champ
magnétique, *emportant avec lui* les électrons en repos qu'il contient. Si on
envisage un électron ainsi en mouvement comme un courant et si on applique
la règle de la main gauche (Tome IV, Livre II, Chapitre III, § 8), on voit
que l'électron doit se déplacer *dans le conducteur* suivant la direction déterminée par la règle de la *main droite* (page 47). Nous reviendrons sur cette
question dans le Chapitre consacré à la théorie des électrons.

6. Self-induction. — Dans tout conducteur qui se trouve dans un
champ magnétique variable, a lieu le phénomène de l'induction. *quelle que
soit* la cause qui produise la variation du champ magnétique. Ainsi, un changement de l'intensité du courant dans le conducteur considéré lui-même
peut donner naissance à une variation du champ magnétique qui entoure le
conducteur. Les phénomènes d'induction, dus à des variations dans l'état du
courant même, sont appelés phénomènes de *self-induction*. Soit N le nombre

des lignes d'induction qui traversent un circuit conducteur parcouru par le courant I. Ce nombre est proportionnel à l'intensité I du courant et on a

$$(6) \qquad N = \mu L I,$$

où L est un facteur de proportionnalité appelé *coefficient de self-induction* (Livre II, Chap. III, § **8**) et μ la perméabilité magnétique du milieu. Nous supposerons dans la suite que les phénomènes ont lieu dans l'air et nous poserons en conséquence $\mu = 1$. Quand N varie, une force électromotrice $-\dfrac{dN}{dt}$ prend naissance dans le conducteur, le signe *moins* indiquant que cette force est de sens contraire à celui du courant qui produirait un accroissement de N. Lorsqu'une force électromotrice extérieure E est appliquée au conducteur, la force électromotrice totale est

$$(7) \qquad E - \frac{dN}{dt} = E - L\frac{dI}{dt}.$$

L'intensité du courant dans le circuit, déterminée à *chaque instant* par la loi d'Oнм, a pour expression

$$(8) \qquad I = \frac{E - L\dfrac{dI}{dt}}{w};$$

w désignant le résistance du conducteur. Pour trouver la loi suivant laquelle le courant varie avec le temps, il faut intégrer l'équation

$$(9) \qquad Iw = E - L\frac{dI}{dt}.$$

Dans le cas particulier où E est une grandeur constante, c'est-à-dire lorsqu'on applique brusquement une force électromotrice E au conducteur de résistance w et de coefficient de self-induction L, on obtient une équation différentielle linéaire du premier ordre à coefficients constants

$$(10) \qquad \frac{dI}{dt} + \frac{w}{L}I = \frac{E}{L};$$

son intégrale est

$$(11) \qquad I = Ce^{-\frac{wt}{L}} + \frac{E}{w},$$

C étant une constante d'intégration.

Quand l'intensité du courant est nulle à l'instant initial ($t = 0$), ce qui correspond à la fermeture du courant, on satisfait aux conditions initiales en faisant $C = -\dfrac{E}{w}$ et on a finalement

$$(12) \qquad I = \frac{E}{w}\left(1 - e^{-\frac{wt}{L}}\right).$$

Cette formule montre que si on applique une force électromotrice E à un système de conducteurs de résistance w et de self-induction L, le courant n'atteint pas d'un seul coup sa valeur limite $\dfrac{E}{w}$, mais s'en rapproche asymptotiquement et cela d'autant plus vite que w est plus grand et L plus petit. Inversement, lorsque w est petit et L grand, l'accroissement du courant a lieu relativement avec lenteur. C'est ainsi que, dans les gros électro-aimants, le courant peut parfois continuer à croître pendant plusieurs secondes.

On a assez souvent à résoudre le *problème inverse*. Dans un circuit agit une force électromotrice E et l'intensité du courant est $I_1 = \dfrac{E}{w}$. Supposons que la force électromotrice tombe brusquement à zéro, le circuit restant fermé sur la résistance w. On se propose de déterminer la loi de décroissance du courant. L'équation (10) prend dans ce cas la forme

$$(13) \qquad \frac{dI}{dt} + \frac{w}{L}\,I = 0.$$

L'intégrale de cette équation est

$$(14) \qquad I = Ce^{-\frac{w}{L}t},$$

où C est une constante d'intégration déterminée par la condition qu'à l'instant initial ($t = 0$), l'intensité de courant soit égale à I_1 ; on trouve ainsi $C = I_1$, de sorte qu'on a en fin de compte

$$(15) \qquad I = I_1 e^{-\frac{w}{L}t}.$$

7. Coefficient de self-induction. — Le coefficient L dans la formule (6) est un facteur de proportionnalité numériquement égal au flux de force qui traverse le circuit, parcouru par un courant d'intensité égale à *un*. Si le circuit comprend plusieurs tours, il faut ajouter les flux de force qui traversent respectivement les spires. Les dimensions de ce coefficient sont donc en unités électromagnétiques $\dfrac{[\text{flux de force}]}{[\text{courant}]}$; mais comme l'équation des dimensions d'un flux (Livre II, Chap. II, § **6**) est $[\Psi] = [\mu]\,[\Phi] = [\mu]^{\frac{1}{2}}L^{\frac{3}{2}}M^{\frac{1}{2}}T^{-1}$

et celle d'un courant (Livre II, Chap. III, § **2**) $[I] = [\mu]^{-\frac{1}{2}}L^{\frac{1}{2}}M^{\frac{1}{2}}T^{-1}$, la dimension $[L]$ du coefficient de self-induction est la longueur L ; autrement dit, elle est la même que la dimension du coefficient d'induction mutuelle (Livre II, Chap. II, § **6**).

D'après la formule (6), la force électromotrice de self-induction a pour expression

$$E = -\,L\,\frac{dI}{dt}.$$

Cette expression peut être employée pour déterminer l'unité de self-induction. Un conducteur possède une self-induction égale à *un*, quand, pour une variation de l'intensité de courant dans ce conducteur d'une unité électromagnétique par seconde $\left(\dfrac{dI}{dt} = 1\right)$, la force électromotrice d'induction qui prend naissance est égale à l'unité él. mag. de différence de potentiel. Comme l'unité pratique d'intensité de courant est 1 ampère $=$ 0,1 unité absolue él. mag. d'intensité de courant et que l'unité pratique de différence de potentiel est 1 volt $=$ 10^8 unités él. mag. de différence de potentiel, *l'unité pratique de coefficient de self-induction*, appelée *henry*, est égale à 10^9 unités él. mag. C. G. S. Sa grandeur est par suite de 10^9 cm., c'est-à-dire à peu près le $\dfrac{1}{4}$ du méridien terrestre; aussi l'appelle-t-on encore *quadrant*.

Un conducteur possède donc une self-induction de 1 henry, quand une variation de l'intensité de courant de 1 ampère par seconde donne naissance, dans ce conducteur, à une force électromotrice d'induction de 1 volt. Nous avons déjà indiqué (Livre II, Chap. III, § **8**) la formule fondamentale

$$(16) \qquad L = \iint \frac{\cos \varepsilon}{r}\, ds\, ds',$$

qui détermine le coefficient de self-induction, ds et ds' étant des éléments d'un même circuit. Nous avons vu également que ce coefficient doit être connu, pour pouvoir calculer l'énergie potentielle propre d'un courant, c'est-à-dire la grandeur

$$(17) \qquad W = -\frac{1}{2}\, I^2 \mu L.$$

Nous pouvons maintenant donner à cette formule une autre interprétation. Quand un courant I passe dans un conducteur métallique fixe, toute l'énergie de la source du courant est dépensée dans le dégagement de la chaleur de JOULE (Livre II, Chap. IV. § **1**), déterminée par la formule

$$(18) \qquad Q = AI^2 R t.$$

Si la résistance R est suffisamment petite, cette énergie est également faible et à la limite est nulle; autrement dit, dans un circuit de résistance nulle, le courant pourrait être maintenu sans aucune dépense d'énergie. Mais, pour produire ce courant, il faut vaincre la force électromotrice de self-induction, égale à $- L\,\dfrac{dI}{dt}$ et on dépense à cet effet l'énergie

$$(19) \qquad - 1L\,\frac{dI}{dt}\, dt.$$

Durant toute la période d'établissement du courant, quand celui-ci passe de l'intensité $I = 0$ à l'intensité $I = I_1$, on dépense l'énergie

$$- \int_0^{I_1} LI\, dI = -\frac{1}{2}\, LI_1^2.$$

Lorsque le phénomène a lieu dans un milieu de perméabilité magnétique μ, il faut remplacer L par μL et on obtient alors la formule (17). L'énergie dépensée pour vaincre la force électromotrice de self-induction apparaît donc comme emmagasinée sous forme d'énergie potentielle magnétique propre du courant.

Le calcul du coefficient de self-induction ne peut être effectué rigoureusement que dans un petit nombre de cas. Cependant, on peut souvent établir des expressions de ce coefficient qui en donnent une grande approximation. On détermine très simplement le *coefficient de self-induction d'une bobine*, dont la longueur est grande comparativement au diamètre de la section droite. Dans le Livre II, Chap. III, § **7**, nous avons trouvé pour le flux de force dans une telle bobine l'expression

$$(20) \qquad \Phi = 4\pi n\sigma I,$$

où I désigne l'intensité du courant, n le nombre de spires par cm. de longueur et σ l'aire de la section droite de la bobine. Comme le nombre total de spires est nl, l étant la longueur de la bobine en cm., le flux de force qui traverse *toutes les spires* est égal à

$$4\pi n\sigma I \times nl = 4\pi n^2 l\sigma I.$$

La formule (6) donne par suite, pour le coefficient de self-induction d'une bobine longue et mince, l'expression

$$(21) \qquad L = 4\pi n^2 \sigma l = 4\pi^2 R^2 n^2 l,$$

qui est aussi applicable à une bobine annulaire, quand la circonférence de l'anneau est grande comparativement au rayon de la section droite. Des formules très exactes ont été établies pour des bobines d'autre forme. Une étude critique de toute cette question a été faite dans un mémoire étendu de Rosa et Grover. Un circuit circulaire formé avec un fil de section circulaire possède, d'après Kirchhoff, la self-induction

$$(22) \qquad L = 4\pi a \left(\log \frac{8a}{\rho} - 1{,}75\right),$$

a désignant le rayon de la ligne axiale du courant et ρ le rayon de la section du fil. La dépendance de la self-induction d'un tel conducteur à l'égard de l'épaisseur de ce dernier présente un grand intérêt. Lorsque le fil est infiniment mince, le coefficient de self-induction est infiniment grand. Cela se conçoit, car le champ magnétique dans le voisinage d'un conducteur infiniment mince parcouru par un courant d'intensité égale à *un* est infiniment grand. Des formules analogues ont été données par Maxwell et Lord Rayleigh. La formule de Lord Rayleigh est

$$(23) \qquad L = 4\pi a \left\{ \left(1 + \frac{\rho^2}{8a^2}\right) \log \frac{8a}{\rho} + \frac{\rho^2}{24 a^2} - 1{,}75 \right\};$$

les deux formules ne sont qu'approchées et sont d'autant plus exactes que le

rapport $\rho : a$ est plus petit. Grover a établi une formule pour les tubes conducteurs courbés en forme de tore. En pratique, on a affaire à des bobines
de grandeur finie. Lord Rayleigh a donné, pour une *bobine à une seule*
couche de spires de rayon moyen a, dont la ligne axiale est de longueur b,
la formule

$$(24) \qquad L = 4\pi a n^2 \left\{ \log \frac{8a}{b} - \frac{1}{2} + \frac{b^2}{32\,a^2} \left(\log \frac{8a}{b} + \frac{1}{4} \right) \right\},$$

où n est le nombre total de tours. D'autres formules ont encore été propo-
sées par Coffin, Lorenz, Nagaoka, Webster, Havelock, Kirchhoff, etc.

Il existe un très grand nombre de formules pour une *bobine à plusieurs*
couches de fil et à section rectangulaire. Maxwell a indiqué l'expression suivante

$$(25) \qquad L = 4\pi a n^2 \left(\log \frac{8a}{R} - 2 \right),$$

où n est le nombre de spires, a le rayon moyen de la bobine et R ce qu'on
appelle la *moyenne distance géométrique* de la section droite de l'enroulement.

La moyenne distance géométrique d'un point P à une ligne S s'obtient de
la manière suivante. On divise la ligne S en un nombre suffisamment grand
n de segments et ou joint le point P à ces n segments par n lignes. La racine
n^e du produit des n distances est appelée la *moyenne distance géométrique*.
D'après cela, la *moyenne distance géométrique* R *de la ligne à elle-même* est la racine n^e des n distances entre les segments de la ligne pris deux à deux, le
nombre n étant aussi grand qu'on le veut. Ceci revient à la définition mathématique

$$\log R = \iint \log r \, ds_1 ds_2,$$

ds_1 et ds_2 désignant les deux segments dont la distance est r. On appelle
moyenne distance géométrique d'une figure plane quelconque l'expression

$$\log R = \iiiint \log r \, dx \, dy \, dx_1 \, dy_1.$$

Pour la section rectangulaire d'un enroulement, dont la longueur axiale
est b et l'épaisseur radiale c on obtient la formule suivante :

$$(26) \quad \log R = \log \sqrt{b^2 + c^2} - \frac{1}{6} \frac{c^2}{b^2} \log \sqrt{1 + \frac{b^2}{c^2}} - \frac{1}{6} \frac{b^2}{c^2} \log \sqrt{1 + \frac{c^2}{b^2}}$$

$$+ \frac{2}{3} \frac{c}{b} \operatorname{arc tg} \frac{b}{c} + \frac{2}{3} \frac{b}{c} \operatorname{arc tg} \frac{c}{b} - \frac{25}{12}.$$

D'autres formules plus exactes ont été indiquées par Stefan, Weinstein,
Perry et d'autres encore. Toutes ces expressions conduisent à des résultats

assez concordants. On trouvera dans le travail déjà mentionné de Rosa et Grover une étude extrêmement détaillée de ces formules, ainsi que des exemples de calcul numérique.

Le *coefficient de self-induction d'un conducteur rectiligne* joue un grand rôle dans la théorie des oscillations électriques produites dans un tel conducteur. Pour un conducteur plein de forme cylindrique, ce coefficient est égal à

$$(27) \qquad L = 2l\left(\log\frac{2l}{\rho} - \frac{3}{4}\right),$$

l étant la longueur et ρ le rayon de la section droite du conducteur. Cependant, nous verrons plus loin que les oscillations rapides ne peuvent pénétrer à l'intérieur des conducteurs, mais se propagent seulement à leur surface; pour les oscillations, le coefficient de self-induction d'un conducteur cylindrique creux à parois très minces est donc seul important. Un semblable conducteur a, comme coefficient de self-induction,

$$(28) \qquad L = 2l\left(\log\frac{2l}{\rho} - 1\right).$$

Ces formules ont été données pour la première fois par Neumann. Dans la suite, Lord Rayleigh les a étendues au cas général où la perméabilité magnétique du conducteur plein diffère de l'unité.

On emploie souvent, avec les courants alternatifs, des câbles concentriques, dont l'un sert de conducteur d'amenée du courant et l'autre de conducteur de retour. Le coefficient de self-induction d'un tel câble est égal à

$$(29) \qquad L = 2l\left(\log\frac{a_2}{a_1} - \frac{1}{4}\right),$$

a_2 étant le rayon du conducteur extérieur et a_1 celui du conducteur intérieur.

8. Induction mutuelle. Coefficient d'induction mutuelle. — Pour calculer la force électromotrice d'induction produite dans le circuit primaire par la variation du courant I_1 qui passe dans ce circuit, il faut savoir comment varie, en fonction de l'intensité I_1, le flux total d'induction magnétique issu du circuit primaire et traversant le circuit secondaire. On doit, pour cela, déterminer le *coefficient d'induction mutuelle* $L_{1,2}$; d'après le Livre II, Chap. III, § **8**, le flux d'induction est en effet égal à $\Phi_2 = L_{1,2} I_1$, où $L_{1,2}$ est le coefficient d'induction mutuelle.

Le coefficient $L_{1,2}$ ne dépend, comme on l'a vu à l'endroit cité, que des données géométriques des deux circuits et peut être considéré comme une grandeur constante, tant que les circuits ne changent pas et restent en repos. Dans ce cas, la force électromotrice d'induction mutuelle E_2 dans le circuit secondaire est égale à

$$E_2 = -\frac{d\Phi}{dt} = -L_{1,2}\frac{dI_1}{dt}.$$

Dans le Chapitre III du Livre II, on a démontré que $L_{1,2} = L_{2,1}$, c'est-à-dire que le flux qui traverse tous les enroulements du circuit secondaire, quand le circuit primaire est parcouru par un courant d'intensité *un*, est égal au flux qui traverse tous les enroulements du circuit primaire, lorsqu'un courant d'intensité *un* passe dans le secondaire. En d'autres termes, le coefficient d'induction du circuit primaire sur le circuit secondaire est égal au coefficient d'induction du second conducteur sur le premier. De là vient la dénomination de *coefficient d'induction mutuelle*. Ce coefficient est exprimé par la formule de NEUMANN

$$L_{1,2} = \iint \frac{\cos \varepsilon}{r} \, ds_1 ds_2,$$

où ds_1 et ds_2 sont respectivement des éléments du premier et du second conducteur. Un très grand nombre de cas spéciaux ont été envisagés par différents auteurs, mais les formules exactes correspondantes sont souvent très compliquées. Nous renvoyons le lecteur, pour plus amples renseignements, au livre plusieurs fois mentionné de ROSA et GROVER; nous n'indiquerons ici que quelques-uns des résultats les plus importants.

Pour *deux conducteurs parallèles*, de longueur l et distants de d, on a

$$(30) \qquad L_{1,2} = l \log \frac{\sqrt{l^2 + d^2} + l}{\sqrt{l^2 + d^2} - l} - 2 \sqrt{l^2 + d^2} + 2d.$$

Lorsque d est petit comparativement à l, on peut prendre l'expression approchée plus simple

$$(31) \qquad L_{1,2} = 2l \left(\log \left(\frac{2l}{d} - 1 + \frac{d}{l} \right) \right).$$

MAXWELL a calculé l'induction mutuelle de *deux cercles* de rayons A et a ayant même axe et dont les plans sont distants de d; il a trouvé

$$(32) \qquad L_{1,2} = 4\pi \sqrt{Aa} \left\{ \left(\frac{2}{k} - k \right) F - \frac{2}{k} E \right\},$$

où $k = \dfrac{2\sqrt{Aa}}{\sqrt{(A + a)^2 + d^2}}$ et où F et E sont des intégrales elliptiques complètes de première et de seconde espèce, dont le module est $k = \sin \gamma$. La valeur de ces intégrales en fonction de γ est indiquée dans LEGENDRE, *Traité des Fonctions elliptiques*, Tome II, Table VIII et dans MAXWELL, *Treatise*, Tome II, § **701**, Append. I, où les valeurs de $\log \dfrac{L_{2,1}}{4\pi \sqrt{Aa}}$ sont données pour γ compris entre 60° et 90°. Quand la distance d entre les deux cercles et la différence A — a sont suffisamment petites comparativement à a, il est quelquefois plus commode d'employer une autre formule de MAXWELL :

$$(33) \qquad L_{1,2} = 4\pi a \left(\log \frac{8a}{r} - 2 \right),$$

où $r = \sqrt{(A - a)^2 + d^2}$ est la plus courte distance entre les deux circuits. D'autres formules ont encore été données par WEINSTEIN, NAGAOKA, HAVELOCK, MATHY, WIEDEMANN. etc. L'expression du coefficient d'induction mutuelle de *deux bobines concentriques*, dont les enroulements ont une largeur et une épaisseur finies, a une grande importance. On peut prendre comme première approximation,

$$(34) \qquad L^0_{1,2} = n_1 n_2 M_0,$$

n_1 et n_2 désignant les nombres de spires dans les bobines, M_0 le coefficient d'induction mutuelle de deux cercles conducteurs ayant respectivement pour rayon la moyenne arithmétique des rayons des différentes spires de chaque bobine et dont la distance est égale à celle des plans médians des bobines. Comme deuxième approximation, on a, d'après MAXWELL, *Treatise*, Tome II, § **700**, la formule

$$(35) \qquad L_{1,2} = L^0_{1,2} + \frac{1}{24} \left\{ (b_1^2 + b_2^2) \frac{\partial^2 L^0_{1,2}}{\partial x^2} + c_1^2 \frac{\partial^2 L^0_{1,2}}{\partial a^2} + c_2^2 \frac{\partial^2 L^0_{1,2}}{\partial A^2} \right\},$$

où b_1 et b_2 sont les longueurs des bobines dans la direction de l'axe, c_1 et c_2 leurs épaisseurs respectives suivant le rayon, x la distance des plans médians des deux bobines. Dans le cas particulier où les deux bobines concentriques sont entièrement identiques, les dérivées qui figurent dans (35) prennent les valeurs suivantes :

$$(36) \qquad \frac{\partial^2 L^0_{1,2}}{\partial x^2} = \pi \frac{k^3}{a} \left(F - \frac{1 - 2k^2}{1 - k^2} E \right),$$

$$(37) \qquad \frac{\partial^2 L^0_{1,2}}{\partial a^2} = \pi \frac{k}{a} \left\{ (2 - k^2) F - \left(2 - k^2 \frac{1 - 2k^2}{1 - k^2} \right) E \right\},$$

E et F ayant la même signification que dans (32); la formule (35) peut encore s'écrire comme il suit :

$$(38) \qquad L_{1,2} = n_1 n_2 \left\{ M_0 + \frac{1}{12} \left(b^2 \frac{\partial^2 L^0_{1,2}}{\partial x^2} + c^2 \frac{\partial^2 L^0_{1,2}}{\partial a^2} \right) \right\}.$$

Nous n'indiquerons pas d'autres formules et nous renverrons aux renseignements que donne la bibliographie.

9. Détermination expérimentale du coefficient de self-induction et du coefficient d'induction mutuelle. — Une méthode fondamentale de détermination du coefficient de self-induction a été proposée par MAXWELL. Cette méthode a été modifiée légèrement dans la suite par LORD RAYLEIGH. On se sert d'un pont de WHEATSTONE, dont les branches r_2, r_3, r_4 ne doivent posséder ni capacité, ni self-induction. Sur la quatrième branche est intercalée la bobine étudiée, dont on veut déterminer la self-induction. On cherche la position du point C (*fig.* 9), pour laquelle le galvanomètre ne dévie pas. Dans l'expérience, il faut toujours d'abord intercaler la batterie et n'introduire le galvanomètre que lorsque le courant s'est établi dans le circuit (moins d'une seconde), car autrement des courants d'induction produits à la fermeture troubleraient l'équilibre. Inversement, à l'ouverture du courant, il faut retirer en premier lieu le galvanomètre. Quand il ne passe pas de courant dans le galvanomètre, la condition

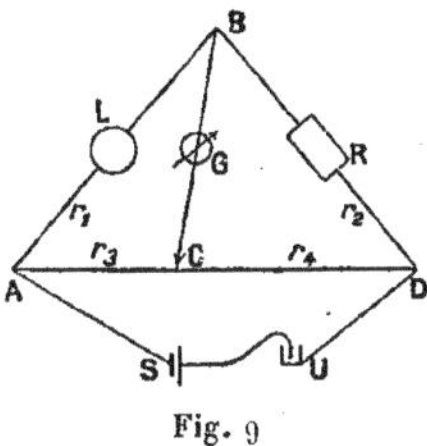

Fig. 9

$$r_1 : r_2 = r_3 : r_4$$

est remplie. Le galvanomètre doit être un galvanomètre balistique. Maintenant, lorsqu'inversement on ferme le courant et le galvanomètre et qu'ensuite, sans retrancher le galvanomètre, on ouvre le circuit ASD, on observe dans le galvanomètre un effet balistique, dû au phénomène de self-induction dans la branche r_1. Si le courant dans la branche r_1 a une intensité i_1, on peut admettre que, dans cette branche, durant la période de disparition du courant i_1, agit une force électromotrice $- \mathrm{L}\dfrac{di_1}{dt}$ (nous laisserons de côté dans la suite le signe moins). Le courant i_g, qui passe dans le galvanomètre, est proportionnel à cette force électromotrice et peut être calculé à l'aide des lois des courants dérivés (Livre II, Chap. III, § 5), r_1 et r_3 étant des parties non dérivées du circuit et les lignes BC et BDC donnant passage à deux courants parallèles. Le courant dans la ligne BC, dont la résistance est r_g, est égal à

$$(39) \qquad i_g = \mathrm{L}\,\frac{di_1}{dt}\,\frac{r_2 + r_4}{r_g(r_1 + r_2 + r_3 + r_4) + (r_1 + r_3)(r_2 + r_4)}.$$

En désignant la dernière fonction par K, on peut écrire

$$(40) \qquad i_g = \mathrm{L}\,\frac{di_1}{dt}\,\mathrm{K}.$$

Si l'on multiplie les deux membres par dt et si l'on intègre dans tout l'intervalle de temps nécessaire pour la disparition de l'extra-courant, on obtient

$$(41) \qquad \mathrm{Q}_g = \mathrm{L}i_1\mathrm{K},$$

Q_g désignant la quantité totale d'électricité qui a traversé le galvanomètre.

Quand on connaît Q_g (il faut pour cela déterminer la constante balistique du galvanomètre) et i_1, ainsi que toutes les résistances qui entrent dans l'expression de K, on peut déterminer L. Il existe cependant une méthode (Lord Rayleigh) qui permet d'éviter la détermination de toutes ces grandeurs. La théorie du galvanomètre balistique (Livre II, Chap. II, § 3, formule 33, *b*) donne, pour un galvanomètre à bobine à faible amortissement, la formule

$$(42) \qquad \mathrm{Q}_g = \mathrm{L}i_1\mathrm{K} = \frac{\mathrm{T}a\left(1 + \dfrac{\lambda}{2}\right)}{\mathrm{S}\pi},$$

d'où l'on déduit

$$(42,\,a) \qquad L = \frac{Ta\left(1 + \dfrac{\lambda}{2}\right)}{SKi_1\pi}.$$

On détermine SKi_1 de la manière suivante : on modifie un peu la résistance r_1, en introduisant une *très petite* résistance supplémentaire Δr_1. Le galvanomètre éprouve alors une petite déviation *constante* φ, égale (Livre II, Chap. II, § **3**) à

$$(43) \qquad \varphi = i''_g S,$$

i''_g étant déterminé par la formule $(32,\,b)$ du Livre II, Chap. III, § **5**. Pour simplifier nous ferons dans cette formule $R = o$ et nous écrirons, conformément à nos notations actuelles, r_3 au lieu de R_1, $r_1 + \Delta r_1$ au lieu de R_2, r_4 pour R_3, r_2 pour R_4 et r_g pour R_0. Comme Δr_1 est très petit, on peut le négliger au dénominateur et en outre remplacer E par $i_1(r_1 + r_2)$. Ayant $r_1 : r_2 = r_3 : r_4$, on établit facilement que

$$(44) \qquad i''_g = Ki_1\Delta r_1,$$

où K a la même signification que dans (41). On peut par suite poser, dans $(42,\,a)$, $\varphi : \Delta r_1$ au lieu de SKi_1 ; finalement, il vient

$$(45) \qquad L = \frac{Ta\left(1 + \dfrac{\lambda}{2}\right)\Delta r_1}{\varphi\pi}.$$

Dans la forme primitive de la méthode de Maxwell-Rayleigh, la résistance r_1 était intercalée dans une autre branche. En pareil cas, il entre, dans la formule (45), encore un facteur, qui dépend de la résistance des branches.

Il existe quelques méthodes de détermination du *coefficient de self-induction d'une bobine* par comparaison avec une autre bobine de self-induction connue. Dans cette méthode, la bobine, dont on recherche la self-induction L_1, est mise en série avec une résistance variable r_1 sur la branche AB, *fig.* 9 ; l'autre bobine, de self-induction connue L_2 et de résistance r_2, est placée sur la branche BD. On modifie les résistances r_1 et r_2 jusqu'à ce qu'on ait trouvé une position du point C telle que le galvanomètre ne donne aucune déviation, quand on ferme le courant d'une façon durable ou aux instants de fermeture et d'ouverture du circuit. Dans ce cas, on a

$$(46) \qquad \frac{L_1}{L_2} = \frac{r_3}{r_4} = \frac{r_1}{r_2}.$$

En effet, le courant i_g dans le galvanomètre résulte, à l'ouverture du circuit, de deux courants, qui sont dus à la force électromotrice $- L_1 \dfrac{di_1}{dt}$ dans la branche AB et à la force électromotrice $- L_2 \dfrac{di_1}{dt}$ dans la branche BD.

Les courants dans le galvanomètre, qui correspondent à ces forces, sont $K_1 L_1 \frac{di_1}{dt}$ et $K_2 L_2 \frac{di_1}{dt}$: mais ils sont de sens contraires. Lorsqu'il n'y a aucun courant dans le galvanomètre, on a

$$(47) \qquad K_1 L_1 \frac{di_1}{dt} = K_2 L_2 \frac{di_1}{dt},$$

où K_2, voir la formule (39), page 64, en raison de la symétrie complète de K_1, ne diffère de ce dernier qu'en ce que $r_2 + r_4$ est remplacé par $r_1 + r_3$ et inversement ; il s'ensuit que $L_1 : L_2 = K_2 : K_1 = (r_1 + r_3) : (r_2 + r_4)$. De cette relation peut se déduire aisément (46), en tenant compte de la condition $r_1 : r_3 = r_2 : r_4$ simultanément remplie.

Il est commode, dans les mesures de ce genre, de se servir d'un *disjoncteur* particulier, permettant d'ouvrir et de fermer plusieurs fois le circuit et d'envoyer à volonté dans le galvanomètre seulement l'extracourant d'ouverture ou seulement l'extracourant de fermeture. Avec un téléphone ou un galvanomètre à vibrations, on peut aussi employer du courant alternatif dans ces mesures. Pour déterminer les coefficients de self-induction par la méthode de comparaison, il existe des *jeux de bobines* de self-induction connue, disposées dans des boîtes qui rappellent les boîtes de résistances. J. CARPENTIER a construit des étalons de self-induction (*fig.* 10) formés de bobines plates, dont la

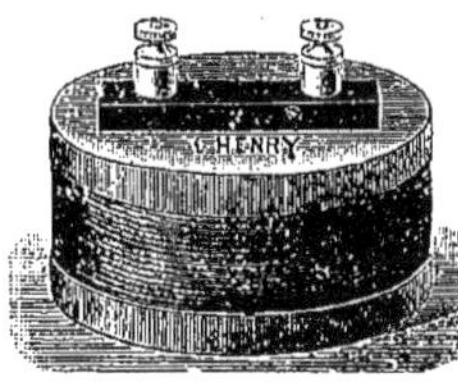

Fig. 10

gorge est garnie de fil de cuivre. Les dimensions géométriques de ces bobines ont été choisies de façon à donner la constante de temps la plus élevée possible, pour un volume donné de fil : les dimensions des bobines étant les mêmes pour tous les étalons de cette série, la constante de temps est la même pour tous, et voisine de 0,01 seconde. La gorge des bobines a un rayon intérieur de $2^{cm},4$, un rayon extérieur de $7^{cm},2$ et une hauteur de $3^{cm},6$. Le diamètre du fil de cuivre enroulé varie avec la valeur de la self-induction. Ces étalons s'emploient dans la mesure des coefficients de self-induction, par toutes les méthodes de comparaison, aussi bien avec courant continu qu'avec courant alternatif.

Nous allons décrire un système, qui permet de modifier d'une façon continue la self-induction. A l'intérieur d'une bobine, dont le plan des enroulements est disposé verticalement, se trouve placée une autre bobine, dont le plan des spires est également vertical, mais qui peut tourner à l'intérieur de la première autour de son axe vertical. Le courant passe successivement dans chaque bobine. Le champ magnétique de l'une s'ajoute à celui de l'autre et, selon la position mutuelle des bobines, les champs peuvent se renforcer ou s'affaiblir mutuellement. Le coefficient de self-induction d'un tel système change d'une manière continue et il est fonction de l'angle formé par les plans des enroulements des deux bobines ; il prend sa plus grande valeur, quand les courants ont même sens dans les deux bobines et sa plus petite valeur lorsqu'ils ont des sens contraires. Une échelle disposée au-dessus de l'appareil permet de lire l'angle de rotation et une table appartenant à l'instrument donne la grandeur de la self-induction pour différents angles. Ce système a été proposé par Lord Rayleigh et réalisé par M. Wien. J. Carpentier a construit le modèle de bobine de self-induction réglable représenté par la figure 11; cet appareil se compose de deux bobines plates, concentriques ; la bobine intérieure, montée sur un axe diamétral, peut prendre diverses inclinaisons. L'angle de son plan avec celui de la bobine fixe est ici indiqué, à chaque instant, par un cercle gradué : les circuits des deux bobines sont encore réunis en tension. Le coefficient de self-induc-

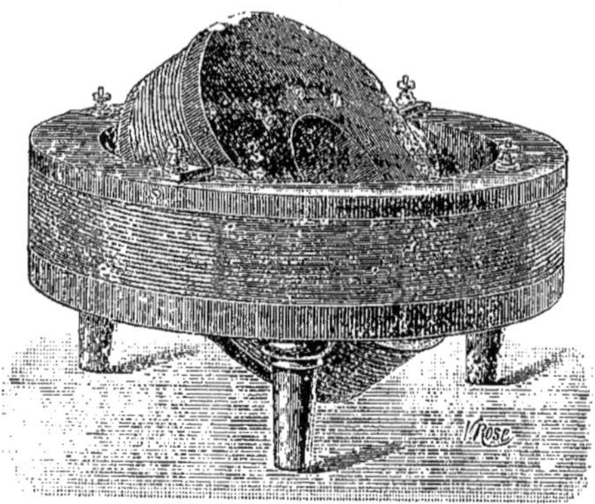

Fig. 11

tion de l'ensemble, dépendant de l'angle que font entre elles les deux bobines, peut varier dans d'assez grandes limites. Le tableau ci-dessous donne les constantes d'un appareil établi suivant ces données :

	Bobine fixe	Bobine mobile	Ensemble des deux bobines inclinées à		
			0°	90°	180°
Résistance	5 ohms	3,68 ohms	8,63 ohms		
Coefficient de self-induction.	0,269 henry	0,177 henry	0,228	0,446	0,664
Constante de temps . . .	0,0538 seconde	0,048 seconde	0,0262	0,0513	0,0764

Dans ces derniers temps, la nécessité s'est fait sentir en télégraphie sans fil, où l'on emploie de hautes tensions, de disposer de self-inductions variables et relativement faibles, pouvant supporter ces hautes tensions ; on a été ainsi conduit à construire toute une série de nouveaux types de self-inductions variables d'après le principe suivant : dans un circuit peut être intercalé un nombre plus ou moins grand de spires d'un conducteur enroulé en spirale plate ou en hélice.

Nous laisserons de côté, pour le moment, les méthodes dans lesquelles la self-induction est compensée par une capacité et celle où l'on utilise des oscillations électriques.

Le *coefficient d'induction mutuelle* peut également être déterminé de différentes manières. De la définition même de ce coefficient découle déjà une méthode de mesure. Soit à obtenir l'induction mutuelle de deux bobines ; dans l'une des deux, est envoyé un courant d'intensité déterminée et, à l'aide d'un galvanomètre balistique relié en série avec la seconde, on observe la déviation produite par le courant qui prend naissance dans la seconde bobine, au moment de la rupture du courant dans la première. Par définition, le coefficient d'induction mutuelle est mesuré par le nombre des lignes d'induction qui traversent toutes les spires de la *seconde* bobine, quand on envoie dans la *première* un courant d'un ampère. Si ce courant est de i_1 ampères, le nombre N des lignes d'induction est égal à

$$(48) \qquad\qquad N = L_{1,2} i_1 .$$

A la rupture du courant, il se produit dans la seconde bobine une force électromotrice

$$e = - L_{1,2} \frac{di_1}{dt} .$$

L'intensité du courant correspondant est

$$(49) \qquad\qquad i_2 = \frac{e}{r_2} = - \frac{L_{1,2}}{r_2} \frac{di_1}{dt} ,$$

où r_2 désigne la résistance de la seconde bobine et du galvanomètre. La quantité totale d'électricité, qui a passé dans le circuit, est égale à l'intégrale $\int i_2 dt$, prise pour toute la période de disparition du courant. Nous désignerons par Q cette quantité, qui est mesurée par le galvanomètre balistique ; on obtient finalement

$$(50) \qquad\qquad L_{1,2} = \frac{r_2 Q}{i_1} .$$

MAXWELL a proposé la méthode suivante pour la *comparaison de deux coefficients d'induction mutuelle*. On a deux paires de bobines, AS (*fig.* 12) dont il

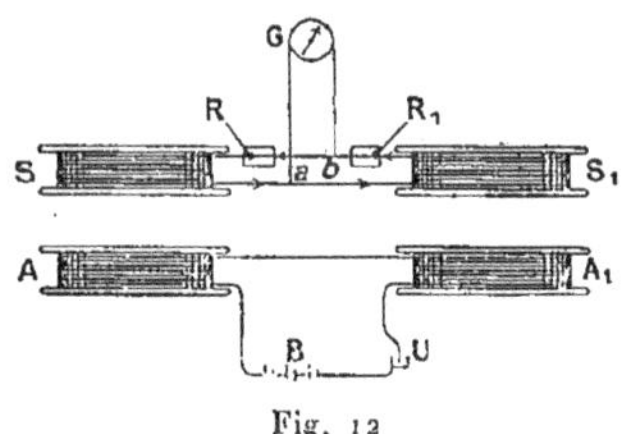

Fig. 12

s'agit de déterminer le coefficient d'induction mutuelle et $A_1 S_1$ dont le coefficient est connu. Les bobines A et A_1 sont reliées en série avec une batterie B et les bobines S et S_1 constituent, avec les boîtes de résistance R et R_1, un circuit fermé. Sur le pont de ce circuit est disposé le galvanomètre G. Au moment de la rupture du courant en U, prennent naissance, dans les bobines S et S_1, des forces élcctromotrices qui engendrent des courants correspondants dans le galvanomètre. D'après ce qui a été dit à la page 65 et d'après les formules (46) et (47), aucun courant ne passe dans le galvanomètre, si la condition suivante est remplie

$$(51) \qquad KL_{1,2} \frac{di}{dt} = K'L'_{1,2} \frac{di}{dt},$$

$L_{1,2}$ étant le coefficient d'induction mutuelle pour les bobines A et S, $L'_{1,2}$ pour les bobines A_1 et S_1 ; K et K' ont même signification que dans (47) ; i est l'intensité du courant dans le circuit AA_1B. On déduit de là

$$(51,\, a) \qquad \frac{L_{1,2}}{L'_{1,2}} = \frac{K'}{K} = \frac{r}{r'},$$

où r et r' désignent les résistances *totales* des circuits $bRSa$ et bR_1S_1a.

Maxwell a proposé encore une autre méthode pour la détermination du coefficient d'induction mutuelle $L_{1,2}$ de deux bobines. L'une des deux bobines, dont on veut déterminer le coefficient d'induction mutuelle, est placée sur la branche AC (*fig*. 13) d'un pont de Wheatstone. Le coefficient de self-induction $L_{1,1}$ de cette bobine doit avoir été déterminé au préalable. La seconde bobine M est intercalée dans le circuit d'une batterie ABUD, de façon que le champ de cette bobine soit opposé au champ de la bobine L. En déplaçant le contact E et en faisant varier simultanément la résistance r_3, on arrive à ce que le galvanomètre G ne dévie ni quand le courant est établi, ni à la fermeture ou à l'ouverture du circuit. Il est clair que, dans ce cas, la force

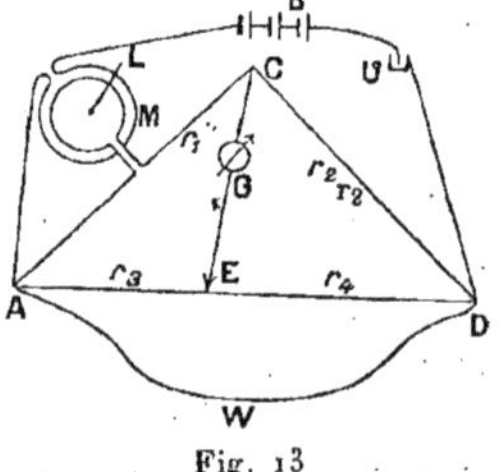

Fig. 13

électromotrice de *self-induction*, qui prend naissance dans la bobine L lorsque le courant i_L qui la parcourt disparaît, est compensée par la force électromotrice d'induction *mutuelle* des bobines M et L, qui prend naissance à la disparition du courant i_M dans la bobine M. On a donc l'égalité

$$(52) \qquad L_{1,1} \frac{di_L}{dt} = L_{1,2} \frac{di_M}{dt}.$$

Mais, *en l'absence de tout courant dans le galvanomètre*, le courant dérivé i_M est lié au courant i_L par la relation (Livre II, Chapitre III, § 5, éq. (30, d))

$$i_M : i_L = (r_1 + r_2 + r_3 + r_4) : (r_3 + r_4).$$

On en déduit que

$$(53) \qquad L_{1,1} = L_{1,2} \frac{r_1 + r_2 + r_3 + r_4}{r_3 + r_4} = L_{1,2} \left(1 + \frac{r_1 + r_2}{r_3 + r_4} \right)$$

L'équation du pont de WHEATSTONE permet d'écrire cette formule comme il suit :

$$(54) \qquad L_{1,1} = L_{1,2}\left(1 + \frac{r_2}{r_4}\right) = L_{1,2}\left(1 + \frac{r_1}{r_3}\right).$$

On peut procéder encore de la manière suivante : les deux bobines sont montées en série, une première fois de façon que leurs champs magnétiques coïncident, une seconde fois de manière qu'ils soient opposés l'un à l'autre et on détermine les coefficients de self-induction dans les deux cas. Dans le premier, le coefficient de self-induction L_+ du système est égal à

$$L_+ = L_{1,1} + 2L_{1,2} + L_{2,2},$$

$L_{1,1}$ et $L_{2,2}$ désignant les coefficients de self-induction des bobines prises isolément et $L_{1,2}$ le coefficient d'induction mutuelle cherché. Le facteur 2 indique qu'il faut tenir compte aussi bien de l'induction de la première bobine sur la seconde, que de celle de la seconde sur la première. Dans le deuxième cas, le coefficient de self-induction L_- est égal à

$$L_- = L_{1,1} - 2L_{1,2} + L_{2,2}.$$

On peut donc déduire $L_{1,2}$, et on a

$$(54,\,a) \qquad L_{1,2} = \frac{1}{4}\left(L_+ - L_-\right).$$

Nous ne parlerons pas ici des méthodes basées sur l'emploi des oscillations électriques.

Nous avons admis jusqu'ici l'invariabilité de $L_{1,1}$ et de $L_{1,2}$; mais il est aisé de voir que les phénomènes de self-induction et d'induction mutuelle jouent encore un rôle dans le cas où, le courant étant constant, *la configuration des circuits vient à changer*. Des changements dans les propriétés du milieu, comme ceux qui résultent de l'approche d'un noyau de fer, peuvent aussi modifier le flux magnétique et produire par suite également des phénomènes de self-induction et d'induction mutuelle. Il faut, dans tous ces cas, calculer la force électromotrice de self-induction par la formule

$$E = -\,I_1\,\frac{dL_{1,1}}{dt},$$

et la force électromotrice d'induction mutuelle par la formule

$$E = -\,I_1\,\frac{dL_{1,2}}{dt}.$$

10. Energie du champ électromagnétique. Modèles. — Comme on l'a déjà mentionné à la page 58, on peut, à l'aide des phénomènes d'induction, interpréter d'une manière un peu différente la formule (78) du

Livre II, Chapitre III, § 8. Quand un courant est envoyé dans une bobine, qui possède une self-induction $L_{1,1}$, il doit, avant d'atteindre sa pleine intensité I_1, surmonter la force électromotrice de self-induction $-L_{1,1}\dfrac{dI_1}{dt}$, dépensant à cet effet la quantité d'énergie $L_{1,1}I_1\dfrac{dI_1}{dt}$. Lorsqu'il existe dans le voisinage une autre bobine en relation avec la première par le coefficient d'induction mutuelle $L_{1,2}$ et parcourue par le courant I_2, si le courant varie dans la première bobine avec la vitesse $\dfrac{dI_1}{dt}$, la force électromotrice $-L_{1,2}\dfrac{dI_1}{dt}$ apparaît dans la seconde et l'énergie $L_{1,2}I_2\dfrac{dI_1}{dt}$ est libérée. En écrivant les expressions analogues pour les variations du courant I_2 dans la seconde bobine, on voit que la production des courants I_1 et I_2 dans la première et la seconde bobine exige, avec des coefficients d'induction constants $L_{1,1}, L_{2,2}, L_{1,2}$, une dépense d'énergie

$$(55) \qquad dW = L_{1,1}I_1\,\frac{dI_1}{dt} + L_{1,2}I_2\,\frac{dI_1}{dt} + L_{1,2}I_1\,\frac{dI_2}{dt} + L_{2,2}I_2\,\frac{dI_2}{dt}.$$

L'énergie du champ est donc, en supposant nulle la constante d'intégration (il n'y a pas d'énergie sans courants),

$$W = \frac{1}{2} L_{1,1}I_1^2 + L_{1,2}I_1I_2 + \frac{1}{2} L_{2,2}I_2^2,$$

c'est-à-dire qu'elle s'exprime par une fonction rationnelle entière homogène du second degré des intensités des courants.

La faculté que possède la self-induction (et l'induction mutuelle) de s'opposer aux variations des intensités des courants peut être *comparée* à certains égards à *l'inertie des masses* dans la mécanique ordinaire. En effet, l'expression même de l'énergie $\frac{1}{2} L_{1,1}I_1^2$ rappelle l'expression de la demi-force vive $\frac{1}{2} MV^2$, où la vitesse V joue le rôle de l'intensité de courant et la masse M (coefficient d'inertie) le rôle de la self-induction $L_{1,1}$. Cette analogie a conduit à la construction de nombreux *modèles* (J. J. Thomson, Lord Rayleigh, Lodge, etc), c'est-à-dire de systèmes matériels, dans lesquels les phénomènes mécaniques sont liés entre eux d'une façon analogue aux phénomènes électromagnétiques. *Mais, par ces modèles, on ne saurait prétendre représenter le vrai mécanisme du champ électromagnétique; ils servent simplement d'illustrations.*

Considérons un modèle de ce genre qui a été décrit par Lord Rayleigh. Sur deux poulies A et B (*fig.* 14), folles autour du même axe, passe un cordon sans fin, auquel sont suspendues deux autres poulies mobiles C et D, chargées toutes deux de poids égaux E et F. Les poulies sont supposées sans masse. Lorsqu'on met en rotation la poulie A, les poids E et F, en raison de leur inertie, ne changent pas de niveau et le cordon mis en mouve 1 . .

tourner la poulie B en sens inverse de A. On illustre de cette manière le phénomène d'induction correspondant à la fermeture du courant dans le circuit primaire.

Quand les deux poulies A et B tournent dans le même sens, l'un des poids, F par exemple, s'abaisse et l'autre E s'élève. Si on arrête alors brusquement la poulie A, l'inertie des poids force le cordon sur la poulie B à courir plus vite et celle-ci gagne en vitesse. Ce cas correspond au phénomène d'induction qui a lieu à l'interruption du courant dans le circuit primaire. Dans les équations qui traduisent ces phénomènes mécaniques, les masses se mettent en évidence d'une manière analogue aux coefficients de self-induction et d'induction mutuelle.

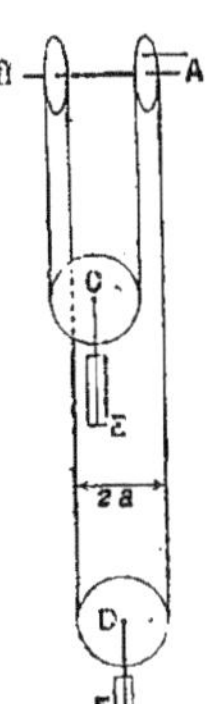

Fig. 14

Le mode de construction des modèles, qui peuvent illustrer *certains* phénomènes d'induction, se rattache étroitement à la *question plus large de l'interprétation mécanique de l'énergie du champ électromagnétique.*

Suivant les idées de FARADAY et de MAXWELL, cette énergie est emmagasinée dans l'éther sous forme de déformations ou de tourbillons, de déplacements électriques ou de lignes magnétiques et on peut se proposer de trouver l'interprétation purement mécanique de ces déformations ou de ces mouvements dans l'éther. A cet égard, quatre manières de voir sont possibles : 1. On peut considérer l'énergie électrique comme de l'énergie potentielle et l'énergie magnétique comme de l'énergie cinétique. Nous désignerons le groupe des théories correspondantes par le symbole (pot. cin.). 2. On peut, inversement, regarder l'énergie électrique comme de l'énergie cinétique et l'énergie magnétique comme de l'énergie potentielle, d'où le groupe (cin. pot.). 3. Il est possible d'envisager les deux énergies comme des énergies cinétiques, groupe (cin. cin.) ou 4. toutes deux comme des énergies potentielles, groupe (pot. pot.). Cinq sous-groupes peuvent en outre être considérés, suivant que l'on suppose une seule ou les deux énergies de caractère mixte (pot. cin.). Ces sous-groupes sont les suivants : 1. (pot. [pot. cin.]), 2. (cin. [pot. cin.]), 3. ([pot. cin.] pot.), 4. ([pot. cin.] cin.), 5. ([pot. cin.] [pot. cin.]).

H. WITTE, dans son livre *Über den gegenwärtigen Stand der Frage nach einer mecanischen Erklärung der elektrischen Erscheinungen*, Berlin 1906, arrive à cette conclusion qu'il est *impossible* de donner une forme systématique et purement rationnelle à l'une quelconque de ces théories, sans admettre la structure atomistique de l'éther ; par une telle supposition, on ne résout pas d'ailleurs la question, on recule simplement la difficulté. Néanmoins, avec beaucoup d'hypothèses et de restrictions, il est possible d'arriver à construire des modèles mécaniques de l'éther, qui correspondent aux différents genres précédents de théories.

MAXWELL a donné le premier un modèle du type (pot. cin.). Il se représente l'énergie électrique comme due à un certain déplacement le long de la ligne de force électrostatique et l'énergie magnétique sous forme de force vive de rotation *autour* de la ligne de force magnétique.

Indiquons d'abord par quelles considérations on est conduit à admettre *que le vecteur magnétique est un vecteur axial et le vecteur électrique un vecteur polaire*. Nous avons vu à la page 8 que le produit vectoriel de deux vecteurs *polaires* $\vec{a}$ et $\vec{b}$ donne un nouveau vecteur $\overset{\smile}{c} = [\vec{a}, \vec{b}] = - [\vec{b}, \vec{a}]$, qui n'est pas complètement identique aux vecteurs primitifs; nous avons appelé $\overset{\smile}{c}$ vecteur *axial*, parce que sa direction dépend de celles des vecteurs $\vec{a}$ et $\vec{b}$ par la règle de la vis (axe). La différence des deux sortes de vecteurs devient manifeste, quand on renverse le sens des trois axes de coordonnées. Supposons, pour simplifier, que deux vecteurs soient dirigés l'un et l'autre suivant l'axe des z, le premier étant un vecteur polaire et le second un vecteur axial, qui est obtenu comme produit de deux vecteurs polaires, dont l'un est dirigé suivant l'axe des x et l'autre suivant l'axe des y, de sorte qu'on a d'une part le vecteur $\vec{Z}$ et d'autre part le vecteur $\overset{\smile}{Z} = [\vec{X}, \vec{Y}]$. En renversant le sens de l'axe des z, on modifie par là même le signe du vecteur polaire $\vec{Z}$. Pour le vecteur axial $\overset{\smile}{Z}$, il en est autrement. En renversant le sens des axes des x et des y, on change les signes des vecteurs $\vec{X}$ et $\vec{Y}$, mais leur produit conserve son signe. En renversant simultanément le sens de l'axe des z, le sens du vecteur, qui correspond au produit vectoriel, est aussi changé; par ce changement de sens, le signe de $\overset{\smile}{Z}$ est donc conservé, et inversement. Remarquons en effet qu'en renversant ainsi le sens des trois axes, la vis tournant à droite se transforme en une vis tournant à gauche; un observateur, placé suivant le nouvel axe des z, voit le mouvement, qui amène le nouvel axe des x à coïncider avec le nouvel axe des y, s'effectuer dans le sens de la rotation des aiguilles d'une montre.

Nous rappellerons en outre que *le produit vectoriel de deux vecteurs de même nature* (tous deux polaires ou tous deux axiaux) *donne un vecteur axial et que le produit vectoriel de deux vecteurs de nature différente fournit un vecteur polaire ;* dans le produit vectoriel de deux vecteurs de même nature, le renversement de sens d'un axe change en effet le signe des deux facteurs ou n'en change aucun, de sorte que le signe du produit ne change pas; il n'en est plus de même avec deux vecteurs de nature différente.

Nous avons indiqué plus haut que le changement de signe est caractéristique du vecteur polaire, alors que s'il n'y a pas de changement par un renversement des axes, le vecteur doit être axial. Nous avons mentionné à la page 47 la formule

$$\vec{E} = [\vec{v}, \overset{\smile}{B}],$$

qui donne la force électromotrice induite. Quand on change le sens du mouvement $\vec{v}$ et celui du champ magnétique $\overset{\smile}{B}$, on ne modifie pas le *signe* du vecteur $\vec{E}$; mais si on renverse tous les axes, $\vec{E}$ change de *signe*, précisément parce que la direction et le sens de ce vecteur dans l'espace restent les mêmes ; c'est donc un vecteur polaire. Mais comme $\overrightarrow{v}$, dans le produit vectoriel $[\overrightarrow{v}, \overset{\curvearrowright}{B}]$, est un vecteur polaire, *nous devons considérer le vecteur* $\overset{\curvearrowright}{B}$ *comme un vecteur axial.*

L'état de l'éther de MAXWELL consiste ainsi en tourbillons tournant autour des lignes de force magnétique comme axes. Tous ces tourbillons ont un même sens de rotation ; les faces en regard de ces tourbillons ont par suite des vitesses dirigées en sens contraires. Entre les tourbillons, existent des particules très fines, qui roulent, sans glisser, en contact avec les surfaces des tourbillons. Ces particules jouent le même rôle que les galets de transmission des machines, ou les roues intermédiaires, qui transmettent le mouvement de la roue motrice à la roue menée sans en changer le sens. MAXWELL les considère comme le support des propriétés électriques. Un courant électrique, c'est-à-dire l'écoulement des particules électriques dans un fil conducteur, provoque autour de lui un mouvement tourbillonnaire dans l'éther ; le mouvement des tourbillons tend à déplacer les couches extérieures de particules électriques en sens opposé au courant central, et à faire tourner de nouveaux anneaux de tourbillons qui enveloppent les premiers ; les couches extérieures de particules électriques reçoivent donc, comme dans un laminoir, un mouvement de translation (courant induit). Un modèle correspondant à ce tableau a été décrit dans la 3ᵉ édition de l'ouvrage de MAXWELL.

BOLTZMANN a proposé un modèle beaucoup plus compliqué, mais plus commode. On lui doit aussi une analyse profonde de l'idée même des modèles mécaniques. Le modèle de BOLTZMANN a été dans la suite simplifié par EBERT. La figure 15 représente le modèle d'EBERT. Sur un axe vertical commun, sont montés trois systèmes indépendants l'un de l'autre : un cône denté supérieur, un cône denté inférieur et une transmission constituée par deux roues dentées, qui peuvent tourner ensemble autour de l'axe vertical et chacune séparément autour d'un axe horizontal. Les systèmes, en tournant, font monter des poids fixés à des régulateurs centrifuges, de sorte que l'énergie est emmagasinée sous forme d'énergie de rotation et sous forme d'énergie de gravitation. Le cône supérieur, en tournant autour de l'axe vertical, force le système de transmission à rouler sur le cône inférieur. En raison de son inertie, la transmission ne peut atteindre tout de suite sa pleine vitesse autour de l'axe vertical et elle exerce, par suite, jusqu'au moment où le mouvement est devenu permanent, une réaction sur le système inférieur, en le forçant à tourner dans un sens contraire à celui du mouvement du système supérieur. Mais, quand la rotation du cône supérieur s'est établie d'une manière permanente, la transmission, en roulant sur le cône inférieur, laisse fixe ce dernier. Lorsqu'on arrête ensuite brusquement le cône supérieur, la transmission, continuant son mouvement de rotation autour de l'axe vertical, entraîne le cône inférieur. Le premier phénomène correspond à l'induction pendant la fermeture du courant primaire, le second à celle qui se produit à l'ouverture de ce courant primaire.

MAXWELL, le premier, a traité sous une forme générale, dans le Chap. VI,

Tome II de son Traité, le problème ainsi posé. Il part de la conception de FARADAY, suivant laquelle le courant représente une sorte d'énergie cinétique, « *quelque chose qui est animé d'un mouvement de translation* ». Pour être plus général, MAXWELL n'écrit pas les équations de la mécanique en coordonnées

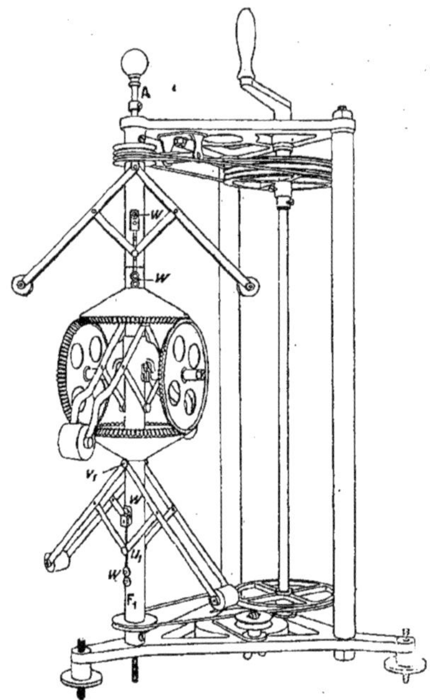

Fig. 15

cartésiennes, mais en coordonnées *généralisées* de LAGRANGE. Nous allons rappeler la forme que prennent alors ces équations.

Soient n coordonnées cartésiennes x_1, x_2, ... x_n et k paramètres indépendants a_1, a_2, ... a_k; les coordonnées cartésiennes sont définies par n formules telles que

$$(56) \qquad x_n = \varphi_k(a_1, a_2, \ldots a_k). \qquad (k \leqslant n),$$

où nous supposerons que le temps ne figure pas explicitement. Introduisons en outre la notation suivante

$$(57) \qquad \alpha = \frac{da}{dt}.$$

Les équations de LAGRANGE s'écrivent

$$(58) \qquad \frac{d}{dt}\frac{\partial T}{\partial \alpha} - \frac{\partial T}{\partial a} = A,$$

T étant la *demi-force vive* ou l'énergie cinétique du système exprimée en fonction des nouveaux paramètres a et de leurs dérivées α par rapport au temps. L'expression $\dfrac{\partial T}{\partial \alpha}$ porte le nom de *quantité de mouvement généralisée*, par analogie avec la dénomination ordinaire ; par exemple, dans le cas tout à fait simple du mouvement rectiligne d'un point, où $T = \frac{1}{2} m\dot{x}^2$ et $\alpha = \dot{x}\left(\dot{x} = \dfrac{dx}{dt}\right)$, on a $\dfrac{\partial T}{\partial \dot{x}} = m\dot{x}$, c'est-à-dire la quantité de mouvement du point, par définition. La grandeur A est appelée la composante relative au paramètre a de la *force généralisée*, également pour des raisons d'analogie, car $A\,da$, comme on le démontre facilement, représente le travail dans une variation da de a. Dans certains cas, A peut ne pas être du tout une force au sens ordinaire du mot. Ainsi, quand un point matériel tourne autour d'un axe suivant une circonférence de rayon r, et qu'on choisit, en qualité de paramètre de position, l'azimut du rayon vecteur, on a $T = \dfrac{m}{2} r^2\omega^2$, en désignant par ω la vitesse angulaire, et l'équation de LAGRANGE s'écrit

$$(59) \qquad\qquad \frac{d}{dt}\frac{\partial T}{\partial \omega} = mr^2\dot{\omega} = F ;$$

ici F n'est évidemment pas une force, mais un moment, que l'on peut écrire $F = mr\dot{\omega}.r$, $r\dot{\omega}$ étant l'accélération.

Le but de ces expressions généralisées est de laisser d'abord indéterminés dans leur sens physique le paramètre a et sa dérivée α ; on peut donc ne pas introduire prématurément d'hypothèses à ce sujet et sous la forme adoptée réunir un grand nombre d'interprétations mécaniques. Mais par là, comme l'a fait remarquer BOLTZMANN, les modèles, construits pour illustrer de telles équations mécaniques, ne peuvent être considérés que comme des *images* du vrai mécanisme et peuvent n'avoir avec lui rien d'autre de commun que la forme des équations du mouvement.

Lorsqu'on a un système de conducteurs parcourus par un ou plusieurs courants, ce système peut être défini complètement par des paramètres (a), qui déterminent la position des conducteurs et par des paramètres (b), qui donnent la position des charges électriques à l'intérieur des conducteurs.

Ces derniers paramètres b ont été choisis par MAXWELL de la manière suivante. La position d'une charge d'électricité A qui parcourt un circuit linéaire C est parfaitement déterminée si on connaît, d'une part, la position du circuit dans l'espace, et d'autre part, la longueur s de l'arc OA compté à partir d'une origine déterminée O. Par conséquent, si a_1, a_2, a_3, ... sont des paramètres qui définissent la position des masses matérielles qui constituent le circuit, la position d'une charge électrique dépend des paramètres s, a_1, a_2, a_3, ... Mais, au lieu de s, on peut prendre une fonction de cet arc, car la connaissance de cette fonction permettrait de déterminer s et par suite la position d'une charge électrique sur le circuit C ; MAXWELL prend la quantité

$$b = \int_0^t \mathrm{I}\,dt.$$

qui est, ainsi que nous allons le démontrer, une fonction de s. En effet, la section du conducteur, qui peut être variable d'un point à un autre, est une fonction $\varphi(s)$ de l'arc s; la vitesse de l'électricité, quotient de l'intensité par la section du conducteur, est alors $\dfrac{I}{\varphi(s)}$ et, comme cette vitesse a aussi pour valeur $\dfrac{ds}{dt}$, on doit avoir

$$\frac{ds}{dt} = \frac{I}{\varphi(s)},$$

d'où on tire

$$\int I dt = \int \varphi(s) ds = \psi(s)$$

et

$$\int_0^t I dt = \psi(s) - \psi(s_0),$$

s_0 étant la position de la charge électrique à l'origine des temps. Par conséquent b est une fonction de s seulement et on peut prendre, pour les paramètres dont dépend la position d'une charge électrique dans le circuit, les quantités b, a_1, a_2, ... a_n. Dans le cas de plusieurs circuits, traversés respectivement par des courants d'intensités I_1, I_2, etc., on posera

$$b_1 = \int_0^t I_1 dt, \qquad b_2 = \int_0^t I_2 dt, \text{ etc.}$$

Cela étant, si l'on peut se faire une *idée purement mécanique* d'un système de conducteurs parcourus par un ou plusieurs courants, la demi-force vive de ce système est, comme on sait, représentée par une fonction homogène du second degré des dérivées α et β par rapport au temps des paramètres a et b. La forme générale de cette fonction est donc

$$(60) \qquad T = \sum_i \sum_j (A_{ij}\alpha_i\alpha_j + B_{ij}\beta_i\beta_j + C_{ij}\alpha_i\beta_j),$$

où les coefficients A_{ij}, B_{ij}, C_{ij} sont des fonctions des a_i, a_j, b_i, b_j. On peut écrire cette expression sous la forme abrégée

$$(61) \qquad T = T_m + T_e + T_{me},$$

où T_m désigne l'énergie de mouvement des masses matérielles, T_e l'énergie de mouvement des masses électriques et T_{me} l'énergie due à la coexistence du mouvement des masses matérielles et de celui des masses électriques.

D'après MAXWELL, le terme T_{me} est nul. MAXWELL n'a réussi à observer ni l'inertie électrique des masses matérielles, ni l'inertie mécanique de l'électricité. La première se manifesterait par la naissance de forces électromotrices dues exclusivement au déplacement des conducteurs (sans champ magnétique extérieur) ; la seconde se ferait sentir dans des secousses que subiraient *longitudinalement* les conducteurs dans les périodes de fermeture et d'ouver‐ture des courants. La théorie moderne des électrons, en attribuant de l'inertie à l'électron, admet des actions correspondant au terme T_{me}, bien que ces actions doivent être très faibles. L'énergie de mouvement des conducteurs et de l'électricité est donc mesurée par la somme des énergies de mouvement respectives des conducteurs et des masses électriques. On admet en outre que l'énergie T est indépendante des paramètres b, c'est‐à‐dire que les coordon‐nées absolues des charges électriques ne jouent aucun rôle et que seuls ont une importance les courants (β) régnant aux points donnés. Une telle parti‐cularisation caractérise ce qu'on appelle avec HELMHOLTZ les systèmes *cycliques* (Tome III), c'est‐à‐dire les systèmes constitués par des toupies où, au fur et à mesure de la rotation, vient sur le champ, en un point donné de l'*espace*, à la place d'un point individuel m_1, un autre point m_2 possédant *presque* ou *exactement* la même masse et la même vitesse. Par suite, les événements en un point donné de l'espace ne changent que lentement ou pas du tout, en dépit de la vitesse rapide des points individuels. Dans chaque conducteur du système circule avec une vitesse énorme un courant et cependant, au passage d'un courant *constant*, les phénomènes autour des conducteurs ont un carac‐tère stationnaire. Le modèle de BOLTZMANN est un exemple de système cyclique.

Après ces explications, nous pouvons écrire l'expression des composantes généralisées relatives aux paramètres a et b ; en désignant ces composantes par A et B, on a

$$(62) \quad \begin{cases} A = \dfrac{d}{dt}\dfrac{\partial T}{\partial \alpha} - \dfrac{\partial T}{\partial a}, \\[2mm] B = \dfrac{d}{dt}\dfrac{\partial T}{\partial \beta} - \dfrac{\partial T}{\partial b}. \end{cases}$$

Mais, en vertu de (61) où $T_{me} = o$, on peut faire la décomposition sui‐vante :

$$(63) \quad \begin{cases} A = A_c + A_m = \dfrac{d}{dt}\dfrac{\partial T_c}{\partial \alpha} - \dfrac{\partial T_c}{\partial a} + \dfrac{d}{dt}\dfrac{\partial T_m}{\partial \alpha} - \dfrac{\partial T_m}{\partial a}. \\[2mm] B = B_c + B_m = \dfrac{d}{dt}\dfrac{\partial T_c}{\partial \beta} - \dfrac{\partial T_c}{\partial b} + \dfrac{d}{dt}\dfrac{\partial T_m}{\partial \beta} - \dfrac{\partial T_m}{\partial b}. \end{cases}$$

En remarquant que T_c est indépendant de α, T_m de β et que T ne renferme pas b en général, on obtient les quatre expressions suivantes :

$$(64) \quad A_c = -\dfrac{\partial T_c}{\partial a}, \qquad A_m = \dfrac{d}{dt}\dfrac{\partial T_m}{\partial \alpha} - \dfrac{\partial T_m}{\partial a}, \qquad B_c = \dfrac{d}{dt}\dfrac{\partial T_c}{\partial \beta}, \qquad B_m = o.$$

Ces composantes généralisées ont la signification suivante : A_m est la force mécanique ordinaire qui agit sur les conducteurs ; A_c est la force qui agit mécaniquement sur les conducteurs, mais dont l'origine est électrique ; c'est donc la réaction électrodynamique ; B_c est la force d'origine électrique qui agit sur les charges électriques. Nous pouvons appeler cette dernière composante généralisée la force *électromotrice*, sans plus préciser le sens de cette désignation.

Quand on définit les paramètres b comme l'a fait Maxwell, T_e n'est autre que le potentiel électrodynamique du système par rapport à lui-même et l'on a, dans le cas où deux courants seulement sont en présence,

$$T = T_m + \frac{1}{2} L_{1,1} I_1^2 + L_{1,2} I_1 I_2 + \frac{1}{2} L_{2,2} I_2^2 \; ;$$

$L_{1,1}$, $L_{1,2}$, $L_{2,2}$ ne dépendant que de la forme et de la position relative des circuits, sont des fonctions des a seulement ; de plus I_1 et I_2 sont, d'après les intégrales qui définissent b_1 et b_2, les dérivées β_1 et β_2 de ces quantités par rapport au temps. Évaluons les composantes généralisées B_e. Si nous supposons le courant qui parcourt le circuit C_1 entretenu par une force électromotrice E_1, la quantité d'énergie voltaïque fournie par la source de cette force électromotrice pendant le temps dt est $E_1 I_1 dt$ ou $E_1 \delta b_1$; mais il faut encore tenir compte de la résistance qu'éprouve le courant dans le conducteur et dont le travail se retrouve sous la forme de chaleur de Joule, c'est-à-dire est égal à $-w_1 I_1^2 dt$ ou $-w_1 I_1 \delta \beta_1$. Les composantes généralisées B_e pour deux circuits sont donc $E_1 - w I_1$ et $E_2 - w I_2$, correspondant respectivement aux paramètres b_1 et b_2. La troisième équation (64) nous donne donc

$$\frac{d}{dt}(L_{1,1} I_1 + L_{1,2} I_2) = E_1 - w I_1. \qquad \frac{d}{dt}(L_{1,2} I_1 + L_{2,2} I_2) = E_2 - w I_2$$

ou, en supposant d'ailleurs les deux circuits invariables et fixes,

$$E_1 - L_{1,1} \frac{dI_1}{dt} - L_{1,2} \frac{dI_2}{dt} = w_1 I_1,$$

$$E_2 - L_{1,2} \frac{dI_1}{dt} - L_{2,2} \frac{dI_2}{dt} = w_2 I_2.$$

Ce sont les expressions des lois de l'induction auxquelles nous sommes parvenu précédemment par la méthode de Lord Kelvin.

Comme on l'a déjà mentionné, on ne peut encore considérer comme établie l'absence de l'énergie T_{me}. A. Carbasso s'est proposé de déterminer avec quelle précision on peut admettre que ce terme s'annule.

Beaucoup plus sérieuses sont les difficultés que l'on rencontre dès qu'on veut donner une explication mécanique des phénomènes du champ électromagnétique, non pour un système de conducteurs linéaires comme l'a fait Maxwell, mais pour des corps quelconques en mouvement. H. A. Lorentz, dans son mémoire sur *la théorie électromagnétique de* Maxwell *et son application aux corps mouvants* (1892), a fait remarquer que l'exactitude des raisonnements de Maxwell repose sur l'hypothèse suivante : lorsqu'on connaît à un certain instant la position des points matériels d'un système et celle des masses électriques, ainsi que la position des points matériels à l'instant suivant et la quantité totale d'électricité qui s'est écoulée dans les conducteurs durant l'intervalle de temps considéré, la seconde position du système est complètement déterminée et elle est unique. Lorentz démontre qu'on ne peut admettre sans réserves une telle hypothèse, quand il s'agit de corps quelconques, et qu'au contraire il paraît beaucoup plus probable qu'un système électromagnétique non particularisé ne peut y satisfaire. Maxwell, pour se servir des équations de Lagrange, doit supposer que le système est *holonome*, suivant l'expression introduite par Hertz, c'est-à-dire que les équations traduisant les liaisons du système doivent pouvoir être exprimées en *termes finis* ; il n'en est pas ainsi quand on emploie les quantités d'électricité comme coordonnées et qu'on introduit leurs déplacements virtuels pour appliquer le principe de d'Alembert. Pour généraliser les idées de Maxwell sur le lien mathématique entre la mécanique et les phénomènes électrodynamiques, H. A. Lorentz a été conduit à définir une nouvelle classe de systèmes qu'il appelle *quasi-holonomes* et à l'égard desquels la théorie dynamique de Maxwell apparaît seulement comme une approximation. Récemment E. Guillaume (1913) a proposé d'appliquer la méthode par laquelle P. Appell a déduit de *l'énergie d'accélération* les équations générales de la dynamique. On peut alors supposer, d'une façon générale, le système *non-holonome* ; en substituant aux déplacements virtuels des *accélérations virtuelles*, les quantités d'électricité n'entrent plus en jeu.

Nous ajouterons que, d'après H. Poincaré, s'il est possible de déterminer un mécanisme illustrant exactement le champ électromagnétique, on peut construire une infinité de variantes de ce mécanisme ; mais il faut apporter quelques restrictions à cette observation, en ayant égard à la remarque qu'a faite G. Darboux relativement à la *représentation géométrique complète d'un élément linéaire*.

11. Applications des phénomènes d'induction. Bobines d'induction. Interrupteurs. — On fait un emploi très fréquent du phénomène de l'induction en électrotechnique. Nous allons considérer ici deux des appareils les plus usités dans les applications, la bobine d'induction et le transformateur.

La *bobine d'induction* sert à la production d'étincelles, dont la longueur dépend des dimensions de la bobine et peut atteindre un mètre et plus. La figure 16 représente une bobine qui donne une étincelle de 30^{cm} de longueur. Cet appareil est construit de la manière suivante. La partie intérieure de la bobine est formée par un noyau de fer cylindrique, constitué soit par des bandes de tôles de fer, rappelant alors un tronc d'arbre scié en planches, soit par un faisceau de fils de fer. Cette disposition a pour but d'éviter les courants de Foucault, dont il sera question plus loin. Autour de ce noyau est enroulée la *bobine primaire*, comportant un nombre relativement peu élevé (100 à 500) de spires de gros fil (ordinairement de 2 à 3^{mm} de diamètre). Les extrémités de cette bobine primaire sont reliées à deux bornes (*fig.* 16 à droite). Dans quelques appareils, cet enroulement comprend deux bobines indépendantes, aboutissant à quatre bornes. Ces deux bobines peuvent être montées en série ou en parallèle. Dans le second cas, elles se comportent comme une seule bobine deux fois plus courte, mais aussi deux fois plus épaisse, avec un coefficient de self-induction environ quatre fois moindre que dans le couplage en série. L'enroulement primaire est recouvert par un enroulement *secondaire*, formé d'un très grand nombre (jusqu'à plusieurs centaines de mille) de spires de fil très fin (environ $0^{mm},2$ de diamètre). L'enroulement secondaire atteint souvent, dans les grosses bobines d'induction, des dizaines et même des centaines de kilomètres. A titre d'exemple, nous allons indiquer les données de construction de la bobine représentée dans la figure 16. L'enroulement primaire comporte 360 spires d'un fil de 2^{mm} de diamètre, enroulé autour d'un noyau formé d'un faisceau de fils de fer. Le

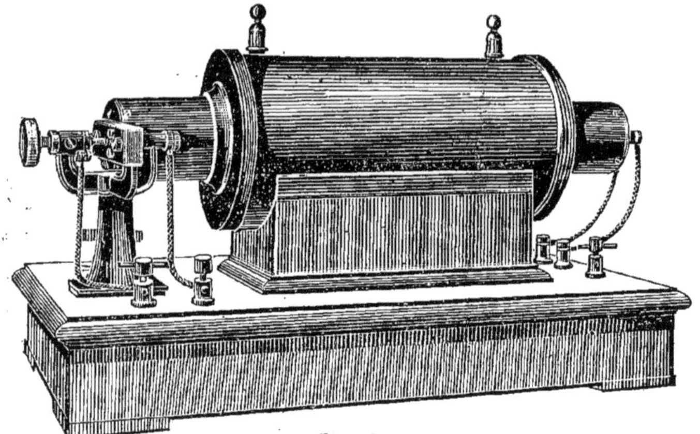

Fig. 16

noyau a 5^{cm} de diamètre ; la résistance de l'enroulement est de $0,36$ ohm, son coefficient de self-induction de $0,02$ henry. L'enroulement secondaire contient 25^{km} de fil, faisant environ $50\,000$ tours ; l'épaisseur du fil est de $0^{mm},18$. La résistance de cet enroulement est de $6\,600$ ohms, son coefficient de self-induction de 460 henrys. Le coefficient d'induction mutuelle des deux bobines est de $2,75$ henrys. Le fonctionnement de l'appareil est le suivant : on envoie dans le circuit primaire un courant, que l'on interrompt ensuite brusquement ; la dérivée $dN : dt$ est par suite extrêmement grande et, dans chaque spire du circuit secondaire, est induite une force électromotrice de courte durée, mais intense (environ 1 à 2 volts en moyenne). Le nombre des spires étant considérable, on obtient dans le circuit secondaire une force électromotrice très élevée, qui peut atteindre $100\,000$ volts et plus. A ce moment l'étincelle jaillit.

La différence de tension croissant d'une spire à l'autre, il faut prendre soin de ne pas rendre voisines des parties de l'enroulement séparées par un grand nombre de tours. Le bobinage par couches, tel que celui des bobines ordinaires, ne satisfait pas à cette condition. Les bobines d'induction sont formées de *sections* (*fig.* 17), où le fil est enroulé en spirale plate et qui sont séparées les unes des autres par une couche d'isolant. La qualité de l'isolant joue un rôle très important. Beaucoup d'isolants, en s'oxydant aux dépens de l'oxygène de l'air ambiant (ou dissous dans la substance isolante), perdent avec le temps de leur pouvoir isolant, en particulier sous l'influence de décharges lentes. Il est très important par suite de faire disparaître de la masse isolante toute trace d'air dissous (voir la description des bobines d'induction de Boas à Berlin).

Pour interrompre le courant le plus brusquement et le plus souvent possible, on emploie des *interrupteurs* spéciaux, dont il existe des types très variés.

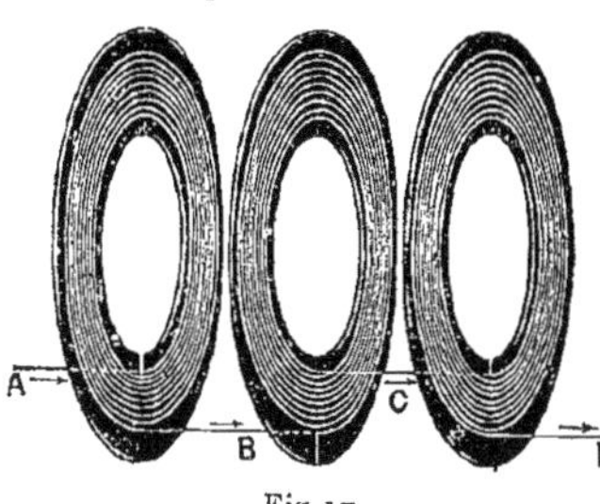

Fig 17

Nous n'en décrirons ici que quelques-uns. Un interrupteur doit satisfaire à deux conditions : 1. il doit fermer et ouvrir le courant avec le maximum de fréquence, en tenant compte cependant du temps nécessaire au courant primaire pour atteindre sa pleine valeur ; 2. l'ouverture du courant doit s'effectuer aussi rapidement et aussi brusquement que possible, pour éviter la formation au point de rupture d'un arc voltaïque, dû à l'extra-courant d'ouverture. Les interrupteurs les plus importants sont les suivants.

L'*interrupteur à marteau* ou marteau de Neef n'est employé que dans les petites bobines. C'est le premier interrupteur pratique au point de vue de la rapidité de la rupture. Sous sa forme actuelle, on le construit le plus souvent d'après le type anglais, comme il suit. Un morceau de fer H (*fig.* 18) est attiré par le noyau aimanté de la bobine primaire.

Les contacts en platine CC cessent alors de se toucher. Comme le courant primaire doit, avant de pénétrer dans la bobine, passer par ces contacts, le courant est interrompu au moment où ils s'écartent l'un de l'autre, le noyau de la bobine est désaimanté et l'armature H est ramenée en arrière par le ressort S jusqu'à ce que le contact soit rétabli entre C et C, après quoi le processus recommence. On peut régler la fréquence des alternances de fermeture et d'ouverture du courant primaire, en modifiant la tension du ressort S à l'aide de la vis N et la grandeur des aires de contact CC. Avec les forts courants, l'étincelle altère les pièces métalliques entre

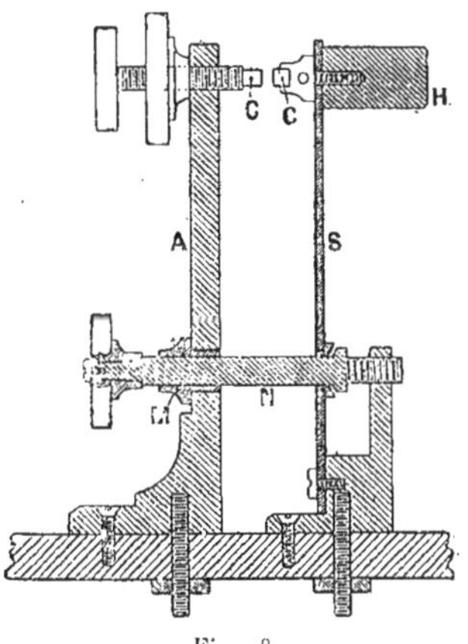

Fig. 18

lesquelles elle éclate, de sorte que cet interrupteur ne convient pas pour des courants intenses.

Un autre interrupteur sec, le *rupteur atonique* de J. Carpentier (*fig.* 19), produit la rupture du courant entre deux contacts en platine *a* et *b*. La pa-

lette de fer doux P, attirée par le faisceau de la bobine primaire, articule dans
une rainure triangulaire par une de ses extrémités taillée en forme de couteau.
Un ressort à boudin R la maintient en place et la sollicite en même temps à
s'appuyer sur une vis-butoir B qui sert de limite en arrière à son déplacement. L'un des contacts en platine *a* est monté sur une lame de ressort L,
qui donne l'appui ; l'autre *b* est fixé à l'extrémité d'une vis de réglage C. On
voit par la figure que la palette est déjà animée d'une vitesse notable lorsqu'elle vient heurter le ressort L et séparer ainsi brusquement les contacts.
L'intensité du courant interrompu et la fréquence des interruptions dépendent du réglage du rupteur ; on doit chercher en outre, par le réglage du
condensateur dont nous parlerons plus loin, dans le cas des bobines dépas-

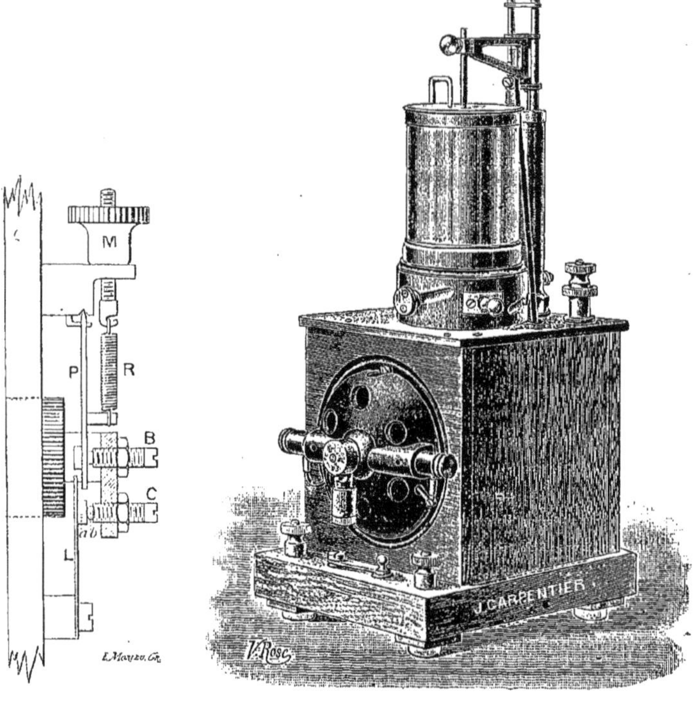

Fig 19   Fig 20

sant 20^{cm} d'étincelle, à éteindre autant que possible l'étincelle, d'ailleurs
inévitable, qui jaillit entre les contacts *a* et *b* du rupteur.

   L'*interrupteur à mercure* est indispensable lorsque le voltage de la source de
courant dépasse 30 volts ; le modèle avec moteur électrique construit par
J. CARPENTIER (*fig.* 20) a l'avantage de donner à la tige plongeante un mouvement rectiligne et une vitesse très régulière. Le moteur électrique, enfermé

dans le socle de l'appareil, est construit pour 10 ou 110 volts selon le cas ; il permet d'obtenir jusqu'à 25 interruptions par seconde. L'interrupteur proprement dit est placé sur le socle ; il se compose d'un grand vase en verre dans lequel se trouve un second vase plus petit destiné à contenir le mercure. La tige de cuivre qui plonge dans le mercure est portée par une potence en aluminium à laquelle une bielle, actionnée par le moteur, donne un mouvement alternatif rectiligne. Pour assurer la connexion entre cette tige et la borne correspondante, une seconde tige, fixée à la potence, plonge constamment dans le mercure qui remplit une colonne de fer. Cette dernière sert de support à la glissière sur laquelle se déplace la potence. Une rampe hélicoïdale permet d'élever ou d'abaisser le vase de verre, de façon à régler la durée du contact de la tige plongeante et du mercure ; ce réglage peut être fait pendant la marche. Les circuits du moteur et de l'interrupteur sont entièrement indépendants et bien isolés l'un de l'autre, on peut donc faire usage de sources séparées ou d'une source unique pour faire tourner le moteur et alimenter la bobine.

L'interrupteur Klingelfuss se compose essentiellement d'un collecteur tournant (*fig.* 21) présentant une ou deux lames de contact métalliques disposées sur un cylindre de fibre et d'un frotteur fixe en toile métallique qui, alternativement, ouvre et ferme le circuit du primaire et du secondaire suivant qu'il est en contact avec la fibre ou une lame du collecteur. L'ensemble est plongé dans du pétrole pour étouffer l'étincelle de rupture. Tel quel, l'appareil pourrait fonctionner, encore qu'il soit sujet aux grippements et que les lames du collecteur se détruisent rapidement par l'effet des étincelles. Mais la particularité caractéristique de l'interrupteur Klingelfuss, qui lui permet d'échapper à ces inconvénients et de couper sans fatigue de gros courants, c'est qu'avec le dispositif ci-dessus est combinée une turbine à mercure. Au-dessous du collecteur est disposée une hélice qui plonge dans le mercure et le pompe par l'effet de la force centrifuge. Le mercure ainsi élevé à l'intérieur du collecteur peut s'échapper latéralement par des fentes réservées entre les lames de contact et la fibre. Cette projection de mercure par le collecteur-turbine n'est interrompue qu'au moment où le frotteur recouvre la fente, mais elle reprend par un jet brusque au moment où le frotteur quitte la lame pour passer sur la fibre. C'est ce jet de mercure qui, en se dispersant dans le pétrole et en y dispersant l'étincelle en même temps, coupe le circuit sans que les pièces métalliques du frotteur ou du collecteur aient à en souffrir. En outre, le mercure amené ainsi au collecteur amalgame constamment le frotteur et les lames et assure entre ces pièces un contact parfait sans risque de grippement.

C'est grâce à cette particularité que l'interrupteur Klingelfuss permet de couper de gros courants sans dommage et avec une régularité tout à fait satisfaisante ; grâce à lui on a pu couper dans des bobines destinées à la télégraphie sans fil des courants primaires atteignant 35 ampères efficaces et charger au secondaire une batterie de condensateur de 0,4 microfarad avec une étincelle de 5^{mm} entre cylindres de 10^{mm} de diamètre.

Pour mettre l'appareil en état de fonctionner, on retire le couvercle de la cuve sur lequel sont montés le collecteur et le balai. On verse dans la cuve de 600 à 800 grammes de mercure, puis de 2 à 3 litres de pétrole et on remet le couvercle en place. On branche alors le moteur sur le réseau de distribution et on connecte le circuit du primaire de la bobine aux bornes portées par le couvercle et la cuve. Il faut veiller à ce que la quantité de mercure rassem_

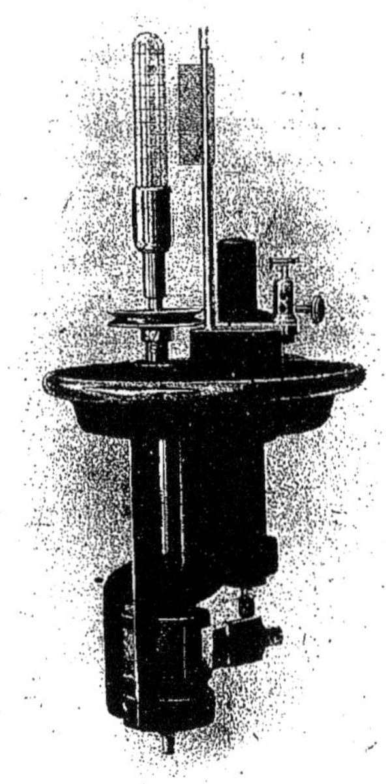

Fig. 21

bléc au fond de la cuve soit toujours suffisante pour amalgamer les parties frottantes. D'autre part, pour conserver le collecteur en bon état, il convient de changer avant complète usure le frotteur en toile amalgamée. L'appui du balai est réglable par l'orientation de la tige porte-balai portée par le couvercle. Cet appui doit être aussi léger que possible. L'interrupteur porte à la partie supérieure de l'arbre un gyromètre pour indiquer la vitesse de rotation du collecteur ; on règle cette vitesse à l'aide du curseur du rhéostat.

L'*interrupteur à turbine* est disposé d'une manière différente. La figure 22 représente l'interrupteur de M. Levy. Un cylindre central est mis en rotation rapide au moyen d'un moteur. L'extrémité inférieure du cylindre porte une

série d'aubes qui tournent dans un vase contenant du mercure. La force
centrifuge chasse le mercure dans le tuyau f ; un filet de mercure vient ainsi
frapper la plaque en regard i et fermer le courant. Sur le cylindre sont encore
montées une série de dents, qui coupent le filet de mercure et interrompent
la communication entre f et i. Le mercure qui jaillit de f tombe et revient
dans la chambre inférieure. Il existe des interrupteurs où les dents sont fixes
et où c'est le filet de mercure qui tourne ; le courant est fermé chaque fois
que le filet de mercure frappe une des dents. Le reste du vase est rempli d'al-
cool ou de pétrole pour étouffer les étincelles et empêcher l'oxydation du mercure.

Dans ces dernières années l'emploi de l'*interrupteur* « *Rotax* » s'est beaucoup répandu. Un vase en fer renfermant un peu de mercure est mis en rotation rapide, ce qui fait prendre à la surface du mercure une forme parabo-

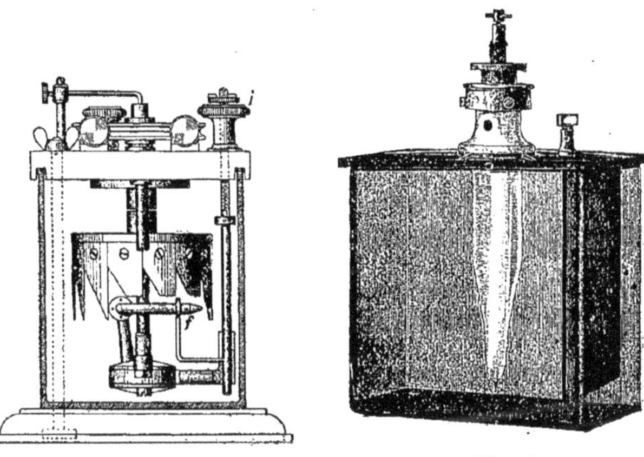

Fig. 22   Fig. 23

lique. Pour une vitesse de rotation suffisamment grande, les branches de la
parabole s'élèvent au point de venir agir sur les dents extérieures d'une petite
roue, excentrée à l'intérieur du vase et qui entre à son tour en rotation. La
roue est de substance non conductrice, à l'exception d'une seule dent qui est
métallique. Quand le mercure touche cette dent, un contact s'établit entre
les parois du vase et l'axe de la roue. Le reste du vase est rempli de pétrole.

L'interrupteur électrolytique de WEHNELT (*fig.* 23) est d'un usage très fréquent. Il se compose d'un vase en verre, rempli d'acide à 20 °/₀. Dans ce
vase en plonge un autre, en porcelaine, percé au fond d'un petit trou, par
lequel passe l'extrémité d'un fil de platine. En faisant tourner une vis qui
surmonte le vase en porcelaine, on peut augmenter ou diminuer la longueur
de la pointe de platine qui déborde. Lorsqu'on envoie un courant de sens
constant dans un circuit où une *bobine de self* et ce vase sont montés en série,
l'extrémité du fil de platine servant d'anode (une feuille de plomb forme la
cathode), le courant est transformé en un courant intermittent. Il semble

que l'oxygène dégagé par l'électrolyse et peut-être aussi la vapeur d'eau due
à la chaleur de Joule (d'après Klupathy, le phénomène de Peltier paraît
jouer aussi un rôle) entourent l'électrode de platine d'une enveloppe gazeuse et la séparent ainsi de l'acide sulfurique. Le fil de platine est entouré
d'une lueur spéciale, que Slouguinoff a observée le premier.

Le fonctionnement de l'interrupteur est bien assuré, quand la différence
de potentiel à ses électrodes est comprise entre 3o et 8o volts. De tout petits
interrupteurs peuvent d'ailleurs fonctionner aussi vers 10 à 12 volts. Celui
que construit J. Carpentier (*fig.* 24) se compose d'une cuve en laiton doublée
de plomb, et fermée hermétiquement par un couvercle percé de trois tubu-
lures : l'une sert à l'introduction de l'électrode réglable, l'autre contient un
thermomètre, la troisième permet l'évacuation des gaz ; une borne est fixée
au couvercle ; la cuve est soigneusement entourée d'une gaîne isolante en

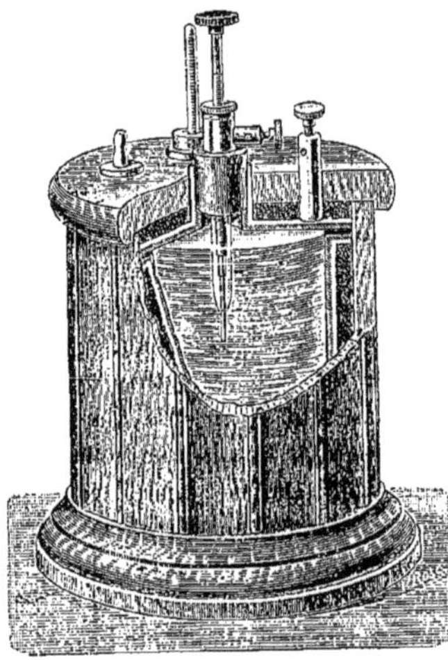

Fig 24

feutre, et tout l'ensemble est enfermé dans une enveloppe en bois. L'électrode mobile est constituée par un fil de platine soudé à l'extrémité d'une
tige de plomb filetée et par un écrou sur lequel est fixée la seconde borne
d'entrée du courant ; cet ensemble est fixé en place, dans sa tubulure, à
l'aide d'un bouchon en caoutchouc. La tige réglable est recouverte d'un tube
de verre dont l'une des extrémités, percée d'un trou, laisse sortir le fil de
platine.

Avec un réglage convenable de la self-induction et de la longueur de la
pointe de platine, le nombre des interruptions peut s'élever dans l'appareil
de Wehnelt à 2 000 par seconde. La théorie de l'interrupteur électrolytique
n'est pas encore bien établie. Il n'est pas douteux qu'on a affaire à un processus vibratoire (S. Thompson, Goldhammer, Ruhmer, H. Th. Simon, etc.),
car on ne peut obtenir un bon fonctionnement qu'avec une self en circuit.

W. Mitkéwitch pense qu'il se produit dans l'interrupteur de Wehnelt des phénomènes analogues à ceux de l'arc voltaïque : le caractère *unilatéral* du fonctionnement de l'interrupteur, c'est-à-dire la nécessité de relier le platine au pôle *positif* de la source du courant, tient à ce que le platine, dans la connexion inverse, étant échauffé, est mis en état d'envoyer un flux de particules chargées négativement (électrons), et qu'alors la rupture du courant ne se produit pas.

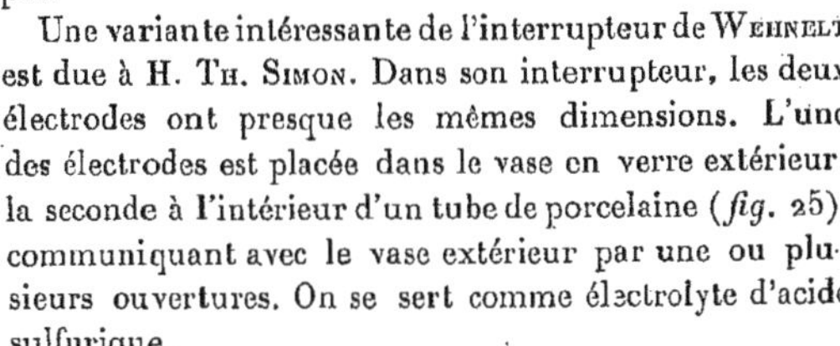

Fig. 25

Une variante intéressante de l'interrupteur de Wehnelt est due à H. Th. Simon. Dans son interrupteur, les deux électrodes ont presque les mêmes dimensions. L'une des électrodes est placée dans le vase en verre extérieur, la seconde à l'intérieur d'un tube de porcelaine (*fig.* 25), communiquant avec le vase extérieur par une ou plusieurs ouvertures. On se sert comme électrolyte d'acide sulfurique.

J. Carpentier construit le modèle représenté par la figure 26, qui présente l'avantage de pouvoir fonctionner pendant longtemps au voltage ordinaire des réseaux de distribution. Il possède tout d'abord une assez grande capacité pour que l'échauffement total de sa masse soit très lent. De plus, grâce à la circulation produite par les différences de densité, il marche à froid tant que toute la masse de l'électrolyte éloignée de l'anode n'est pas échauffée. Quand on place une anode de Wehnelt dans un grand vase, on constate que tout le liquide placé au-dessus de l'anode s'échauffe, tandis que celui qui est au-dessous reste froid. Dans l'appareil représenté par la figure 26, le vase en verre renferme un tube de plomb vertical formant cathode, au milieu duquel se trouve une anode réglable à vis, semblable à celle du modèle précédent (*fig.* 24). Le tube de plomb cathode plonge jusqu'à quelques millimètres du fond du vase ; au-dessus de l'anode, il est percé de trous qui débouchent au niveau supérieur du liquide. Il est facile de comprendre ce qui se passe : dès la fermeture du circuit, l'électrolyte qui est au contact de l'anode s'échauffe rapidement et, en vertu de son changement de densité, tend à monter dans le tube cathode, tandis qu'il est remplacé par du liquide froid aspiré à la partie inférieure. Dès que l'interrupteur fonctionne, la cir-

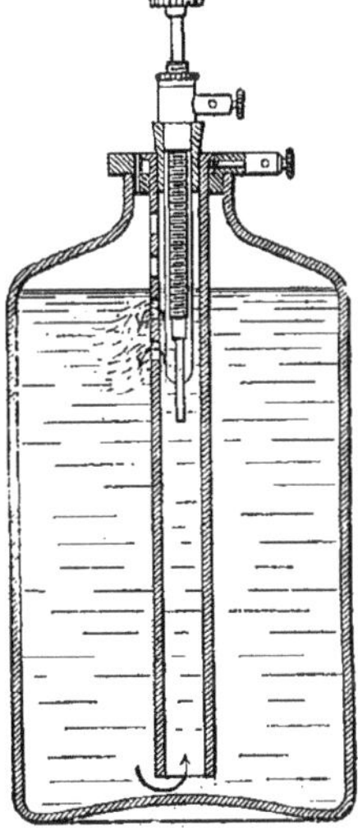

Fig. 26

culation s'établit régulièrement dans le tube de plomb et le liquide chaud sort en bouillonnant par les trous de la partie supérieure. La marche est si régulière qu'en touchant le vase en verre on constate une séparation très nette entre la couche supérieure chaude et la couche inférieure froide ; la ligne de séparation descend lentement jusqu'à ce que toute la masse du liquide soit échauffée ; on arrive ainsi à faire participer tout l'électrolyte à l'échauffement et, avec un récipient de 4 à 5 litres de |capacité, on peut obtenir une marche continue d'une heure avec 120 volts et 12 à 15 ampères. De plus, le courant liquide qui se produit autour de l'anode permet d'obtenir une régularité des interruptions plus grande que celles que donnent les anodes plongées dans une grande masse de liquide. L'électrolyte employé peut évidemment être quelconque, mais il est préférable d'employer une solution de sulfate de magnésie à moitié saturée ; avec cette solution, les résultats sont aussi bons qu'avec l'eau acidulée sulfurique et il n'y a ni émanation désagréable, ni corrosion des pièces métalliques.

On monte souvent plusieurs interrupteurs de WEHNELT en parallèle.

Comme nous l'avons vu, pour obtenir le meilleur effet dans le circuit secondaire, il faut rompre le plus brusquement possible le courant primaire. LORD RAYLEIGH a montré que l'effet maximum est atteint en coupant le conducteur par une balle de fusil, c'est-à-dire en réalisant une rupture très brusque ; mais la plupart des interrupteurs mécaniques ne satisfont pas à cette condition. FIZEAU (1853) a indiqué le premier un moyen de remédier à ce défaut. On réunit aux deux points, entre lesquels a lieu la rupture, les armatures d'un *condensateur*. Le condensateur doit avoir, selon les qualités de l'interrupteur, une capacité déterminée, pour produire le meilleur effet. Ainsi, l'interrupteur de WEHNELT doit être employé sans condensateur, si l'on veut obtenir la plus longue étincelle possible. Plus l'interrupteur fonctionne brusquement, plus doit être faible la *capacité* montée en série avec le circuit *primaire*. TROWBRIDGE est parvenu à doubler la longueur d'étincelle d'une bobine d'induction, munie ordinairement d'un interrupteur à marteau avec condensateur, en employant un interrupteur, *sans* condensateur, à rupture brusque.

Les dimensions du condensateur qui produit le meilleur effet dépendent en outre des dimensions de la bobine d'induction, de sa self-induction, de la puissance du courant primaire, etc. Il existe, pour chaque bobine, un optimum, qui correspond à des conditions bien déterminées.

L'action du condensateur a été expliquée théoriquement de diverses manières. Tout d'abord, on a supposé que la fonction unique du condensateur était d'éteindre l'étincelle au point de rupture. Il se produit en effet dans l'enroulement primaire, au moment de l'interruption du courant, une force électromotrice considérable. Si la capacité vers le point de rupture est faible, il s'établit en cet endroit une grande différence de potentiel, qui provoque une étincelle de décharge, de sorte que le courant primaire n'est pas interrompu aussi brusquement qu'il serait désirable. L'adjonction au point de rupture d'une capacité montée en parallèle permet à la force électromotrice d'accumuler en ce point de plus grandes quantités d'électricité, la tension n'atteint pas une aussi grande valeur et l'étincelle ne jaillit pas. L'accroissement de la capacité permet à l'extra-courant de rupture de circuler dans le circuit déjà ouvert (de charger le condensateur). Le champ magnétique primaire est ainsi annulé plus lentement, ce qui a encore pour effet de réduire la tension dans la bobine secondaire. L'existence d'un certain optimum pour la grandeur du condensateur devient dès lors évidente. Mais, en réalité, le rôle du condensateur est beaucoup plus compliqué. Au moment où le courant primaire est ouvert par l'interrupteur, les extra-courants produisent aux armatures du condensateur des tensions considérables, qui sont un grand nombre de fois plus grandes que la tension de la batterie extérieure employée. On peut alors considérer le circuit total comme formé : 1. du condensateur, 2. de l'enroulement primaire de la bobine, et 3, de la batterie, montés en série. Dans ce circuit, a lieu la décharge du condensateur, qui prend, dans ces conditions, un caractère oscillatoire (voir plus loin). Ces oscillations à leur tour peuvent agir sur le caractère des phénomènes dans le circuit secondaire. En premier lieu, elles diminuent le magnétisme rémanent du noyau de fer (FLEMING) et augmentent par là la valeur de $dN : dt$; en second lieu, comme il sera expliqué plus tard, il peut y avoir résonance entre les oscillations propres des enroulements primaire et secondaire, ce qui doit produire un nouvel accroissement considérable de la tension dans le secondaire. Cependant, d'après les recherches d'ARMAGNAT, de WALTER, de W. LÉBÉDINSKY et d'autres encore, la présence de courants dans l'enroulement secondaire agit fortement sur le fonctionnement de l'interrupteur. Le nombre et le caractère des oscillations peuvent être profondément modifiés par la longueur de l'étincelle secondaire. La question se complique encore du fait que, dans la plupart des interrupteurs mécaniques, la distance entre les contacts au point de rupture augmente assez lentement, de sorte que deux ou trois décharges traversent l'interrupteur avant que commencent les *décharges oscillantes du condensateur avec l'interrupteur ouvert.* L'étude théorique est enfin rendue très difficile, parce que les propriétés de l'étincelle au point de rupture sont insuffisamment connues et que la distance des deux électrodes et leur état subissent des modifications que l'on ne peut bien définir.

12. Théorie approchée de la bobine d'induction. — L'établissement d'une théorie complète de la bobine d'induction, alimentée par un courant constant avec interrupteur sur le primaire, offre des difficultés presque insurmontables, en raison de l'instabilité de facteurs tels que la résistance de l'étincelle dans le circuit secondaire et dans l'interrupteur. On peut écrire sous forme différentielle des équations générales pour deux circuits dits *accouplés*, mais on ne peut trouver les intégrales que dans des cas spéciaux. Considérons deux circuits, l'un primaire et l'autre secondaire, de résistances R_1 et R_2 et possédant des coefficients de self-induction L_1 et L_2, un coefficient d'induction mutuelle $L_{1,2}$. Aux extrémités de ces circuits sont appliquées des différences de potentiel ou des forces électromotrices E_1 et E_2, et dans les circuits passent des courants I_1 et I_2. La force électromotrice totale du premier circuit se compose de la force électromotrice appliquée E_1, de la force électromotrice de self-induction $- L_1 \dfrac{dI_1}{dt}$ et de la force électromotrice $- L_{1,2} \dfrac{dI_2}{dt}$ produite par l'induction du second circuit sur le premier.

D'après la loi d'Ohm, la somme de ces forces électromotrices est égale à $I_1 R_1$, ce qui donne l'équation

$$(65) \qquad E_1 - L_1 \frac{dI_1}{dt} - L_{1,2} \frac{dI_2}{dt} = R_1 I_1,$$

et on a d'une manière analogue pour le second circuit

$$(66) \qquad E_2 - L_2 \frac{dI_2}{dt} - L_{1,2} \frac{dI_1}{dt} = R_2 I_2.$$

La force électromotrice E_2 est ordinairement nulle ; E_1 est constant dans les bobines alimentées par un courant constant, mais R_1 et R_2 étant variables, on ne peut intégrer ces équations sous leur forme générale. Cependant, on effectue aisément l'intégration pour les périodes dans lesquelles R_1 et R_2 restent constants. Nous allons considérer deux cas : celui du courant primaire fermé et celui du courant primaire ouvert; nous envisagerons spécialement la période de fermeture et celle d'ouverture. Nous supposerons le circuit secondaire fermé en court circuit et possédant une résistance déterminée R_2.

Fermeture du circuit primaire. — Si le processus de fermeture a lieu dans un intervalle de temps extrêmement court Δt, pendant lequel les grandeurs E_1, $R_1 I_1$ et $R_2 I_2$ restent finies, on conclut des équations (65) et (66) que

$$(67) \qquad \begin{cases} L_1 \Delta I_1 + L_{1,2} \Delta I_2 = 0, \\ L_2 \Delta I_2 + L_{1,2} \Delta I_1 = 0, \end{cases}$$

où ΔI_1 et ΔI_2 désignent les variations totales des courants I_1 et I_2 dans l'intervalle de temps Δt.

Si $L_1 L_2 - L_{1,2}^2 \neq 0$, on a

$$(68) \qquad \Delta I_1 = \Delta I_2 = 0;$$

autrement dit, dans la période de fermeture du courant, les courants n'ont pas le temps de se modifier essentiellement, pas plus dans l'enroulement primaire que dans le secondaire. A partir du moment où le courant est fermé, les phénomènes se produisent avec R_1 constant. Les équations correspondantes s'écrivent

$$(69) \qquad R_1 I_1 + L_1 \frac{dI_1}{dt} + L_{1,2} \frac{dI_2}{dt} = E_1,$$

$$(70) \qquad R_2 I_2 + L_2 \frac{dI_2}{dt} + L_{1,2} \frac{dI_1}{dt} = 0.$$

Ces équations sont faciles à intégrer. En les différentiant par rapport à t, on dispose d'un système de quatre équations, entre lesquelles on peut d'abord éliminer I_2, $\frac{dI_2}{dt}$, $\frac{d^2I_2}{dt^2}$, puis I_1, $\frac{dI_1}{dt}$, $\frac{d^2I_1}{dt^2}$; on obtient ainsi les deux équations suivantes :

$$(71) \qquad \frac{d^2I_1}{dt^2}(L_1 L_2 - L_{1,2}^2) + \frac{dI_1}{dt}(L_2 R_1 + L_1 R_2) + I_1 R_1 R_2 = E_1 R_2,$$

$$(72) \qquad \frac{d^2I_2}{dt^2}(L_1 L_2 - L_{1,2}^2) + \frac{dI_2}{dt}(L_2 R_1 + L_1 R_2) + I_2 R_1 R_2 = 0.$$

De la définition même des coefficients de self-induction et du coefficient d'induction mutuelle, il résulte que $L_1 L_2 - L_{1,2}^2 \geqslant 0$. En effet, le coefficient de self-induction est la somme des flux magnétiques qui traversent *toutes* les spires (n) d'une bobine, quand celle-ci est parcourue par un courant d'un ampère. Désignons le flux magnétique par Ψ, on aura

$$(73) \qquad L_1 = n_1 \Psi_1, \qquad L_2 = n_2 \Psi_2.$$

Le coefficient d'induction mutuelle est la somme des flux qui traversent *toutes* les spires (n_2) de la bobine *secondaire*, quand la bobine primaire est parcourue par un courant d'un ampère, ou inversement.

Dans le cas le plus favorable, lorsqu'il n'y a pas de *fuite*, c'est-à-dire lorsque le flux total Ψ_1 traverse toutes les n_2 spires, ou inversement Ψ_2 toutes les n_1 spires, on a

$$L_{1,2} = n_2 \Psi_1 = n_1 \Psi_2,$$

et par suite

$$L_1 L_2 - L_{1,2}^2 = 0.$$

Mais le plus souvent, il existe une fuite très notable de flux magnétique; on a donc $L_{1,2} < n_2 \Psi_1$ et $L_{1,2} < n_1 \Psi_2$ et par conséquent $L_1 L_2 - L_{1,2}^2 > 0$. Tous les coefficients de I et de ses dérivées dans les équations (71) et (72) sont par suite positifs. Désignons-les par A, B, C; les équations s'écrivent ainsi :

$$(71, a) \qquad A \frac{d^2 I_1}{dt^2} + B \frac{dI_1}{dt} + C I_1 = E_1 R_2,$$

$$(72, a) \qquad A \frac{d^2 I_2}{dt^2} + B \frac{dI_2}{dt} + C I_2 = 0.$$

Les intégrales de ces équations sont

$$(71, b) \qquad I_1 = P_1 e^{-\alpha_1 t} + Q_1 e^{-\alpha_2 t} + \frac{E_1 R_2}{C},$$

$$(72, b) \qquad I_2 = P_2 e^{-\alpha_1 t} + Q_2 e^{-\alpha_2 t},$$

où P_i, Q_i sont des constantes d'intégration, $C = R_1 R_2$ et où α_1 et α_2 doivent satisfaire à l'équation caractéristique suivante

$$(74) \qquad A \alpha^2 - B \alpha + C = 0,$$

dont les racines α_1 et α_2 sont réelles et positives. En supposant que I_1 et I_2 soient nuls à l'instant initial $t = 0$, on a les deux équations suivantes pour déterminer P_1, P_2, Q_1 et Q_2 :

$$(71, c) \qquad P_1 + Q_1 + \frac{E_1}{R_1} = 0,$$

$$(72, c) \qquad P_2 + Q_2 = 0,$$

de sorte que (71, b) et (72, b) ne contiennent que deux constantes d'intégration indépendantes. Les valeurs de I_1 et I_2 déterminées par les intégrales

$(71, b)$ et $(72, b)$ doivent satisfaire aux équations fondamentales (69) et (70). Mais, si l'on tient compte de l'équation caractéristique (74), il suffit que l'une seule des équations (69) et (70) soit satisfaite, car, comme nous allons le montrer, la seconde l'est alors aussi. En portant $(71, b)$ et $(72, b)$ dans (69), il vient

$$\{P_1(R_1 - L_1\alpha_1) - P_2 L_{1,2}\alpha_1\} e^{-\alpha_1 t} + \{Q_1(R_1 - L_1\alpha_2) - Q_2 L_{1,2}\alpha_2\} e^{-\alpha_2 t} + E_1 = E_1.$$

Cette équation est identiquement satisfaite, lorsque les deux conditions suivantes sont remplies :

$$(71, d) \qquad P_1(R_1 - L_1\alpha_1) - P_2 L_{1,2}\alpha_1 = 0,$$
$$(72, d) \qquad Q_1(R_1 - L_1\alpha_2) - Q_2 L_{1,2}\alpha_2 = 0.$$

L'équation (70) fournit le couple correspondant d'équations :

$$(71, e) \qquad P_2(R_2 - L_2\alpha_1) - P_1 L_{1,2}\alpha_1 = 0,$$
$$(72, e) \qquad Q_2(R_2 - L_2\alpha_2) - Q_1 L_{1,2}\alpha_2 = 0.$$

De $(71, d)$ et $(71, e)$, on déduit

$$\frac{P_1}{P_2} = \frac{L_{1,2}\alpha_1}{R_1 - L_1\alpha_1} \quad \text{et} \quad \frac{P_1}{P_2} = \frac{R_2 - L_2\alpha_1}{L_{1,2}\alpha_1} ;$$

les deux expressions de droite étant égales, on a

$$(R_2 - L_2\alpha_1)(R_1 - L_1\alpha_1) = L^2_{1,2}\alpha_1^2,$$

c'est-à-dire une équation analogue à (74), en ayant égard aux valeurs de A, B, C ; l'équation $(71, e)$ est donc une conséquence de $(71, d)$ et de même $(72, c)$ résulte de $(72, d)$. Les relations $(71, c)$, $(72, c)$, $(71, e)$, $(72, e)$ ou $(71, d)$ et $(72, d)$ permettent de déterminer les quatre constantes d'intégration ; on obtient ainsi

$$(75) \qquad I_1 = \frac{E_1}{R_1} + \frac{E_1}{R_1} \frac{\alpha_2(R_2 - L_2\alpha_1)e^{-\alpha_1 t} - \alpha_1(R_2 - L_2\alpha_2)e^{-\alpha_2 t}}{(R_2 - L_2\alpha_2)\alpha_1 - (R_2 - L_2\alpha_1)\alpha_2},$$

$$(75, a) \qquad I_2 = \frac{E_1}{R_1} \frac{L_{1,2}\alpha_2\alpha_1(e^{-\alpha_1 t} - e^{-\alpha_2 t})}{(R_2 - L_2\alpha_2)\alpha_1 - (R_2 - L_2\alpha_1)\alpha_2},$$

La première expression est nulle pour $t = 0$, et croît peu à peu, lorsque t augmente, jusqu'à la valeur limite $\frac{E_1}{R_1}$. La seconde croît de zéro jusqu'à un maximum et retombe ensuite à zéro.

OUVERTURE BRUSQUE DU CIRCUIT PRIMAIRE.— Ce cas peut être traité d'une manière analogue. Les conditions initiales sont les suivantes : dans le circuit primaire, le courant a une intensité égale à $\frac{E_1}{R_1}$; il n'y pas de courant dans le secondaire. Le courant primaire est brusquement arrêté, de sorte que l'intensité I_1 tombe à zéro dans un certain intervalle de temps Δt très petit, la résistance R_1 augmentant jusqu'à devenir infinie. Le circuit secondaire est fermé et aucune force électromotrice extérieure ne lui est appliquée, c'est-à-dire que $E_2 = 0$ et R_2 reste fini comme I_2. De l'équation (66), on peut conclure, d'après ce qui précède, que l'expression

$$(76) \qquad L_2 \frac{dI_2}{dt} + L_{1,2} \frac{dI_1}{dt}$$

doit garder une valeur finie, ce qu'on ne peut dire de (65), car la grandeur R_1 qui y figure devient infinie. En multipliant (76) par Δt, on peut écrire, Δt étant petit,

$$L_2 \Delta I_2 + L_{1,2} \Delta I_1 = 0 \; ;$$

mais, dans cette relation, ΔI_2 et ΔI_1 ne sont plus nuls isolément comme dans (67). Le courant tombant dans le circuit primaire de $\frac{E_1}{R_1}$ à zéro, $\Delta I_1 = - \frac{E_1}{R_1}$ et par suite

$$(77) \qquad \Delta I_2 = \frac{L_{1,2}}{L_2} \frac{E_1}{R_1} \cdot$$

C'est l'expression de l'intensité du courant au moment où l'ouverture du courant primaire est réalisée. A partir de cet instant, le circuit primaire n'agit presque plus sur le secondaire et le courant, dans ce dernier, décroît conformément à la formule (14), page 57.

$$(78) \qquad I_2 = \frac{L_{1,2}}{L_2} \frac{E_1}{R_1} e^{-\frac{R_2}{L_2} t} \cdot$$

La réalité est beaucoup plus complexe, car le primaire renferme un condensateur, des oscillations ont lieu dans le circuit ouvert et l'hystérésis, les courants de Foucault, etc., du noyau de fer altèrent les phénomènes.

Nous avons établi des formules approchées pour la détermination de l'intensité du courant dans les circuits primaire et secondaire. D'après Lord Rayleigh, la plus grande tension possible est obtenue aux extrémités d'une bobine d'induction *ouverte*, lorsque toute l'énergie magnétique du primaire, qui est égale à $\frac{1}{2} L_1 I_1^2$, se transforme en énergie électrostatique, chargeant au potentiel E_2 la capacité C_2 du secondaire, dont l'énergie est $\frac{1}{2} C_2 E_2^2$. On a ainsi

$$(79) \qquad E_2 = I_1 \sqrt{\frac{L_1}{C_2}} \cdot$$

Dans ses expériences, Lord Rayleigh a réussi, en ouvrant le circuit primaire avec un projectile d'arme à feu, à atteindre une tension voisine de celle calculée par la formule (79). Dans cette formule, la capacité C_2 comprend la capacité de l'enroulement et les capacités adjointes aux extrémités.

La capacité de l'enroulement est d'ailleurs faible, de l'ordre de 10^{-12} farad. Dans ces derniers temps, on a souvent alimenté les bobines d'induction non par un courant intermittent, mais par un *courant alternatif sinusoïdal*. Le fonctionnement des bobines se rapproche alors de celui des transformateurs de courant alternatif, que nous étudierons plus loin.

13. Courant alternatif. — On appelle courant alternatif un courant qui change de sens un grand nombre de fois (jusqu'à 100 et plus) en une seconde. On obtient un courant alternatif en faisant agir dans un circuit une *force électromotrice alternative*. La loi la plus simple de variation avec le temps de la force électromotrice est la *loi de variation sinusoïdale*. Les courants employés habituellement dans la technique diffèrent notablement du courant sinusoïdal; mais, d'après le théorème de FOURIER, toute fonction périodique du temps peut toujours se mettre sous la forme d'une somme indéfinie de fonctions sinusoïdales, d'amplitude et de phases convenables, et de périodes décroissant en progression arithmétique. L'étude des forces électromotrices sinusoïdales présente donc une grande importance et doit être placée à la base de l'exposition des propriétés des courants alternatifs. Nous considérerons en conséquence d'abord une force électromotrice qui varie suivant la loi

$$(80) \qquad\qquad E = E_0 \sin 2\pi \frac{t}{T},$$

E_0 étant la plus grande tension pendant toute la période T. Très souvent, au lieu de la période T, on introduit la grandeur $\nu = \frac{2\pi}{T}$; elle représente le nombre d'alternances totales en 2π secondes. On se sert aussi de la grandeur $n = \frac{1}{T}$, qu'on appelle la *fréquence*; c'est le *nombre de périodes* par unité de temps. Dans le courant alternatif ordinaire, on a $n = 50$ environ et par suite ν est égal à 314 environ.

Les appareils de mesure des tensions alternatives ne donnent habituellement qu'une valeur moyenne. Pour des mesures de ce genre, on ne peut naturellement se servir que d'appareils dont les indications sont indépendantes du sens du courant. Tels sont, en premier lieu, les divers types de *voltmètres thermiques* (Livre II, Chap. XI, § 6, B), dans lesquels la déviation de l'aiguille est due à la chaleur produite par le courant; tels sont aussi les appareils où la déviation de l'aiguille résulte de l'*aspiration* d'un noyau de fer à l'intérieur d'une bobine parcourue par le courant.

Pour expliquer ce qu'indique réellement un appareil thermique, nous allons comparer ses indications en courant constant et en courant alternatif. La grandeur de la déviation est fonction de la quantité de chaleur dégagée par unité de temps. Nous prendrons, comme unité de temps, la période T du courant alternatif. Comme l'appareil ne possède ni self-induction, ni capacité, on peut, lorsqu'il est intercalé dans un circuit parcouru par un courant alternatif, lui appliquer à chaque instant (voir plus loin) l'égalité

$$I = \frac{E_0 \sin 2\pi \frac{t}{T}}{R}$$, R désignant la résistance du voltmètre. La quantité totale de chaleur dégagée dans le temps T par effet JOULE est

$$(81) \qquad Q = \int_0^T \frac{E_0^2 \sin^2 2\pi \frac{t}{T}}{R} \, dt = \frac{E_0^2}{R} \int_0^T \sin^2 2\pi \frac{t}{T} \, dt \;;$$

l'intégrale qui figure au second membre de la dernière égalité est égale à $\frac{T}{2}$ et on a par conséquent

$$Q = \frac{E_0^2}{R} \frac{T}{2}.$$

La quantité de chaleur, dégagée pendant le temps T dans le même instrument par un courant constant de tension E_1, est déterminée par l'expression

$$\frac{E_1^2}{R} T.$$

Lorsque les indications sont les mêmes dans les deux cas, on dit que E_1 est équivalent à la tension du courant alternatif, au point de vue du dégagement d'énergie calorifique. Cette tension E_1 est appelée la *tension efficace* E_{eff} *du courant alternatif*; d'après ce qui précède, on a, entre cette tension et E_0, la relation suivante :

$$E_{eff}^2 = E_1^2 = \frac{E_0^2}{2}$$

ou

$$(82) \qquad E_{eff} = E_1 = \frac{E_0}{\sqrt{2}}.$$

On définit d'une manière analogue, comme *intensité efficace d'un courant sinusoïdal*, la grandeur suivante

$$(83) \qquad I_{eff} = \frac{I_0}{\sqrt{2}}.$$

Si donc un voltmètre de courant alternatif indique 110 volts, il règne 156 volts dans le circuit aux instants où la tension est maximum ; c'est en cela que réside l'une des causes du grand danger des courants alternatifs.

Considérons maintenant les lois qui régissent le passage d'un courant alternatif dans un circuit possédant de la self-induction et de la capacité. Nous envisagerons d'abord l'*effet d'une self-induction* L. Lorsque dans un circuit de self-induction L et de résistance R agit une tension $E_0 \sin \nu t \left(\nu = \frac{2\pi}{T}\right)$, une force électromotrice additionnelle de self-induction apparaît dans le circuit

et la force électromotrice totale, égale à IR d'après la loi d'Ohm, est la somme
de ces deux forces électromotrices ; on a donc

$$IR = E_0 \sin \nu t - L \frac{dI}{dt}$$

ou

$$(84) \qquad L \frac{dI}{dt} + IR = E_0 \sin \nu t.$$

L'intégrale de cette équation est

$$(85) \qquad I = Ae^{-\frac{R}{L}t} + B \sin (\nu t - \gamma),$$

A étant une constante d'intégration déterminée par les conditions initiales,
et B et γ deux constantes qui peuvent être choisies de façon que la fonction (85) soit une solution de l'équation (84). En portant (85) dans (84) et
en développant sin $(\nu t - \gamma)$ et cos $(\nu t - \gamma)$ suivant les formules trigonomé-
triques connues, puis en égalant à E_0 le coefficient de sin νt et à zéro celui de
cos νt, on obtient les deux relations suivantes :

$$(86) \qquad \begin{cases} BR \cos \gamma + B\nu L \sin \gamma = E_0, \\ BR \sin \gamma - B\nu L \cos \gamma = 0, \end{cases}$$

d'où l'on déduit

$$(87) \qquad \begin{cases} \operatorname{tg} \gamma = \dfrac{\nu L}{R} \\ B = \dfrac{E_0}{\sqrt{R^2 + L^2 \nu^2}}. \end{cases}$$

Finalement on obtient l'expression

$$I = Ae^{-\frac{R}{L}t} + \frac{E_0}{\sqrt{R^2 + L^2 \nu^2}} \sin (\nu t - \gamma),$$

γ étant déterminé par la première formule (87).

Le terme $Ae^{-\frac{R}{L}t}$ tend assez rapidement vers zéro, car la résistance R est
ordinairement grande comparée à L.

Rappelons que [R] exprimé en ohms est égal à [R . 10^9] unités électromagnétiques C. G. S. et a pour dimension $\frac{L}{T}$; la self-induction [L] en henrys
est égale à [L . 10^9] unités électromagnétiques C. G. S. et possède la dimension L ; on peut donc, dans l'expression $\frac{R}{L} t$, remplacer R et L par des unités
pratiques, $\frac{R}{L} t$ étant un nombre abstrait. Ainsi, pour les divers enroulements
de la bobine d'induction décrite à la page 81, on a les nombres suivants : I

Dans l'enroulement primaire, $\dfrac{R}{L} = \dfrac{0,36}{0,02} = 18$; 2. dans le secondaire,
$\dfrac{R}{L} = \dfrac{6\,600}{460} = 14,4$. Au bout d'un certain temps, le terme $Ae^{-\frac{R}{L}t}$ a donc disparu et le régime de l'appareil est alors défini par la formule

$$(88) \qquad I = \frac{E_0}{\sqrt{R^2 + L^2\nu^2}} \sin(\nu t - \gamma) = I_0 \sin(\nu t - \gamma),$$

où $I_0 = \dfrac{E_0}{\sqrt{R^2 + L^2\nu^2}}$ et où γ est déterminé par la première formule (87).
L'intensité efficace s'exprime par la formule analogue

$$(89) \qquad I_{eff} = \frac{E_{eff}}{\sqrt{R^2 + L^2\nu^2}}.$$

Comme la dimension de $[L]$ est L et celle de $[\nu]$, $\dfrac{1}{T}$, la dimension de $[L\nu]$ est celle d'une vitesse, c'est-à-dire celle de $[R]$. En outre, l'henry et l'ohm étant tous deux égaux à 10^9 unités absolues, on peut, dans les formules exprimées en unités pratiques, employer pour L une expression en henrys.

Le résultat est le suivant : *la sinusoïde qui représente graphiquement le courant est décalée en arrière* (γ *est positif*) *de la sinusoïde de la force électromotrice.* Pour L et ν grands, R petit, tg γ peut atteindre une valeur élevée. Ainsi, en posant $\nu = \dfrac{2\pi}{0,02} = 314$, on obtient, pour l'enroulement primaire de la bobine d'induction pris isolément, $\dfrac{L\nu}{R} = 17$, ce qui donne $\gamma = 86°,7$. Dans le cas limite où $\gamma = 90°$, des phénomènes intéressants se produisent : *l'intensité du courant atteint son maximum, quand la force électromotrice devient nulle et inversement.*

La formule (89) montre que lorsqu'il y a de la self-induction dans le circuit et que la fréquence est grande, l'intensité du courant est beaucoup plus faible que dans le cas où le circuit ne présente que la résistance R. Ainsi, en prenant isolément l'enroulement primaire de la bobine d'induction décrite à la page 81, on a $R = 0,36$, $\sqrt{R^2 + \nu^2 L^2} = 6,3$; la résistance *apparente* est donc 18 fois plus grande que R.

On peut déterminer L à l'aide de la formule (89). En effet, quand on connaît l'intensité du courant I_{eff}, la tension E_{eff}, la résistance R et ν, on peut obtenir L. L'expression $\sqrt{R^2 + \nu^2 L^2}$ porte le nom de *résistance apparente* ou *d'impédance*, tandis que la grandeur νL est appelée *résistance inductive* ou *inductance*. La résistance R est souvent dénommée *résistance ohmique* ou simplement *résistance* ([1]).

([1]) On adopte quelquefois aujourd'hui la terminologie suivante usitée en électrotechnique : *résistance totale* pour l'impédance, *résistance déwattée* pour l'inductance, *résistance wattée* pour la résistance. La signification des termes wattée et déwattée sera expliquée plus loin.

Nous allons maintenant considérer un circuit qui ne présente pas de self-induction appréciable, mais seulement une résistance R et une capacité C en série avec la source de force électromotrice alternative. La différence de potentiel aux armatures d'un condensateur est égale au quotient de la quantité d'électricité $\int_0^t \mathrm{I}dt$, qui s'est écoulée vers le condensateur, par la capacité C. Pour avoir la force électromotrice totale, égale à IR d'après la loi d'Ohm, il faut ajouter à la force électromotrice appliquée $\mathrm{E}_0 \sin \nu t$ la différence de potentiel aux armatures du condensateur, qui lui est *opposée* (prise négativement). On obtient alors l'équation

$$(90) \qquad \mathrm{E}_0 \sin \nu t - \frac{\int \mathrm{I}dt}{\mathrm{C}} = \mathrm{IR}.$$

En différentiant, il vient

$$\mathrm{E}_0 \nu \cos \nu t - \frac{\mathrm{I}}{\mathrm{C}} = \mathrm{R}\frac{d\mathrm{I}}{dt},$$

ou

$$(91) \qquad \mathrm{R}\frac{d\mathrm{I}}{dt} + \frac{\mathrm{I}}{\mathrm{C}} = \mathrm{E}_0 \nu \cos \nu t.$$

L'intégrale de cette équation est

$$(92) \qquad \mathrm{I} = \mathrm{A}e^{-\frac{t}{\mathrm{RC}}} + \mathrm{B} \sin (\nu t - \gamma),$$

où A désigne une constante d'intégration et où B et γ doivent être déterminés en substituant (92) dans (91), conformément à ce qui a été indiqué à la page 97. On obtient ainsi les relations

$$(93) \qquad \left\{ \begin{array}{l} \mathrm{BR}\nu \cos \gamma - \dfrac{\mathrm{B} \sin \gamma}{\mathrm{C}} = \mathrm{E}_0 \nu, \\[2mm] \mathrm{BR}\nu \sin \gamma + \dfrac{\mathrm{B} \cos \gamma}{\mathrm{C}} = 0, \end{array} \right.$$

d'où l'on déduit

$$(94) \qquad \left\{ \begin{array}{l} \mathrm{tg}\,\gamma = - \dfrac{\mathrm{I}}{\mathrm{R}\nu\mathrm{C}}, \\[3mm] \mathrm{B} = \dfrac{\mathrm{E}_0}{\sqrt{\mathrm{R}^2 + \dfrac{1}{\nu^2\mathrm{C}^2}}}. \end{array} \right.$$

Le terme $\mathrm{A}e^{-\frac{t}{\mathrm{RC}}}$ s'évanouit avec le temps d'autant plus vite que R et C sont plus petits ; il s'établit alors le régime suivant :

$$(95) \qquad \mathrm{I} = \frac{\mathrm{E}_0 \sin (\nu t - \gamma)}{\sqrt{\mathrm{R}^2 + \dfrac{1}{\nu^2\mathrm{C}^2}}} = \mathrm{I}_0 \sin (\nu t - \gamma)$$

où $\quad I_0 = \dfrac{E_0}{\sqrt{R^2 + \dfrac{1}{\nu^2 C^2}}}$;   l'intensité efficace est

$$(96) \qquad I_{eff} = \frac{E_{eff}}{\sqrt{R^2 + \dfrac{1}{\nu^2 C^2}}} .$$

On conclut de la formule (95) que *la sinusoïde du courant est en avance sur la sinusoïde de la force électromotrice de la phase* γ (γ *est négatif*), *déterminée par la première formule* (94). Comme ν est ordinairement assez grand, l'avance ne peut atteindre de grandes valeurs que pour R et C petits. La formule (96) montre que, dans un circuit fermé sur un condensateur, le courant est d'autant plus intense que C est plus grand. Lorsque C est très grand $\left(\dfrac{1}{\nu C} = 0 \right)$, l'intensité du courant est la même que lorsqu'il n'y a pas de condensateur et que la résistance R est seule en circuit. En même temps, l'avance du courant s'annule. Comme la capacité C, mesurée en farads, est égale à 10^{-9} unité électromagnétique C. G. S. (Livre II, Chap. III, § 3) et a pour dimensions $L^{-1}T^2$, l'expression $\dfrac{1}{\nu C}$ a les dimensions d'une vitesse (comme R) et, ainsi que l'ohm, est égale aux 10^9 unités électromagnétiques correspondantes. Si donc R est évalué en ohms, il faut, dans la formule (95) et dans les formules analogues, exprimer C en farads. Le terme $t : RC$ est de la dimension zéro, comme cela doit être. L'expression $\dfrac{1}{\nu C}$ est appelée *capacitance*.

Dans la plupart des applications techniques, on se trouve en présence du cas général, où l'on a en série dans le circuit la capacité C, la self-induction L et la résistance R. D'après ce qui précède, on a alors l'équation

$$(97) \qquad E_0 \sin \nu t - L \frac{dI}{dt} - \frac{\displaystyle\int I dt}{C} = IR ;$$

en la différentiant, il vient

$$E_0 \nu \cos \nu t - L \frac{d^2 I}{dt^2} - \frac{1}{C} = R \frac{dI}{dt}$$

ou

$$(98) \qquad L \frac{d^2 I}{dt^2} + R \frac{dI}{dt} + \frac{1}{C} = E_0 \nu \cos \nu t.$$

Cette équation a pour intégrale générale

$$(99) \qquad I = A_1 e^{-\alpha_1 t} + A_2 e^{-\alpha_2 t} + B \sin (\nu t - \gamma),$$

où A_1 et A_2 sont des constantes arbitraires déterminées par les conditions initiales et où α_1 et α_2 sont déterminés par substitution de (99) dans (98). Ces derniers doivent être choisis de façon que la grandeur $A_1 e^{-\alpha_1 t} + A_2 e^{-\alpha_2 t}$ satisfasse à l'équation (98) sans second membre. On voit ainsi que α_1 et α_2 doivent être les racines de l'équation *caractéristique*

$$L\alpha^2 - R\alpha + \frac{1}{C} = 0,$$

laquelle ne peut avoir que des racines réelles et positives dans les conditions envisagées.

Il faut choisir B et γ dans l'expression $B \sin(\nu t - \gamma)$, de façon que $B \sin(\nu t - \gamma)$ soit une solution particulière de l'équation (98) avec second membre. En développant $\sin(\nu t - \gamma)$ et $\cos(\nu t - \gamma)$ suivant les formules connues et en égalant séparément à zéro les coefficients de $\sin \nu t$ et de $\cos \nu t$, on obtient les deux relations

$$(100) \quad \begin{cases} BL\nu^2 \sin \gamma + BR\nu \cos \gamma - B \dfrac{\sin \gamma}{C} = E_0 \nu, \\[2ex] - BL\nu^2 \cos \gamma + BR\nu \sin \gamma + B \dfrac{\cos \gamma}{C} = 0, \end{cases}$$

d'où l'on déduit

$$(101) \quad \begin{cases} \operatorname{tg} \gamma = \dfrac{L\nu^2 - \dfrac{1}{C}}{R\nu} = \dfrac{L\nu}{R} - \dfrac{1}{R\nu C} \\[3ex] B = \dfrac{E_0 \nu}{\sqrt{\left(\dfrac{1}{C} - L\nu^2\right)^2 + R^2 \nu^2}} = \dfrac{E_0}{\sqrt{\left(\dfrac{1}{C\nu} - L\nu\right)^2 + R^2}}. \end{cases}$$

Quand le régime permanent est établi et que les termes $A_1 e^{-\alpha_1 t}$ et $A_2 e^{-\alpha_2 t}$ se sont évanouis, on a

$$(102) \quad I = \frac{E_0 \sin(\nu t - \gamma)}{\sqrt{R^2 + \left(L\nu - \dfrac{1}{C\nu}\right)^2}} = I_0 \sin(\nu t - \gamma),$$

où $I_0 = E_0 : \sqrt{R^2 + \left(L\nu - \dfrac{1}{C\nu}\right)^2}$. L'expression $\left(L\nu - \dfrac{1}{C\nu}\right)$ est nommée *réactance*. Le *courant efficace* est

$$(102,\, a) \quad I_{eff} = \frac{E_{eff}}{\sqrt{R^2 + \left(L\nu - \dfrac{1}{C\nu}\right)^2}}.$$

On conclut de la formule (102) que la sinusoïde du courant peut être décalée, en retard ou en avance, sur celle de la force électromotrice, suivant le signe de tg γ dans (101); d'après (102, a), l'intensité effective du courant est en général inférieure à l'intensité définie par la loi d'OHM. Il n'y a que dans le *cas particulier très important* où

$$\frac{1}{C\nu} = L\nu,$$

ce qui donne $\nu = 1 : \sqrt{LC}$, que *la self-induction est compensée par la capacité*. Le courant croît rapidement jusqu'à la valeur déterminée par la loi d'OHM, comme s'il n'y avait ni self-induction, ni capacité dans le circuit. Quand la capacité et la self-induction sont entre elles dans le rapport précédent, *la différence de phase entre le courant et la force électromotrice est nulle*. Ce cas est particulièrement intéressant, parce qu'il correspond au phénomène de *résonance* (voir plus loin); la période propre des oscillations du circuit est déterminée par la formule $T = 2\pi\sqrt{LC}$ et le nombre de ces oscillations est $\nu = 1 : \sqrt{LC}$; dans le cas actuel, la période de la force électromotrice extérieure coïncide avec la période propre des oscillations du système.

On a recours à la compensation mutuelle de la capacité et de la self-induction, lorsque de grandes self-inductions opposent au courant une résistance apparente trop considérable.

L'étude de *l'énergie du courant alternatif* offre aussi un grand intérêt. Dans tout élément de temps dt, l'énergie du courant est égale à $EIdt$; mais on ne peut calculer la puissance moyenne en multipliant simplement I_{eff} par E_{eff}, car I n'est pas en phase avec la force électromotrice. La puissance du courant est égale à

$$(103) \qquad W = \frac{1}{T} \int_0^T E_0 \sin \nu t \cdot \frac{E_0 \sin (\nu t - \gamma)}{R'} \, dt,$$

R' désignant la résistance totale. En développant $\sin (\nu t - \gamma)$ et en remarquant que $\int_0^T \sin^2 \nu t\, dt = \frac{T}{2}$, $\int_0^T \sin \nu t \cos \nu t\, dt = 0$, il vient

$$(104) \qquad W = \frac{1}{2} E_0 \frac{E_0}{R'} \cos \gamma = \frac{E_0}{\sqrt{2}} \times \frac{I_0}{\sqrt{2}} \cos \gamma = E_{eff}.I_{eff}.\cos \gamma.$$

La puissance du courant dépend donc de γ. Si γ est voisin de 90°, la puissance n'est pas éloignée de la valeur $I_{eff}.E_{eff}$. Prenons encore comme exemple l'enroulement primaire de la bobine d'induction décrite à la page 81, dont il a déjà été question plusieurs fois; on a $\gamma = 86°,7$, $\cos \gamma = 0,075$ et $R' = 6,3$. En intercalant cet enroulement dans le circuit d'un courant alternatif de 100 volts, le courant dans l'enroulement est égal à $100 : 6,3 = 15,9$ ampères. Sa puissance est donc

$$W = 100 \cdot 15,9 \cdot 0,075 = 116 \text{ watts.}$$

On peut encore interpréter autrement l'équation (104). Envisageons E_{eff}

et I_{eff} comme des vecteurs faisant entre eux l'angle γ ; I_{eff}. E_{eff}. $\cos \gamma$ est alors le produit scalaire de ces deux vecteurs. Si l'on décompose le vecteur E_{eff} dans les deux vecteurs $E_{eff} \cos \gamma$ et $E_{eff} \sin \gamma$, le premier étant la projection du vecteur E_{eff} sur I_{eff}, le second étant perpendiculaire à I_{eff}, on voit que l'énergie est seulement fournie par la première composante ; la seconde, $E_{eff} \sin \gamma$, représente la composante *déwattée* (sans watt) de la force électromotrice.

Les questions de ce genre peuvent être résolues graphiquement de la manière suivante. Un segment, correspondant à la force électromotrice maxima ou à l'amplitude de la force électromotrice, est porté sur l'axe des Y et on trace un vecteur de grandeur I (intensité maxima du courant) faisant avec cet axe des Y un angle γ, compté vers la droite si γ est négatif et vers la gauche si γ est positif. La ligne Ot (*fig.* 27) est animée d'un mouvement de rotation uniforme, de vitesse angulaire ν, autour de l'origine O. La projection des vecteurs I et E sur cette ligne mobile à un instant quelconque représente la grandeur de l'intensité du courant et celle de la force électromotrice. On voit, sur la figure 27, que la ligne Ot franchit d'abord le vecteur E et ensuite le vecteur I, ce qui cor-

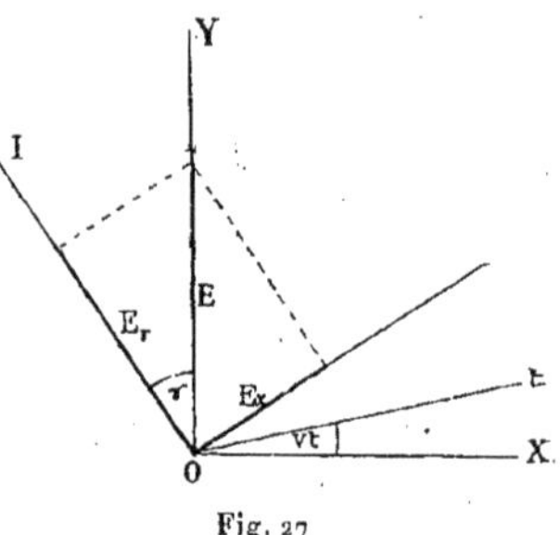

Fig. 27

respond à un retard du courant sur la force électromotrice. Soient E_r et E_x les deux composantes rectangulaires de E, la première *en phase* avec le courant, la seconde en avance de 90°. La force électromotrice à un instant quelconque t est égale à $E \sin \nu t$ et s'exprime par la somme

$$E \sin \nu t = E_r \sin (\nu t - \gamma) + E_x \cos (\nu t - \gamma).$$

La composante $E_r \sin (\nu t - \gamma)$, en phase avec le courant, fournit la puissance

$$W = \frac{I}{T} \int_0^T E_r \sin (\nu t - \gamma) I \sin (\nu t - \gamma) dt = \frac{E_r I}{2}.$$

La seconde $E_x \cos (\nu t - \gamma)$, qui est en avance de 90° sur le courant, *ne fournit aucune énergie*. C'est la composante déwattée de la force électromotrice.

Il est aisé de voir que $E_r = Ir$, r étant la résistance ohmique du circuit. Désignons la résistance totale (impédance) par R. L'expression (101) de tg γ montre que $\cos \gamma = \dfrac{r}{R}$; on a donc

$$E_r = E \cos \gamma = \frac{E r}{R} = Ir.$$

De même

$$\sin \gamma = \frac{L\nu - \dfrac{1}{\nu C}}{R},$$

et par suite

$$E \sin \gamma = \frac{E}{R}\left(L\nu - \frac{1}{\nu C}\right) = I\left(L\nu - \frac{1}{\nu C}\right) = Ix\,;$$

autrement dit, $E \sin \gamma$ représente *la force électromotrice qui surmonte la réactance.* Le travail $W = \dfrac{E_r I}{2}$ se transforme en chaleur de JOULE et est aussi égal à $I^2_{eff}r$, tandis que la composante déwattée de la force électromotrice donne naissance au champ magnétique et charge le condensateur. Elle est déwattée, parce que l'énergie dépensée se transforme dans la suite en force électromotrice induite par le champ magnétique à sa disparition et en différence de potentiel du condensateur chargé. On peut décomposer le courant de la même manière en un courant watté et en un courant déwatté; le premier est égal à $I \cos \gamma$ et se trouve en phase avec la force électromotrice; le second est égal à $I \sin \gamma$ et, sur notre figure, est en retard de $90°$ sur la force électromotrice.

Pour donner une application de ce qui précède, considérons le cas où un courant I passe successivement dans deux circuits ayant des impédances différentes. Soit R'_1 l'impédance du premier circuit, R'_2 celle du second; désignons par x_1 et x_2 les réactances correspondantes, par r_1 et r_2 les résistances. Proposons-nous de déterminer la tension aux extrémités de chaque impédance. Les forces E_{1r} et E_{2r} sont égales à Ir_1 et Ir_2; d'autre part, E_{1x} et E_{2x} sont respectivement égaux à Ix_1 et Ix_2, E_{1r} et E_{2r} se trouvant en phase avec le courant et E_{1x}, E_{2x} étant perpendiculaires au vecteur de courant.

En portant I sur l'axe des Y (*fig.* 28) et en représentant les grandeurs E_{1x} et E_{1r}, on obtient l'hypothénuse E_1 qui donne la tension aux extrémités de la première impédance. Menons à partir de O' à angle droit E_{2x} et E_{2r}; nous avons ainsi l'hypothénuse E_2, qui représente la tension aux extrémités de la seconde impédance.

La droite de fermeture E représente la tension totale aux bornes. Si elle est donnée, on peut résoudre le problème inverse et déterminer I.

Comme E, E_1 et E_2 forment un triangle, on a $E_1 + E_2 > E$; en général, la tension totale aux bornes de deux impédances en série n'est donc pas égale à la somme des tensions aux bornes de chaque impédance prise isolément. Dans le cas particulier où une impédance, par exemple R'_1, n'a pas de réactance, c'est-à-dire ne présente qu'une résistance ohmique, la grandeur correspondante $Ix_1 = 0$; par suite, la tension E_1 est en phase avec le courant et elle doit, sur notre figure, être portée parallèlement au courant I.

Lorsque, en outre de la direction de E_1, on connaît encore les grandeurs des tensions E_1, E_2 et E, on peut construire le triangle de la figure 29 et déterminer par suite γ_2 et γ, c'est-à-dire la différence de phase (avance ou retard) qui existe soit entre le courant et la tension générale E aux bornes, soit entre le courant et la tension E_2 aux bornes de l'impédance r_2. C'est sur cette construction que repose la méthode de détermination de γ et aussi de cos γ, grandeur qui joue un rôle important dans la théorie du courant alternatif. Nous ne nous arrêterons pas sur la technique de cette détermination connue sous le nom de *méthode des trois voltmètres*.

Nous avons supposé jusqu'ici que la force électromotrice était représentée par une sinusoïde pure (et pour R, L et C constants, il en est de même pour le courant). En réalité, la construction de la dynamo est telle que la courbe représentative de la force électromotrice s'écarte plus ou moins de la sinu-

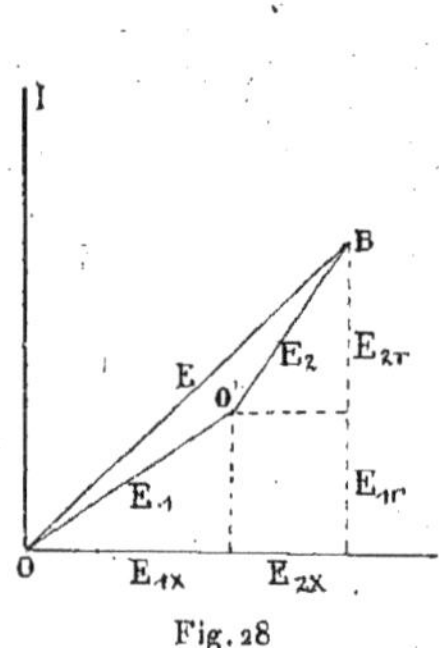

Fig. 28

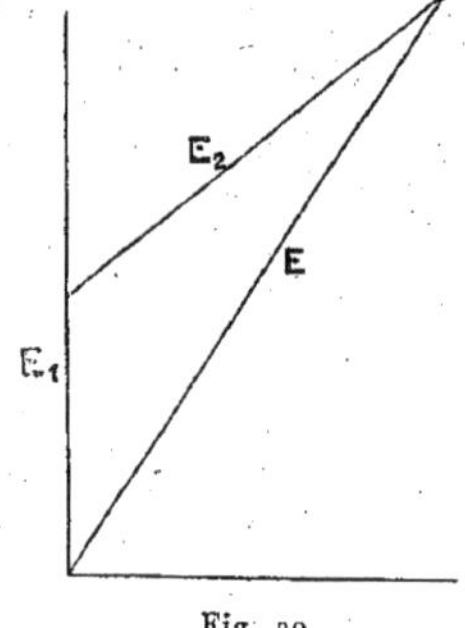

Fig. 29

soïde. Dans l'hypothèse où R, L et C sont constants, on obtient aussi pour I une courbe différente de la sinusoïde. La question se pose donc de savoir ce qu'indiquent le voltmètre et l'ampèremètre, quand ils sont parcourus par un tel courant, c'est-à-dire à quoi sont maintenant égaux E_{eff} et I_{eff}. De la même manière que nous avons établi la formule (82), page 96, nous avons

$$(105) \qquad E_{eff} = \sqrt{\frac{1}{T} \int_0^T f(\nu t)^2 \, dt},$$

$f(\nu t)$ représentant la force électromotrice en fonction du temps; cette fonction est périodique et a T pour période. D'après le théorème de FOURIER, on peut écrire une telle fonction périodique sous la forme

$$(106) \quad f(\nu t) = A_1\cos\nu t + B_1\sin\nu t + A_2\cos 2\nu t + B_2\sin 2\nu t + A_3\cos 3\nu t + B_3\sin 3\nu t + \dots,$$

où les A_n et B_n sont déterminés par les formules suivantes :

$$(107) \quad \begin{cases} A_n = \dfrac{1}{\pi} \displaystyle\int_{-\pi}^{+\pi} f(\nu t) \cos n\nu t \,.\, d(\nu t), \\[2ex] B_n = \dfrac{1}{\pi} \displaystyle\int_{-\pi}^{+\pi} f(\nu t) \sin n\nu t \,.\, d(\nu t). \end{cases}$$

En réunissant les termes $A_n \cos n\nu t$ et $B_n \sin n\nu t$ en une seule expression telle que $C_n \sin(n\nu t + \delta_n)$, on obtient finalement pour $f(\nu t)$ le développement

$$(108) \qquad f(\nu t) = C_1 \sin(\nu t + \delta_1) + C_2 \sin(2\nu t + \delta_2) + \ldots;$$

autrement dit, *on peut considérer $f(\nu t)$ comme une fonction harmonique composée, consistant en une oscillation fondamentale et en une série d'oscillations harmoniques d'ordre supérieur.* En portant l'expression (108) dans (105) et en remarquant que l'intégrale

$$\int_0^T \sin(n\nu t + \delta_n) \sin(m\nu t + \delta m)\, dt$$

est nulle pour $n \gtrless m$ et égale à $\nu\pi$ pour $n = m$, on trouve qu'il ne reste sous le radical dans (105) que des intégrales dont l'élément est $\sin^2(n\nu t + \delta_n)$; les valeurs de ces intégrales sont respectivement égales aux carrés des forces électromotrices efficaces correspondant aux différentes oscillations harmoniques, qui composent la fonction périodique considérée. On obtient donc finalement

$$(109) \qquad E_{eff} = \sqrt{E_{1eff}^2 + E_{2eff}^2 + E_{3eff}^2 + \ldots}$$

On trouve de même

$$(110) \qquad I_{eff} = \sqrt{I_{1eff}^2 + I_{2eff}^2 + I_{3eff}^2 + \ldots}$$

On démontre facilement aussi que, dans le calcul de la puissance

$$W = \frac{1}{T} \int_0^T IE\, dt,$$

n'interviennent que les produits des courants et des forces électromotrices ayant *même période.* Si la période du courant diffère de celle de la force électromotrice, le courant est déwatté ; on arrive donc, pour la puissance, à la formule suivante :

$$(111) \qquad W = I_{1eff} \cdot E_{1eff} \cos\gamma_1 + I_{2eff} \cdot E_{2eff} \cos\gamma_2 + \ldots$$

Cette formule montre que l'énergie fournie par un courant constitué d'une série d'oscillations harmoniques est la somme des énergies fournies par chacune des oscillations harmoniques, prise isolément.

14. Théorie approchée du transformateur de courant alternatif. — La bobine d'induction que nous avons considérée aux §§ **11** et **12** appartient au groupe d'appareils qui portent la dénomination générale de *transformateurs.* Mais le transformateur technique, dont *le but est de transformer l'énergie électrique d'un certain type en énergie électrique d'un autre type, autant que possible sans perte,* présente dans sa construction des différences essentielles avec la bobine d'induction. Un transformateur est disposé de la manière suivante. Sur un cadre en feuilles de tôles K_1, K_2 (*fig.* 3o) sont bobinés deux enroulements, l'un en gros fil, l'autre en fil fin, ce dernier ayant un nombre de tours plus grand que le premier. L'un des deux circuits, par exemple le fil fin, est alimenté par un courant alternatif, dont la tension est égale à $E_0 \sin \nu t$. Dans le second circuit s'établit par induction la différence de potentiel $E_2 \sin (\nu t - \gamma)$. Supposons que la résistance ohmique des enroulements primaire et secondaire soit faible, c'est-à-dire

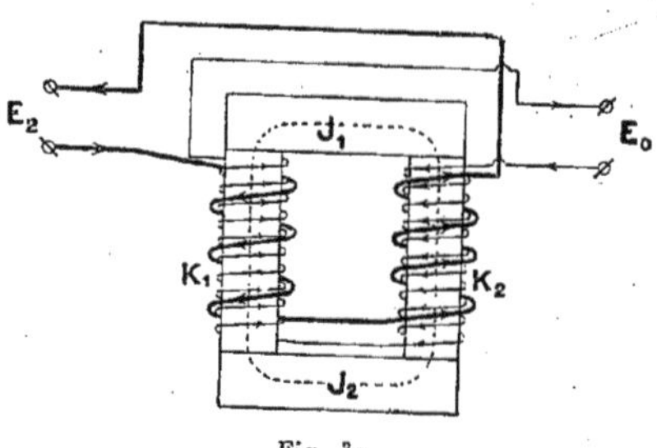

Fig. 3o

négligeons la perte d'énergie par effet JOULE (I^2R). On peut alors admettre que toute la force électromotrice $E_0 \sin \nu t$ est employée à vaincre les forces électromotrices de self-induction et d'induction mutuelle. Considérons d'abord le cas où *le secondaire est ouvert*. Le phénomène d'induction mutuelle disparaît et on peut écrire l'équation

$$(112) \qquad E_0 \sin \nu t = - \omega_1 \frac{d\Phi}{dt} 10^{-8},$$

où ω_1 désigne le nombre de tours de la bobine primaire, traversés par le flux total Φ. On en déduit l'expression suivante de Φ :

$$(113) \qquad \Phi \cdot 10^{-8} = \frac{E_0}{\omega_1 \nu} \cos \nu t = \frac{E_0}{\omega_1 \nu} \sin \left(\frac{\pi}{2} + \nu t \right);$$

autrement dit, le flux de force est *en avance* de 90° sur la force électromotrice, tout en gardant le caractère sinusoïdal. Mais l'intensité du courant, qui circule dans l'enroulement primaire, ne conserve pas ce caractère sinusoïdal. En raison de l'hystérésis (Livre II, Chap. VIII, § 6), le courant doit être plus intense dans la période de croissance du flux magnétique, et plus faible dans la période de décroissance ; la courbe du courant présente donc à l'égard de la courbe du flux des pointes analogues aux pointes hystérésiques (*fig.* 31 supérieure).

S'il n'y avait pas d'hystérésis, la courbe du courant serait une sinusoïde, synchrone de celle du flux magnétique, c'est-à-dire qu'elle s'exprimerait par la formule $I = I_0 \sin \left(\nu t + \frac{\pi}{2} \right)$. Dans ce cas, le transformateur, fonctionnant à vide, ne dépenserait, comme on l'a expliqué au paragraphe précédent, aucune énergie, car on a

$$\frac{1}{T} \int_0^T E_0 \sin (vt)\, I_0 \sin \left(vt + \frac{\pi}{2} \right) dt = 0.$$

Le décalage de la courbe **du** courant dû à l'hystérésis entraîne une perte que l'on appelle *perte par hystérésis*. D'après ce qui a été dit à la fin du § **13**, on peut remplacer la courbe du courant efficace i_0 par un ensemble de sinusoïdes, où seule la sinusoïde de période principale donne de l'énergie avec la force électromotrice $E_0 \sin vt$. Sur la figure 31, cette sinusoïde principale i_0

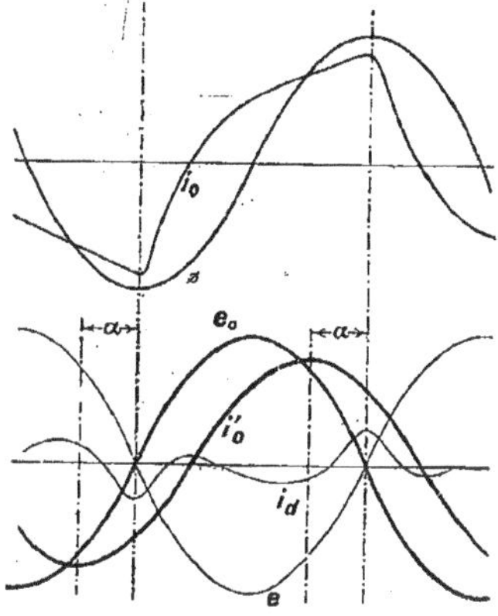

Fig. 31

est représentée à la partie inférieure. La perte par hystérésis correspondante est égale à

$$W_0 = E_{eff} \cdot I'_{0,\,eff} \cos (90^\circ - \alpha),$$

α désignant l'angle, dont est décalée *vers la gauche* la courbe du courant par rapport au décalage idéal de 90°. La courbe i_d donne la différence entre i_0 et i'_0 ; cette différence ne donne lieu, comme on l'a dit, à aucune perte et représente par suite la composante déwattée du courant i_0.

Occupons-nous maintenant des *modifications dans le régime d'un transformateur, qui sont dues à une résistance non-inductive* R_2 *du circuit secondaire*. Comme la résistance de l'enroulement est très petite, on peut admettre que la résistance R_2 constitue la résistance totale du circuit secondaire. Considérons d'abord le cas idéal où il n'y a pas de *fuite*, c'est-à-dire le cas où le flux de force de la bobine primaire traverse toutes les spires de la bobine secondaire. L'expérience montre que les transformateurs modernes, dans des conditions de fonctionnement normales, rendent jusqu'à 97 °/₀ de l'énergie consommée. Notre hypothèse simplificative est donc justifiée. Le transformateur se distingue de la bobine d'induction ordinaire précisément par cette utilisation complète du flux. L'hypothèse que nous venons de faire peut encore être présentée sous une autre forme. Les coefficients de self-induction $L_{1,1}$, $L_{2,2}$ des deux enroulements et leur coefficient d'induction mutuelle $L_{1,2}$ sont liés de la manière suivante. Soient n_1 et n_2 les nombres de tours des bobines primaire et secondaire; supposons la bobine primaire parcourue par un courant d'*un* ampère, qui crée un flux de force Φ_1. Les coefficients sont alors $L_{1,1} = n_1\Phi_1$, $L_{1,2} = n_2\Phi_1$ et $L_{2,2} = \Phi_1 \dfrac{n_2^2}{n_1}$, d'où

$$(114) \qquad L_{1,2} : L_{1,1} : L_{2,2} = n_2 : n_1 : \frac{n_2^2}{n_1}.$$

Connaissant $L_{1,2}$, on a

$$(114,\,a) \qquad L_{1,1} = \frac{n_1}{n_2}\, L_{1,2}, \qquad L_{2,2} = \frac{n_2}{n_1}\, L_{1,2}.$$

et par conséquent $L_{1,1} L_{2,2} = L_{1,2}^2$ (page 92). Sous de telles conditions, on peut écrire, pour le courant primaire, l'équation

$$(115) \qquad E_0 \sin \nu t = \frac{n_1}{n_2}\, L_{1,2}\, \frac{dI_1}{dt} + L_{1,2}\, \frac{dI_2}{dt}.$$

Pour le secondaire, qui possède une résistance appréciable R_2, mais auquel n'est appliquée aucune force électromotrice, on a l'équation

$$(116) \qquad 0 = I_2 R_2 + \frac{n_2}{n_1}\, L_{1,2}\, \frac{dI_2}{dt} + L_{1,2}\, \frac{dI_1}{dt}.$$

On se rend facilement compte que ce système d'équations différentielles a pour solution

$$(117) \qquad \begin{cases} I_1 = A \sin (\nu t - \delta) \\ I_2 = B \sin (\nu t - \varepsilon), \end{cases}$$

où les grandeurs A, B, δ et ε doivent satisfaire aux quatre relations suivantes, obtenues par substitution des valeurs (117) dans (115) et 116) :

$$(118) \qquad \begin{cases} E_0 = L_{1,2} A p \nu \sin \delta + L_{1,2} B \nu \sin \varepsilon \\ 0 = L_{1,2} A p \nu \cos \delta + L_{1,2} B \nu \cos \varepsilon \\ 0 = B R_2 \cos \varepsilon + L_{1,2} B \nu \dfrac{\sin \varepsilon}{p} + L_{1\,2} A \nu \sin \delta \\ 0 = - B R_2 \sin \varepsilon + \dfrac{L_{1,2} B \nu}{p} \cos \varepsilon + L_{1,2} A \nu \cos \delta_1 \end{cases}$$

p désignant $n_1 : n_2$. Ces quatre relations donnent

$$(118,\,a) \qquad \begin{cases} 1.\ \varepsilon = \pi; \ 2.\ \operatorname{tg} \delta = \dfrac{R_2 p}{L_{1,2} \nu}; \\[2ex] 3.\ A = \dfrac{E_0}{R_2 p L_{1,2} \nu} \sqrt{R_2^2 p^2 + L_{1,2}^2 \nu^2}; \ 4.\ B = - \dfrac{E_0}{R_2 p}. \end{cases}$$

De ces dernières formules, on tire les conclusions suivantes :

1. Le courant secondaire, qui se trouve *en phase avec sa force électromotrice,* retarde de 180° sur la force électromotrice du courant primaire.

2. Le courant *primaire* présente une différence de phase avec sa *force électromotrice*; cette différence croît et tend vers 90°, à mesure qu'augmente la résistance du circuit *secondaire*, le courant devenant alors déwatté; lorsqu'au contraire R_2 diminue, la phase du courant primaire se rapproche de plus en plus de celle de la force électromotrice correspondante et la dépense d'énergie dans l'enroulement primaire augmente.

3. La troisième formule donne une relation assez complexe entre l'amplitude du courant primaire et les autres éléments qui caractérisent le transformateur. La dépendance de cette amplitude à l'égard de la résistance R_2 du circuit secondaire est très intéressante. Lorsque $L_{1,2}\nu$ est assez grand pour qu'on puisse négliger $R_2^2 p^2$ sous le radical, on obtient

$$(119) \qquad A = \frac{E_0}{R_2 p};$$

autrement dit, l'intensité du courant *primaire* est inversement proportionnelle à la résistance du secondaire.

4. La quatrième formule donne l'amplitude du courant secondaire.

Avec les simplifications admises, on peut déduire immédiatement des équations (115) et (116) l'expression

$$I_2 = -\frac{n_2}{n_1}\frac{E_1}{E_2}\sin \nu t$$

qui résulte aussi de la première et de la quatrième formules (118, a).

La théorie du transformateur devient beaucoup moins simple, quand on tient compte des pertes de flux; nous ne nous arrêterons pas sur ce cas plus compliqué.

15. Actions mécaniques mutuelles entre le courant inducteur et le courant induit. — L'action mutuelle entre le courant inducteur et le courant induit suit les lois générales de l'électrodynamique, exposées dans le Livre II, Chap. VII, § 4. L'énergie potentielle des courants I_1 et I_2, entre lesquels s'exerce une action mutuelle, est donnée par la formule

$$(120) \qquad W_{1,2} = -I_1 I_2 \mu L_{1,2},$$

où μ désigne la perméabilité magnétique du milieu et $L_{1,2}$ le coefficient d'induction mutuelle. La grandeur de l'action mutuelle a pour expression

$$(121) \qquad P = I_1 I_2 \mu \frac{\partial L_{1,2}}{\partial p},$$

p étant un paramètre, qui détermine la position mutuelle des courants. Lorsque le courant primaire est un courant alternatif, l'action mutuelle électrodynamique prend un caractère stationnaire. Si la différence de phase des deux courants est voisine de $\frac{\pi}{2}$, en moyenne il n'y a presque aucune action mutuelle. En effet, les courants primaire et secondaire sont, durant une période complète, deux fois dirigés dans le même sens et s'attirent, et deux fois dirigés en sens contraire, se repoussant alors avec la même force. Quand les courants primaire et secondaire sont décalés de plus de $\frac{\pi}{2}$, on obtient une répulsion plus ou moins forte.

Nous allons considérer un cas intéressant d'action mutuelle des courants. Dans une bobine rectiligne est introduit un long noyau en fil de fer. Supposons l'axe de la bobine vertical et un anneau en fil de cuivre très gros enmanché sur la partie du noyau de fer qui déborde. On envoie dans la bobine un courant alternatif, qui induit dans l'anneau des courants *très intenses*. L'anneau est repoussé par la bobine, monte le long du noyau de fer et, s'il ne s'en échappe pas, s'arrête à une certaine hauteur, où il se tient en repos tant que la bobine est parcourue par le courant alternatif. Cette expérience remarquable est due à ELIHU THOMSON. Désignons le courant dans la bobine par I_1, le coefficient de self-induction de cette bobine par $L_{1,1}$, sa résistance par R_1. Soient I_2, $L_{2,2}$ et R_2 les éléments correspondants pour l'anneau, $L_{1,2}$ le coefficient d'induction mutuelle de l'anneau et de la bobine. Supposons qu'aux bornes de la bobine soit appliquée la force électromotrice $E \sin mt$, où $m = \frac{2\pi}{T}$. D'après ce qui a été dit plus haut, les équations du courant pour la bobine et l'anneau s'écrivent

$$(122) \qquad L_{1,1}\frac{dI_1}{dt} + L_{1,2}\frac{dI_2}{dt} + R_1 I_1 = E \sin mt,$$

$$(123) \qquad L_{2,2}\frac{dI_2}{dt} + L_{1,2}\frac{dI_1}{dt} + R_2 I_2 = 0.$$

La solution de ces équations, qui se rapporte au régime permanent et nous intéresse seule, est de la forme

$$(124) \qquad I_1 = A \sin (mt - \alpha),$$

$$(125) \qquad I_2 = B \sin (mt - \beta).$$

Les constantes A, B, α et β doivent être déterminées par substitution des expressions (124) et (125) dans les équations (122) et (123); en annulant les coefficients de $\cos mt$ et $\sin mt$, on obtient les deux relations

$$(126) \qquad mL_{1,2}A \cos \alpha = - mL_{2,2}B \cos \beta + R_2 B \sin \beta,$$

$$(127) \qquad mL_{1,2}A \sin \alpha = - mL_{2,2}B \sin \beta - R_2 B \cos \beta.$$

En multipliant respectivement ces équations d'abord par $\sin \beta$ et $- \cos \beta$, puis par $\cos \beta$ et $\sin \beta$, et en ajoutant deux à deux les produits, on obtient

$$(126, a) \qquad \sin \beta \cos \alpha - \sin \alpha \cos \beta = \sin (\beta - \alpha) = R_2 B : mL_{1,2}A,$$

$$(127, a) \qquad \cos \alpha \cos \beta + \sin \alpha \sin \beta = \cos (\beta - \alpha) = - L_{2,2}B : mL_{1,2}A,$$

d'où l'on déduit finalement

$$(128) \qquad \operatorname{tg}(\beta - \alpha) = -\, R_2 : mL_{2,2}.$$

Cette expression, en ayant égard au signe de $\sin(\beta - \alpha)$, montre que $\beta - \alpha > \dfrac{\pi}{2}$ et que $\beta - \alpha$ est d'autant plus voisin de π que R_2 est *plus petit* et $mL_{2,2}$ *plus grand*. Pour R_2 très petit et pour un très grand nombre de changements de sens du courant par seconde ($L_{2,2}$ est ordinairement petit), les phases sont presque décalées d'une demi-période, c'est-à-dire que les courants, dans la bobine et dans l'anneau, sont opposés pendant presque toute la période, ce qui explique la répulsion violente de l'anneau par la bobine. E. Thomson a encore effectué d'autres expériences, dans lesquelles il a suspendu, dans un champ magnétique alternatif horizontal, un anneau mobile autour d'un diamètre vertical. L'anneau tourne et prend une position où son plan est parallèle au champ magnétique extérieur ; aucun flux ne le traversant, il ne s'y produit pas de courants induits. Ce phénomène est une conséquence directe de la répulsion entre le courant primaire et les courants induits. Fleming a utilisé ce principe dans la construction d'un ampèremètre pour courant alternatif. Le phénomène découvert par E. Thomson joue un grand rôle dans ce qu'on appelle les *moteurs à répulsion*.

16. Induction dans les corps à plusieurs dimensions. Courants de Foucault. — Jusqu'ici, nous n'avons considéré les phénomènes d'induction que dans les conducteurs linéaires, c'est-à-dire dans des fils. La section droite de ces conducteurs étant petite, la force électromotrice a la même grandeur et la même direction dans toute la section ; le courant ne peut circuler que dans la direction longitudinale du fil et il ne peut se produire, à l'intérieur d'un conducteur linéaire, de lignes de courant fermées et indépendantes. Mais, si on amène une plaque métallique (en cuivre, par exemple) dans un champ magnétique variable, il peut se former dans cette plaque des courants tourbillonnaires, qui portent le nom particulier de *courants de Foucault*. De même, lorsqu'*une partie* de la plaque de cuivre coupe un champ magnétique variable, des forces électromotrices prennent naissance dans cette région et donnent lieu à des courants dans la plaque. Il est difficile de déterminer la distribution de telles lignes de courant. Felici (1853) a tenté le premier de traiter cette question théoriquement. Jochmann l'a étudiée d'une manière plus approfondie. En 1872, Maxwell a développé la théorie de l'induction dans une plaque infiniment étendue et très mince; enfin Hertz, dans sa dissertation *Über die Induktion in rotierenden Kugeln* (1880), a donné la solution complète du problème pour une sphère et pour une plaque.

Expérimentalement, on peut déterminer la distribution des lignes de courant par une méthode qui rappelle la méthode de Quincke (Livre II, Chap III, § 5). Deux contacts glissants sont appuyés en deux points de la plaque en rotation et on les déplace jusqu'à ce qu'on ait trouvé une position, pour laquelle disparaisse la différence de potentiel entre les deux points. Les lignes *isoélectriques* ainsi trouvées peuvent alors être représentées graphiquement. Matteucci, qui a fait des recherches de ce genre, pensait que les lignes de courant doivent être normales aux lignes isoélectriques ; mais les recherches ultérieures ont montré que cette hypothèse simple ne se vérifie pas.

Si les courants induits sont produits par le *mouvement* de masses métalliques dans un champ magnétique, ils doivent, d'après la loi de Lenz, donner naissance à une réaction qui s'oppose au mouvement. Lorsqu'on met en rotation un disque de cuivre par exemple, de façon qu'une partie de ce disque coupe un champ magnétique, il faut lui appliquer une certaine force pour le maintenir en mouvement. Il faut de même dépenser du travail pour amener un disque de cuivre dans un champ magnétique ou pour l'en retirer, alors qu'un mouvement du même disque transversalement à un champ *uniforme* n'exige aucune dépense de ce genre. Les champs magnétiques peuvent ainsi agir d'une manière retardatrice sur des masses de cuivre oscillantes, propriété utilisée dans les amortisseurs de sismographes, de galvanomètres à bobines, etc. ; inversement, des masses de cuivre peuvent exercer une action retardatrice sur des aimants oscillants, propriété utilisée dans les amortisseurs des galvanomètres magnétiques. Nous arrivons à cette conclusion que la position relative des masses de cuivre tend à rester invariable par rapport aux champs magnétiques et que si les sources de ces derniers entrent en mouvement, les masses de cuivre tendent à les suivre dans leur mouvement. Faraday (1831) a expliqué le premier de cette manière les phénomènes énigmatiques du *magnétisme de rotation* découverts par Arago (1826). Arago a trouvé que lorsqu'on suspend une aiguille aimantée horizontale au-dessus d'un disque de cuivre horizontal en rotation, l'aiguille est entraînée par la rotation du disque. Inversement, la rotation de l'aiguille aimantée peut produire celle du disque. Nous ne mentionnerons pas les autres phénomènes plus complexes, désignés également sous le nom de *magnétisme de rotation*. Le problème du disque d'Arago a été résolu mathématiquement par Maxwell (*Treatise*, II, § 668).

Ferraris (1888) a obtenu le premier des rotations continues, en partant de ce principe. Il amenait un disque de cuivre placé dans un champ magnétique à prendre un mouvement continu de rotation, en faisant tourner le champ. Il a employé ainsi pour la première fois ce qu'on appelle un *champ magnétique tournant*. Pour obtenir un tel champ, il a placé à angle droit deux paires de pôles électromagnétiques. Chaque paire de pôles était parcourue par un courant alternatif, de façon à produire des polarités contraires dans les deux pôles ; le courant alimentant l'une des paires de pôles était décalé de $\frac{\pi}{2}$ par rapport à celui qui alimentait l'autre paire. Le vecteur du champ magnétique résultant se décomposait donc en deux vecteurs rectangulaires, de grandeur variable suivant la loi sinusoïdale et décalés de la phase $\frac{\pi}{2}$. On sait, d'après la théorie de la composition des mouvements vibratoires harmoniques rectangulaires, que le vecteur résultant est animé d'un mouvement circulaire uniforme, *sans que son intensité change*. Lorsqu'un cylindre de cuivre est amené dans un tel champ tournant, il doit évidemment suivre la rotation du vecteur magnétique, *tendant* à prendre un mouvement synchrone. Le synchronisme n'est, il est vrai, jamais atteint et il y a toujours un certain *glissement* du cylindre mobile (*rotor*) relativement au champ magnétique tournant des électro-aimants fixes (*stator*). Plus le glissement est grand, plus les courants de FOUCAULT développés dans le cylindre sont intenses et plus est grande l'action mécanique mutuelle entre stator et rotor. C'est sur ce principe qu'est basée la construction des moteurs *asynchrones*.

Mais, dans beaucoup de cas, les courants induits, qui naissent dans les parties métalliques des appareils d'induction (transformateurs, inducteurs, etc.), sont nuisibles et on les appelle alors des courants *parasites*. Ces courants sont particulièrement nuisibles, quand ils se produisent dans les noyaux de fer des appareils d'induction ; ils jouent le rôle en effet, dans le transformateur, d'enroulements secondaires intérieurs fermés en court circuit, qui absorbent une partie notable de l'énergie du flux magnétique primaire et produisent ainsi un échauffement du noyau de fer. Pour éviter cet effet calorifique, les noyaux sont *subdivisés*, c'est-à-dire constitués par des tiges de fer, des rubans ou des feuilles de tôle, disposés de façon que leurs surfaces séparatives, recouvertes d'oxyde de fer non-conducteur, et souvent d'une mince feuille de papier, soient parallèles au flux magnétique ; une telle construction, *sans augmenter la résistance magnétique du circuit* (voir Livre II, Chap. VIII, § 3), *empêche la formation, dans la section du noyau, de courants fermés à grand rayon*. Nous allons montrer toute l'importance de cette subdivision.

Considérons un noyau en fer constitué par des *tiges*, et supposons-le soumis à une aimantation longitudinale alternative. Envisageons à l'intérieur de l'une des tiges une couche cylindrique de rayon r et d'épaisseur dr ; soit ρ la résistance spécifique du fer. Si on désigne par B l'induction magnétique dans la direction longitudinale de la tige, la force électromotrice e suivant une circonférence de la couche est

$$(129) \qquad e = - \pi r^2 \frac{dB}{dt}.$$

La résistance qu'un conducteur tubulaire de longueur l, de rayon r et d'épaisseur dr oppose à un courant *circulant suivant la circonférence* est égale à

$$(130) \qquad W = \frac{2 \pi r \rho}{l dr}.$$

La quantité de chaleur dégagée par le courant induit pendant le temps dt dans ce conducteur tubulaire est

$$(131) \qquad dq = I^2 W dt = \frac{\left(\pi r^2 \frac{dB}{dt} \right)^2 dt}{\frac{2 \pi r \rho}{l dr}} = \pi r^3 \frac{l}{2 \rho} \left(\frac{dB}{dt} \right)^2 dr dt.$$

La quantité de chaleur dQ dégagée dans toute la tige de rayon R pendant le temps dt est

$$(131, a) \qquad dQ = dt \int_0^R \pi r^3 \frac{l}{2\rho} \left(\frac{dB}{dt}\right)^2 dr = \frac{\pi R^4 l}{8\rho} \left(\frac{dB}{dt}\right)^2 dt.$$

La quantité de chaleur dQ_1 dégagée dans 1^{cmc} de l'ensemble du *noyau de fer* pendant le temps dt est

$$(131, b) \qquad\qquad dQ_1 = dt \frac{R^2}{8\rho} \left(\frac{dB}{dt}\right)^2.$$

Cette formule montre que la quantité de chaleur dQ_1 décroît rapidement avec le rayon des tiges (et augmente avec la fréquence). Mais, comme en diminuant le rayon des tiges on augmente l'espace occupé par l'isolant, ce qui nuit à la perméabilité, il est clair qu'il doit exister un certain optimum pour la subdivision du noyau. Les pertes par courants de FOUCAULT forment, avec la perte par hystérésis dont nous avons parlé dans le Livre II, Chap. VIII, § 6, les principales pertes dans le fer des transformateurs et des dynamos.

Lorsque des plaques de cuivre bonnes conductrices sont placées sur le trajet du flux magnétique d'un champ alternatif, elles absorbent son énergie et la transforment en chaleur. Elles arrêtent ainsi le flux magnétique (écran magnétique). Nous avons vu, en effet, au paragraphe précédent, que dans des plaques bonnes conductrices la phase des courants induits est décalée, par rapport à celle du courant primaire, de 180° ; par suite, ces courants parasites affaiblissent le flux magnétique produit par le courant primaire. Si on enfile, sur une bobine alimentée par du courant alternatif, une autre bobine et si on sépare les deux bobines par une feuille de cuivre, l'intensité du courant induit dans la seconde bobine est considérablement affaiblie. ZENNECK a développé, dans une série de mémoires et dans son ouvrage *Elektromagnetische Schwingungen und drahtlose Telegraphie*, une théorie intéressante de l'action comme écrans des plaques de cuivre. Il part de la notion de circuit magnétique mentionnée dans le Livre II, Chap. VIII, § **3**, formules (25) à (25, e). Considérons un anneau en fer fermé, bobiné uniformément et de section σ. D'après (25, b), on a, pour la force magnétomotrice M, l'expression

$$M = C n_1 i_1,$$

où C est un facteur de proportionnalité, dépendant du choix des unités, n_1 le nombre de spires autour de l'anneau et i_1 l'intensité du courant dans l'enroulement. En désignant par $r = l : \mu\sigma$ la résistance magnétique du circuit, on obtient, pour le flux magnétique ψ_1, l'expression

$$(132) \qquad\qquad \psi_1 = \frac{C n_1 i_1}{r},$$

qui s'applique aussi au cas du courant alternatif. Disposons autour de l'anneau un second enroulement fermé en court circuit ; soit n_2 le nombre de ses spires. Le courant i_2 induit dans cet enroulement crée une force magnétomotrice additionnelle $Cn_2 i_2$, de sorte que le flux magnétique total ψ est égal à

$$(132, a) \qquad \psi = \frac{Cn_1 i_1 + Cn_2 i_2}{r}.$$

La grandeur i_2 se calcule d'après les lois générales de l'induction ; on a

$$(132\, b) \qquad i_2 w_2 = - L_{1,2} \frac{d\psi}{dt},$$

où $L_{1,2}$ désigne le coefficient d'induction mutuelle des deux bobines et w_2 la résistance ohmique de la bobine secondaire. En portant dans (132, a) la valeur de i_2 donnée par (132, b) et en désignant $\dfrac{Cn_2 L_{1,2}}{w_2}$ par p, on obtient l'expression

$$(133) \qquad \psi = \frac{Cn_1 i_1 - p\,\dfrac{d\psi}{dt}}{r},$$

et finalement, en remplaçant $Cn_1 i_1$ par M,

$$(133, a) \qquad \psi = \frac{M - p\,\dfrac{d\psi}{dt}}{r}.$$

Cette expression offre une ressemblance remarquable avec la formule (8), page 56. Elle étend l'analogie entre le courant électrique et le courant magnétique. Nous arrivons à la conclusion que, dans un circuit magnétique où circule un flux magnétique variable, une *force magnétomotrice induite* $- p\,\dfrac{d\psi}{dt}$ prend naissance en dehors de la force magnétomotrice M appliquée de l'extérieur, le coefficient p jouant le rôle de self-induction relativement au flux magnétique. La ressemblance formelle des formules fondamentales entraîne l'analogie des conséquences qu'on peut en tirer. Dans le cas d'une force magnétomotrice sinusoïdale, la grandeur efficace du flux magnétique est la même que s'il existait dans le circuit, non pas une résistance magnétique r, mais une *résistance magnétique totale*, dont l'expression

$$(134) \qquad r_1 = \sqrt{r^2 + \left(\frac{2\pi}{T}\,p\right)^2},$$

est analogue à la formule (89), page 98. Le flux magnétique a une phase décalée par rapport à la force magnétomotrice suivant les lois qui s'appliquent aux courants.

Ainsi, l'introduction d'une plaque de cuivre sur le trajet d'un flux magnétique augmente en apparence la résistance magnétique du circuit. Lorsque cette plaque de cuivre n'intercepte qu'une partie du flux magnétique, celui-ci, évitant le passage à travers la plaque, se concentre dans l'espace non obstrué subsistant. On a donc de cette manière la possibilité de faire *réfléchir* et de diriger le flux magnétique à l'aide d'écrans de cuivre. A ce point de vue, les expériences d'Elihu Thomson décrites plus haut se présentent sous un nouvel aspect. L'espace entouré par l'anneau de cuivre peut être considéré comme diamagnétique relativement au reste de l'espace, car il possède une grande résistance magnétique et, en tant que corps diamagnétique, il est repoussé par l'électro-aimant. On peut expliquer de la même façon l'action des courants parasites dans les noyaux de fer.

De l'accroissement de la résistance magnétique dû aux courants parasites résulte encore un autre phénomène. Quand on enfonce, dans une bobine parcourue par un courant alternatif, un noyau cylindrique creux (tube) en fer, il se produit un accroissement du flux primaire. Mais, si à l'intérieur de ce premier noyau on en introduit un autre plein, également en fer, le flux n'est pas de nouveau renforcé. Un enroulement à l'intérieur du noyau creux ne manifeste pas de phénomènes d'induction. On peut en conclure que le flux magnétique ne pénètre pas dans l'épaisseur du noyau de fer creux, mais qu'il est confiné dans la couche superficielle. Des masses conductrices pleines (non subdivisées) se comportent donc en quelque sorte comme des corps fortement diamagnétiques, au travers desquels ne peut pénétrer un flux magnétique alternatif. Les recherches de Zenneck ont montré que cette action est d'autant plus forte qu'est plus grand le produit de la conductibilité électrique par la perméabilité magnétique de la substance et par le nombre d'alternances du courant par seconde. Ce phénomène est connu sous le nom de *skineffet* (Hautwirkung). En dehors du phénomène de décroissance rapide de l'amplitude du flux magnétique, dans la profondeur des tiges conductrices, au fur et à mesure qu'on s'éloigne de la surface, on remarque encore un retard de phase du flux magnétique augmentant avec la distance à la surface. Le diamètre du noyau joue également ici un rôle. Le phénomène se manifeste nettement dans des noyaux de fer, dont le diamètre dépasse 1^{cm}. Ainsi, dans un noyau de fer de plus de 1^{cm} de diamètre, à une profondeur de 3^{mm} et pour 100 alternances du courant à la seconde, l'induction magnétique n'est que 0,02 de l'induction à la surface. Dans une tige de cuivre, le phénomène est moins prononcé, car la perméabilité magnétique du cuivre est bien moindre que celle du fer, bien que sa conductibilité soit plus grande.

Le courant électrique est aussi distribué d'une manière non-uniforme dans la section droite d'un conducteur et ce phénomène s'appelle encore *skineffet* (Hautwirkung). Il est aisé de concevoir quelle en est la cause. Nous avons montré (voir page 59) que la self-induction d'un conducteur annulaire dépend du rayon de la section droite du conducteur et nous avons vu qu'il en est de même pour un conducteur rectiligne (voir formule (27), p. 61). Au point de vue physique, cette circonstance s'explique facilement. Lorsqu'on fait passer un courant dans un anneau plein, une partie des lignes de force magnétique traversent la masse du conducteur lui-même; il n'y a donc que les lignes de courant centrales qui enveloppent la totalité des lignes de force magnétique produites par le courant, et le flux magnétique, entouré par les lignes de courant de la surface, ne correspond pas à la pleine intensité du courant. Pour calculer le coefficient de self-induction d'une ligne de courant donnée, il faut donc tenir compte du flux *entouré* par cette ligne de courant ou, ce qui revient au même, *qui entoure* cette ligne.

Par suite, quand un courant alternatif circule dans un conducteur, les lignes de courant centrales offrent une résistance apparente plus grande que celle des lignes superficielles et le courant, en se propageant librement à la surface, ne peut atteindre sa pleine valeur à l'intérieur du conducteur, en raison de la self-induction notable qui s'y développe.

ZENNECK a signalé une erreur que l'on commet souvent. On prétend que les lignes de courant sont repoussées de l'intérieur du conducteur vers l'extérieur. En réalité, le courant, dans le voisinage de la surface, *n'est pas plus intense* que le permettent la conductibilité et la self-induction de la couche superficielle considérée.

Ce phénomène, de même que le skineffet du flux magnétique, est d'autant plus net que le produit de la conductibilité par la perméabilité magnétique de la substance et par le nombre d'alternances du courant en une seconde est plus grand. Ainsi, pour un conducteur de cuivre et pour 10^6 alternances du courant par seconde, l'intensité du courant à la profondeur de $0^{mm},3$ n'est que le $\frac{1}{3}$ de l'intensité à la surface. Dans le fer, ce phénomène est encore plus marqué. Il présente une très grande importance dans la technique des courants de haute fréquence. On constate, par exemple, que l'emploi de conducteurs pleins n'offre pas d'avantages ; des conducteurs à section annulaire suffisent parfaitement. Quand il convient, pour des raisons de construction, d'employer l'acier, il suffit de le recouvrir d'une couche de cuivre (bimétal). Les conducteurs de cuivre étamés sont incommodes, car la couche d'étain est mauvaise conductrice.

On peut traiter théoriquement de la même manière les skineffets magnétique et électrique, les formules fondamentales étant analogues pour le courant électrique et pour le flux magnétique. MAXWELL (*Treatise*, II, § **689**) a signalé le premier le phénomène électrique considéré. LORD RAYLEIGH en a donné ensuite une théorie plus complète. Ultérieurement, STEFAN, H. POINCARÉ, A. SOMMERFELD, COHN et d'autres encore se sont occupés de la question. ZENNECK a appliqué à l'effet magnétique les déductions obtenues par COHN pour l'effet électrique. Supposons qu'aux extrémités d'un conducteur cylindrique rectiligne suffisamment long soit appliquée une force électromotrice alternative E. Nous admettrons que le nombre des alternances n'est pas trop grand pour qu'on puisse à un moment quelconque considérer l'intensité du courant comme constante dans toute la longueur. Les lignes magnétiques auront la forme de cercles concentriques. Considérons à l'intérieur du conducteur deux cylindres concentriques de rayons r et $r + dr$. Observons que le premier est entouré par un plus grand nombre de lignes magnétiques que le second ; la différence de ces nombres est égale à

$$(135) \qquad \mu\, H\, l dr,$$

où μ désigne la perméabilité magnétique, H l'intensité du champ et l la longueur du conducteur. Nous avons établi, dans le Livre II, Chap. III, § **6**, formules (47), les équations de Maxwell pour le champ magnétique à l'intérieur d'un conducteur parcouru par un courant. En introduisant les notations vectorielles, ces équations peuvent s'écrire comme il suit :

$$(136) \qquad 4\pi\, \vec{i} = \text{rot}\, \overset{\curvearrowleft}{H},$$

où le vecteur $\vec{i}$ désigne la densité de courant. Le théorème de Stokes (p. 19) donne

$$(136,\, a) \qquad \int \vec{df}\, \text{rot}_n\, \overset{\curvearrowleft}{H} = \int \vec{ds}\, \overset{\curvearrowleft}{H};$$

autrement dit l'intégrale prise sur la surface f de la composante normale du vecteur $\text{rot}\, \overset{\curvearrowleft}{H}$ est égale à l'intégrale, suivant le contour de la surface f, du vecteur $\overset{\curvearrowleft}{H}$. Prenons comme surface f une partie de la section droite du conducteur. Dans notre cas $\text{rot}\, \overset{\curvearrowleft}{H}$ est disposé normalement à la section droite ; en outre, la grandeur du vecteur $\overset{\curvearrowleft}{H}$ est constante en tous les points d'un cercle de rayon r, tracé dans le plan de la section droite et ayant son centre sur l'axe du conducteur ; le vecteur lui-même est dirigé suivant la tangente à ce cercle. Nous pouvons donc écrire, pour un tel cercle,

$$(136,\, b) \qquad \int_0^r 2\pi r\, \text{rot}\, \overset{\curvearrowleft}{H}\, dr = 2\pi r\, \overset{\curvearrowleft}{H}.$$

En remplaçant $\text{rot}\, \overset{\curvearrowleft}{H}$ par $4\pi\, \vec{i}$ et en simplifiant, on obtient

$$(136,\, c) \qquad 4\pi \int_0^r \vec{i}\, r\,dr = r\, \overset{\curvearrowleft}{H}.$$

En différentiant par rapport à r, il vient

$$(137) \qquad 4\pi r\, \vec{i} = \frac{\partial}{\partial r}\left(r\, \overset{\curvearrowleft}{H}\right).$$

Si nous remplaçons $\vec{i}$ par $\dfrac{\vec{E}\,\sigma}{l}$, où σ désigne la conductibilité de la substance, nous avons

$$(137,\, a) \qquad \frac{4\pi r\, \vec{E}\,\sigma}{l} = \frac{\partial}{\partial r}\left(r\, \overset{\curvearrowleft}{H}\right).$$

En différentiant encore une fois par rapport à t, on obtient

$$(138) \qquad \frac{4\pi r\sigma}{l}\, \frac{\partial \vec{E}}{\partial t} = \frac{\partial}{\partial r}\left(r\, \frac{\partial \overset{\curvearrowleft}{H}}{\partial t}\right).$$

De ce qui précède, résulte que la force électromotrice appliquée est d'autant plus affaiblie par la force électromotrice de self-induction qu'on se rapproche de l'axe du conducteur. La variation de la force électromotrice induite avec la distance à l'axe est, d'après (135), égale à $-\mu l \dfrac{\partial \overset{\curvearrowright}{H}}{\partial t}\, dr$, d'où, pour la force électromotrice,

$$(139) \qquad \frac{\partial \overrightarrow{E}}{\partial r}\, dr = \mu l \frac{\partial \overset{\curvearrowright}{H}}{\partial t}\, dr.$$

En portant dans (138) la valeur de $\dfrac{\partial \overset{\curvearrowright}{H}}{\partial t}$ déduite de (139), en simplifiant et en différentiant ensuite par rapport à r, on a

$$(140) \qquad 4\pi\sigma\mu\, \frac{\partial E}{\partial t} = \frac{1}{r}\frac{\partial E}{\partial r} + \frac{\partial^2 E}{\partial r^2}.$$

C'est l'équation différentielle finale, qui détermine E en fonction de r; elle peut être intégrée à l'aide des fonctions de BESSEL.

En raison de ces phénomènes, la grandeur de la self-induction et de la résistance d'un conducteur, déterminée par les méthodes ordinaires, apparaît comme trop petite, dans le cas des courants à haute fréquence. Cette question joue un rôle particulièrement important dans la technique de la télégraphie sans fil.

17. Induction unipolaire. — Dans l'histoire du développement de la théorie de l'induction, la question de l'*induction unipolaire* a pris une impor-

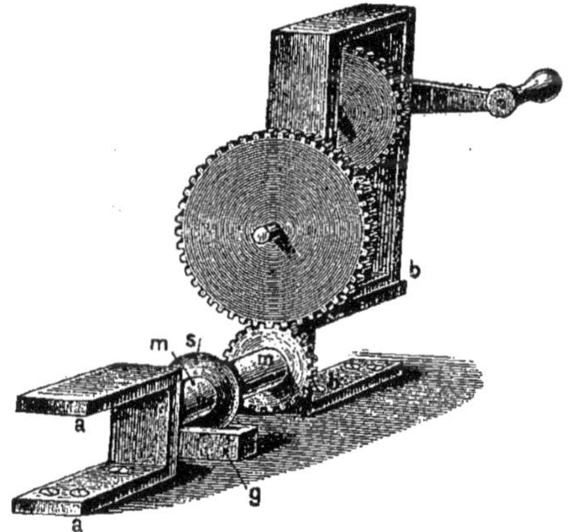

Fig. 32

tance spéciale. On désigne par cette dénomination, qui n'est pas très heureuse, l'inversion de la rotation électromagnétique d'un aimant autour de son axe (Livre II, Chap. VII, § 3). Le phénomène est le suivant : un aimant m (*fig.* 32) repose sur des coussinets a, b et peut recevoir un mouvement de rotation rapide autour de son axe à l'aide d'un système de roues dentées. Le disque en laiton *s* calé sur l'arbre *m* plonge dans une cuvette *g* remplie de mercure. Lorsqu'on relie cette cuvette à l'un des supports, en passant par un galvanomètre, pendant toute la durée de la rotation de l'aimant circule un courant dans les conducteurs de jonction. Au premier abord, la théorie de ce phénomène ne semble pas présenter de difficultés ; mais elle devient très complexe si l'on y rattache la question de l'entraînement des lignes d'induction magnétique par l'aimant tournant. FARADAY pensait que, dans la rotation d'un aimant symétrique autour de son axe, le champ magnétique de cet aimant reste fixe.

Bien entendu, une symétrie parfaite de l'aimant autour de son axe est nécessaire pour cela, car autrement, pendant la rotation, les propriétés physiques du champ changeraient. Quand on essaie d'expliquer le phénomène, en partant de l'idée de FARADAY, on se heurte à la difficulté suivante. Le courant naît dans les parties du conducteur qui sont coupées par des lignes magnétiques. Dans le cas considéré, le circuit conducteur se compose : 1. de l'axe de l'aimant depuis le support jusqu'au disque *s*, 2. du rayon qui joint l'axe de l'aimant à la goutte du mercure *g*, 3. du branchement qui renferme le galvanomètre. Si le champ magnétique est au repos, le rayon mobile apparaît comme la seule partie du circuit qui vient couper les lignes magnétiques ; si, au contraire, le champ magnétique est entraîné par l'aimant, une force électromotrice est induite dans le circuit du galvanomètre, qui est coupé par les lignes en rotation. Que le champ magnétique reste en repos ou tourne avec l'aimant, la question ne peut être résolue expérimentalement ; pour un circuit fermé (et c'est le seul possible), les résultats sont en effet les mêmes en partant des deux points de vue. Soit AC (*fig.* 33) l'axe de l'aimant, CB′ et CB″ deux positions voisines du rayon tournant, AGB′ le branchement du galvanomètre. Dans la rotation du rayon CB′, à partir de la position CB′ jusqu'à la position CB″, le contour ACB′GA s'accroît et devient ACB″B′GA. En même temps, l'aire traversée par le flux magnétique augmente du secteur B′CB″. La force électromotrice est mesurée par la variation du nombre de lignes d'induction magnétique coupées par le circuit conducteur, *indépendamment de la façon* dont ces lignes pénètrent dans le circuit. Tel est le résultat que donne la théorie ordinaire et la théorie de l'induction dans les corps en mouvement due à H. HERTZ (*Ges. Werke*, II, **14**) conduit à la même conclusion. La théorie de H. HERTZ a besoin, il est vrai, d'être rectifiée (voir plus loin) ; mais la modification que H. A. LORENTZ y a apportée donne aussi le même résultat, du moins en ce qui concerne le courant. On doit donc conclure que la force électromotrice d'induction reste la même, que les lignes de force soient immobiles ou tournent avec l'aimant.

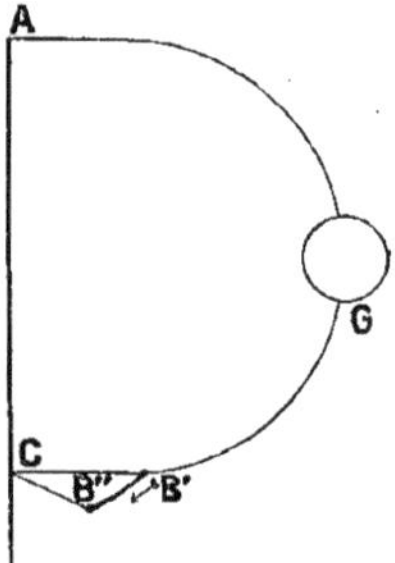

Fig. 33

On a fait de multiples expériences sur l'induction unipolaire, en vue d'arriver à un *experimentum crucis* ; mais elles n'ont abouti à rien de positif, car les résultats obtenus se sont toujours expliqués en partant des deux points de vue. M. Abraham estime que la question est mal posée. D'après lui, les lignes d'induction magnétique constituent simplement un symbole, qui caractérise le champ magnétique à un instant donné ; il juge impossible de suivre le sort des lignes individuelles qui définissent le champ variable dans le temps ou dans l'espace.

BIBLIOGRAPHIE

1 à 5. — Lois de l'induction. Théories de F. Neumann et de W. Weber.

Faraday. — *Experimental researches in electricity*, London, 1839, Sér. I-III, IX.

Fleming. — *Electrician*, **14**, p. 396, 1884.

E. Lenz. — *Pogg. Ann.*, **31**, p. 483, 1834 ; **34**, pp. 385, 457, 1835.

H. Helmholtz. — *Wissensch. Abhandl.*, I, pp. 12, 545.

Nobili. — *Pogg. Ann.*, **33**, pp. 3, 407.

Henry. — *Pogg. Ann., Erg.-Bd.*, p. 282, 1842.

J. Neumann. — *Abhandl. Berl. Akad.*, 1845, p. 1 ; 1847, p. 1 ; *Vorl. über elektr. Ströme*, Leipzig, 1884, p. 257.

Hermann. — *Pogg. Ann.*, **142**, p. 587, 1871.

W. Weber. — *Elektromagnetische Massbestimmungen*, Leipzig, 1846, pp. 269, 334.

Reiff et A. Sommerfeld. — *Standpunkt der Fernwirkung, Encyclop. der Mat. Wissenschaft*, V₂, p. 1.

Felici. — *Ann. de chim. et phys.*, (3), **34**, 1852.

6 à 8. — Self-induction et induction mutuelle.

Kirchhoff. — *Pogg. Ann.*, **121**, p. 551, 1864.

Rosa et Grover. — *Bull. of Stand.*, **8**, n° 1, 1912.

Lord Rayleigh. — *Collect. Papers*, **2**, p. 15.

M. Wien. — *Wied. Ann.*, **53**, p. 928, 1894.

Grover. — *Phys. Rev.*, **30**, p. 787, 1910.

J. J. Thomson. — *Phil. Mag.*, **23**, p. 384, 1886.

Minchin. — *Phil. Mag.*, **37**, p. 300, 1894.

Hicks. — *Phil. Mag.*, **38**, p. 456, 1894.

Blathy. — *Electrician*, **24**, p. 630, 1890.

Rosa. — *Bull. of Stand.*, **4**, p. 149, 1907.

Lord Rayleigh. — *Proc. R. Soc.*, **32**, p. 104, 1881 ; *Coll. Pap.*, **2**, p. 15.

L. Lorenz. — *Wied. Ann.*, **7**, p. 161, 1879.

Coffin. — *Bull. of Stand.*, **2**, p. 113, 1906 ; *Phys. Rev.*, **22**, pp. 193, 365, 1906.

Brillouin. — *C. R.*, **93**, p. 1010, 1881.

H. Hertz. — *W. A.*, **10**, p. 414, 1886.

Nagaoka. — *Journ. Coll. Sc. Tokyo*, art. 6, 18, 1909 ; *Phil. Mag.*, **6**, p. 19, 1903.

Kirchhoff. — *Ges. Abh.*, p. 117.

Maxwell. — *Treatise*, II, § 701, 705; Append. II, Ch. xiv.

Weinstein. — *Wied. Ann.*, **21**, p. 344, 1884.

Havelock. — *Phil. Mag.*, **15**, p. 332, 1908.

Mathy. — *Journ. de Phys.*, **10**, p. 33, 1901.

Rowland. — *Coll. Pap.* p. 162.

Lyle. — *Phil. Mag.*, **3**, p. 310, 1902.

Rosa. — *Bull. of Stand.*, **2**, p. 351, 1906; **4**, p. 348, 1907.

Weinstein. — *Wied. Ann.*, **21**, p. 350, 1884.

Stefan. — *Wied. Ann.*, **22**, p. 107, 1884 ; *Wiener Sitzungsber.*, **88**, IIa, 1902.

Searle et Airey. — *Electrician*, **56**, p. 318, 1905.

Russel. — *Phil. Mag.*, **13**, p. 420, 1907.

Himstedt. — *Wied. Ann.*, **26**, p. 551, 1885.

Lorenz. — *Wied. Ann.*, **7**, p. 167, 1879 ; **25**, p. 1, 1885.

Rosa et Cohen. — *Bull. of Stand.*, **2**, n° 3, 1907; **3**, n° 2, 1907 ; **5**, n° 1, 1908.

Grover. — *Bull. of Stand.*, **6**, n° 4, 1911.

9. — Détermination expérimentale des coefficients de self-induction et d'induction mutuelle.

Lord Rayleigh. — *Phil. Trans.*, **173**, A, p. 661, 1882 ; *Proc. R. Soc.*, **32**, p. 104, 1880.

Zeleny. — *Ztschr. f. Instr.*, **27**, p. 167, 1907.

Maxwell. — *Phil. Trans.*, 1865 ; *Scient. Pap.*, I, p. 549, 1890.

Dorn. — *Wied. Ann.*, **17**, p. 783, 1882.

Anderson. — *Phil. Mag.*, **33**, p. 352, 1892.

Maxwell. — *Treatise*, II, § 757, 778.

Heydweiller. — *Hilfsbuch für die Ausführungen der elektrischen Messungen*, 1892.

Joubert. — *Ann. de l'Ecole Normale Sup.*, **10**, p. 131, 1881.

Steinmetz. — *Electrician*, **26**, p. 79, 1890.

Puluj. — *Elektrot. Ztschr.*, **12**, p. 346, 1891.

Oberbeck. — *Wied. Ann.*, **17**, pp. 816, 1040, 1882.

Kohlrausch. — *Wied. Ann.*, **31**, p. 594, 1887.

Sahulka. — *Elektrot. Ztschr.*, **12**, p. 371, 1891.

Klemenčič. — *Wied. Ann.*, **46**, p. 315, 1892.

Troje. — *Wied. Ann.*, **47**, p. 501, 1892.

Graetz. — *Wied. Ann.*, **50**, p. 766, 1893.

Heydweiller. — *Wied. Ann.*, **53**, p. 499, 1894 ; *Boltzmanns Festschrift*, Leipzig, 1904.

Prerauer. — *Wied. Ann.*, **53**, 772, 1894.

M. Wien. — *Wied. Ann.*, **44**, p. 689, 1891 ; **53**, p. 928, 1894.

Himstedt. — *Wied. Ann.*, **54**, p. 335, 1895.

Sumpner. — *Lum. électr.*, **26**, p. 287, 1887.

Strasser. — *Ann. d. Phys.*, **17**, p. 763, 1905 ; **24**, p. 960, 1907.

Giebe. — *Ann. d. Phys.*, **24**, p. 941, 1907 ; *Ztschr. f. Instr.*, **29**, p. 150, 1909.

Dolezalek. — *Ztschr. f. Instr.*, **23**, p. 240, 1903.

Blondel. — *L'éclair. électr.*, **21**, p. 138, 1899.

Fleming et Clinton. — *Phil. Mag.*, (6), **5**, p. 493, 1903 ; *Proc. Phys. Soc.*, London, **18**, p. 386, 1903.

FLEMING. — *Phil. Mag.*, (6), **7**, p. 586, 1904.

ANDERSON. — *Phil. Mag.*, (5), **31**, p. 329, 1891 ; *Electrician*, **27**, p. 10.

TAYLOR. — *Phys. Rev. Oct.*, 1904.

H. ABRAHAM. — *C. R.*, **117**, p. 624, 1893 ; **118**, p. 1251, 1894.

LINDE. — *Exners Repert.*, **27**, p. 385, 1891.

RIMINGTON. — *Phil. Mag.*, (5), **24**, p. 54, 1887.

NIVEN. — *Phil. Mag.*, (6), **24**, p. 225, 1887.

STEFAN. — *Messungen an Wechselstrommaschinen.*

ROITI. — *N. Cim.*, (3), **16**, p. 175, 1884 ; **17**, p. 185, 1885.

LORD RAYLEIGH. — *Phil. Mag.*, **22**, pp. 469, 800, 1886.

M. WIEN. — *Wied. Ann.*, **57**, p. 249, 1896.

CAMPBELL. — *Phil. Mag.*, **14**, p. 494, 1907 ; **15**, p. 155, 1908 ; *Ztschr. f. Instr.*, **28**, p. 222, 1908 ; *Proc. R. Soc.*, **79**, p. 428, 1905.

MAXWELL. — *Treatise*, II, § 755.

CAREY FORSTER. — *Phil. Mag.*, **23**, p. 121, 1887 ; *Chem. News*, **54**, p. 288, 1886 ; **55**, p. 282, 1887.

BOSANQUET. — *Phil. Mag.*, (5), **23**, p. 412, 1887.

GRANT. — *Phil. Mag.*, (5), **12**, p. 330, 1879.

SWINBURNE. — *Phil. Mag.*, (5), **24**, p. 85, 1887.

AYRTON et PERRY. — *Lum. élect.*, **24**, p. 401, 1887.

COLARD. — *L'éclair. électr.*, **10**, pp. 347, 397, 1897.

ALLEN. — *Electrician*, **39**, p. 379, 1897.

DUANE. — *Phys. Rev.*, **13**, p. 250, 1901.

TROWBRIDGE. — *Phys. Rev.*, **18**, p. 184, 1903.

DOLEZALEK. — *Ann. d. Phys.*, **12**, p. 1142, 1903.

HAUSRATH. — *Ztschr. f. Instr.*, **27**, pp. 153, 302, 1907.

10. — Energie du champ électromagnétique. Modèles.

A. W. FRANKLIN. — *Phys. Rev.*, **4**, p. 388, 1897.

HEINKE. — *Elektrot. Ztschr.*, **18**, p. 57, 1897.

GARBASSO. — *N. Cim.*, (4), **5**, p. 260, 1897 ; (5), **1**, p. 401 ; **2**, p. 97, 1901.

HASENÖHRL. — *Wien. Ber.*, **105**, p. 900, 1896.

FLEMING et ASHTON. — *Phil. Mag.*, (6), **2**, p. 228, 1901.

MACCARONE. — *N. Cim.*, (5), **2**, p. 88, 1901.

POYNTING. — *Electrician*, **31**, p. 575.

LODGE. — *Modern Views of Electricity*, 1889.

LORD KELVIN. — *Rep. Brit. Assoc.*, p. 567, 1888 ; *Phil. Mag.*, (5), **26**, 1888 ; (6), **2**, p. 161, 1901.

LORD RAYLEIGH. — *Proc. Phys. Soc. London*, 1890.

MAXWELL. — *Treatise*, II, Ch. VII.

BOLTZMANN. — *Vorlesungen über die Maxwellsche Theorie*, Leipzig, 1891.

EBERT. — *Wied. Ann.*, **49**, p. 642, 1893 ; **51**, p. 268, 1894 ; **52**, p. 417, 1894.

J. J. THOMSON. — *Elements of the Mathematical Theory of Electricity and Magnetism*, 4e éd., Cambridge, 1910.

COLLEY. — *Wied. Ann.*, **17**, p. 55, 1882.

W. DAY. — *Phys. Rev.*, **15**, pp. 154, 192.

KAMP. — *Diss.*, Leiden, 1897.

MÖLLER. — *Phys. Ztsch.*, **3**, p. 216, 1902.

WASSMUTH. — *Wied. Ann.*, **54**, p. 164, 1895.

SARRAU. — *C. R.*, **133**, p. 421, 1901.

P. Duhem. — *Journ. de Phys.*, (4), **2**, p. 616, 1903.

Liénard. — *C. R.*, **134**, p. 163, 1902.

Carvallo. — *C. R.*, **133**, p. 924, 1901.

Larmor. — *Aether and Matter*, Ch. vi ; *Phil. Trans.*, **185** A, 2, p. 719, 1894 ; **186** A, 2, p. 695, 1895 ; **190** A, 2, p. 205, 1897.

H. Poincaré. — *Electricité et Optique*, 2ᵉ éd., p. 427.

Kühne. — *Phil. Mag.*, **19**, p. 461, 1910.

Lord Rayleigh. — *Phil. Mag.*, (5), **30**, 1890.

H. Witte. — *Ann. d. Phys.*, (4), **26**, p. 235, 1908.

Mie. — *Phys. Ztschr.*, **2**, pp. 181, 312, 1901 ; **7**, p. 785, 1906 ; *Wied. Ann.*, **68**, p. 129, 1899.

W. Wien. — *Ann. d. Phys.*, **5**, p. 501, 1901.

Maxwell. — *Phil. Mag.*, (4), **21**, p. 161, 1861 ; **23**, pp. 12, 85, 1862.

A. Sommerfeld. — *Wied. Ann.*, **46**, p. 139, 1892.

Abraham. — *Ann. d. Phys.*, **10**, p. 105, 1905.

Schwarzschild. — *Gött. Nachrichten*, 1903 ; *Phys. Ztschr.*, **4**, p. 431, 1901.

Herglotz. — *Gött. Nachrichten*, 1903.

C. Bjerknes. — *Nature*, **24**, p. 360, 1881 ; *C. R.*, **73**, p. 303, 1881 ; *Wied. Ann.*, **63**, p. 91, 1893 ; *Vorlesungen über hydrodynamische Fernkräfte* (nach C. Bjerknes), Leipzig, 1900-1902.

Sauter. — *Ann. d. Phys.*, **6**, p. 331, 1901.

R. Glazebrook. — *Phil. Mag.*, (5), **2**, p. 397, 1881.

Graetz. — *Ann. d. Phys.*, (4), **5**, p. 375, 1901.

Helm. — *Wied. Ann.*, **14**, p. 149, 1881.

H. A. Lorentz. — *Encyclop. der math. Wissensch.*, V₂, p. 122 ; *La théorie électromagnétique*, § 55-71 ; *Journ. de Phys.*, (4), **4**, p. 533, 1905.

P. Appell. — *Aperçu sur l'emploi possible de l'énergie d'accélération dans les équations de l'Electrodynamique*, *C. R.*, 22 avril 1912.

E. Guillaume. — *C. R.*, **156**, p. 875, 1913.

H. Poincaré. — *Electricité et Optique*, introduction. 1ʳᵉ éd., Paris, 1890, p. xiv ; 2ᵉ éd., Paris, 1901, p. viii.

G. Darboux. — *Leçons sur la théorie générale des surfaces*, **1**, p. 96, Paris, 1887.

11, 12. — Bobine d'induction.

Levy. — *Elektrot. Ztschr.*, **20**, p. 717, 1899 ; *Wied. Ann.*, **68**, p. 233, 1899.

Wehnelt. — *Elektrot. Ztschr.*, **20**, 1899 ; *Electrician*, **42**, pp. 721, 728, 842.

Bary. — *C. R.*, **128**, p. 925, 1899.

Slouguinoff. — *Journ. de la Soc. russe phys.-chim.*, **10**, p. 241, 1878 ; **12**, p. 193, 1880 ; **15**, p. 232, 1883.

Deguisne et Ludewig. — *Phys. Ztschr.*, **11**, p. 337, 1910.

Marchant. — *Electrician*, **42**, p. 841, 1899.

S. Thomson et Marchant. — *Electrician*, **42**, pp. 731, 841, 1899.

Mitkewitsch. — *Journ. de la Soc. russe phys.-chim.*, **24**, p. 17, 1902.

Voller et Walter. — *Wied. Ann.*, **68**, p. 526, 1899.

A. Blondel. — *C. R.*, **128**, p. 815, 1899.

Armagnat. — *C. R.*, **128**, p. 988, 1899.

Rossi. — *Atti R. Acad. di Torino*, **34**, 1899.

Corbino. — *N. Cim.*, (4), **11**, p. 62, 1900.

Zehnder. — *Ann. d. Phys.*, (4), **12**, pp. 417, 1174, 1903.

Van Dam. — *Ann. d. Phys.*, (4), **12**, p. 1172, 1903.

SIMON. — *Wied. Ann.*, **68**, pp. 273, 860, 1899.

RUHMER. — *Phys. Ztschr.*, **1**, pp. 166, 211, 303, 1900.

KLUPATHY. — *Ann. d. Phys.*, (4), **9**, p. 147, 1902.

GOLDHAMMER. — *Ann. d. Phys.*, (4), **9**, p. 1070, 1902.

STARKE. — *Verh. d. deutsch. phys. Ges.*, **3**, p. 125, 1901.

WALTER. — *Ann. d. Phys.*, (4), **15**, p. 407, 1904.

KLINGELFUSS. — *Ann. d. Phys.*, (4), **5**, p. 837, 1901 ; **9**, p. 1198, 1902 ; *Mitt. d. Phys. Ges. Zürich*, 1903, n° 4.

ARMAGNAT. — *La bobine d'induction, L'éclair. électr.*, **22**, p. 121, 1900.

KOLLY. — *Journ. de la Soc. russe phys.-chim.*, 1890 et 1891 ; *Ann. d. Phys.*, **44**, p. 109, 1891.

OBERBECK. — *Wied. Ann.*, **62**, p. 109, 1897 ; **64**, p. 193, 1898.

LEBEDINSKY. — *Elektrizität*, 1901, p. 265.

LEBEDINSKY. — *Elektromagnetische Wellen*, St-Pétersbourg, 1908 ; *Journ. de la Soc. russe phys.-chim.*, **35**, p. 531, 1903.

FIZEAU. — *C. R.*, **36**, p. 418, 1853 ; *Pogg. Ann.*, **89**, p. 173, 1863.

WALTER. — *Wied. Ann.*, **62**, p. 300, 1897.

KLINGELFUSS. — *Ann. d. Phys.*, (4), **5**, pp. 853, 860, 1901.

IVES. — *Phys. Rev.*, **14**, p. 5, 1902 ; **17**, p. 175, 1903 ; *Phil. Mag.*, (6), **6**, p. 411, 1903.

LORD RAYLEIGH. — *Phil. Mag.*, (6), **2**, p. 581, 1901.

DUBOIS. — *Wied. Ann.*, **65**, p. 86, 1898.

MIZUNO. — *Phil. Mag.*, **45**. p. 447, 1898.

JOHNSON. — *Phil. Mag.*, **49**, p. 216, 1900.

BEATTIC. — *Phil. Mag.*, **50**, p. 139, 1900.

TROWBRIDGE. — *Phil. Mag.*, (6), **3**, p. 393, 1902.

VOLGE. — *Ann. d. Phys.*, (4), **14**, p. 556, 1904.

ALMY. — *Ann. d. Phys.*, (4), **1**, p. 508, 1900.

DVORACK. — *Wied. Ann.*, **44**, p. 344, 1891.

13. — Courant alternatif.

ARNOLD. — *Wechselstromtechnik*, 4 Bd., Berlin, 1902.

STEINMETZ. — *Theorie und Berechnung d. Wechselstromerscheinungen*, Berlin, 1900.

P. JANET. — *Leçons d'électrotechnique générale*, T. II, 3ᵉ éd. Paris, 1910.

A. RUSSELL. — *Théorie des courants alternatifs*, trad. fr. de G. SÉLIGMANN-LUI, T. I, 1909, T. II, 1910.

14. — Théorie du transformateur.

ELIHU THOMSON. — *Lum. électr.*, **24**, p. 638, 1887 ; **48**, p. 35, 1893 ; *Electr. World*, N. Y., mai 1887.

FLEMING. — *Electrician*, **26**, p. 601, 1893 ; *Proc. R. Inst.*, **13**, p. 311.

BORGMANN. — *Journ. de la Soc. russe phys.-chim.*, **22**, pp. 130, 223, 1890 ; *C. R.*, **110**, p. 233, 1890.

THOMSON et WIGHTMANN. — *Lum. électr.*, **30**, p. 341, 1888.

FOUCAULT. — *C. R.*, **41**, p. 450, 1885 ; *Pogg. Ann.*, **96**, p. 622.

POGGENDORFF. — *Pogg. Ann.*, **96**, p. 624.

ZENNECK. — *Ann. d. Phys.*, (4), **9**, p. 497, 1903.

FARADAY. — *Researches*, I, Exp. 81-139, 149-169, 181-192, 217-230, 244-254.

ARAGO. — *Ann. de chim. et phys.*, **27**, p. 363, 1824 ; **32**, p. 213, 1826.

SEEBECK. — *Pogg. Ann.*, **7**, p. 203, 1826 ; **12**, p. 352, 1828.

Nobili. — *Pogg. Ann.*, **27**, p. 401, 1833.

Nobili et Bacelli. — *Bibl. univ.*, **31**, p. 47, 1876.

Matteucci. — *Ann. de chim. et phys.*, **49**, p. 129, 1857.

Lochmann. — *Pogg. Ann.* **122**, p. 214, 1864.

Lorberg. — *Borchardts Journal*, **71**, p. 53, 1870.

Maxwell. — *Proc. of Roy. Soc.*, **20**, p. 160, 1872.

Oberbeck. — *Gruners Archiv.*, **56**, p. 394, 1872.

Niven. — *Proc. of. Roy. Soc.*, **30**, p. 113, 1880.

Larmor. — *Phil. Mag.*, (5), **17**, p. 1, 1884.

Hertz. — *Diss.; Ges. Werke*, I, p. 37.

R. Gans. — *Ztschr. f. Math. u. Phys.*, p. 481, 1902.

Boys. — *Proc. Phys. Soc.*, III, p. 127 ; IV, p. 55.

Ferraris. — *Rotazioni electrodynamiche*, Turin, 1888 ; *Electrician*, **33**, pp. 110, 129, 152, 184, 1894.

Baily. — *Chem. News*, **45**, p. 230, 1882.

Himstedt. — *Wied. Ann.*, **11**, p. 812, 1880.

Basset. — *Phil. Mag.*, (5), **22**, p. 140, 1885.

Lamb. — *Proc. R. Soc.*, **42**, p. 196, 1887.

Pittoni. — *N. Cim.*, **22**, p. 45, 1887.

Arons. — *Wied. Ann.*, **65**, p. 590, 1898.

Zenneck. — *Ann. d. Phys.*, (4), **9**, p. 497, 1902 ; **10**, p. 845, 1903 ; **11**, pp. 1121, 1135, 1903.

Cohn. — *Das elektromagnetische Feld*, p. 354, Leipzig, 1900.

Maxwell. — *Treatise*, II, p. 689.

Lord Rayleigh. — *Phil. Mag.*, **21**, p. 369, 1886.

Stefan. — *Wied. Ann.*, **41**, p. 421, 1890 ; *Sitzb. Wien. Akad.*, **95**, II a, p. 319, 1887 ; **99**, II a, pp. 319, 534, 1890.

Heaviside. — *Phil. Mag.*, (3), **22**, p. 118 ; **23**, pp. 10, 173 ; **24**, p. 68.

W. Thomson. — *Math. and. Phys. Papers*, **3**, p. 493, 1890.

H. Poincaré. — *C. R.*, **120**, pp. 1046, 1229, 1892.

J. J. Thomson. — *Rec. Resear.*, 1893, p. 262.

A. Sommerfeld. — *Wied. Ann.*, **67**, p. 233, 1889 ; *Ann. d. Phys.*, (4), **15**, p. 673, 1904 ; **24**, p. 609, 1907.

Black. — *Diss.*, Strassburg, 1903 ; *Ann. d. Phys.*, **19**, p. 157, 1906.

Battelli. — *Phys. Ztschr.*, **8**, pp. 296, 530, 533, 809, 1097, 1907.

Brylinski. — *Bull. de la Soc. intern. des électriciens*, (2), **6**, p. 255, 1906.

M. Wien. — *Ann. d. Phys.*, (4), **14**, p. 1, 1904.

Battelli et Magri. — *Phil. Mag.*, (6), **5**, p. 1, 1903.

17. — Induction unipolaire.

Faraday. — *Exp. Res.*, Sér., II, § 217-230, 1832 ; Sér. XXVIII, 1851.

Weber. — *Werke*, II, p. 153.

Plücker. — *Pogg. Ann.*, **87**, p. 382, 1852.

Felici. — *N. Cim.*, **1**, p. 325 ; **2**, p. 321, 1855 ; **3**, p. 198, 1856 ; **9**, p. 75, 1859 ; *Ann. de chim. et de phys.*, (3), **40**, p. 251, 1854 ; **51**, p. 378, 1857 ; **56**, p. 106, 1859.

Beer. — *Pogg. Ann.*, **94**, p. 177 ; 1855.

Riecke. — *Wied. Ann.*, **1**, p. 110, 1877 ; **11**, p. 426, 1880.

Lorberg. — *Wied. Ann.* **36**, p. 171, 1889.

Koch. — *Wied. Ann.*, **19**, p. 143, 1883.

Edlund. — *Wied. Ann.*, **29**, p 420, 1886 ; **30**, p. 655, 1887.
Hoppe. — *Wied. Ann.* **28**, p. 478 ; **29**, p. 544, 1886 ; **32**, p. 297, 1887 ; *Phys.
Ztschr.*, **5**, p. 650, 1904 ; **6**, p. 340, 1905.
Budde. — *Wied. Ann.*, **30**, p. 358, 1887.
Exner et Czermak. — *Wien. Ber.*, **94**, p. 357, 1889.
Lecher. — *Wien. Ber.*, **103**, p. 949, 1894 ; *Wied. Ann.*, **54**, p. 276.
Fleischmann. — *Ztschr. f. phys. u. chem. Unterr.*, **8**, p. 361, 1895.
König. — *Wied. Ann.*, **60**, p. 519, 1897 ; *Ann. d. Phys.*, **2**, p. 854, 1900 ; **3**, p. 513,
1900.
Hagenbach. — *Prog. d. Univ. Basel*, 1900 ; *Ann. d. Phys.*, **4**, p. 233, 1901.
Raveau. — *L'éclair. électr.*, **23**, p. 41, 1900.
Grotrian. — *Ann. d. Phys.*, **6**, p. 794, 1901 ; **10**, p. 270, 1903.
Dorn. — *Ann. d. Phys*, **11**, p. 589, 1903.
Valentiner. — *Phys. Ztschr.*, **6**, p. 10, 1905.
Weber. — *Phys. Ztschr.*, **6**, p. 143, 1905.

CHAPITRE III

LA THÉORIE DE MAXWELL [1]

1. Introduction. — Jusqu'ici, nous nous sommes attaché surtout à l'aspect extérieur des phénomènes électriques et magnétiques, en ne parlant que de ce qu'on observe réellement dans ces phénomènes et de ce qui ne dépend d'aucune hypothèse sur leur nature intime. *Il est permis de penser qu'une telle méthode d'exposition restera encore rationnelle dans l'avenir*, tant que les vues théoriques n'aurons pas acquis un caractère stable, ce dont elles sont très éloignées actuellement. Bien entendu, dans ce qui précède, nous nous sommes efforcé, en un certain sens, d'*expliquer* les phénomènes, de les relier les uns aux autres par une idée commune. C'est ainsi que nous avons adopté le *point de vue dualistique*, qui est particulièrement commode et dont la terminologie reste généralement usitée ; les phénomènes que nous avons considérés se produisent, en effet, comme si cette ancienne manière de voir correspondait à la réalité, et ils rentrent très bien dans le cadre de cette première image simple.

Dans ce qui va suivre, nous aurons affaire à des phénomènes, dont l'étude

---

[1] Ce Chapitre a été rédigé par l'auteur.

a conduit aux multiples théories modernes et qui se prêtent mal ou pas du tout aux anciennes interprétations. A la base, nous devons placer la *théorie des électrons*, si tant est qu'on puisse à l'heure actuelle (1913) parler d'une théorie bien déterminée, méritant ce nom. Historiquement, la théorie des électrons a été l'une des suites logiques de la *théorie de* Maxwell ; les équations, auxquelles conduisent ces deux théories, ne présentent pas de caractères distinctifs bien nets, quoiqu'il existe entre elles une différence de principe très grande ; celle-ci réside dans les vues sur le substratum fondamental des phénomènes et en particulier dans le rôle que l'on fait jouer à l'éther.

Les équations de Maxwell ont été mises sous une forme très symétrique par Hertz et Heaviside ; elles sont souvent appelées en Allemagne, pour cette raison, équations de Maxwell-Hertz. Nous les désignerons simplement sous le nom du premier de ces deux grands savants ; mais il faut se rappeler, que dans les travaux eux-mêmes de Maxwell, elles ne se présentent pas sous la forme qui leur est habituellement donnée aujourd'hui.

Il n'est pas facile d'expliquer *en quoi consiste la théorie de* Maxwell. Il faut distinguer trois parties dans cette théorie : 1. les vues hypothétiques et les notions fondamentales ; 2. le développement des conséquences qu'on peut en déduire ; 3. comme conclusion, un système d'équations qui lient les grandeurs que l'observation et l'expérimentation font connaître.

L'essentiel dans la première partie est la large traduction des idées de Faraday sur le rôle du milieu diélectrique et de l'éther ou du vide dans les phénomènes considérés. La forme que reçoivent ces idées conduit au *tableau* B, dont il a été question au début du Tome IV. *Dans cette image, l'électricité, en tant que substratum ayant une existence réelle, n'a aucune place.* La partie la plus faible de la théorie de Maxwell est la seconde : l'établissement des équations à l'aide des notions prises comme point de départ. La façon dont Maxwell a obtenu ses équations ne supporte pas une critique rigoureuse, comme l'ont montré Hertz, H. Poincaré, P. Duhem et d'autres encore. Mais il ne s'agit pas tant de l'établissement que de l'interprétation des équations, dont l'exactitude ne peut être mise en doute pour un cercle déterminé de phénomènes. C'est ce que Hertz a exprimé avec une précision particulière en disant que *la théorie de* Maxwell, *ce sont les équations de* Maxwell. On peut, en effet, s'en tenir à un tel point de vue, lorsqu'on considère ces équations comme des relations *hypothétiquement* établies entre les grandeurs physiques déterminées et bien connues qui caractérisent le milieu d'une part, et les champs électrique et magnétique existant dans ce milieu d'autre part. Boltzmann a mis avec raison, en tête de son livre sur la théorie de Maxwell, cette épigraphe « est-ce un dieu qui a écrit ces signes ? » (Ist es ein Gott, der diese Zeichen schrieb ?).

Ce qu'il y a de plus caractéristique et de plus fondamental dans la théorie de Maxwell est, comme on l'a déjà dit, le rôle du milieu matériel diélectrique et de l'éther, par suite l'abandon de toute *action à distance* (actio in distans). La différence profonde de principe entre la théorie de Maxwell d'une *action propagée par l'intermédiaire d'un milieu* et les anciennes théories de l'action instantanée à distance réside encore dans ce qui suit. Considérons, par exemple, l'électrostatique ; dans les anciennes théories, l'apparition d'une force électrique dépend de la présence de deux charges ; une charge isolée ne produit aucun phénomène physique dans le milieu environnant. Le potentiel et l'intensité du champ ont une signification purement mathématique ; ce sont seulement des grandeurs très utiles pour le calcul des forces qui prennent naissance, quand on amène une seconde charge en un endroit donné. Dans la théorie de FARADAY-MAXWELL, une charge prise isolément produit déjà, dans l'espace environnant, des modifications *existant réellement*, sous forme de tensions et de pressions que nous avons étudiées précédemment comme des *fictions propres à faciliter la description des phénomènes.*

Indiquons encore cette particularité, peut-être la plus significative, de la théorie de MAXWELL. Nous avons vu que, dans les diélectriques placés dans un champ électrique, se produit un phénomène particulier que nous avons appelé *polarisation diélectrique* (Livre I, Chap. I, § 5 et Chap. III, § 3) et que nous avons envisagé comme consistant dans l'apparition de charges de noms contraires sur les particules de la substance. MAXWELL *attribue à une variation de la polarisation diélectrique toutes les propriétés du courant électrique dans les conducteurs ; cette variation produit par suite, dans l'espace environnant, un champ magnétique.* Dans le Livre I, Chap. I, § 4, il a déjà été indiqué que MAXWELL introduit une grandeur particulière qu'il appelle *déplacement électrique* (electric displacement), qui existe réellement dans toutes les sections des tubes de force, et cela, non seulement à l'intérieur d'un diélectrique matériel, mais aussi dans le vide, c'est-à-dire *dans l'éther.* Cette dernière hypothèse est particulièrement caractéristique de la théorie de MAXWELL, qui ne voit qu'une différence quantitative entre les diélectriques matériels et l'éther, ce dernier pouvant aussi être soumis à l'action des forces électriques et magnétiques.

MAXWELL identifie, comme on l'a déjà dit, tout déplacement électrique avec le courant électrique. Par suite, dans sa théorie, *il ne peut exister de courant ouvert.* Lorsque, par exemple, de l'électricité s'écoule dans un *tronçon* de conducteur, on doit regarder le courant comme fermé par une suite ininterrompue de déplacements électriques dans les diélectriques environnants ou dans l'éther. Si un condensateur est chargé et déchargé, le courant de charge ou de décharge est fermé par le courant de déplacement dans le diélectrique qui sépare les armatures du condensateur.

Les équations de MAXWELL possèdent, dans des limites déterminées, une certitude incomparablement plus grande que celle de tous les principes, plus ou moins solides, sur lesquels on peut actuellement s'appuyer pour les obtenir. Cette déduction doit partir d'une hypothèse clairement exprimée sur le rôle et, en partie même, sur les propriétés de l'éther. Mais précisément sur ce point, la science offre aujourd'hui un chaos complet, manque de toute vue directrice, et les savants les plus autorisés professent les idées les plus contradictoires.

En anticipant un peu sur la suite, nous mentionnerons dès maintenant que HERTZ *supposait que l'éther se meut en même temps que la matière,* tandis que H. A. LORENTZ *considère l'éther comme immobile et n'admet l'existence d'aucune action, quelle qu'elle soit, sur l'éther.* Beaucoup de savants nient aujourd'hui l'existence même de l'éther.

2. Equations de Maxwell. — Nous indiquerons tout d'abord les grandeurs qui entrent dans les équations de Maxwell ou que nous aurons à considérer en établissant ces équations. Nous emploierons les notations que nous avons adoptées dans le Chapitre consacré aux principes de l'Analyse vectorielle et nous désignerons notamment tous les vecteurs par des lettres surmontées d'une flèche droite ou courbe.

Soient $\vec{E}$ l'*intensité du champ électrique*, X, Y, Z ses composantes, ε la *constante diélectrique du milieu*. Sous l'influence du champ $\vec{E}$, il se produit, dans tout milieu diélectrique, *sans exclure l'éther*, un certain *déplacement* (electric displacement) $\vec{D}$, égal à

$$(1) \qquad \vec{D} = \frac{\varepsilon}{4\pi} \vec{E},$$

voir Livre I, Chap. I, § 4, formule $(3_2, g)$, où $K = \varepsilon$ et $F = \vec{E}$. H. A. Lorentz, dans son exposition classique de la théorie de Maxwell (*Encyklopädie der math. Wiss.* V_2, pp. 64-144, 1904) donne à la grandeur $\vec{D}$ le nom d'*induction* (Erregung).

Désignons l'*intensité du champ magnétique* par $\vec{H}$ et ses composantes par L, M, N, la *perméabilité magnétique* par μ, l'*induction magnétique* par $\vec{B}$, on a

$$(2) \qquad \vec{B} = \mu \vec{H}.$$

Les intensités de champ $\vec{E}$ et $\vec{H}$ déterminent les *forces pondéromotrices*, qui agissent sur les corps matériels électrisés, aimantés ou parcourus par un courant électrique.

Nous désignerons par $\vec{I}$ la *densité du courant de conduction*, c'est-à-dire du courant électrique ordinaire dans les conducteurs, la *densité du courant de déplacement* (voir plus loin) par $\vec{V}$, l'*intensité totale du courant par* $\vec{G}$. Soient en outre σ la *conductibilité de la substance*, c'est-à-dire la grandeur inverse de la résistance spécifique, et c la *vitesse de la lumière*.

Il est très important de bien préciser les *unités* dans lesquelles on exprime les grandeurs qui entrent dans les formules. Nous avons fait connaître, dans le Tome IV, deux systèmes d'unités, les systèmes électrostatique et électromagnétique. L'origine de ces deux systèmes est la suivante. Ecrivons les formules qui expriment les deux lois de Coulomb de la manière suivante :

$$(3) \qquad F = p \, \frac{ee_1}{r^2},$$

$$(4) \qquad F = q \, \frac{mm_1}{r^2},$$

où F est la grandeur de la force mutuelle qui s'exerce entre e et e_1 ou entre

m et m_1 *dans le vide* et où p et q sont deux facteurs de proportionnalité. Lorsqu'on considère p comme un nombre de dimension zéro et qu'on pose, par exemple, $p = 1$, on obtient le *système d'unités él. st.*, dans lequel ε est aussi un nombre de dimension zéro, mais où μ est une grandeur de dimension bien déterminée. Au contraire, quand q est de dimension nulle et qu'on pose, par exemple, $q = 1$, on trouve le *système él. mag.*, dans lequel μ n'a pas de dimension, mais où la dimension de ε est différente de zéro. Nous prendrons un système mixte, qui a été employé, par exemple, par GAUSS, HELMHOLTZ et HERTZ, c'est-à-dire que *nous exprimerons les grandeurs électriques en unités él. st. et les grandeurs magnétiques en unités él. mag.* Mais, comme dans toute formule toutes les grandeurs doivent être de mêmes dimensions, c'est-à-dire être exprimées dans le même système d'unités, nous devrons affecter les lettres qui représentent les grandeurs de facteurs dont il est facile de comprendre la signification. Soient e_e, $\overrightarrow{\mathrm{I}_e}$, $\overrightarrow{\mathrm{E}_e}$, etc. les valeurs *numériques* des grandeurs en unités él. st., e_m, $\overrightarrow{\mathrm{I}_m}$, $\overrightarrow{\mathrm{E}_m}$, etc. leurs valeurs numériques en unités él. mag. Nous savons que l'*unité él. st.* de quantité d'électricité est c *fois plus petite* que l'unité él. mag. de la même grandeur. Il s'ensuit que les valeurs numériques e_e et e_m d'une *même* quantité d'électricité sont liées par l'égalité

$$(5) \qquad e_e = c e_m.$$

De la définition de l'intensité de courant résulte immédiatement que

$$(5, a) \qquad \overrightarrow{\mathrm{I}_e} = c\,\overrightarrow{\mathrm{I}_m}.$$

En outre, pour la force agissant sur une charge donnée dans un champ électrique donné, nous avons les deux expressions $\overrightarrow{\mathrm{E}_e}\,e_e$ et $\overrightarrow{\mathrm{E}_m}\,e_m$; ces expressions étant évidemment égales, nous obtenons, à l'aide de la formule (5),

$$(5, b) \qquad \overrightarrow{\mathrm{E}_e} = \frac{1}{c}\,\overrightarrow{\mathrm{E}_m}.$$

HEAVISIDE et H. A. LORENTZ se servent d'un autre système mixte, en posant, dans les formules (3) et (4)

$$(6) \qquad p = q = \frac{1}{4\pi}.$$

Il est aisé de voir qu'ils introduisent de cette manière des unités de quantité d'électricité et de magnétisme qui sont $2\sqrt{\pi}$ fois *plus petites* que les unités correspondantes él. st. et él. mag. Ils font ainsi, pour se débarrasser du facteur 4π qui, d'après H. A. LORENTZ, dépare les formules. COHN emploie un système, qui supprime aussi le facteur 4π, mais qui est rendu plus général par la présence de trois grandeurs indéterminées, que l'on peut choisir de diverses manières pour fixer définitivement les unités (*Das elektromagnetische Feld*, Leipzig 1900, p. 279).

Passons maintenant à l'interprétation physique des *deux équations vecto-*

rielles fondamentales de la théorie de Maxwell. Elles expriment les deux faits suivants :

I. *Un courant électrique est entouré d'un champ magnétique.* La direction, le
sens et l'intensité de ce champ sont déterminés par la loi de Biot et Savart·
Lorsqu'un courant rectiligne horizontal a un sens qui s'éloigne de l'observateur, celui-ci voit les lignes de force du champ magnétique tourner autour du
courant, *dans le sens du mouvement des aiguilles d'nne montre.*

II. *Un flux d'induction magnétique, variable en grandeur, est entouré d'un
champ électrique.* La direction, le sens et l'intensité de ce champ sont déterminés par la loi de l'induction magnétoélectrique. Lorsqu'un flux d'induction
magnétique horizontal va en *croissant* quand il s'éloigne de l'observateur, celui-ci voit les lignes de force électromotrice tourner autour du flux d'induction,
dans un sens contraire à celui du mouvement des aiguilles d'une montre.

Il faut bien se rappeler que, dans ces deux cas, les lignes de force sont parcourues dans des *sens contraires.*

Le premier des deux faits mentionnés a été étudié en détail dans le Livre II,
Chap. III, § **6**, et nous avons établi les formules (47), que nous allons trans-
crire en introduisant de nouvelles notations ; nous remplacerons les compo-
santes u, v, w de la densité de courant $\vec{I}$ par I_x, I_y, I_z et les composantes α,
β, γ de l'intensité $\overset{\curvearrowleft}{H}$ du champ par L, M, N. On a alors

$$(7) \quad \begin{cases} 4\pi I_x = \dfrac{\partial N}{\partial y} - \dfrac{\partial M}{\partial z}, \\[2mm] 4\pi I_y = \dfrac{\partial L}{\partial z} - \dfrac{\partial N}{\partial x}, \\[2mm] 4\pi I_z = \dfrac{\partial M}{\partial x} - \dfrac{\partial L}{\partial y}, \end{cases}$$

ou plus simplement, dans la notation vectorielle,

$$(8) \qquad 4\pi \vec{I} = rot\,\overset{\curvearrowleft}{H}.$$

Il n'est pas superflu d'établir encore une fois, mais d'autre manière, l'équation (8), relative à un *courant de conduction* fermé. De la loi de Biot et Savart
résulte que, dans le mouvement de l'*unité* de masse magnétique sur une
courbe quelconque autour du courant, le travail R $= 4\pi i$ est effectué, i désignant l'intensité totale du courant qui passe à l'intérieur de la courbe. Soit
ds l'élément linéaire de la courbe et dS l'élément d'aire d'une surface quelconque limitée par cette courbe. On a

$$i = \int I_n dS,$$

$$R = \int H_s ds,$$

I_n étant la composante normale à dS de I et H_s la composante du champ dans la direction de ds. Le théorème de STOKES (page 19) donne

$$R = \int rot_n \overset{\frown}{\vec{H}} dS.$$

De l'égalité $R = 4\pi i$ résulte que

$$4\pi \int I_n dS = \int rot_n \overset{\frown}{\vec{H}} dS,$$

c'est-à-dire l'équation (8), puisque la forme et le contour de la surface S peuvent être choisis arbitrairement. Si on exprime $\vec{I}$ en unités él. st. et $\overset{\frown}{\vec{H}}$ en unités él. mag., on obtient au lieu de l'équation (8), où I est aussi exprimé en unités él. mag., à l'aide de la formule (5, a) :

$$(9) \qquad\qquad \frac{4\pi}{c}\vec{I} = rot\,\overset{\frown}{\vec{H}}.$$

Posons en outre

$$(10) \qquad\qquad \vec{I} = \sigma\vec{E}.$$

Nous avons déjà indiqué que MAXWELL introduit la notion de *courant de déplacement* dans les diélectriques (et dans l'éther), en prenant pour la densité $\vec{V}$ de ce courant l'expression suivante, voir (1),

$$(11) \qquad\qquad \vec{V} = \frac{\partial\vec{D}}{\partial t} = \frac{\varepsilon}{4\pi}\frac{\partial\vec{E}}{\partial t}.$$

Les courants de conduction et de déplacement s'ajoutent pour former un courant, dont la densité $\vec{G}$ est égale à

$$(12) \qquad\qquad \vec{G} = \vec{I} + \vec{V} = \sigma\vec{E} + \frac{\varepsilon}{4\pi}\frac{\partial\vec{E}}{\partial t}.$$

Ce courant produit le champ $\overset{\frown}{\vec{H}}$, de sorte qu'on a, au lieu de l'équation (9), la suivante

$$(12, a) \qquad\qquad \frac{4\pi}{c}\vec{G} = rot\,\overset{\frown}{\vec{H}}.$$

Portons dans cette dernière équation d'abord la valeur (12) de $\vec{G}$ et ensuite les valeurs (10) et (11) de $\vec{I}$ et $\vec{V}$, il vient

$$(13) \qquad\qquad \frac{4\pi\sigma}{c}\vec{E} + \frac{\varepsilon}{c}\frac{\partial\vec{E}}{\partial t} = rot\,\overset{\frown}{\vec{H}}.$$

Telle est la première des deux équations vectorielles fondamentales de la théorie de Maxwell. — Si on l'écrit avec les composantes des vecteurs qu'elle contient suivant les axes ordinaires de coordonnées, on a

$$(14) \quad \begin{cases} \dfrac{4\pi\sigma}{c}\,X + \dfrac{\varepsilon}{c}\dfrac{\partial X}{\partial t} = \dfrac{\partial N}{\partial y} - \dfrac{\partial M}{\partial z} \\[2ex] \dfrac{4\pi\sigma}{c}\,Y + \dfrac{\varepsilon}{c}\dfrac{\partial Y}{\partial t} = \dfrac{\partial L}{\partial z} - \dfrac{\partial N}{\partial x} \\[2ex] \dfrac{4\pi\sigma}{c}\,Z + \dfrac{\varepsilon}{c}\dfrac{\partial Z}{\partial t} = \dfrac{\partial M}{\partial x} - \dfrac{\partial L}{\partial y}. \end{cases}$$

Occupons-nous maintenant de la *seconde équation vectorielle de la théorie de* Maxwell. Soit un flux d'induction magnétique $\vec{B}$. Entourons-le d'une courbe fermée quelconque dont l'élément linéaire est ds et par cette courbe traçons une surface quelconque dont l'élément d'aire sera dS. Lorsque le flux qui traverse S varie, en tous les points de la courbe prend naissance la force élec-tromotrice $\vec{E}$, dont l'intégrale suivant cette courbe est égale à la variation du flux par unité de temps. On a donc l'équation

$$(15) \quad \frac{\partial}{\partial t}\int B_n dS = \frac{\partial}{\partial t}\int \mu H_n dS = -\int E_s ds.$$

Le signe moins dans le membre de droite résulte du sens de la force $\vec{E}$ (page 133). Dans l'équation (15), la grandeur $\vec{E}$ est exprimée en unités él. mag. Or nous avons convenu de l'exprimer en unités él. st. ; nous devons par conséquent, d'après la formule (5, b), écrire

$$(15, a) \quad \frac{\partial}{\partial t}\int \mu H_n dS = -c\int E_s ds.$$

Le théorème de Stokes donne

$$\frac{\partial}{\partial t}\int \mu H_n dS = -c\int E_s ds = -c\int rot_n \vec{E}\, dS;$$

on en déduit

$$(16) \quad \frac{\mu}{c}\frac{\partial \vec{H}}{\partial t} = -rot\,\vec{E}.$$

Telle est la seconde des équations vectorielles fondamentales de la théorie de Maxwell. — Avec les notations cartésiennes, on a

$$(17) \quad \begin{cases} \dfrac{\mu}{c}\dfrac{\partial L}{\partial t} = \dfrac{\partial Y}{\partial z} - \dfrac{\partial Z}{\partial y} \\[2ex] \dfrac{\mu}{c}\dfrac{\partial M}{\partial t} = \dfrac{\partial Z}{\partial x} - \dfrac{\partial X}{\partial z} \\[2ex] \dfrac{\mu}{c}\dfrac{\partial N}{\partial t} = \dfrac{\partial X}{\partial y} - \dfrac{\partial Y}{\partial x}. \end{cases}$$

Les équations vectorielles (13) et (16), ou les systèmes (14) et (17), donnent lieu à une série de remarques.

1. Les équations (13) et (16) montrent d'une manière particulièrement nette qu'à la théorie de Maxwell est étrangère toute *action instantanée à distance, car toutes les grandeurs qui entrent dans ces équations se rapportent à un même point de l'espace.* La valeur d'une grandeur en un point quelconque et à un instant donné dépend par suite des valeurs des autres grandeurs dans un domaine infiniment petit autour du point considéré et au même instant ou à l'instant immédiatement précédent.

2. L'absence dans l'équation (16) du terme analogue au premier terme du premier membre de l'équation (13) apparaît comme une conséquence de ce que, dans le domaine des phénomènes magnétiques, il n'existe pas de phénomène analogue au courant électrique de conduction.

3. Les signes contraires des seconds membres des équations (13) et (16) résultent de la différence de sens des lignes de force électrique et magnétique déjà signalée à la page 133.

4. Dans les systèmes (14) et (17), cette différence se manifeste par la disposition inverse des dérivées dans les seconds membres des équations de ces systèmes.

5. Maxwell *admet que ses équations conviennent encore pour des champs qui varient aussi rapidement qu'on veut et suivant une loi quelconque.*

Quand il n'y a pas de courant de conduction, l'équation (13) et le système correspondant (14) deviennent

$$(18) \qquad \frac{\varepsilon}{c} \frac{\partial \vec{E}}{\partial t} = rol\ \vec{H},$$

$$(19) \qquad \begin{cases} \dfrac{\varepsilon}{c} \dfrac{\partial X}{\partial t} = \dfrac{\partial N}{\partial y} - \dfrac{\partial M}{\partial z} \\[2mm] \dfrac{\varepsilon}{c} \dfrac{\partial Y}{\partial t} = \dfrac{\partial L}{\partial z} - \dfrac{\partial N}{\partial x} \\[2mm] \dfrac{\varepsilon}{c} \dfrac{\partial Z}{\partial t} = \dfrac{\partial M}{\partial x} - \dfrac{\partial L}{\partial y}. \end{cases}$$

Lorsqu'on différentie la première des équations (19) par rapport à x, la seconde par rapport à y, la troisième par rapport à z et qu'on ajoute, ou, plus simplement, quand on prend la divergence des deux membres de l'équation (18), on obtient, à l'aide de la formule (25), page 19,

$$(19, a) \qquad \frac{\partial}{\partial t}\ div\ \varepsilon\vec{E} = 0.$$

Cette équation montre que la grandeur $div\ \varepsilon\vec{E}$ est constante dans un champ *électrostatique* ; elle est égale à $4\pi\rho$, où ρ désigne la densité de volume de l'électricité :

$$(20) \qquad div\ \varepsilon\vec{E} = 4\pi\rho,$$

comme l'indique la formule (20) du Livre I, Chapitre I, § **4**. L'équation (16) donne de même

$$\frac{\partial}{\partial t}\ div\ \mu\overset{\smile}{\overrightarrow{H}} = o,$$

d'où il suit que $div\ \mu\overrightarrow{H} = const$. Cette constante doit être égale à $4\pi\omega$, si ω désigne la densité de volume du magnétisme *vrai*, correspondant à la densité de volume de l'électricité. *Si on admet qu'il n'existe pas de magnétisme vrai*, on a l'équation

$$(21) \qquad\qquad div\ \mu\overrightarrow{H} = o.$$

Nous avons établi, dans le Livre I, Chap. I, § **8**, l'expression (53) de *l'énergie W_e de l'unité de volume du champ électrique* ; avec les notations actuelles, elle prend la forme

$$(22) \qquad\qquad W_e = \frac{\varepsilon}{8\pi}\ \overrightarrow{E}{}^2.$$

On peut obtenir cette formule de la manière suivante. Quand, sous l'action du champ croissant de o à $\overrightarrow{E}$, le déplacement $\overrightarrow{D}$ croît progressivement, un travail égal à W_e est effectué dans l'unité de volume. Le travail élémentaire dW_e est égal à $(\overrightarrow{E}\,d\overrightarrow{E})$, où $\overrightarrow{E}$ est une valeur intermédiaire de l'intensité du champ. L'équation (1) donne

$$dW_e = (\overrightarrow{E}\,d\overrightarrow{D}) = \frac{\varepsilon}{4\pi}\ (\overrightarrow{E}\,d\overrightarrow{E}),$$

et par suite

$$W_e = \frac{\varepsilon}{4\pi}\int_o^{\overrightarrow{E}} (\overrightarrow{E}\,d\overrightarrow{E}) = \frac{\varepsilon}{8\pi}\ \overrightarrow{E}{}^2.$$

De même, *l'énergie W_m de l'unité de volume du champ magnétique* est égale à

$$(22,a) \qquad\qquad W_m = \frac{\mu}{8\pi}\ \overset{\smile}{\overrightarrow{H}}{}^2.$$

Nous admettrons que lorsque les champs électrique et magnétique existent simultanément, l'énergie W de l'unité de volume est

$$(23) \qquad\qquad W = W_e + W_m = \frac{1}{8\pi}\ (\varepsilon\overrightarrow{E}{}^2 + \mu\overset{\smile}{\overrightarrow{H}}{}^2).$$

On peut démontrer que cette expression (23) vérifie le principe de la conservation de l'énergie (voir H. POINCARÉ, *Électricité et Optique*, 2ᵉ éd., 1901, p. 360 et A. FÖPPL et M. ABRAHAM, *Theorie der Electrizität*, 2ᵉ éd., 1904, Vol. I, p. 246). Considérons en effet l'énergie du champ étendu à l'espace entier

$$J = \int W\,dv = \int \frac{dv}{8\pi}\ (\varepsilon\overrightarrow{E}{}^2 + \mu\overset{\smile}{\overrightarrow{H}}{}^2) ;$$

en différentiant par rapport à t, on a

$$(23, a) \qquad \frac{\partial J}{\partial t} = \int \frac{dv}{4\pi} \left\{ \varepsilon \left(\vec{E} \frac{\partial \vec{E}}{\partial t} \right) + \mu \left(\vec{H} \frac{\partial \vec{H}}{\partial t} \right) \right\}.$$

Remplaçons dans cette relation $\dfrac{\partial \vec{E}}{\partial t}$ et $\dfrac{\partial \vec{H}}{\partial t}$ par leurs valeurs tirées des équations (13) et (16) ; il vient

$$\frac{dJ}{dt} = \int \frac{c\,dv}{4\pi} \left\{ (\vec{E}\,rot\,\vec{H}) - (\vec{H}\,rot\,\vec{E}) \right\} - \int dv\sigma\vec{E}^2.$$

Or, la première intégrale peut s'écrire

$$-\int \frac{c\,dv}{4\pi}\,div\,[\vec{E}\,\vec{H}] :$$

cette intégrale, étant étendue à l'espace entier, s'annule, puisque toutes les grandeurs que nous considérons s'annulent elles-mêmes à l'infini. On a donc

$$\frac{dJ}{dt} = -\int dv\sigma\vec{E}^2.$$

Prenons pour élément de volume dv un petit cylindre de section dS et de longueur ds parallèle à la direction du courant en un point du champ. On pourra écrire

$$\frac{dJ}{dt} = -\int (\vec{E}\,ds\,.\,\sigma\vec{E}\,dS) ;$$

$\vec{E}ds$ exprime la force électromotrice, $\sigma\vec{E}\,dS$ exprime l'intensité du courant, et le produit scalaire de ces vecteurs est par conséquent la chaleur de JOULE. *Le principe de la conservation de l'énergie étant vérifié, l'expression (22, a) de l'énergie magnétique* W_m *et par suite l'expression (23) de l'énergie totale* W *sont les seules acceptables.* Nous reviendrons encore sur cette question au § **3**.

F. RICHARZ a démontré qu'on peut déduire de l'une des équations (13) ou (16) l'autre équation, en admettant l'expression (23) de l'énergie et en partant du principe de la conservation de l'énergie ; il suffit pour cela de remplacer seulement l'une des grandeurs $\dfrac{\partial \vec{E}}{\partial t}$ ou $\dfrac{\partial \vec{H}}{\partial t}$ par sa valeur tirée de celle des équations (13) et (16) que l'on admet et de faire $\dfrac{\partial J}{\partial t} = 0$ (voir la page 30 de son ouvrage, mentionné au § **1** de la bibliographie, ainsi que *Marburger Ber.*, 1904, p. 128).

Nous avons supposé jusqu'ici que le champ $\vec{E}$ est produit par des charges électriques ou par un champ magnétique variable. Mais, dans un espace donné, peut encore agir une *force électromotrice de contact*, que nous désigne_ rons par $\vec{E'}$; une *force thermoélectromotrice* doit être naturellement représentée par la même notation. Les forces de ce genre doivent entrer dans l'expression de $\vec{E}$, que nous pouvons écrire, dans le cas le plus général, sous la forme suivante :

$$(24) \qquad \vec{E} = \vec{E_e} + \vec{E_m} + \vec{E'},$$

$\vec{E_e}$ étant le champ des charges électriques et $\vec{E_m}$ le champ électrique produit par la variation du champ magnétique. Comme $\vec{E_e}$ représente un vecteur lamellaire, dont le tourbillon est partout nul ($rot\ \vec{E_e} = 0$), on peut écrire, au lieu de (16),

$$(25) \qquad \frac{\mu}{c} \frac{\partial \vec{H}}{\partial t} = - rot\ (\vec{E} - \vec{E'}).$$

Indiquons maintenant les *conditions aux limites*, auxquelles doivent satisfaire les grandeurs $\vec{E}$ et $\vec{H}$ sur la surface s qui sépare deux milieux, caractérisés par les grandeurs ε', μ', σ' et ε'', μ'', σ''. Nous désignerons par n la normale à la surface s, par E'_s, E''_s, H'_s, H''_s les composantes tangentielles des champs, par E'_n, E''_n, H'_n, H''_n leurs composantes normales. On démontre facilement que *les composantes tangentielles ne subissent pas de saut quand on franchit la surface*, c'est-à-dire que l'on a

$$(26) \qquad E'_s = E''_s, \qquad H'_s = H''_s.$$

Les dérivées des composantes tangentielles, suivant les directions tangentes à s, n'éprouvent pas non plus de saut. *Les composantes normales de l'induction magnétique restent également continues*, voir Livre II, Chap. I, § 3, c'est-à-dire que l'on a

$$(27) \qquad \mu' H'_n = \mu'' H''_n.$$

L'équation correspondante pour $\varepsilon \vec{E}$ ne sera exacte que dans le cas où il n'existe pas d'électricité libre sur la surface s, ou lorsqu'on a $\sigma' = \sigma'' = 0$; autrement dit, les deux milieux sont des diélectriques et ne possèdent absolument aucune conductibilité. Écrivons maintenant la première des équations (14) pour deux points situés de part et d'autre de la surface s et infiniment voisins de cette surface ; prenons la normale n pour axe des x. Nous avons alors

$$\frac{4\pi\sigma'}{c} E'_n + \frac{\varepsilon'}{c} \frac{\partial E'_n}{\partial t} = \frac{\partial N'}{\partial y} - \frac{\partial M'}{\partial z},$$

$$\frac{4\pi\sigma''}{c} E''_n + \frac{\varepsilon''}{c} \frac{\partial E''_n}{\partial t} = \frac{\partial N''}{\partial y} - \frac{\partial M''}{\partial z}.$$

D'après ce qui précède, les termes correspondants des seconds membres de ces équations sont égaux et en retranchant, il vient

$$- 4\pi (\sigma' E'_n - \sigma'' E''_n) = \varepsilon' \frac{\partial E'_n}{\partial t} - \varepsilon'' \frac{\partial E''_n}{\partial t}$$

ou

$$(28) \qquad \sigma' E'_n - \sigma'' E''_n = - \frac{\partial}{\partial t}\left(\frac{\varepsilon'}{4\pi} E'_n - \frac{\varepsilon''}{4\pi} E''_n\right).$$

Nous avons, dans le second membre, la dérivée par rapport au temps de la différence des déplacements électriques de part et d'autre de la surface s, les deux déplacements étant pris suivant la même direction n. Cette différence est égale à la densité superficielle k de l'électricité, voir Livre I, Chap. I, § **4**, formule (21). Dans le premier membre, se trouve la différence des composantes normales du courant de conduction. La signification de l'équation (28) est donc complètement expliquée. Lorsque les deux milieux ne sont pas conducteurs ($\sigma' = \sigma'' = 0$), la grandeur entre parenthèses est indépendante du temps et on a

$$(28, a) \qquad \varepsilon' E'_n - \varepsilon'' E''_n = 4\pi k,$$

c'est-à-dire la formule (21) rappelée plus haut. En l'absence de charge, on a une condition analogue à la relation (27) :

$$(28, b) \qquad \varepsilon' E'_n = \varepsilon'' E''_n.$$

3. Théorème de Poynting et flux d'énergie. — Poynting (1885) a établi une formule remarquable, dont l'interprétation fournit une image très claire et très originale du mouvement de l'énergie dans le champ électromagnétique et met tout particulièrement en évidence le rôle du milieu. Nous nous servirons, pour établir cette formule, des considérations vectorielles, dont les avantages apparaissent ici d'une manière bien nette.

Soit Σ une surface *fermée*, à l'intérieur de laquelle se trouvent des provisions d'énergie électromagnétique d'origine quelconque et soit dv un élément du volume limité par la surface Σ. Donnons à cet élément de volume la forme d'un cylindre, dont la section droite est égale à dS et la longueur à ds, ds ayant la direction du courant électrique qui traverse dv et possède la densité $\overrightarrow{I} = \sigma\overrightarrow{E}$, voir la formule (10). L'intensité du courant, qui traverse l'élément dv est égale à $\overrightarrow{I}dS$, et la force électromotrice, qui agit sur cet élément de volume, est $\overrightarrow{E}ds$; par suite, la quantité de chaleur dQ dégagée, d'après la loi de Joule, dans l'élément dv, *par unité de temps*, est égale à

$$(29) \qquad dQ = (\overrightarrow{IdS} \cdot \overrightarrow{Eds}) = (\overrightarrow{I}\,\overrightarrow{E})dv = \sigma\overrightarrow{E}^2 dv.$$

Nous avons les équations (13) et (16) :

$$\frac{4\pi\sigma}{c}\overrightarrow{E} + \frac{\varepsilon}{c}\frac{\partial\overrightarrow{E}}{\partial t} = \operatorname{rot}\overleftarrow{\overrightarrow{H}}$$

$$\frac{\mu}{c}\frac{\partial\overleftarrow{\overrightarrow{H}}}{\partial t} = -\operatorname{rot}\overrightarrow{E}.$$

Multiplions la première équation *scalairement* (page 6) par $\vec{E}$, la seconde par $\vec{H}$ et ajoutons ; en multipliant la somme par dv et en intégrant dans tout le volume limité par la surface Σ, nous avons

$$(29,a) \quad \left\{ \begin{aligned} &\frac{4\pi}{c}\int \sigma\vec{E}^2 dv + \frac{1}{c}\int \varepsilon\left(\vec{E}\,\frac{\partial\vec{E}}{\partial t}\right)dv + \frac{1}{c}\int \mu\left(\vec{H}\,\frac{\partial\vec{H}}{\partial t}\right)dv \\ &\qquad = \int \left\{ (\vec{E}\,rot\,\vec{H}) - (\vec{H}\,rot\,\vec{E}) \right\} dv. \end{aligned} \right.$$

D'après (29), p. 22, et aussi (8, a), p. 8, le second membre est égal à

$$\int div\,[\vec{H}\,\vec{E}]\,dv = -\int div\,[\vec{E}\,\vec{H}]\,dv.$$

La formule de Gauss (21), p. 18, donne

$$-\int div\,[\vec{E}\,\vec{H}]\,dv = -\int [\vec{E}\,\vec{H}]_n\,d\Sigma.$$

Nous avons donc finalement

$$(30) \quad \int \sigma\vec{E}^2 dv + \frac{\partial}{\partial t}\int \frac{\varepsilon\vec{E}^2 + \mu\vec{H}^2}{8\pi}\,dv = -\frac{c}{4\pi}\int [\vec{E}\,\vec{H}]_n\,d\Sigma.$$

Dans le second membre de cette équation, n est la direction de la normale *extérieure* à la surface Σ. Le premier terme du premier membre représente, d'après (29), la quantité totale Q de chaleur de Joule, qui est dégagée à l'intérieur du volume considéré par unité de temps. On peut écrire le second terme de la façon suivante, voir la formule (23),

$$\frac{\partial}{\partial t}\int W dv = \frac{\partial J}{\partial t},$$

en désignant par J la provision totale d'énergie électromagnétique contenue dans le système limité par la surface Σ. L'équation (30) devient par suite

$$(31) \quad \frac{\partial J}{\partial t} + Q = -\frac{c}{4\pi}\int [\vec{E}\,\vec{H}]_n\,d\Sigma.$$

Nous avons ici, dans le premier membre, l'accroissement total par unité de temps de l'énergie électromagnétique et de l'énergie calorifique contenues dans le système limité par la surface Σ. Introduisons le nouveau vecteur

$$(32) \quad \vec{S} = \frac{c}{4\pi}[\vec{E}\,\vec{H}],$$

qu'on appelle le *vecteur* de Poynting ; sa grandeur absolue est

$$(32,a) \quad |\vec{S}| = \frac{c}{4\pi}\,|\vec{E}|\,.\,|\vec{H}|\,\sin(\vec{E},\vec{H}).$$

Il est normal au plan qui renferme les vecteurs $\overrightarrow{E}$ et $\overset{\vee}{\hat{H}}$; la rotation de $\overrightarrow{E}$ vers $\overset{\vee}{\hat{H}}$ donne à une vis un mouvement de translation dans la direction et le sens de $\overrightarrow{S}$. Si nous portons ce vecteur dans l'équation (31), nous avons

$$(32,b) \qquad \frac{\partial J}{\partial t} + Q = - \int S_n d\Sigma,$$

S_n étant la composante du vecteur $\overrightarrow{S}$ suivant la normale extérieure à la surface Σ. Le second membre de l'équation (32, b) est égal au flux par unité de temps du vecteur $\overrightarrow{S}$ à travers la surface Σ, dans le sens venant de l'extérieur. Ce flux est égal à l'accroissement de l'énergie contenue dans l'espace limité par Σ. *On peut donc considérer, comme source de cet accroissement d'énergie, le flux du vecteur $\overrightarrow{S}$, qui entre dans l'espace où se produit l'accroissement en passant à travers la surface Σ ; aussi le vecteur de* POYNTING *est-il aussi appelé flux d'énergie.* D'après la formule (32), il est clair qu'*en chaque point de Σ le flux d'énergie est perpendiculaire à $\overrightarrow{E}$ et $\overset{\vee}{\hat{H}}$,* la densité du flux étant déterminée par (32) ou (32, a). Quand la provision d'énergie diminue à l'intérieur de l'espace considéré, le flux d'énergie correspondant sort à l'extérieur en passant à travers la surface Σ.

Si, comme dans le § 2, nous prenons un espace infiniment étendu, en éloignant à l'infini la surface Σ, on doit faire, en tous les points de cette surface, $\overrightarrow{E} = \overset{\vee}{\hat{H}} = 0$; l'équation (32, b) devient alors

$$(32,c) \qquad \frac{\partial J}{\partial t} + Q = 0,$$

ce qui exprime le *principe de la conservation de l'énergie dans le domaine des phénomènes électromagnétiques* et justifie, ainsi que nous l'avons vu, l'expression (23) adoptée pour W.

Appliquons les formules (31) ou (32, b) à un fil, dans lequel passe un courant électrique constant $\overrightarrow{i}$, exprimé en unités électromagnétiques. Soit $\overrightarrow{R}$ un rayon de la section droite du fil ; prenons pour Σ la surface du fil. On a, dans ce cas,

$$(32,d) \qquad \overset{\vee}{\hat{H}} = \frac{\overrightarrow{2i}}{\overrightarrow{R}},$$

voir Livre II, Chap. III, formule (41). Le vecteur $\overset{\vee}{\hat{H}}$ est perpendiculaire à la longueur du fil et au rayon $\overrightarrow{R}$; lorsqu'on regarde suivant la direction du courant, $\overset{\vee}{\hat{H}}$ a le sens du mouvement des aiguilles d'une montre. Le vecteur $\overrightarrow{E}$ a même direction que le courant électrique et il est clair que les vecteurs $\overset{\vee}{\hat{H}}$ et $\overrightarrow{E}$ sont rectangulaires et situés dans un plan tangent à Σ. Il s'ensuit que le vecteur $\overrightarrow{S}$ est normal à la surface Σ du fil. Une rotation de $\overrightarrow{E}$ vers $\overset{\vee}{\hat{H}}$ produit un mouvement de translation ayant un sens contraire à celui du rayon $\overrightarrow{R}$ et, comme dans l'équation $(32, b)$, la normale extérieure n à Σ a même direction et sens que $\vec{R}$, on a $\vec{S} = -\vec{S_n}$: L'équation $(32, a)$ donne

$$\vec{S} = \frac{c}{4\pi}\,[\vec{E}\,\vec{H}].$$

En introduisant la valeur $(32, d)$ de $\vec{H}$, on trouve

$$(32, e) \qquad\qquad \vec{S} = \frac{c}{2\pi}\left[\frac{\vec{i}\,\vec{E}}{\vec{R}}\right].$$

Les vecteurs $\vec{E}$, $\vec{H}$ et $\vec{S}$ restant constants tout le long du fil, il suffit de considérer un tronçon de fil de longueur l. Prenons alors l'équation $(32, b)$. Comme nous avons dans le fil un courant constant, c'est-à-dire un état stationnaire, l'énergie électromagnétique J est *indépendante* du temps ; en faisant $\vec{S} = -\vec{S_n}$ et en observant que $\vec{S}$ a même grandeur en tous les points de la surface $2\pi R l$ du fil, on donne à l'équation $(32, b)$ la forme suivante

$$(32, f) \qquad\qquad Q = 2\pi l\,(\vec{R}\,\vec{S}).$$

Nous allons vérifier cette formule. On a, d'après $(32, e)$,

$$Q = 2\pi l\,(\vec{R}\,\vec{S}) = cl\,(\vec{E}\,\vec{i}).$$

Ici $\vec{E}$ est exprimé en unités él. st. et $(5, b)$, page 132, donne

$$Q = l\,(\vec{E}_m\,\vec{i}),$$

où $\vec{E}_m$ est exprimé en unités él. mag. Le produit lE_m est égal à la force électromotrice qui agit dans le tronçon de fil ; d'après la loi d'Ohm, ce produit est donc égal à $r\,\vec{i}$, où r désigne la résistance du tronçon. Nous obtenons ainsi

$$(32, g) \qquad\qquad Q = r\,\vec{i}^2.$$

Dans le second membre, nous avons l'expression connue pour la quantité de chaleur dégagée par unité de temps, dans le tronçon de fil, d'après la loi de Joule ; la formule $(32, f)$ est par conséquent vérifiée, ainsi que la formule $(32, b)$ pour le cas particulier que nous avons considéré. *La quantité de chaleur, dégagée dans un fil parcouru par un courant électrique constant, est donc effectivement égale au flux d'énergie ou au flux du vecteur de* Poynting, *qui pénètre dans le fil par sa surface.*

4. Potentiel vecteur du courant. — Soit un champ électrique *stationnaire* ou du moins si lentement variable qu'on peut, dans l'équation (13), négliger le second terme du premier membre. Supposons en outre $\mu = const.$

dans tout l'espace auquel se rapportent les grandeurs $\vec{E}$ et $\overset{\vee\wedge}{H}$. Nous pouvons écrire les équations (13), (16) et (21) de la façon suivante :

$$(33) \qquad \frac{4\pi\sigma\mu}{c}\,\vec{E} = rot\ \mu\overset{\vee\wedge}{H}$$

$$(33,\ a) \qquad \frac{\mu}{c}\,\frac{\partial \overset{\vee\wedge}{H}}{\partial t} = -\ rot\ \vec{E}$$

$$(33,\ b) \qquad div\ \mu\overset{\vee\wedge}{H} = 0.$$

Le problème de la détermination du vecteur $\mu\overset{\vee\wedge}{H}$ est identique à celui que nous avons résolu à la page 24, sauf que nous avons maintenant

$$(34) \qquad \overset{\vee\wedge}{A} = \mu\overset{\vee\wedge}{H}$$

$$(34,\ a) \qquad \vec{B} = \frac{4\pi\sigma\mu}{c}\,\vec{E}.$$

Conformément à la formule (42, a), p. 25, posons

$$(35) \qquad \mu\overset{\vee\wedge}{H} = rot\ \vec{C},$$

où $\vec{C}$ est un *potentiel vecteur*. D'après la formule (44), p. 26, nous avons, voir (34, a) et (10),

$$(36) \qquad \vec{C} = \int \frac{\vec{B}\,dv}{4\pi r} = \frac{\mu}{c}\int \frac{\sigma\,\vec{E}\,dv}{r} = \frac{\mu}{c}\int \frac{\vec{I}\,dv}{r},$$

$\vec{I}$ désignant la densité du courant qui traverse l'élément de volume dv, r la distance du point $(x,\ y,\ z)$, auquel se rapporte le vecteur $\vec{E}$, au point $(x',\ y',\ z')$ où se trouve l'élément dv. Il ne faut pas oublier que toutes les sommations indiquées symboliquement dans (36) par des signes d'intégration sont des *sommations vectorielles*. En désignant les composantes du vecteur $\vec{I}$ par I_x, I_y, I_z, nous obtenons, *pour les composantes du potentiel vecteur*, les expressions

$$(36,\ a) \qquad \begin{cases} C_x = \dfrac{\mu}{c}\displaystyle\int \frac{I_x dv}{r}, \\[2mm] C_y = \dfrac{\mu}{c}\displaystyle\int \frac{I_y dv}{r}, \\[2mm] C_z = \dfrac{\mu}{c}\displaystyle\int \frac{I_z dv}{r}. \end{cases}$$

D'après (35) et (36), on a

$$(37) \qquad \overset{\vee\wedge}{H} = \frac{1}{c}\,rot\int \frac{\vec{I}\,dv}{r}.$$

On déduit de (33), voir formule (10),

$$\sigma \vec{E} = \vec{I} = \frac{c}{4\pi}\, rot\, \vec{H}.$$

En portant $\vec{I}$ dans (37), il vient

$$(37, a) \qquad \vec{H} = rot \int \frac{rot'\, \vec{H}\, dv}{4\pi r}.$$

La notation rot' signifie que, sous le signe d'intégration, le tourbillon du vecteur $\vec{H}$ est pris au point (x', y', z') où se trouve dv, tandis que le tourbillon du vecteur exprimé symboliquement par l'intégrale se rapporte au point (x, y, z) auquel s'applique la grandeur $\vec{H}$ cherchée, figurant dans le premier membre de (37, a). Les équations (33, a) et (35) nous donnent maintenant

$$rot\, \vec{E} = -\frac{\mu}{c}\,\frac{\partial \vec{H}}{\partial t} = -\frac{1}{c}\,\frac{\partial}{\partial t}\, rot\, \vec{C} = rot \left[-\frac{\partial}{\partial t}\left(\frac{\vec{C}}{c}\right) \right].$$

Lorsque les tourbillons de deux vecteurs sont égaux, ils ne peuvent différer que par un vecteur lamellaire, qui se présente comme le gradient d'un certain potentiel scalaire. Désignons par $-\varphi$ ce potentiel scalaire ; son tourbillon est nul, voir (24), p. 19, et on a

$$(38) \qquad \vec{E} = -\frac{1}{c}\,\frac{\partial \vec{C}}{\partial t} - grad\, \varphi.$$

Ici $-\varphi$ est le potentiel des charges d'électricité libre. *Dans les formules* (35) *et* (38), $\vec{H}$ *et* $\vec{E}$ *sont exprimés par le potentiel vecteur* ; dans (37) le vecteur $\vec{H}$ est exprimé par le courant électrique présent dans l'espace donné. Il est utile d'écrire les formules (35) et (38) sous la forme cartésienne :

$$(39) \qquad \left\{ \begin{aligned} H_x &= \frac{1}{\mu}\left(\frac{\partial C_z}{\partial y} - \frac{\partial C_y}{\partial z}\right) \\[2mm] H_y &= \frac{1}{\mu}\left(\frac{\partial C_x}{\partial z} - \frac{\partial C_z}{\partial x}\right) \\[2mm] H_z &= \frac{1}{\mu}\left(\frac{\partial C_y}{\partial x} - \frac{\partial C_x}{\partial y}\right) \end{aligned} \right.$$

$$(39, a) \qquad \left\{ \begin{aligned} E_x &= -\frac{1}{c}\,\frac{\partial C_x}{\partial t} + \frac{\partial \varphi}{\partial x} \\[2mm] E_y &= -\frac{1}{c}\,\frac{\partial C_y}{\partial t} + \frac{\partial \varphi}{\partial y} \\[2mm] E_z &= -\frac{1}{c}\,\frac{\partial C_z}{\partial t} + \frac{\partial \varphi}{\partial z}. \end{aligned} \right.$$

Les grandeurs C_x, C_y, C_z *sont déterminées par les formules* (36, a), *quand on connaît la distribution du courant électrique.* Les formules (35) et (38) ou (39) et (39, a) sont particulièrement intéressantes, car toute référence à l'action instantanée à distance (actio in distans) en est absente ; les vecteurs $\overset{\curvearrowright}{\vec{H}}$ et $\vec{E}$, ainsi que leurs composantes, sont exprimés par les grandeurs $\vec{C}$ et φ relatives au même point de l'espace auquel s'appliquent les vecteurs $\vec{H}$ et $\vec{E}$ cherchés : $\overset{\curvearrowright}{H}$ est déterminé par les dérivées des composantes du potentiel vecteur par rapport aux coordonnées et $\vec{E}$ par les dérivées par rapport au temps.

De la formule (38), on peut très facilement déduire la *formule fondamentale* (15) *de l'induction* ; il suffit pour cela d'intégrer les deux membres suivant une courbe fermée ; le second terme dans le second membre donne une intégrale nulle et à l'intégrale qui reste dans ce second membre, on applique le théorème de Stokes.

Appliquons les formules que nous venons d'établir au cas d'un *courant constant fermé d'intensité* $\vec{i}$ passant dans un conducteur de section q ; désignons un élément du conducteur par dl. On a alors $dv = qdl$ et $\vec{I}\,dv = \vec{I}\,qdl = i\,\vec{dl}$. La formule (36) donne

$$(40) \qquad \vec{C} = \frac{\mu i}{c} \int \frac{\vec{dl}}{r}.$$

Ici l'intégrale apparaît de nouveau comme symbole de la sommation *vectorielle* des vecteurs $\vec{dl}$, dont chacun est divisé par la grandeur correspondante

$$(40,\ a) \qquad r = \sqrt{(x - x')^2 + (y - y')^2 + (z - z')^2},$$

r jouant le rôle d'un simple nombre. Nous avons, pour les composantes du potentiel vecteur, dx', dy', dz' étant les composantes de $\vec{dl}$,

$$(40,\ b) \qquad C_x = \frac{\mu i}{c} \int \frac{dx'}{r},$$

avec des expressions analogues pour C_y et C_z. La formule (39) nous donne maintenant

$$H_x = \frac{i}{c} \int \frac{\partial \frac{1}{r}}{\partial y}\, dz' - \frac{\partial \frac{1}{r}}{\partial z}\, dy',$$

c'est-à-dire, voir (40, a),

$$(40,\ c) \qquad H_x = \frac{i}{c} \int \frac{(z - z')\,dy' - (y - y')\,dz'}{r^3}.$$

Cette formule confirme que *l'intensité du champ magnétique est indépendante de la perméabilité magnétique* μ *du milieu homogène environnant*, ainsi qu'on l'a déjà vu dans le Livre II, Chap. VII, § 3. On peut encore écrire (40, c) de la manière suivante :

$$(40, d) \quad \mathrm{H}_x = \frac{i}{c} \int \frac{\cos(r, z)\cos(dl, y) - \cos(r, y)\cos(dl, z)}{r^2} \, dl.$$

On peut maintenant considérer H_x comme la composante de la résultante de toutes les intensités produites séparément par les *éléments du courant* $i\,\vec{dl}$. Soient h_x, h_y, h_z les composantes de ces intensités élémentaires ; on a alors, par exemple,

$$(40, e) \quad h_x = \frac{idl}{cr^2} \left\{ \cos(r, z)\cos(dl, y) - \cos(r, y)\cos(dl, z) \right\}.$$

A l'aide de (40, c) ou (40, e), on démontre facilement que $\overset{\smile}{h}$ est normal au plan passant par dl et r et que

$$| \overset{\smile}{h} | = \frac{idl}{cr^2} \sin(dl, r) ;$$

autrement dit, on obtient la formule de Biot et Savart. Il est clair que nous venons ainsi de passer à la notion d'action instantanée à distance et qu'on peut retrouver facilement tous les résultats qui ont été obtenus dans le Livre II, en considérant le champ magnétique d'un courant (Chap. II, § **6** et Chap. VII, § 3).

5. Diélectriques et aimants. — Supposons qu'il n'y ait dans l'espace considéré aucun conducteur de courant, de sorte qu'on a partout $\sigma = 0$. Les équations fondamentales (13), (16), (20) et (21) prennent alors la forme suivante :

$$(41) \qquad \frac{\varepsilon}{c}\frac{\partial \vec{\mathrm{E}}}{\partial t} = rot\,\overset{\smile}{\mathrm{H}},$$

$$(41, a) \qquad \frac{\mu}{c}\frac{\partial \overset{\smile}{\mathrm{H}}}{\partial t} = -\,rot\,\vec{\mathrm{E}}.$$

$$(41, b) \qquad div\,\varepsilon\,\vec{\mathrm{E}} = 4\pi\rho,$$

$$(41, c) \qquad div\,\mu\,\overset{\smile}{\mathrm{H}} = 0.$$

Supposons d'abord les champs *stationnaires*, c'est-à-dire $\vec{\mathrm{E}}$ et $\overset{\smile}{\mathrm{H}}$ indépendants du temps. Nous avons

$$(42) \qquad rot\,\vec{\mathrm{E}} = 0,$$

$$(42, a) \qquad div\,\varepsilon\,\vec{\mathrm{E}} = 4\pi\rho.$$

L'équation (42) montre que $\overrightarrow{E}$ est un vecteur *lamellaire*, égal au gradient d'un certain potentiel scalaire que nous désignerons par $-\varphi$. On a donc

$$(42, b) \qquad\qquad \overrightarrow{E} = - \, grad \; \varphi.$$

En portant (42, b) dans (42, a) et en supposant que $\varepsilon = const.$, on obtient, à l'aide de la formule (19), page 17,

$$(42, c) \qquad\qquad 4\pi\rho = - \, \varepsilon\Delta\varphi.$$

On sait qu'une solution de cette équation est

$$(42, d) \qquad\qquad \varphi = \frac{1}{\varepsilon} \int \frac{\rho dv}{r} \; ;$$

elle peut être considérée comme le potentiel des charges électriques. Il importe de remarquer que les formules (42, b) et 42, d) résultent des équations (41, a) et 41, b) de Maxwell, mais que ces dernières, comme nous l'avons déjà dit, n'ont pas été établies jusqu'ici d'une manière qui écarte toute objection. La formule (22) donne l'expression de l'énergie électrostatique qui est contenue dans tout l'espace infini :

$$(42, e) \quad W = \frac{\varepsilon}{8\pi} \int \overrightarrow{E^2} \, dv = \frac{\varepsilon}{8\pi} \iiint \left\{ \left(\frac{\partial\varphi}{\partial x}\right)^2 + \left(\frac{\partial\varphi}{\partial y}\right)^2 + \left(\frac{\partial\varphi}{\partial z}\right)^2 \right\} dx\,dy\,dz.$$

Dans les ouvrages (voir la Bibliographie, § 1) de Richarz, pp. 43 à 46 et d'Abraham, vol. 1, pp. 173 à 176, est indiqué comment on peut déduire la loi de Coulomb de la formule (42, e).

Nous avons, pour le *champ magnétique*, lorsque μ est constant et que $\overrightarrow{E}$ et $\overset{\vee}{H}$ sont indépendants du temps t, $rot \, \overset{\vee}{H} = 0$ et $div \, \overset{\vee}{H} = 0$, c'est-à-dire $\overset{\vee}{H} = 0$; mais ce résultat est en contradiction avec le fait connu qu'il existe des champs magnétiques stationnaires par eux-mêmes, produits par le magnétisme rémanent d'*aimants en acier*, ou se superposant au champ magnétique des courants, quand ces derniers donnent naissance à l'état magnétique des corps ferromagnétiques (*électro-aimants*). Nous ne dirons que quelques mots sur cette question, sans entrer dans les détails. Dans les substances ferromagnétiques, μ est une fonction de $\overset{\vee}{H}$, comme nous l'avons vu dans le Livre II, Chap. VIII, § 6, cette dépendance étant encore compliquée par les phénomènes d'hystérésis. De (41, c) ne résulte pas par suite que $div \, \overset{\vee}{H} = 0$ et on doit poser

$$(43) \qquad\qquad div \, \overset{\vee}{H} = 4\,\pi\rho',$$

où ρ' est évidemment la densité de volume du magnétisme libre, notion déjà mentionnée dans le Tome IV. En écrivant, comme dans la formule (42, b),

$$(43, a) \qquad\qquad \overset{\vee}{H} = - \, grad \; \psi,$$

on voit que ψ est le potentiel des masses magnétiques libres. La théorie du magnétisme rémanent rentre mal dans le cadre de la théorie de Maxwell. Pour plus de détails à ce sujet, on pourra consulter l'ouvrage déjà cité d'Abraham, pp. 368 à 390.

Passons au cas fondamental du *champ électromagnétique variable dans un diélectrique homogène et isotrope*. Comme les deux équations relatives à un tel champ ont une très grande importance, nous les établirons de deux manières, l'une, très rapide, en faisant appel aux considérations vectorielles, la seconde plus longue, où l'on n'emploie que la forme cartésienne, destinée aux lecteurs non encore suffisamment familiarisés avec l'analyse vectorielle.

Supposons que $\mu = const.$, $\varepsilon = const.$ et *en outre qu'il n'y ait pas de charges libres*, c'est-à-dire que $\rho = 0$. Nous avons alors les équations suivantes :

$$(44) \qquad \frac{\varepsilon}{c} \frac{\partial \overrightarrow{E}}{\partial t} = rot \, \overset{\curvearrowright}{H},$$

$$(44,a) \qquad \frac{\mu}{c} \frac{\partial \overset{\curvearrowright}{H}}{\partial t} = - rot \, \overrightarrow{E},$$

$$(44,b) \qquad div \, \overrightarrow{E} = 0,$$

$$(44,c) \qquad div \, \overset{\curvearrowright}{H} = 0.$$

En prenant la dérivée par rapport à t de l'équation (44) et le tourbillon de l'équation $(44,a)$, on obtient, en ayant égard aux relations (31), p. 22, et $(44,b)$:

$$\frac{\varepsilon}{c} \frac{\partial^2 \overrightarrow{E}}{\partial t^2} = rot \, \frac{\partial \overset{\curvearrowright}{H}}{\partial t},$$

$$\frac{\mu}{c} \, rot \, \frac{\partial \overset{\curvearrowright}{H}}{\partial t} = - rot \, rot \, \overrightarrow{E} = - grad \, div \, \overrightarrow{E} + \Delta \overrightarrow{E} = \Delta \overrightarrow{E}.$$

De ces deux équations, on déduit

$$(45) \qquad \frac{\varepsilon \mu}{c^2} \frac{\partial^2 \overrightarrow{E}}{\partial t^2} = \Delta \overrightarrow{E}.$$

En prenant la dérivée par rapport à t de $(44,a)$ et le tourbillon de (44), on trouve de la même manière

$$(46) \qquad \frac{\varepsilon \mu}{c^2} \frac{\partial^2 \overset{\curvearrowright}{H}}{\partial t^2} = \Delta \overset{\curvearrowright}{H} \, ;$$

$\overrightarrow{E}$ *et* $\overset{\curvearrowright}{H}$ *satisfont donc à la même équation différentielle.*

Etablissons maintenant les équations fondamentales (45 et (46) d'une autre manière, en partant des équations (17) et (19). En différentiant la première des équations (19) par rapport à t, il vient

$$(46,a) \qquad \frac{\varepsilon}{c} \frac{\partial^2 X}{\partial t^2} = \frac{\partial}{\partial y} \left(\frac{\partial N}{\partial t} \right) - \frac{\partial}{\partial z} \left(\frac{\partial M}{\partial t} \right).$$

La seconde et la troisième des équations (17) donnent de même par différentiation

$$\frac{\partial}{\partial z}\left(\frac{\partial M}{\partial t}\right) = \frac{c}{\mu}\left(\frac{\partial^2 Z}{\partial x \partial z} - \frac{\partial^2 X}{\partial z^2}\right).$$

$$\frac{\partial}{\partial y}\left(\frac{\partial N}{\partial t}\right) = \frac{c}{\mu}\left(\frac{\partial^2 X}{\partial y^2} - \frac{\partial^2 Y}{\partial x \partial y}\right).$$

En soustrayant la première de ces dernières équations de la seconde et en ajoutant au second membre $\frac{\partial^2 X}{\partial x^2} - \frac{\partial^2 X}{\partial x^2}$, puis en ayant égard à $(46, a)$ on obtient

$$\frac{\varepsilon\mu}{c^2}\frac{\partial^2 X}{\partial t^2} = \frac{\partial^2 X}{\partial y^2} - \frac{\partial^2 Y}{\partial x \partial y} - \frac{\partial^2 Z}{\partial x \partial z} + \frac{\partial^2 X}{\partial z^2} + \frac{\partial^2 X}{\partial x^2} - \frac{\partial^2 X}{\partial x^2},$$

ou

$$\frac{\varepsilon\mu}{c^2}\frac{\partial^2 X}{\partial t^2} = \frac{\partial^2 X}{\partial x^2} + \frac{\partial^2 X}{\partial y^2} + \frac{\partial^2 X}{\partial z^2} - \frac{\partial}{\partial x}\left(\frac{\partial X}{\partial x} + \frac{\partial Y}{\partial y} + \frac{\partial Z}{\partial z}\right).$$

D'après $(44, b)$, la grandeur entre parenthèses dans le second membre est nulle, de sorte qu'il reste

$$(47) \qquad\qquad \frac{\varepsilon\mu}{c^2}\frac{\partial^2 X}{\partial t^2} = \Delta X.$$

On obtient exactement la même équation pour Y, Z, L, M, N. Si on ajoute *vectoriellement* les trois premières équations ainsi trouvées et les trois dernières, on retombe sur les équations (45) et (46).

Les lecteurs familiers avec les équations de la forme (45) et (46) verront immédiatement que toute *valeur* de $\vec{E}$ et $\vec{H}$ se propage à travers le milieu avec la vitesse

$$(48) \qquad\qquad v = \frac{c}{\sqrt{\varepsilon\mu}}.$$

Nous allons établir ce résultat d'une façon plus détaillée. *Supposons que les vecteurs* $\vec{E}$ *et* $\vec{H}$ *soient des fonctions d'une seule coordonnée* x, c'est-à-dire soient indépendants de y et de z. Cela signifie que $\vec{E}$ *et* $\vec{H}$ *sont absolument identiques en tous les points d'un même plan quelconque perpendiculaire à l'axe des* x.

Dans ce cas, toutes les dérivées par rapport à y et à z disparaissent de nos équations. Nous avons en tout 14 équations, savoir les 6 équations (17) et (19), les 6 équations de la forme (47) et les équations $(44, b)$ et $(44, c)$; elles ne sont pas bien entendu indépendantes, puisque les 6 équations de la forme (47) ont été déduites des autres. Les premières équations des systèmes (17) et (19), ainsi que les équations $(44, b)$ et $(44, c)$, donnent

$$(48, a) \qquad \frac{\partial X}{\partial t} = 0, \quad \frac{\partial X}{\partial x} = 0, \quad \frac{\partial L}{\partial t} = 0, \quad \frac{\partial L}{\partial x} = 0;$$

il en résulte que X et L sont indépendants de t et de x ; comme en des points infiniment éloignés, X et L doivent être nuls, nous avons donc

$$(48, b) \qquad\qquad X = 0, \qquad L = 0.$$

Il s'ensuit que la première et la quatrième des équations de la forme (47), c'est-à-dire celles qui sont relatives à X et L, disparaissent. *Les équations* (48, b) *montrent que* $\vec{E}$ *et* $\vec{H}$ *sont perpendiculaires à l'axe des* x.

Des 14 équations, nous en avons considéré 6 ; il en reste *huit*. La seconde et la troisième équation des systèmes (17) et (19) donnent

$$(49) \qquad\qquad \frac{\varepsilon}{c}\frac{\partial Y}{\partial t} = -\frac{\partial N}{\partial x}$$

$$(49, a) \qquad\qquad \frac{\varepsilon}{c}\frac{\partial Z}{\partial t} = \frac{\partial M}{\partial x}$$

$$(49, b) \qquad\qquad \frac{\mu}{c}\frac{\partial M}{\partial t} = \frac{\partial Z}{\partial x}$$

$$(49, c) \qquad\qquad \frac{\mu}{c}\frac{\partial N}{\partial t} = -\frac{\partial Y}{\partial x}.$$

Les composantes Y et N sont liées par les équations (49) et (49, c), les composantes Z et M par les équations (49, a) et (49, c). *Il faut bien remarquer ce fait très intéressant que ces deux couples d'équations ne sont pas construits de la même façon :* les signes des seconds membres sont contraires. Nous reviendrons dans la suite sur ce point. Rappelons cependant, dès maintenant, que la disposition des axes de coordonnées est telle que si, *dans la succession* x, y, z, x, y *des axes, on fait tourner l'un quelconque des axes vers celui qui le suit, cela correspond à une rotation de vis accompagnée d'une translation dans le sens du troisième axe.* Lorsque, par exemple, l'axe des z est dirigé vers le haut, l'axe des x vers la droite, l'axe des y *s'éloigne de l'observateur* ; quand, au contraire, l'axe des y est dirigé *vers la droite,* l'axe des x va *vers l'observateur.* Nous adopterons cette dernière disposition facile à concevoir.

Supposons que le vecteur $\vec{E}$ perpendiculaire à l'axe des x soit dirigé suivant l'axe des y (vers la droite). On a alors $Z = 0$; nous indiquerons que le vecteur $\vec{E}$ a la direction de l'axe des y par le symbole E $[y]$. Les équations (49, a) et (49, b) montrent que si $Z = 0$, on a aussi $M = 0$, c'est-à-dire $\vec{H} = $ H $[z]$. Réciproquement, quand $M = 0$, on a $Z = 0$. Si donc $\vec{E}$ est dirigé suivant l'axe des y, $\vec{H}$ est dirigé suivant l'axe des z et inversement. Si on pose $Y = 0$, c'est-à-dire $\vec{E} = $ E $[z]$, les équations (49) et (49, c) donnent $N = 0$, c'est-à-dire $\vec{H} = $ H $[y]$, et réciproquement, lorsque $\vec{H} = $ H $[y]$, on a $\vec{E} = $ E $[z]$. Nous arrivons donc à ce résultat fondamental que

$$(50) \qquad\qquad (\vec{E}\,\vec{H}) = 0.$$

Les vecteurs $\vec{E}$ *et* $\vec{H}$ *sont perpendiculaires l'un sur l'autre et sur l'axe de la coordonnée* x *dont ils dépendent.*

Nous distinguerons deux cas :

·I. $Z = 0$, $M = 0$; $\overrightarrow{E} = E\,[y]$, $\overset{\curvearrowleft}{H} = H\,[z]$; les équations (49) et (49, c) donnent

$$(50, a) \qquad \begin{cases} \dfrac{\varepsilon}{c}\,\dfrac{\partial E[y]}{\partial t} = -\,\dfrac{\partial H[z]}{\partial x}, \\[2ex] \dfrac{\mu}{c}\,\dfrac{\partial H[z]}{\partial t} = -\,\dfrac{\partial E[y]}{\partial x}, \end{cases}$$

II. $Y = 0$, $N = 0$; $\overrightarrow{E} = E\,[z]$, $\overset{\curvearrowleft}{H} = H\,[y]$; les équations (49, a) et (49, b) deviennent

$$(50, b) \qquad \begin{cases} \dfrac{\varepsilon}{c}\,\dfrac{\partial E[z]}{\partial t} = \dfrac{\partial H[y]}{\partial x}, \\[2ex] -\,\dfrac{\mu}{c}\,\dfrac{\partial H[y]}{\partial t} = \dfrac{\partial E[z]}{\partial x}. \end{cases}$$

La différence entre ces deux cas est nettement accusée par les systèmes (50, a) et (50, b). Remarquons que *la question du sens des grandeurs* $\overrightarrow{E}$ *et* $\overset{\curvearrowleft}{H}$ *est restée jusqu'ici ouverte* ; nous ne savons pas, par exemple, de quel côté de l'axe des z $\overrightarrow{E}$ est dirigé, quand $\overset{\curvearrowleft}{H}$ est dirigé du côté des y positifs.

En ayant égard à (48, b), il reste quatre équations de la forme (47) pour Y, Z, M et N. Les vecteurs $\overrightarrow{E}$ et $\overset{\curvearrowleft}{H}$ étant indépendants de x et de y, le signe Δ se réduit à la dérivée seconde par rapport à la coordonnée x. Les équations de la forme (47) sont toutes de même nature ; il n'est pas nécessaire par suite de distinguer le cas $E\,[y]$, $H\,[z]$ du cas $E\,[z]$, $H\,[y]$, et nous avons d'une manière générale

$$(51) \qquad \frac{\varepsilon\mu}{c^2}\,\frac{\partial^2 \overrightarrow{E}}{\partial t^2} = \frac{\partial^2 \overrightarrow{E}}{\partial x^2},$$

$$(52) \qquad \frac{\varepsilon\mu}{c^2}\,\frac{\partial^2 \overset{\curvearrowleft}{H}}{\partial t^2} = \frac{\partial^2 \overset{\curvearrowleft}{H}}{\partial x^2}.$$

Nous obtenons finalement 4 *équations*, savoir (51), (52) et (50, a) ou (50, b). L'équation (51) est satisfaite par l'expression

$$(53) \qquad \overrightarrow{E} = \varphi(x - vt),$$

où φ désigne une fonction absolument arbitraire et v une constante. Si on porte (53) dans (51), il vient

$$(53, a) \qquad \frac{\varepsilon\mu}{c^2}\,v^2\varphi'' = \varphi'',$$

d'où

$$(54) \qquad v = \frac{c}{\sqrt{\varepsilon\mu}}.$$

La valeur de la fonction $\varphi(x - vt)$ ne change pas, lorsqu'on ajoute v à x et un à t, car

$$(54, a) \qquad \varphi[(x + v) - v(t + 1)] = \varphi(x - vt).$$

Cela signifie que $\vec{E}$ aura, au bout de l'unité de temps et au point $x + v$, la même valeur que celle qu'il a à l'instant t au point x ; il se déplace, dans l'unité de temps, de la distance v. Ce résultat s'applique à tous les points x et nous pouvons, par conséquent, le traduire de la manière suivante : *à un instant donné, le vecteur $\vec{E}$ est distribué suivant une loi quelconque le long de l'axe des x; cette distribution se déplace le long de l'axe des x avec la vitesse v, sans subir aucune variation.*

La formule (54) montre que v peut être aussi bien positif que négatif ; dans le premier cas, la propagation a lieu dans le sens des x croissants ; dans le second, elle a lieu dans le sens des x décroissants. *Nous prendrons pour v la valeur positive,* de sorte que le second cas s'exprime par la formule

$$(54, b) \qquad \vec{E} = \varphi(x + vt).$$

En substituant $(54, b)$ dans (51), on obtient de nouveau $(53, a)$ et (54), ainsi que la relation

$$\varphi[(x - v) + v(t + 1)] = \varphi(x + vt),$$

qui confirme que la valeur donnée de $\vec{E}$ se déplace, dans l'unité de temps, du point x au point $x - v$, c'est-à-dire dans le sens des x décroissants. La solution générale de l'équation (51) prend ainsi la forme

$$(54, c) \qquad \vec{E} = \varphi_1(x - vt) + \varphi_2(x + vt),$$

où φ_1 et φ_2 désignent deux fonctions arbitraires.

L'équation (52) donne de la même manière

$$(55) \qquad \vec{H} = \psi(x - vt)$$

$$(55, a) \qquad \vec{H} = \psi(x + vt)$$

et la solution générale

$$(55, b) \qquad \vec{H} = \psi_1(x - vt) + \psi_2(x + vt),$$

où ψ, ψ_1, ψ_2 désignent des fonctions arbitraires et où v est déterminé par la formule (54).

Nous appellerons *perturbation électromagnétique* la distribution arbitraire des vecteurs $\vec{E}$ et $\vec{H}$ le long de l'axe des x. On voit que *la perturbation électromagnétique se propage dans les deux sens sur l'axe des x avec la vitesse v déterminée par la formule* (54).

Dans le vide, on a $\varepsilon = 1$ et $\mu = 1$, et par suite $v = c$. *La grandeur c est* *la vitesse de propagation de la perturbation électromagnétique dans le vide.* Mais on sait que

$$(55, c) \qquad c = \frac{e_e}{e_m},$$

voir formule (5), page 132, et que les expériences ont donné pour ce rapport une valeur égale à la *vitesse de la lumière.* On est donc conduit à penser que *la lumière est une perturbation électromagnétique en propagation.* On peut considérer ceci comme une *hypothèse,* mais cette hypothèse se trouve confirmée par l'égalité de la vitesse de la lumière et du rapport $e_e : e_m$ déterminé expérimentalement. Une seconde confirmation est donnée par la vérification expérimentale d'un autre résultat déduit de la formule (54) :

$$(56) \qquad n = \frac{c}{v} = \sqrt{\varepsilon\mu},$$

où n désigne l'*indice de réfraction* de la lumière pour le milieu considéré. On peut poser, pour la plupart des milieux, $\mu = 1$; on a alors

$$(57) \qquad n^2 = \varepsilon.$$

Le carré de l'indice de réfraction d'un milieu est égal à la constante diélectrique de ce milieu. Nous avons déjà mentionné plusieurs fois la relation (57) et nous avons vu qu'elle se trouvait confirmée expérimentalement, dans quelques cas seulement il est vrai, mais alors complètement. Les résultats négatifs s'expliquent le plus souvent par des *phénomènes de dispersion,* qui ne rentrent pas dans le cadre de la *théorie primitive de* MAXWELL exposée ici.

Nous appellerons dans la suite *rayon* la direction $+ x$ ou $- x$, dans laquelle se propage la perturbation électromagnétique.

Reprenons maintenant les systèmes (50, a) et (50, b), en leur adjoignant les solutions (53) et (55) ou (54, b) et (55, a). *Quatre cas sont possibles.*

Ia. $\qquad$ E[y], H[z] ; $\qquad \vec{E} = \varphi(x - vt)$, $\overset{\curvearrowleft}{H} = \psi(x - vt)$,

Les équations (50, a) donnent, en changeant tous les signes,

$$\frac{\varepsilon}{c} v\varphi' = \psi', \qquad \frac{\mu}{c} v\psi' = \varphi'.$$

En multipliant ces équations membre à membre, on retrouve (54) ; en introduisant la valeur (54) de v, on a

$$\sqrt{\varepsilon}\, \varphi' = \sqrt{\mu}\, \psi'.$$

Il en résulte que $\sqrt{\varepsilon}\, \varphi = \sqrt{\mu}\, \psi$, en n'ayant pas égard aux constantes d'intégration qui sont indépendantes de t et de x. On obtient ainsi

$$(58) \qquad \sqrt{\varepsilon}\, E = \sqrt{\mu}\, H.$$

IIa. $\qquad$ E[z], H[y] ; $\qquad \vec{E} = \varphi(x - vt)$, $\overset{\curvearrowleft}{H} = \psi(x - vt)$.

Le système $(5o, b)$ donne

$$-\frac{\varepsilon}{c}\, v\varphi' = \psi', \qquad -\frac{\mu}{c}\, v\psi' = \varphi',$$

d'où

$(58, a)$
$$-\sqrt{\varepsilon}\, E = \sqrt{\mu}\, H.$$

$\mathrm{I}\,b.$ \qquad $E[y], \quad H[z]; \qquad \vec{E} = \varphi(x + vt), \quad \overset{\curvearrowright}{H} = \psi(x + vt).$

D'après le système $(5o, a)$, on a

$(58, b)$
$$-\sqrt{\varepsilon}\, E + \sqrt{\mu}\, H.$$

$\mathrm{II}\,b.$ \qquad $E[z], \quad H[y]; \qquad \vec{E} = \varphi(x + vt), \quad \overset{\curvearrowright}{H} = \psi(x + vt).$

On obtient avec $(5o, b)$

$(58, c)$
$$\sqrt{\varepsilon}\, E = \sqrt{\mu}\, H.$$

Dans le premier et le quatrième cas, $\vec{E}$ et $\overset{\curvearrowright}{H}$ ont le même signe; dans le second et le troisième des signes contraires. Si nous supposons le sens de $\vec{E}$ positif, nous obtenons le tableau suivant pour le sens du rayon et ceux de $\vec{E}$ et $\overset{\curvearrowright}{H}$:

	Rayon	$\vec{E}$	$\overset{\curvearrowright}{H}$
Ia	$+\,x$	$+\,y$	$+\,z$
IIa	$+\,x$	$+\,z$	$-\,y$
Ib	$-\,x$	$+\,y$	$-\,z$
IIb	$-\,x$	$+\,z$	$+\,y$

Dans tous les cas considérés, le rayon, le vecteur $\vec{E}$ et le vecteur $\overset{\curvearrowright}{H}$ définissent un mouvement de vis, c'est-à-dire que la rotation de $\vec{E}$ vers $\overset{\curvearrowright}{H}$ imprime à une vis un mouvement de translation dans la direction et le sens du rayon. Lorsque le rayon est dirigé vers l'observateur, celui-ci voit la rotation de $\vec{E}$ vers $\overset{\curvearrowright}{H}$ s'effectuer dans un sens contraire à celui du mouvement des aiguilles d'une montre. Ainsi se trouve complètement résolue la question de la disposition mutuelle des vecteurs $\vec{E}$ et $\overset{\curvearrowright}{H}$ dans un rayon donné. Toutes les formules (58) à $(58, c)$ donnent, entre les grandeurs absolues des vecteurs $\vec{E}$ et $\overset{\curvearrowright}{H}$, la relation

$(58, d)$
$$\sqrt{\varepsilon}\,\left|\,\vec{E}\,\right| = \sqrt{\mu}\,\left|\,\overset{\curvearrowright}{H}\,\right|$$

ce qu'on peut encore écrire

$(58, e)$
$$\varepsilon \vec{E}^2 = \mu \overset{\curvearrowright}{H}^2.$$

Dans le vide, on a

$$(58, f) \qquad |\vec{E}| = |\overset{\curvearrowleft}{H}|.$$

Dans le vide, les modules des vecteurs $\vec{E}$ et $\overset{\curvearrowleft}{H}$ sont donc égaux.

La comparaison des cas I a et I b, ou II a et II b, montre que *lorsque, dans deux rayons dirigés en sens contraires, l'un des vecteurs $\vec{E}$ ou $\overset{\curvearrowleft}{H}$ a même sens que le rayon, l'autre vecteur a, dans les deux rayons, des sens contraires.*

En ayant égard à la relation (58, e), les formules (22), (22, a) et (23) donnent, pour la densité de volume de l'énergie,

$$(59) \qquad W_e = W_m.$$

$$(59. a) \qquad W = \frac{\varepsilon}{4\pi} \vec{E}^2 = \frac{\mu}{4\pi} \overset{\curvearrowleft}{H}^2.$$

Les densités de volume des énergies du champ électrique et du champ magnétique sont égales dans le vide.

D'après (32), *la direction et le sens du vecteur $\vec{S}$ de* POYNTING, *c'est-à-dire du flux d'énergie, coïncide toujours avec la direction et le sens du rayon.* Comme $\vec{E}$ est perpendiculaire sur $\overset{\curvearrowleft}{H}$, voir (50), (32, a) donne

$$(59. b) \qquad |\vec{S}| = \frac{c}{4\pi} |\vec{E}| . |\overset{\curvearrowleft}{H}|.$$

En portant, dans cette formule, la valeur de c déduite de (48), et en ayant égard à la relation (58, d) on obtient

$$|\vec{S}| = \frac{v\varepsilon}{4\pi} \vec{E}^2 = \frac{v\mu}{4\pi} \overset{\curvearrowleft}{H}^2,$$

c'est-à-dire, voir (59, a),

$$(59, c) \qquad |\vec{S}| = vW.$$

Il se trouve de nouveau confirmé par là que le vecteur de POYNTING *représente effectivement un flux d'énergie (par unité de temps et à travers l'unité d'aire de la section droite),* car W est l'énergie contenue dans l'unité de volume. On voit aussi que $\vec{E}$ et $\overset{\curvearrowleft}{H}$ *sont perpendiculaires à la direction du flux d'énergie, du moins dans le milieu isotrope* que nous avons considéré.

Jusqu'ici, nous avons laissé les fonctions $\varphi\,(x - vt)$ et $\psi\,(x - vt)$ tout à fait indéterminées. Supposons maintenant que la dépendance du vecteur $\vec{E}$ à l'égard de x et de t soit exprimée par la loi de propagation du *mouvement vibratoire harmonique* dans un milieu isotrope. Nous devons poser par conséquent

$$\vec{E} = \varphi\,(x - vt) = \vec{\mathcal{E}} \sin a\,(vt - x)$$

où $\vec{\mathcal{E}}$ est un vecteur dont le module est égal à l'amplitude du vecteur de grandeur variable $\vec{E}$. On sait qu'on a $vT = \lambda$, T désignant la *période de vibration* et λ la *longueur d'onde* ; en posant $a = 2\pi : \lambda$, on obtient pour $\vec{E}$ l'équation bien connue (Tomes I et II) :

$$(60) \qquad \vec{E} = \vec{\mathcal{E}} \sin 2\pi \left(\frac{t}{T} - \frac{x}{\lambda} \right).$$

Si $\vec{E} = E\,[y]$, on déduit de la relation (58)

$$\overset{\curvearrowright}{H} = \sqrt{\frac{\varepsilon}{\mu}}\ \overset{\curvearrowright}{\mathcal{E}} \sin 2\pi \left(\frac{t}{T} - \frac{x}{\lambda} \right),$$

$\overset{\curvearrowright}{\mathcal{E}}$ étant un vecteur axial de même module que le vecteur polaire $\vec{\mathcal{E}}$, mai parallèle à $\overset{\curvearrowright}{H}$, ce qu'on peut encore écrire

$$(60,\,a) \qquad \overset{\curvearrowright}{H} = \overset{\curvearrowright}{\mathcal{H}} \sin 2\pi \left(\frac{t}{T} - \frac{x}{\lambda} \right),$$

où $\overset{\curvearrowright}{\mathcal{H}}$ est un vecteur dont le module est égal à l'amplitude du vecteur de grandeur variable $\overset{\curvearrowright}{H}$, tel que

$$(60,\,b) \qquad \sqrt{\mu}H = \sqrt{\varepsilon}E.$$

Dans le vide, les amplitudes des vecteurs $\vec{E}$ et $\overset{\curvearrowright}{H}$ sont égales. Les formules (60) et (60, a) montrent qu'*en chaque point d'un rayon, les vecteurs « oscillants » $\vec{E}$ et $\overset{\curvearrowright}{H}$ se trouvent dans des phases identiques, c'est-à-dire s'annulent en même temps et atteignent simultanément leurs grandeurs maxima.*

Lorsque la perturbation se propage dans la direction de l'axe $+x$ et qu'à un moment donné le vecteur $\vec{E}$ prend, en un point quelconque du rayon, sa valeur maxima $\vec{\mathcal{E}}$ dans la direction de l'axe $+y$, $\overset{\curvearrowright}{H}$ prend simultanément en ce point sa valeur maxima $\overset{\curvearrowright}{\mathcal{H}}$ dans la direction de l'axe $+z$. Mais si la perturbation se propage dans le sens des x décroissants, à la valeur maxima $\vec{E} = \vec{\mathcal{E}}$ suivant la direction $+y$ correspond au même point du rayon et au même instant la valeur maxima $\overset{\curvearrowright}{H} = \overset{\curvearrowright}{\mathcal{H}}$ dans la direction $-z$. De là découle une conséquence très importante. Supposons que le long de l'axe des x se propagent deux perturbations absolument identiques dans des sens opposés. Dans ce cas, les deux vecteurs $\vec{E}$ et $\overset{\curvearrowright}{H}$ doivent donner lieu à des *ondes stationnaires* (Tome I). Si, en un certain point de l'axe des x, les vecteurs $\vec{E}$ des deux perturbations se trouvent dans des phases identiques, en ce point les vecteurs $\overset{\curvearrowright}{H}$ des deux perturbations seront dans des phases opposées. Inversement, là où les vecteurs $\vec{E}$ se trouveront dans des phases opposées, les phases des vecteurs $\overset{\curvearrowright}{H}$ seront identiques. Nous sommes donc conduits à la proposition suivante : *Lorsque deux perturbations identiques, qui se propagent en sens contraires, donnent naissance à des ondes stationnaires, les ventres du vecteur $\vec{E}$ coïncident avec les nœuds du vecteur $\overset{\frown}{H}$, et les nœuds du vecteur $\vec{E}$ avec les ventres du vecteur $\overset{\frown}{H}$. Les deux systèmes d'ondes stationnaires des vecteurs $\vec{E}$ et $\overset{\frown}{H}$ sont décalés l'un par rapport à l'autre d'un quart de longueur d'onde.*

Nous avons parlé dans le Tome II des expériences qui confirment l'*existence* de la *pression de la lumière* et nous avons montré dans le Tome III que cette pression est une conséquence nécessaire des principes de la Thermodynamique. Nous allons maintenant calculer la grandeur de cette pression par deux méthodes différentes, basées l'une et l'autre sur les notions générales et les équations de la théorie de Maxwell.

Nous avons indiqué, dans le Livre I, Chap. I, § 4, que le long des lignes ou plus exactement des tubes de force électrique existe une certaine tension P_o et, normalement à la surface latérale de ces tubes, une pression égale P_e, ayant pour valeur, par unité d'aire de la section droite ou de la surface latérale,

$$P_o = \frac{\varepsilon \cdot \vec{E}^2}{8\pi}.$$

Dans le champ magnétique, existent aussi une tension et une pression latérale (Livre II, Chap. I, § 3)

$$P_m = \frac{\mu \overset{\frown}{H}^2}{8\pi}.$$

Quand une onde plane tombe normalement sur une surface absorbant les radiations, les vecteurs $\vec{E}$ et $\overset{\frown}{H}$ sont, comme nous l'avons vu, parallèles à cette surface et, par suite, celle-ci est soumise à la pression $P = P_e + P_m$, de sorte que

$$P = \frac{\varepsilon \cdot \vec{E}^2}{8\pi} + \frac{\mu \overset{\frown}{H}^2}{8\pi},$$

c'est-à-dire, voir formule (23), page 137,

(60, c)
$$P = W.$$

Dans le cas considéré, la pression est égale à l'énergie contenue dans l'unité de volume. Lorsque l'onde est *totalement réfléchie*, à la surface se trouvent deux flux d'énergie, le flux incident et le flux réfléchi ; on a alors

(60, d)
$$P = 2W.$$

Si le coefficient de réflexion est égal à r, l'onde incidente produit la pression W et l'onde réfléchie la pression rW ; on a par suite

(60, e)
$$P = (1 + r)\,W.$$

Dans l'établissement des trois dernières formules, nous avons fait usage des notions de tension et de pression des tubes de force électrique et de force magnétique. PLANCK, dans son ouvrage classique *Vorlesungen über die Theorie der Wärmestrahlung*, 1906, p. p. 46 à 58, part exclusivement des équations fondamentales de MAXWELL et traite le cas général où les rayons tombent sur la surface du corps dans toutes les directions possibles. Bornons-nous à l'incidence normale d'une onde plane sur la surface du corps. PLANCK suppose que la substance du corps réfléchissant possède une très grande conductibilité et qu'on a, pour cette substance, $\mu = 1$. Dans un tel milieu, un très petit vecteur $\overrightarrow{E}$ produit un courant fini ; par suite $\overrightarrow{E}$ ne peut atteindre une valeur notable. D'après (26), nous devons en conclure que, dans le vide aussi, à la surface même du corps, $\overrightarrow{E}$ est très petit. Ceci montre que la réflexion doit être *totale* et qu'il y a perte d'une demi-longueur d'onde, car, à la surface même, le vecteur $\overrightarrow{E}$ de l'onde incidente et celui de l'onde réfléchie se détruisent presque complètement. A l'intérieur du corps existe un courant $\overrightarrow{I}$, dont la direction coïncide avec celle du très petit vecteur $\overrightarrow{E}$; dans ce même corps, existe aussi le vecteur $\overset{\smile}{H}$, que nous désignerons par $\overset{\smile}{H}_i$. La densité de courant $\overrightarrow{I}$ et le vecteur $\overset{\smile}{H}_i$ sont liés par l'équation (9), page 134,

$$(60, f) \qquad \frac{4\pi \overrightarrow{I}}{c} = rot\, \overset{\smile}{H}_i.$$

Prenons l'axe des x dans la direction du rayon incident, l'axe des y dans celle de $\overrightarrow{I}$ et l'axe des z parallèle à $\overset{\smile}{H}_i$. Alors $rot\, \overset{\smile}{H}_i$ se réduit à sa composante, suivant l'axe des y, comme l'exige l'équation (60, f). On a donc, voir (23), page 19,

$$\frac{4\pi \overrightarrow{I}}{c} = rot_y\, \overset{\smile}{H}_i = -\frac{\partial \overset{\smile}{H}_i}{\partial x}.$$

Soit S un élément de la surface du corps ; considérons à l'intérieur de ce corps un cylindre de base S et dont les génératrices sont parallèles à l'axe des x ; supposons l'origine des coordonnées choisie de manière qu'à la surface on ait $x = 0$, Sur l'élément de volume Sdx de ce cylindre agit la force

$$d\overrightarrow{P} = \frac{Sdx}{c}\, [\,\overrightarrow{I}\, \overset{\smile}{H}_i].$$

En introduisant la valeur de $\overrightarrow{I}$ donnée par l'équation précédente, on trouve

$$d\overrightarrow{P} = -\frac{Sdx}{4\pi}\, \left[\overset{\smile}{H}_i\, \frac{\partial \overset{\smile}{H}_i}{\partial x}\right],$$

et, en remarquant que $(\overrightarrow{I}, \overset{\frown}{\overrightarrow{H}_i}) = \left(\overset{\frown}{\overrightarrow{H}_i}\, \dfrac{\partial \overrightarrow{H}_i}{\partial x}\right) = 0$,

$$|\,d\overrightarrow{P}\,| = -\frac{S\,dx}{8\pi}\,\frac{\partial \overset{\frown}{H}_i^2}{\partial x}.$$

Cette force $d\overrightarrow{P}_i$ est normale à la surface S, car elle est perpendiculaire à $\overrightarrow{I}$ et à $\overset{\frown}{H}_i$; elle est dirigée vers l'intérieur du corps. Le module de la force totale agissant sur le cylindre est égal à

$$|\,\overrightarrow{P}\,| = -\frac{S}{8\pi}\int_0^\infty \frac{\partial \overset{\frown}{H}_i^2}{\partial x}\,dx.$$

Comme, pour $x = \infty$, le vecteur $\overset{\frown}{H}_i$ doit être nul, on a

$$|\,\overrightarrow{P}\,| = \frac{S}{8\pi}\,\overset{\frown}{H}_{i,0}^2,$$

$\overset{\frown}{H}_{i,0}$ désignant la valeur du vecteur à la surface même du corps. La force, qui agit sur l'unité d'aire, est égale à la pression que nous avons appelée précédemment P, de sorte que

$$(60,\,g) \qquad\qquad P = \frac{1}{8\pi}\,\overset{\frown}{H}_{i,0}^2.$$

D'après (26), le vecteur $\overset{\frown}{H}_{i,0}$ doit être égal au vecteur $\overset{\frown}{H}_{e,0}$ dans l'espace *extérieur* à la surface même. Le rayon incident et le rayon réfléchi donnent évidemment ensemble $\overset{\frown}{H}_{e,0} = 2\overset{\frown}{H}$, et nous avons par suite

$$P = \frac{1}{2\pi}\,\overset{\frown}{H}^2 = 2W,$$

c'est-à-dire la formule (60, d).

Cette démonstration met en évidence que le vecteur $\overrightarrow{E}$ perd à la réflexion une demi-longueur d'onde et ainsi s'explique à nouveau le fait que, dans les ondes stationnaires, les nœuds de l'un des vecteurs $\overrightarrow{E}$ et $\overset{\frown}{H}$ coïncident avec les ventres de l'autre ; le vecteur $\overrightarrow{E}$ présente un nœud à la surface réfléchissante et le vecteur $\overset{\frown}{H}$ un ventre.

Ce que nous venons d'exposer constitue le point de départ de la théorie *électromagnétique* de la lumière. Nous avons fait connaître, dans le Tome II, les anciennes théories de FRESNEL et de F. NEUMANN, qui ne diffèrent entre elles que par l'hypothèse sur la direction des vibrations lumineuses élastiques. Lorsque le rayon lumineux est entièrement polarisé dans un certain plan, d'après FRESNEL les vibrations élastiques ont lieu perpendiculairement à ce plan, d'après F. NEUMANN au contraire dans le plan lui-même. La théorie électromagnétique de la lumière supprime toute controverse à cet égard, car elle montre qu'un rayon comporte deux espèces de vibrations, l'une électrique et l'autre magnétique, disposées respectivement dans des plans perpendiculaires. *Aux vibrations lumineuses de la théorie de* FRESNEL *correspondent les vibrations du vecteur* $\vec{E}$, *qui s'effectuent perpendiculairement au plan de polarisation du rayon.*

6. Conducteurs et semi-conducteurs de l'électricité. — Nous nous

bornerons ici à quelques-unes des questions les plus élémentaires. Le sujet sera plus complètement développé dans le Chapitre consacré à l'étude approfondie de la théorie électromagnétique de la lumière. Supposons que, dans l'espace donné, les grandeurs σ et e soient différentes de zéro. Nous avons alors à considérer les équations (13) et (16) ou les systèmes (14) et (17), ainsi que les équations (10) et (21). En outre, nous regarderons l'équation (20) comme encore exacte, quoique l'équation (19, a), déduite de (18), se rapporte au cas où $\sigma = 0$. Nous appellerons, comme précédemment, densité de volume de l'électricité la grandeur ρ, mais ce sera maintenant une grandeur variable, dépendant du temps t. Nous avons donc les équations

$$(61) \qquad \frac{4\pi\sigma}{c}\,\vec{E} + \frac{\varepsilon}{c}\,\frac{\partial\vec{E}}{\partial t} = rot\,\vec{H}$$

$$(61, a) \qquad \frac{\mu}{c}\,\frac{\partial\vec{H}}{\partial t} = -\,rot\,\vec{E}$$

$$(61, b) \qquad div\,\mu\vec{H} = 0$$

$$(61, c) \qquad div\,\varepsilon\vec{E} = 4\pi\rho$$

$$(61, d) \qquad \vec{I} = \sigma\vec{E}.$$

Considérons quelques-uns des cas particuliers les plus simples.

I. Soit un milieu homogène isotrope, dans lequel, à l'instant $t = 0$, sont distribuées des charges électriques quelconques, dont nous désignerons la densité de volume par ρ_0 ; la distribution de ces charges est complètement arbitraire. Dans un milieu homogène, ε et σ sont des grandeurs constantes. Prenons la divergence des deux membres de l'équation (61) ; d'après la formule (25), page 19, nous obtenons

$$(61, e) \qquad 4\pi\sigma\,div\,\vec{E} + \varepsilon\,\frac{\partial}{\partial t}\,div\,\vec{E} = 0.$$

L'équation (61, c) donne

$$\frac{4\pi\sigma}{\varepsilon}\,\rho + \frac{\partial\rho}{\partial t} = 0,$$

ce que l'on peut encore écrire

$$(62) \qquad \frac{\partial\rho}{\partial t} = -\,\frac{4\pi\sigma}{\varepsilon}\,\rho.$$

L'intégrale de cette équation est

$$(63) \qquad \rho = \rho_0 e^{-\frac{4\pi\sigma}{\varepsilon}t}.$$

Introduisons la notation

$$(63,a) \qquad \frac{\varepsilon}{4\pi\sigma} = \tau\,;$$

on a alors

$$(64) \qquad \rho = \rho_0 e^{-\frac{t}{\tau}}.$$

On voit que, dans un milieu conducteur, la densité de volume de l'électricité tend vers zéro. A l'instant $t = \tau$, la densité qui subsiste est

$$(64,a) \qquad \rho = \frac{\rho_0}{e} = \frac{\rho_0}{2,718}\,;$$

d'une manière générale, *après chaque intervalle de temps τ, la densité ρ devient $e = 2,718\ldots$ fois plus petite.* Cet intervalle s'appelle le *temps de relaxation.* Plus σ est grand, plus τ est petit et plus les charges deviennent rapidement très faibles et pratiquement imperceptibles. Même pour les corps relativement très mauvais conducteurs, le temps τ est très petit. Nous devons concevoir la disparition de ρ comme le passage des charges à la surface des corps dans lesquels σ est différent de zéro.

II. Soit S une surface fermée, limitant un espace quelconque. Des équations $(61,c)$, $(61,d)$ et $(61,e)$, on déduit

$$\operatorname{div}\overrightarrow{\mathrm{I}} + \frac{\partial\rho}{\partial t} = 0.$$

En multipliant le premier membre de cette équation par l'élément de volume dv et en intégrant dans tout l'espace considéré, on obtient

$$\frac{\partial}{\partial t}\int \rho\,dv + \int \operatorname{div}\overrightarrow{\mathrm{I}}\,dv = 0.$$

En désignant la quantité totale d'électricité à l'intérieur de la surface S par E et en ayant égard à l'équation (21), page 18, on a

$$(65) \qquad -\frac{\partial \mathrm{E}}{\partial t} = \int \mathrm{I}_n d\mathrm{S}.$$

Cette équation exprime que *la diminution de la quantité d'électricité dans un espace donné est égale au flux du vecteur $\overrightarrow{\mathrm{I}}$, qui traverse la surface S tracée dans cet espace.* Ceci confirme que le vecteur $\overrightarrow{\mathrm{I}}$, que nous avons appelé la densité du courant électrique, est effectivement mesuré par la quantité d'électricité traversant dans l'unité de temps l'unité d'aire de la section perpendiculaire à la direction d'écoulement de l'électricité. **Nous ne nous sommes pas servi** dans ce Chapitre d'une telle définition du vecteur $\vec{I}$, car nous avons introduit les équations $(61, c)$ et $(61, d)$, c'est-à-dire (20) et (10), indépendamment l'une de l'autre.

III. Nous avons établi les équations (45) et (46), en supposant $\sigma = 0$. Nous allons écrire les équations correspondantes, dans le cas général où σ est différent de zéro. Puisque pour $\sigma > 0$ la grandeur ρ disparaît rapidement, nous prendrons $\rho = 0$; nous avons par suite, en supposant ε et μ constants,

$$(65, a) \qquad div\ \vec{E} = 0,$$

c'est-à-dire

$$(65, b) \qquad \frac{\partial X}{\partial x} + \frac{\partial Y}{\partial y} + \frac{\partial Z}{\partial z} = 0.$$

Différentions (61) par rapport à t et prenons le tourbillon des deux membres de l'équation $(61, a)$; il vient

$$\frac{4\pi\sigma}{c} \frac{\partial \vec{E}}{\partial t} + \frac{\varepsilon}{c} \frac{\partial^2 \vec{E}}{\partial t^2} = rot\ \frac{\partial \vec{H}}{\partial t},$$

$$\frac{\mu}{c} rot\ \frac{\partial \vec{H}}{\partial t} = -\ rot\ rot\ \vec{E} = -\ grad\ div\ \vec{E} + \Delta\vec{E} = \Delta\vec{E},$$

voir équation (31), page 22, et équation $(65, a)$. Par combinaison linéaire des deux dernières équations, nous trouvons

$$\frac{4\pi\sigma}{c} \frac{\partial \vec{E}}{\partial t} + \frac{\varepsilon}{c} \frac{\partial^2 \vec{E}}{\partial t^2} = \frac{c}{\mu} \Delta\vec{E},$$

ou

$$\frac{4\pi\sigma}{\varepsilon} \frac{\partial \vec{E}}{\partial t} + \frac{\partial^2 \vec{E}}{\partial t^2} = \frac{c^2}{\mu\varepsilon} \Delta\vec{E}.$$

En introduisant les grandeurs

$$(65, c) \qquad \tau = \frac{\varepsilon}{4\pi\sigma}, \qquad v = \frac{c}{\sqrt{\mu\varepsilon}},$$

voir $(63, a)$ et (54), on a finalement

$$(66) \qquad \frac{\partial^2 \vec{E}}{\partial t^2} + \frac{1}{\tau} \frac{\partial \vec{E}}{\partial t} = v^2 \Delta\vec{E}.$$

En différentiant $(61, a)$ par rapport à t et en prenant le tourbillon des deux membres de (61), on obtient

$$(67) \qquad \frac{\partial^2 \vec{H}}{\partial t^2} + \frac{1}{\tau} \frac{\partial \vec{H}}{\partial t} = v^2 \Delta\vec{H}.$$

Les vecteurs $\vec{E}$ et $\overset{\curvearrowright}{H}$ satisfont donc encore, pour $\sigma > 0$, à la même équation. Pour $\sigma = 0$, les équations (66) et (67) deviennent (45) et (46). Il reste, pour déterminer les *composantes* des vecteurs $\vec{E}$ et $\overset{\curvearrowright}{H}$, les systèmes (14) et (17).

Considérons de nouveau le cas particulier où *les vecteurs $\vec{E}$ et $\overset{\curvearrowright}{H}$ ne dépendent que de x*. Les équations (66) et (67) prennent alors la forme suivante :

$$(68) \qquad \frac{\partial^2 \vec{E}}{\partial t^2} + \frac{1}{\tau}\frac{\partial \vec{E}}{\partial t} = v^2 \frac{\partial^2 \vec{E}}{\partial x^2},$$

$$(69) \qquad \frac{\partial^2 \overset{\curvearrowright}{H}}{\partial t^2} + \frac{1}{\tau}\frac{\partial \overset{\curvearrowright}{H}}{\partial t} = v^2 \frac{\partial^2 \overset{\curvearrowright}{H}}{\partial x^2}.$$

Des équations $(61, b)$ et $(65, a)$, qui remplace $(61, c)$, il résulte que

$$(69, a) \qquad \frac{\partial X}{\partial x} = 0, \qquad \frac{\partial L}{\partial x} = 0.$$

En outre, les premières équations des systèmes (14) et (17) donnent, voir $(65, c)$

$$(69, b) \qquad \frac{1}{\tau} X + \frac{\partial X}{\partial t} = 0, \qquad \frac{\partial L}{\partial t} = 0.$$

Il s'ensuit, comme auparavant, que $L = 0$ et $X = 0$, car la première équation $(69, b)$ montre que si X indépendant de x existait, il disparaîtrait rapidement, suivant une loi analogue à celle exprimée par la formule (64). Supposons en outre que $\vec{E} = E[y]$ *soit dirigé suivant l'axe des y* et que par suite $Z = 0$. La troisième équation du système (14) et la seconde équation du système (17) donnent alors $M = 0$, c'est-à-dire $\overset{\curvearrowright}{H} = H[z]$; autrement dit, *le vecteur $\overset{\curvearrowright}{H}$ est dirigé suivant l'axe des z.*

On voit que, *dans le cas général* $(\sigma > 0)$, *les vecteurs $\vec{E}$ et $\overset{\curvearrowright}{H}$ sont aussi perpendiculaires* l'un sur l'autre. La seconde équation du système (14) et la troisième équation du système (17), qui subsistent, donnent maintenant

$$(70) \qquad \left\{ \begin{array}{l} \dfrac{4\pi\sigma}{c}\vec{E} + \dfrac{\varepsilon}{c}\dfrac{\partial \vec{E}}{\partial t} = -\dfrac{\partial \overset{\curvearrowright}{H}}{\partial x} \\[3mm] \dfrac{\mu}{c}\dfrac{\partial \overset{\curvearrowright}{H}}{\partial t} = -\dfrac{\partial \vec{E}}{\partial x}. \end{array} \right.$$

Pour $\sigma = 0$, le système (70) se change dans le système $(50, a)$. *Les équations* (68), (69), (70) *et* $(65, c)$ *permettent l'étude complète du cas considéré.* Nous nous occuperons de cette étude, avec tous les développements nécessaires, dans le Chapitre consacré à la théorie électromagnétique de la lumière.

7. Les équations de Hertz pour les corps en mouvement. — Soit un champ de vecteurs $\vec{E}$ et $\overset{\curvearrowright}{H}$ et supposons les corps, qui se trouvent dans ce champ, en mouvement. Ces corps peuvent être des sources donnant naissance à $\vec{E}$ et $\vec{H}$, par exemple des corps chargés électriquement, des conducteurs parcourus par des courants électriques préexistants, des corps ferromagnétiques, des aimants en acier, des diélectriques polarisés ; ces corps peuvent être aussi des conducteurs qui, à l'état de repos, ne présentent ni charge, ni courant. Pour comprendre comment HERTZ (1890) a modifié les équations de MAXWELL, dans le cas des corps en mouvement, nous écrirons ces équations pour les composantes dans la direction n de la normale à une surface S quelconque, limitée par une courbe arbitraire. Les équations (61) et (61, a) donnent

$$\frac{4\pi\sigma}{c}\,E_n + \frac{\varepsilon}{c}\,\frac{\partial E_n}{\partial t} = rot_n\,\vec{H},$$

$$\frac{\mu}{c}\,\frac{\partial H_n}{\partial t} = -\,rot_n\,\vec{E}.$$

En multipliant les deux membres de ces équations par dS et en intégrant sur toute la surface S, il vient

$$(71) \quad \begin{cases} \dfrac{4\pi}{c}\displaystyle\int \sigma E_n dS + \dfrac{1}{c}\,\dfrac{\partial}{\partial t}\int \varepsilon E_n dS = -\int rot_n\,\vec{H}dS \\[3mm] \dfrac{1}{c}\,\dfrac{\partial}{\partial t}\displaystyle\int \mu H_n dS = -\int rot_n\,\vec{E}dS. \end{cases}$$

Ces équations sont relatives à une surface *immobile* dans l'espace. HERTZ *admet que les équations* (71) *restent vraies dans le cas d'un système en mouvement, mais se rapportent à une surface mobile, invariablement liée au corps en mouvement.* HERTZ admet en même temps que *l'éther se meut avec le corps* ; il prend donc la constante diélectrique du corps *en mouvement* égale à ε, tandis qu'il faudrait la prendre égale à $\varepsilon - 1$, si on supposait que l'éther ne participe pas au mouvement du corps.

Nous avons considéré à la page 23 la variation avec le temps d'un vecteur. Nous avons désigné par $\dfrac{\partial \vec{A}}{\partial t}$ la variation du vecteur $\vec{A}$ en un point donné fixe de l'espace et par $\dfrac{d\vec{A}}{dt}$ la variation en un point invariablement lié à un corps, se mouvant avec la vitesse $\vec{v}$. L'hypothèse de HERTZ, dans le cas d'un système mobile, consiste donc à remplacer, dans les équations (71), le signe $\dfrac{\partial}{\partial t}$ par le signe $\dfrac{d}{dt}$, de sorte que ces équations prennent la forme suivante :

$$(71,a) \quad \begin{cases} \dfrac{4\pi}{c}\displaystyle\int \sigma E_n dS + \dfrac{1}{c}\,\dfrac{d}{dt}\int \varepsilon E_n dS = \int rot_n\,\vec{H}dS, \\[3mm] \dfrac{1}{c}\,\dfrac{d}{dt}\displaystyle\int \mu H_n dS = -\int rot_n\,\vec{E}dS. \end{cases}$$

A la page 24 nous avons établi la relation

$$\frac{d}{dt}\int A_n dS = \int \left\{ \frac{\partial A_n}{\partial t} + v_n \, div \, \overrightarrow{A} + rot_n \overrightarrow{[A, v]} \right\} dS.$$

En transformant à l'aide de cette relation les équations (71, a), il vient

$$\frac{4\pi}{c}\int \sigma E_n dS + \frac{1}{c}\int \left\{ \frac{\partial \varepsilon E_n}{\partial t} + v_n \, div \, \overrightarrow{\varepsilon E} + rot_n \overrightarrow{[\varepsilon E \, v]} \right\} dS = \int rot_n \overset{\smile}{H} dS,$$

$$\frac{1}{c}\int \left\{ \frac{\partial \mu H_n}{\partial t} + v_n \, div \, \overset{\smile}{\mu H} + rot_n [\overset{\smile}{\mu H} \overrightarrow{v}] \right\} dS = -\int rot_n \overrightarrow{E} dS.$$

Multiplions la première de ces équations par $\frac{c}{4\pi}$ et introduisons les expressions $\overrightarrow{D} = \frac{\varepsilon}{4\pi} \overrightarrow{E}$ et $div \, \overrightarrow{\varepsilon E} = 4\pi\rho$, voir (1) et (20) ; appliquons d'autre part, dans la seconde équation, la relation (21) $div \, \overset{\smile}{\mu H} = 0$. On obtient alors

$$\int \sigma E_n dS + \int \left\{ \frac{\partial D_n}{\partial t} + v_n\rho + rot_n \overrightarrow{[D \, v]} \right\} dS = \frac{c}{4\pi}\int rot_n \overset{\smile}{H} dS,$$

$$\frac{\mu}{c}\int \left\{ \frac{\partial H_n}{\partial t} + rot_n [\overset{\smile}{H} \overrightarrow{v}] \right\} dS = -\int rot_n \overrightarrow{E} dS.$$

Puisque la surface S et par suite aussi la direction n sont tout à fait arbitraires, il est clair que les mêmes équations sont valables pour les fonctions sous le signe de sommation, c'est-à-dire que l'on a

$$(72) \qquad \sigma\overrightarrow{E} + \frac{\partial \overrightarrow{D}}{\partial t} + \overrightarrow{v}\rho + rot \overrightarrow{[D \, v]} = \frac{c}{4\pi} rot \overset{\smile}{H},$$

$$(73) \qquad \frac{\mu}{c} \frac{\partial \overset{\smile}{H}}{\partial t} + \frac{\mu}{c} rot [\overset{\smile}{H} \overrightarrow{v}] = - rot \overrightarrow{E}.$$

Ces équations remplacent, dans le cas d'un système en mouvement, les équations (61) *et* (61, a) *de* Maxwell. Toutes les grandeurs entrant dans ces équations se rapportent au point de l'espace où se trouve à l'instant donné le point matériel animé de la vitesse $\overrightarrow{v}$. Pour $\overrightarrow{v} = 0$, les équations (72) et (73) se changent dans (61) et (61, a).

Considérons d'abord l'équation (72). Reprenons l'équation (12, a), page 134, savoir

$$(73, a) \qquad \overrightarrow{G} = \frac{c}{4\pi} rot \overset{\smile}{H},$$

où $\overrightarrow{G}$, densité du courant qui produit le champ $\overset{\smile}{H}$, est égal à, voir (11) et (12),

$$(73, b) \qquad \overrightarrow{G} = \overrightarrow{I} + \overrightarrow{V} = \sigma\overrightarrow{E} + \frac{\partial \overrightarrow{D}}{\partial t}.$$

Dans le cas d'un système en repos, ce courant se compose du courant de conduction $\sigma\vec{E}$ et du courant de déplacement $\dfrac{\partial\vec{D}}{\partial t}$. *Nous conserverons encore ici la formule* (73, a), *c'est-à-dire que nous supposerons que le tourbillon de* $\overset{\curvearrowleft}{H}$, *voir* (72), *est aussi lié à la densité du courant total* $\vec{G}$ *par l'équation* (73, a), *dans le cas d'un système en mouvement,* $\vec{G}$ *ayant maintenant pour expression*

$$(74) \qquad \vec{G} = \sigma\vec{E} + \frac{\partial\vec{D}}{\partial t} + \vec{v}\,\rho + rot\,[\vec{D}\,\vec{v}].$$

Le courant total $\vec{G}$ se compose donc non plus de deux, mais de quatre parties : $\sigma\vec{E}$ et $\dfrac{\partial\vec{D}}{\partial t}$ sont les densités des courants de *conduction* et de *déplacement* ; $\vec{v}\,\rho$ est la densité du *courant de convection,* dû au transport d'une charge électrique, dont la densité de volume est ρ, *avec la vitesse* $\vec{v}$ *du corps.* ROWLAND (1876) a mis le premier en évidence l'existence du champ magnétique d'un tel courant de convection. Nous reviendrons sur cette question dans l'un des Chapitres suivants. Quant à $rot\,[\vec{D}\,\vec{v}]$, c'est la densité de ce qu'on appelle le *courant de* RÖNTGEN. Un tel courant existe lorsque, dans le champ électrique, se meut un diélectrique polarisé, dont la polarisation et par suite aussi le déplacement $\vec{D}$ sont dus à ce champ. RÖNTGEN (1888) a observé le champ magnétique $\overset{\curvearrowleft}{H}_R$ d'un courant de ce genre ; d'autres recherches très importantes ont été faites à ce sujet par A. A. EICHENWALD (1903) ; nous nous en occuperons plus tard.

Passons à l'équation (73), où nous introduirons l'induction magnétique $\overset{\curvearrowleft}{B} = \mu\overset{\curvearrowleft}{H}$; nous avons alors

$$(75) \qquad \frac{1}{c}\frac{\partial\overset{\curvearrowleft}{B}}{\partial t} + \frac{1}{c}\,rot\,[\overset{\curvearrowleft}{B}\,\vec{v}] = -\,rot\,\vec{E}.$$

Posons $\vec{E} = \vec{E}_1 + \vec{E}_2$, où

$$(75,a) \qquad \frac{1}{c}\frac{\partial\overset{\curvearrowleft}{B}}{\partial t} = -\,rot\,\vec{E}_1,$$

$$(75,b) \qquad \frac{1}{c}\,rot\,[\overset{\curvearrowleft}{B}\,\vec{v}] = -\,rot\,\vec{E}_2.$$

L'équation (75, a), qui correspond à (16), page 135, détermine *la force électromotrice induite en un point donné par la variation du flux d'induction magnétique* $\overset{\curvearrowleft}{B}$. En appliquant au second membre la formule de STOKES, nous revenons à l'équation (15, a), page 135.

$$(75,c) \qquad -\,c\int(\vec{E}_t\,\vec{ds}) = \frac{\partial}{\partial t}\int B_n dS,$$

qui nous a servi de point de départ pour établir la seconde équation de MAXWELL, dans le cas d'un système fixe. En appliquant la formule de STOKES aux deux membres de l'équation (75, b), nous obtenons

$$(75, d) \qquad - c \int (\overrightarrow{E_2}\,\overrightarrow{ds}) = \int ([\overset{\curvearrowleft}{\overrightarrow{B}}\ \overrightarrow{v}]\,\overrightarrow{ds}).$$

Il s'ensuit que sur chaque élément $\overrightarrow{ds}$ de la courbe d'intégration, que nous supposons conductrice et évidemment fermée, agit la force électromotrice $- c\overrightarrow{E_2}$, qui diffère de $[\overset{\curvearrowleft}{\overrightarrow{B}}\ \overrightarrow{v}]$ par un vecteur, dont l'intégrale le long de la courbe fermée est nulle. Un tel vecteur doit être de la forme $grad\ \varphi$, où φ désigne un potentiel scalaire de charges électriques quelconques. Dans les conducteurs fermés, on n'a pas besoin de tenir compte de ce vecteur ; il reste alors, en changeant les signes,

$$(76) \qquad c\overrightarrow{E_2} = [\overrightarrow{v}\ \overset{\curvearrowleft}{\overrightarrow{B}}].$$

La grandeur absolue du vecteur $\overrightarrow{E_2}$ est donnée par la relation

$$(76, a) \qquad c\,|\,\overrightarrow{E_2}\,| = |\,\overrightarrow{v}\,|\,.\,|\,\overset{\curvearrowleft}{\overrightarrow{B}}\,|\,\sin\,\overrightarrow{(v,}\overset{\curvearrowleft}{\overrightarrow{B}}).$$

Le vecteur $\overrightarrow{E_2}$ est normal au plan contenant la direction du flux magnétique $\overset{\curvearrowleft}{\overrightarrow{B}}$ et celle du mouvement $\overrightarrow{v}$, la rotation d'une vis dans le sens de $\overrightarrow{v}$ vers $\overset{\curvearrowleft}{\overrightarrow{B}}$ donnant à cette vis un mouvement de translation dans la direction du vecteur $\overrightarrow{E_2}$. Il en résulte évidemment que $\overrightarrow{E_2}$ *est la force électromotrice induite dans l'élément de volume du corps par son mouvement dans le champ magnétique.* ABRAHAM a montré (voir FÖPPL-ABRAHAM, *Theorie der Elektrizität,* Vol. I, p. 405, 1904) comment s'expliquent les phénomènes de l'*induction unipolaire* (page 120), à l'aide de l'équation (75, b).

CONCLUSION. — Nous avons exposé les fondements de la théorie de MAXWELL, en laissant de côté beaucoup de questions d'un caractère plus spécial. Cette théorie fournit une image remarquablement exacte d'un grand nombre de phénomènes électriques et magnétiques ; il existe cependant aussi de très nombreux phénomènes qui ne rentrent pas dans ce cadre. Pour les expliquer, on a proposé diverses variantes de la théorie de MAXWELL, qui conduisent à des modifications plus ou moins profondes des équations que nous avons rencontrées dans ce Chapitre. Dans un Traité de Physique générale, il est impossible d'étudier ces théories. Elles sont d'ailleurs actuellement supplantées par la théorie électronique, dont nous indiquerons les traits principaux dans le Chapitre suivant.

8. Détermination expérimentale de la grandeur « v ». — On convient généralement de désigner par v (souvent entre guillemets) une grandeur qui peut s'obtenir au moyen de mesures électromagnétiques de nature différente et dont la valeur numérique doit, comme la théorie le fait prévoir être égale à la vitesse c de la lumière dans le vide. Nous allons ici passer une revue rapide des méthodes de détermination de v, l'égalité $v = c$ étant étroitement liée à la théorie de MAXWELL.

En 1863, MAXWELL et FLEMING JENKIN ont indiqué cinq méthodes pour la détermination de v ; mais seules les trois suivantes ont été pratiquement réalisées et ont donné des résultats satisfaisants. Elles reposent sur la mesure d'une même grandeur électrique en unités électrostatiques (indice e) et en unités électromagnétiques (indice m).

1. On mesure une certaine *quantité d'électricité* en unités él. st. (e_e) et en unités él. mag. (e_m) ; on a alors

$$(77) \qquad v = \frac{e_e}{e_m} \cdot$$

2. On mesure de la même manière une *force électromotrice* ou une *différence de potentiel* (E_e et E_m) ; on a

$$(78) \qquad v = \frac{E_m}{E_e} \cdot$$

3. On opère de même avec une *capacité* (C_e et C_m) ; on a

$$(79) \qquad v^2 = \frac{C_e}{C_m} \cdot$$

Dans les trois dernières formules se trouvent au second membre, *non pas les unités* des grandeurs e, E et C, mais les *valeurs numériques* de grandeurs concrètes, mesurées à la fois en unités électrostatiques et en unités électromagnétiques. Nous supposerons que toutes les mesures sont faites en unités C. G. S. ; nous savons que, dans ce cas, la valeur de v est voisine de

$$(80) \qquad v = 3.10^{10}.$$

De très nombreuses déterminations expérimentales de la grandeur v ont été effectuées suivant ces trois méthodes. Des exposés de ces mesures sont mentionnés dans la bibliographie à la fin de ce Chapitre. Toutes ces déterminations n'ont plus guère aujourd'hui qu'un intérêt historique, car il ne peut plus y avoir aucun doute sur l'identité de la grandeur « v » et de la vitesse c de la lumière dans le vide. Nous nous bornerons par suite à décrire très brièvement les méthodes énumérées et à indiquer les travaux qui s'y rattachent. Nous donnerons les résultats des mesures, en écrivant seulement le coefficient de 10^{10} dans la formule (80), c'est-à-dire un nombre voisin de 3.

1. MÉTHODE DE LA MESURE D'UNE QUANTITÉ D'ÉLECTRICITÉ. — Cette méthode a été employée par WEBER et KOHLRAUSCH (1856), et ensuite par ROWLAND (1879, travail publié en 1889).

WEBER et KOHLRAUSCH ont mesuré la charge d'une bouteille de Leyde en unités él. st., en transportant une fraction déterminée de cette charge sur la sphère fixe d'une balance de torsion de COULOMB. La bouteille a été ensuite déchargée à travers un galvanomètre et, d'après la déviation de l'aiguille aimantée, on a pu déterminer la grandeur de la charge en unités él. mag. La variation avec le temps de la charge de la bouteille a été observée au moyen d'un électromètre relié à cette bouteille. Le résultat, corrigé par W. Voigt (1877), a été trouvé égal à 3,1140.

Rowland et ses collaborateurs se sont servis, au lieu d'un bouteille de Leyde, d'un condensateur sphérique, dont ils ont mesuré le potentiel au moyen d'un électromètre absolu de Thomson ; le résultat a été 2,9815.

II. Méthode de la mesure d'une force électromotrice ou d'une différence de potentiel. — On mesure en unités él. st., à l'aide de l'électromètre absolu, une différence de potentiel aussi grande que possible ; on détermine ensuite l'intensité du courant produit par cette même différence de potentiel dans un conducteur, dont on connaît la résistance en *ohms*. Diverses variantes de cette méthode ont été réalisées par Maxwell (1868), W. Thomson et King (1869), Mc Kichan (1874), Shida (1880), Exner (1882), Thomson, Ayrton et Perry (1888), Pellat (1891), Hurmuzescu (1896), Perot et Fabry (1898).

Maxwell a mesuré l'intensité d'un courant avec un électrodynamomètre absolu, combiné avec un électromètre absolu de telle façon que la répulsion des bobines du premier soit équilibrée par l'attraction des plateaux chargés du second. Deux batteries d'éléments étaient nécessaires à cet effet, l'une servant à charger les plateaux de l'électromètre et l'autre à envoyer un courant dans les bobines fixées aux faces extérieures des plateaux ; le rapport des forces électromotrices des deux batteries était déterminé par des mesures spéciales. Le résultat a été 2,84.

Nous ne nous arrêterons pas sur les autres travaux que nous avons mentionnés ; nous en indiquerons seulement les résultats : Mc Kichan, 2,863 à 2,999 ; Thomson, Ayrton et Perry, 2,92 ; Exner, 2,87 ; Pellat, 3,0092 ; Hurmuzescu, 3,001 ; Perot et Fabry, 2,9973.

III. — Méthode de la mesure d'une capacité. — Rosa et Dorsey indiquent dans leur mémoire (1907, voir la bibliographie) *huit variantes* de cette méthode ; ils estiment que la *troisième* et la *quatrième* de ces variantes fournissent les meilleurs résultats, parmi toutes les méthodes adoptées en général pour la détermination de la grandeur v. Presque dans tous les cas on *calcule* la capacité C_e d'un condensateur d'après sa forme et ses dimensions ; pour la détermination de C_m, il faut toujours connaître la grandeur d'une certaine résistance en mesure absolue. Nous donnerons l'énumération de Rosa et Dorsey, en nous limitant aux six méthodes de mesure qui ont été mises en pratique.

1. *Méthode du galvanomètre balistique.* — La charge d'un condensateur de capacité connue C_e est mesurée à l'aide d'un galvanomètre balistique. Le condensateur est chargé par la même batterie qui sert au calibrage du galvanomètre. On obtient de cette manière la valeur $e_m : E_m$, qui est égale à celle de la grandeur C_m cherchée. La résistance absolue du circuit du courant fermé doit être connue. Des mesures ont été faites suivant cette méthode par Ayrton et Perry (au Japon, 1879 ; le résultat a été 2,96) et par Hockin (1879, le résultat a été 2,967).

2. *Méthode de la déviation constante du galvanomètre.* — Le condensateur est

périodiquement chargé par une batterie et déchargé ; les courants de charge
ou de décharge traversent un galvanomètre, qui accuse une déviation *constante*.
La grandeur de cette déviation est comparée à celle que donne le même galvanomètre intercalé dans le circuit fermé de la même batterie. La résistance
de tout le circuit doit être connue en unités absolues ; il est nécessaire aussi
de connaître le nombre n de charges par seconde du condensateur. L'intensité i_1 du courant est, dans le premier cas, déterminée par l'équation

$$nEC_m = Ai_1,$$

E désignant la force électromotrice de la batterie et A la constante du galvanomètre. Dans la seconde expérience, on a, pour l'intensité i_2 du courant,
l'expression

$$\frac{Er''}{rr'' + rr' + r'r''} = Ai_2,$$

r étant la résistance du circuit principal, r' la résistance du galvanomètre
et r'' celle du shunt. Si on divise la première égalité par la seconde, E et A
disparaissent et on obtient C_m. Des mesures ont été effectuées suivant cette
méthode par Stoliétoff (1881, résultat 2,98 à 3,00), en employant un commutateur tournant pour la charge et la décharge du condensateur, et par
Klemenčič (1881, résultat 3,0188), qui s'est servi dans le même but, d'un
interrupteur-diapason.

3. *Méthode du pont de* Wheatstone. — Le circuit d'une batterie d'éléments
présente une dérivation correspondant au pont de Wheatstone. Sur l'une
des branches du pont sont intercalés un condensateur et un interrupteur. En
faisant varier le nombre des interruptions par seconde ou la résistance de
l'autre branche, on peut amener à zéro le courant du pont. Dans ce cas, la
grandeur C_m est déterminée par une formule assez compliquée, qui a été
donnée par J. J. Thomson (1883) et que nous n'indiquerons pas. Des mesures
ont été faites suivant cette méthode par Himstedt (1887, résultat 3,0057),
Rosa (1889, résultat 3,000), J. J. Thomson et Searle (1890, résultat 2,996),
Rosa et Dorsey (1907 ; la moyenne de leurs résultats, d'après la présente
méthode et la suivante, est 2,9971).

4. *Méthode du galvanomètre différentiel.* — Cette méthode se distingue de la
seconde, en ce que les courants de charge et de décharge, ainsi que le courant
constant, traversent les deux bobines d'un galvanomètre différentiel ; la déviation de ce galvanomètre est ainsi amenée à zéro. Cette méthode a été employée
par Klemenčič (1884, résultat 3,0188), Himstedt (1886 et 1888, résultat
3,015), Abraham (1892, résultat 2,991), Rosa et Dorsey (1907, résultat
indiqué plus haut).

5. *Méthode de la décharge oscillante d'un condensateur.* — Quand un circuit
renferme un condensateur de capacité C_m et de self-induction L_m, la durée t
des oscillations de la décharge est donnée par la formule

$$t = 2\pi \sqrt{C_m L_m}.$$

En mesurant t et L_m, on en déduit C_m et ensuite on obtient v, après que C_e a été calculé comme dans les méthodes précédentes ou déterminé par comparaison avec une capacité connue. Pour mesurer le temps t aussi exactement que possible, il est nécessaire que ce temps ne soit pas trop petit et par suite la capacité C_m et la self-induction L_m doivent avoir de grandes valeurs. Cette méthode a été appliquée par Colley (1886, résultat 3,015), Webster (1898, résultat 3,0259), Lodge et Glazebrook (1899, résultat 3,009). En employant de grandes valeurs de C_m et L_m, Colley a obtenu des oscillations électriques très lentes ; la décharge traversait un galvanomètre, dont l'aiguille aimantée pouvait suivre ces oscillations. La durée d'oscillation de l'aiguille du galvanomètre, qui était munie d'un petit miroir, a été déterminée par la méthode optique. Webster a employé un électromètre, dont l'aiguille suivait les oscillations de la décharge. Le circuit du condensateur est d'abord fermé par la chute d'un poids, ce qui produit la décharge ; ensuite l'électromètre est mis hors circuit par le même poids. On détermine les positions d'un second commutateur, pour lesquelles l'aiguille de l'électromètre passe par sa position d'équilibre. Lodge et Glazebrook ont photographié l'étincelle sur une plaque mobile sensible à la lumière.

6. *Méthode de comparaison d'une capacité et d'une self-induction à l'aide d'un courant alternatif.* — Dans le circuit d'un courant alternatif (de période t) est intercalé un électromètre. L'aiguille est reliée par deux conducteurs aux deux plateaux de l'électromètre (à feuilles d'or, par exemple) ; l'un des conducteurs renferme un condensateur de capacité C_m, le second une résistance R. non inductive. L'électromètre reste au repos, quand

$$\pi R C_m = t,$$

d'où l'on déduit C_m. Cette méthode a été appliquée par Miss Maltby (1897, résultat 3,015).

L'ensemble des résultats indiqués dans ce paragraphe confirme, dans une mesure satisfaisante, que la grandeur « v » est numériquement égale à la vitesse de la lumière.

BIBLIOGRAPHIE

1. — Introduction.

J. Clerk Maxwell. — *On Faraday's lines of force* (1855, 1856), *Trans. Cambr. Phil. Soc.*, **10**, p. 27, 1864 (*Scientific papers*, Cambridge, **1**, p. 155, 1890), trad. all. dans *Ostwald's Klassikern*, n° 69, Leipzig, 1895 ; *On physical lines of force, Phil.*

Mag., (4), **21**, pp. 161, 281, 338, 1861 ; **23**, pp. 12, 85, 1862 (*Scientific papers*, **1**, p. 451) ; *A dynamical theory of the electromagnetic field, Trans. Roy. Soc.*, **155**, p. 459, 1865 (*Scientific Papers*, **1**, p. 526) ; *A Treatise on Electricity and Magnetism*, 2 vol., Oxford, 1re éd., 1873, 2e éd., 1881, 3e éd., 1892 ; trad. all. de WEINSTEIN, Berlin, 1883 ; trad. fr. de SELIGMANN-LUI, avec notes de CORNU, POTIER et SARRAU, Paris, 1889.

P. DUHEM. — *Les théories électriques de J. Clerk Maxwell, étude historique et critique*, Paris, 1902.

L. BOLTZMANN. — *Vorlesungen über Maxwell's Theorie der Elektrizität und des Lichtes*, 2 vol. Leipzig, 1891, 1893.

H. POINCARÉ. — *Electricité et Optique*, Paris, 1e éd., 1890, 1891 ; 2e éd., 1901.

O. HEAVISIDE. — *Electrical papers*, 2 vol., London, 1892 ; *Electromagnetic theory*, London, I, 1893. II, 1899.

H. A. LORENTZ. — *La théorie électromagnétique de Maxwell et son application aux corps mouvants*, Leiden, 1892 (paru aussi dans les *Archives néerlandaises*, **25**, p. 363) ; *Versuch einer Theorie der elektrischen und optischen Erscheinungen in bewegten Körpern*, Leiden, 1895 (réimprimé chez Teubner. Leipzig. 1906).

HELMHOLTZ. — *Vorlesungen über die elektromagnetische Theorie des Lichtes*, Leipzig, 1897.

J. J. THOMSON. — *Notes on recent researches in Electricity and Magnetism, intended as a sequel to Prof. Clerk Maxwell's Treatise on Electricity and Magnetism*, Oxford, 1893.

A. FÖPPL. — *Einführung in die Maxwellsche Theorie der Elektrizität*, Leipzig, 1894.

A. FÖPPL et M. ABRAHAM. — *Theorie der Elektrizität*, vol. I : *Einführung in die Maxwellsche Theorie der Electrizität*, 2e éd., Leipzig, 1904.

E. COHN. — *Das elektromagnetische Feld*, Leipzig, 1900.

F. RICHARZ — *Anfangsgründe der Maxwellschen Theorie*, Leipzig-Berlin, 1909.

CL. SCHAEFER. — *Einführung in die Maxwellsche Theorie*, Leipzig-Berlin, 1908,

2. — Equations de Maxwell.

H. POINCARÉ. — *Electricité et Optique*, 2e éd., 1901, p. 360.

A. FÖPPL et M. ABRAHAM. — *Theorie der Elektrizität*, 2e éd., 1904, vol. I, p. 246.

F. RICHARZ. — *Marburger Ber.*, 1904, p. 128.

3. — Théorème de Poynting et flux d'énergie.

J. H. POYNTING. — *On the transfer of energy in the electromagnetic field, Lond. Trans.*, **175**, p. 343, 1885 ; **176**, p. 277, 1886.

HEAVISIDE. — *Electrical Papers*, **1**, pp. 437-441, 449, 450.

W. WIEN. — *Über den Begriff der Lokalisierung der Energie, Ann. Phys. Chem.*, **45**, p. 685, 1892.

Kn. BIRKELAND. — *Über die Strahlung elektromagnetischer Energie in Raume, Ann. Phys. Chem.*, **52**, p. 357, 1894.

G. MIE. — *Entwurf einer allgemeinen Theorie der Energieübertragung, Wien. Sitz.-Ber. math. naturw. Kl.*, (II a), **107**, p. 1113 1898.

E. et F. COSSERAT. — Voir Tome II, *Théorie des corps déformables*, p. 1171.

7. — Les équations de Hertz pour les corps en mouvement.

H. HERTZ. — *Wied. Ann.*, **41**, p. 369, 1890 ; *Gesammelte Werke*, II, p. 256, 1894.

8. — Détermination expérimentale de la grandeur « v ».

Hurmuzescu. — *Ann. de chim. et phys.*, (7), **10**, pp. 436-452, 1897.

Wiedemann. — *Die Lehre von der Elektrizität*, IV, pp. 753-782, 1898.

B. P. Weinberg. — *Valeur la plus probable de la vitesse de propagation des perturbations de l'éther*, Partie II, pp. 277-494, Odessa, 1903 (en russe).

Abraham. — *Rapp. prés. au Congrès internat. de Physique*, II, pp. 247-267, 1900.

Rosa et Dorsey. — *Bull. Bur of Standards*, **3**, n° 4, p. 605, Repr., n° 66, 1907.

Maxwell et Fleming Jenkin. — *Report to the British Association*, p. 130, 1863 (Appendix C of the Report of the Committee on Standards of Electr. Resistance).

R. Kohlrausch et W. Weber — *Elektrodynamische Massbestimmung*, IV, 1856 ; *Pogg. Ann.*, **99**, p. 10, 1856.

W. Weber. — *Werke*, **3**, p. 609.

W. Voigt. — *Wied. Ann.*, **2**, p 476, 1877.

Rowland, Hall et Fletcher. — *Phil. Mag.*, (5), **28**, p. 304, 1889.

Maxwell — *Phil. Trans.*, 1868-II. p. 643 ; *Phil Mag.*, (4), **36**, p. 316, 1868.

W. Thomson et King. — *Rep. Brit. Assoc.*, 1869, p. 434.

Mc Kichan. — *Phil. Mag.*, (4), **47**, p. 218, 1874

Shida. — *Phil. Mag.*, (5), **10**, p. 431 1880 ; **11**, p. 473, 1881 ; **12**. pp. 76, 154, 224, 300, 1881

Exner. — *Wien Ber.*, **86**, p. 106, 1882 ; *Exners Repert.*, **19**, p. 99, 1882.

Thomson, Ayrton et Perry. — *Electrical Review*, **23**, p 337, 1888.

Pellat. — *C. R.*, **112**, p. 783, 1891 ; *Journ. de Phys.*, (2) **10**, p. 389, 1891.

Hurmuzescu. — *Ann. de chim. et phys.*, (7), **10**, p 433, 1897 ; *C. R.*, **121**, p. 815, 1895.

Perot et Fabry. — *Ann. de chim. et phys.*, (7), **13**, p. 404, 1898.

Ayrton et Perry. — *Phil Mag.*, (5), **7**, p. 277, 1879.

Hockin. — *Rep. Brit. Assoc.*, 1879 p 285.

Stoletow. — *Journ. de Phys.*, (1), **10**, p. 468, 1881 ; *Journ. de la Soc. russe phys.-chim.*, **12**, p. 66, 1880.

Klemenčič. — *Wien. Ber.*, **83**, p. 603, 1881 ; **89**, p. 298, 1884 ; **93**, p. 470, 1886 ; *Repert. d. Phys.*, **18**, p. 505, 1881 : **20**, p. 462, 1884 : **22**, p. 568, 1886.

J. J. Thomson. — *Phil. Trans.*, p. 707, 1883 ; *Proc. R. Soc.*, **35**, p. 346, 1833.

Himstedt — *W. A.*, **29**, p 560, 1887 ; **33**, p. 1, 1888 ; **35**. p. 126, 1888.

Rosa. — *Phil. Mag.*, (5), **28**, p. 315, 1889 ; *Amer Journ. of Science*, **38**, p. 298, 1889.

J. J. Thomson et Searle. — *Phil. Trans.*, **181**, p. 583, 1890.

Rosa et Dorsey. — *Bull. Bur. of Stand.*, **3**, n°s 3 et 4 pp. 443-604 ; *Reprint*, n° 65, 1907.

H. Abraham. — *C. R.*, **114**, pp 654, 1355, 1892 ; *Journ. de Phys.*, (3), **1**, p. 361, 1892 ; *Ann. de chim. et phys.*, (6), **27**, p 433, 1892.

Colley. — *W. A.*, **28**, p. 1, 1886 ; *Procès verbaux de la Sect. phys.-math. de la Soc. des Naturalistes de Kazan*, 1885, p. 1 ; 1886, p. 1.

Webster — *Phys. Rev.*, **6** p. 397. 1898.

Lodge et Glazebrook. — *Trans. Cambr. Phil. Soc.*, **18**, 1899 ; *Stokes Commemoration*, p. 136, Cambridge, 1899

Miss Maltby. — *Wied. Ann.*, **61**, p. 553, 1897.

CHAPITRE IV

LES FONDEMENTS DE LA THÉORIE ÉLECTRONIQUE [1]

1. Introduction. — Nous avons présenté pour la première fois la notion d'électron, en indiquant dans le Tome IV (sous la forme des images A, B et C) les trois directions principales suivant lesquelles s'est développée l'histoire de la théorie des phénomènes électriques. Dans la première, on a admis l'existence réelle d'au moins une ou, plus volontiers, de deux substances particulières appelées électricités. L'action instantanée à distance (*actio in distans*) est la marque caractéristique de cette première manière de voir. La seconde a trouvé son interprète le plus profond dans l'auteur de la théorie à laquelle le Chapitre précédent a été consacré. En développant les idées de FARADAY, MAXWELL a en quelque sorte transporté le centre de gravité des phénomènes dans le milieu diélectrique, l'éther étant aussi considéré par lui comme tel. Il a supprimé complètement l'idée de substances réelles particulières, comme inutile. Après les expériences de HERTZ, la théorie de MAXWELL a atteint l'apogée de son développement et il a semblé que, par les équations auxquelles elle conduit, le problème de l'explication des phénomènes électriques et magnétiques se trouvait épuisé ; seuls, les *phénomènes de l'électrolyse* ne rentraient pas dans le cadre de la théorie de MAXWELL et restaient dans un isolement singulier. Un ion monovalent porte une *quantité d'électricité e* tout à fait déterminée et toujours la même ; un ion bivalent est chargé d'une quantité d'électricité $2e$, etc. Lorsqu'on étudie les phénomènes de l'électrolyse, on doit abandonner la théorie de MAXWELL, l'oublier pour ainsi dire, car les charges n'y jouent que le rôle de fictions que l'on place géométriquement aux extrémités des lignes ou tubes de force qui sillonnent le diélectrique. Mais à ce défaut (*sit venia verbo !*), dans la théorie si harmonieusement édifiée par MAXWELL, s'en sont ajoutés beaucoup d'autres, qui ont apparu par une étude plus approfondie de phénomènes connus depuis assez longtemps, ensuite par la découverte de toute une série de nouveaux phénomènes. Aux phénomènes antérieurement connus, appartiennent en première ligne les rayons cathodiques, que nous étudierons en détail dans l'un des Chapitres suivants. Aux phénomènes récemment découverts appartiennent ceux que l'on a observés dans les décharges électriques à travers les gaz raréfiés, en outre quelques phénomènes manifestés par les corps incandescents et,

---

[1] Ce Chapitre a été rédigé par l'auteur.

dans des conditions déterminées, par les corps dont la surface est exposée aux radiations ultraviolettes, enfin le phénomène de ZEEMANN, les phénomènes de radioactivité (page 39) et les phénomènes magnéto-optiques.

Bien avant la découverte de ces phénomènes nouveaux, H. A. LORENTZ (1895, *Versuch einer Théorie*, etc.) a construit une théorie, dans laquelle il a introduit explicitement et d'une manière déterminée la notion de charges électriques élémentaires, de particules extrêmement petites ou atomes d'électricité. Les premiers travaux de H. A. LORENTZ dans cette voie datent déjà de 1880 ; en outre, HELMHOLTZ (1881), ARRHENIUS (1887,1888), ELSTER et GEITEL (1888), GIESE (1889), SCHUSTER (1889), F. RICHARZ (1894) et en particulier J. J. THOMSON (1894) ont aussi exprimé des idées impliquant plus ou moins nettement la structure atomistique de l'électricité. La dénomination *d'électron* a été proposée en 1894 par STONEY ; J. LARMOR (1896) et WIECHERT (1896) sont parmi les premiers des nombreux savants qui ont développé la théorie électronique, dont l'épanouissement a commencé vers 1900, sous l'influence de la découverte des nouveaux phénomènes mentionnés plus haut. Le mérite de H A. LORENTZ est d'avoir le premier élaboré en détail une théorie, où se trouve intimement associée l'ancienne notion d'un substratum particulier, existant réellement, des phénomènes électriques avec les fondements de la théorie de MAXWELL ; il a conservé, en effet, le principe de l'action par l'intermédiaire d'un milieu et la forme générale des équations fondamentales de cette théorie, mais il a fait subir à ces équations une modification, insensible extérieurement, tout à fait essentielle au sens intérieur.

Actuellement, nous avons la notion claire *d'électrons négatifs* ayant une existence bien établie, c'est-à-dire de molécules ou atomes très petits, indivisibles en apparence, du substratum qui a été appelé électricité négative. Il est certain que, dans une série de phénomènes (rayons cathodiques, rayons β), on a affaire à des *électrons négatifs libres.* c'est-à-dire non liés à de la matière ordinaire. On n'a pas observé jusqu'ici (1914) d'électrons positifs *libres* ; mais un petit nombre de faits isolés, cependant non encore assez solidement établis ni étudiés, donnent à penser qu'il existe des électrons positifs. Des particules de matière se montrent en effet toujours électrisées positivement, comme dans les rayons α par exemple (page 41). On ne peut dire avec certitude si l'électricité positive a quelque chose de réel, différant essentiellement par sa nature de l'électricité négative. L'électrisation positive peut être due soit à la présence d'une électricité positive particulière, soit à la soustraction d'un ou plusieurs électrons négatifs de la quantité correspondant à l'état neutre, c'est-à-dire à l'absence d'électrisation sensible. On doit à J. J. THOMSON un schéma, d'après lequel l'atome substantiel est constitué par un noyau relativement gros d'électricité positive, à l'intérieur ou autour duquel se meuvent des électrons négatifs Dans ce qui suit, quand nous parlerons *d'électrons*, nous aurons exclusivement en vue les électrons *négatifs*.

La théorie électronique, en admettant l'existence d'atomes d'électricité indivisibles, est analogue sous maints rapports à la théorie moléculaire ou cinétique de la matière ordinaire. Pour expliquer les phénomèmes observés, il lui arrive aussi de calculer, en vue de la détermination de telle ou telle grandeur physique, des *valeurs numériques moyennes* relatives à un très grand nombre d'électrons ; quelque chose de pareil se présente dans la théorie cinétique des gaz, par exemple dans le calcul de la pression qu'exerce un gaz sur les corps qui le limitent,

La valeur numérique de la charge e, que nous avons déjà indiquée à la page 39, peut être obtenue avec les données de l'électrolyse. Nous avons vu (Livre II, Chap. V, § 1) que l'équivalent-gramme d'un ion renferme $F = 96540$ coulombs $= 9654$ unités él. mag. C. G. S. $= 9654.3.10^{10}$ unités él. st. C. G. S. de quantité d'électricité. Pour le nombre N de molécules renfermées dans l'équivalent-gramme d'une substance, par exemple dans 2^{gr} d'hydrogène, on donne des nombres différant peu l'un de l'autre ; nous prendrons $N = 5,9.10^{23}$, de sorte que

$$(1) \qquad e = \frac{F}{N} \ 4,9.10^{-10} \ \text{unité él. st. C. G. S.}$$

Il existe diverses manières de voir sur la *structure des électrons*. On admet parfois que l'électron est un atome d'électricité, dont la densité a sa plus grande valeur à l'intérieur et diminue graduellement jusqu'à s'annuler vers l'extérieur, de sorte que l'électron ne possède pas une surface définie, ce qui permet de ne pas introduire de conditions à la frontière. On a aussi introduit l'hypothèse d'une densité électrique partout uniforme dans l'électron, et il y a alors une frontière précise, ou l'hypothèse extrême d'une distribution exclusivement superficielle. La question reste ouverte de savoir si l'électron est *déformable* ou se comporte comme ce qu'on appelle un corps absolument invariable. La plupart des auteurs penchent pour la possibilité de la déformation de l'électron. En tout cas, l'hypothèse que l'électron est *un point* ne peut être admise.

Pour expliquer beaucoup de phénomènes, la théorie électronique a dû introduire la notion de *divers genres d'électrons*, qui ne diffèrent cependant ni dans leur substance, ni par la grandeur de la charge ou leurs propriétés géométriques et physiques, mais seulement par le rôle qu'ils jouent dans tel ou tel phénomène, qui est déterminé surtout par la *position* qu'occupe l'électron et par les degrés de liberté qu'il possède dans cette position. On distingue, par exemple,

1. les électrons complètement libres (rayons cathodiques, rayons β) ;

2. les électrons qui se meuvent librement et d'une façon inorganisée à l'intérieur de la matière, dans les espaces intermoléculaires. Leur mouvement général de translation, qui se superpose au mouvement inorganisé, correspond au phénomène du courant électrique dans les conducteurs ; il est analogue à l'écoulement d'un gaz dans un tuyau ;

3. les électrons liés à des atomes de matière, mais qui abandonnent ces derniers ou se fixent à eux avec une facilité relative (ions des électrolytes, des gaz, etc.) ;

4. les électrons liés à la matière et ne pouvant subir que de petits déplacements à l'intérieur des molécules. Ce sont les électrons dans les diélec_

triques et la polarisation d'un diélectrique consiste précisément dans le déplacement des électrons qu'il contient. Les mouvements des électrons à l'intérieur de l'atome de matière produisent les phénomènes de l'énergie rayonnante; ces électrons peuvent aussi, dans certaines circonstances, absorber l'énergie rayonnante qui leur parvient.

5. les électrons qui se meuvent sur des courbes fermées autour des molécules matérielles, qui apparaissent ainsi comme des aimants élémentaires

Il est très possible que d'autres rôles puissent être encore attribués aux électrons, qui n'appartiennent à aucune des catégories précédentes; peut-être, par exemple, entrent-ils dans la composition constante de l'atome.

La théorie électronique repose sur quelques *hypothèses fondamentales*, dont nous indiquerons ici les suivantes :

I. *L'éther est immobile*: il ne participe pas au mouvement des corps et des déformations y sont impossibles.

II. L'éther ne *pénètre* pas seulement la matière, mais il est aussi présent à l'intérieur des électrons.

III. Le mouvement des électrons produit dans l'éther un *champ électromagnétique*.

Il est très important de remarquer qu'il faut entendre ici par éther le milieu dans lequel peuvent naître des forces électromagnétiques ou encore des champs électrique et magnétique. On pourrait remplacer le terme « éther » par les mots « espace électromagnétique ».

IV. Le champ électromagnétique agit sur l'électron; un tel champ peut aussi exister *à l'intérieur* de l'électron. Le champ produit par un électron réagit sur ce dernier.

V. La constante diélectrique ε, la perméabilité magnétique μ et la conductibilité électrique spécifique σ ne sont pas considérées comme des grandeurs données et fondamentales, qui caractérisent une substance; elle sont déterminées par les propriétés, la position et les mouvements des électrons renfermés dans cette substance.

VI. Dans la théorie électronique, *la troisième loi de* Newton, *c'est-à-dire le principe de l'égalité de l'action et de la réaction, ne se trouve pas toujours observé*. Cela résulte de la transmission des actions avec une vitesse finie. Lorsqu'un corps quelconque A change de position, l'action due à ce déplacement n'atteint un second corps B qu'après un temps fini et le même intervalle ou un temps différent est nécessaire pour que l'action de B parvienne à A. C'est ce qu'on exprime d'une manière encore plus nette en disant que l'éther ou mieux les champs qui y prennent naissance agissent sur l'électron, tandis que l'électron n'exerce inversement aucune action mécanique sur l'éther.

La théorie électronique a donné lieu au développement d'une nouvelle doctrine, qui conduit aux conséquences les plus singulières et qui est connue sous le nom de *Principe de relativité*. Nous consacrerons le prochain Chapitre à ces nouvelles vues théoriques, dans lesquelles *on rejette complètement l'existence de l'éther*.

2. Les équations fondamentales de la théorie électronique. — Ces équations, par leur forme extérieure, se distinguent très peu des équations de la théorie de Maxwell qui ont été établies dans le Chapitre précédent. Cependant, il y a réellement entre les deux systèmes de formules une différence essentielle ; elle provient de ce qu'on ne doit pas confondre l'espace occupé par un électron particulier, qui renferme une charge de densité de volume ρ, avec tout le reste de l'espace, c'est-à-dire l'éther libre. A l'intérieur des corps matériels et des électrons est présent le même éther, avec les mêmes propriétés que dans le *vide* ; mais si les phénomènes à l'intérieur des corps matériels se distinguent des phénomènes qui se manifestent à l'extérieur de ces corps et s'ils ne sont pas identiques quand les corps sont différents, cela tient à ce qu'à l'intérieur des corps se trouvent des électrons, dont la distribution, la mobilité et le mouvement sont conditionnés par les propriétés spéciales de la matière donnée. La grandeur ρ n'existe qu'à l'intérieur de l'électron ; en dehors de celui-ci, on a partout $\rho = 0$. Il faut remarquer en outre que la théorie électronique *n'emploie pas la notion de courant de conduction*, qui est remplacée par la notion plus déterminée d'électron en mouvement, c'est-à-dire de *courant de convection*. Il n'existe, dans cette théorie, aucune différence essentielle entre le mouvement de l'électron à l'intérieur d'un corps en repos et le transport de l'électron par un corps en mouvement dans lequel il se trouve.

Introduisons de nouveau les grandeurs $\overrightarrow{E}$ et $\overrightarrow{H}$, qui mesurent les champs électrique et magnétique. Désignons de plus par $\overrightarrow{v}$ la vitesse d'un élément de volume $d\omega$ de l'électron ; cette vitesse peut, d'une manière générale, être considérée comme la résultante de la vitesse du mouvement de translation d'ensemble de l'électron et de la vitesse de l'élément de volume $d\omega$, due à la rotation de l'électron autour d'un axe quelconque. Lorsque la quantité d'électricité $\rho d\omega$ se meut avec la vitesse $\overrightarrow{v}$, il existe *en un point donné* un courant, dont la densité $\overrightarrow{I}$, rapportée à l'unité d'aire, est égale à $\overrightarrow{v}\rho$. On a donc

$$(2) \qquad \overrightarrow{I} = \overrightarrow{v}\rho.$$

En dehors de ce courant, la théorie électronique conserve encore le *courant de déplacement* $\overrightarrow{V}$ *dans l'éther*, qui peut exister en tous les points *sans exception* de l'espace, c'est-à-dire aussi bien à l'extérieur qu'à l'intérieur de l'électron, et qui, voir (11), page 134, est égal à

$$(3) \qquad \overrightarrow{V} = \frac{1}{4\pi}\frac{\partial \overrightarrow{E}}{\partial t}.$$

(dans l'éther on a $\varepsilon = 1$ dans tous les cas). Le courant total $\overrightarrow{G}$ est donc égal à

$$(4) \qquad \overrightarrow{G} = \rho\overrightarrow{v} + \frac{1}{4\pi}\frac{\partial \overrightarrow{E}}{\partial t}.$$

Dans la théorie de Maxwell, nous avions la formule (12), page 134,

$$(5) \qquad \vec{G} = \sigma\vec{E} + \frac{1}{4\pi} \frac{\partial\vec{E}}{\partial t}.$$

A un point de vue purement *formel*, la théorie de Maxwell et la théorie électronique ne diffèrent que par la non-identité des premiers termes dans les formules (4) et (5). Nous n'introduirons pas d'autres modifications dans les équations fondamentales de la théorie de Maxwell, c'est-à-dire dans les équations (12, *a*), (16), (20) et (21) du Chapitre précédent, sauf que nous poserons $\varepsilon = 1$ et $\mu = 1$. Ces équations, avec la formule (4), nous donnent

$$(6) \qquad \frac{4\pi}{c}\, \vec{v}\rho + \frac{1}{c} \frac{\partial\vec{E}}{\partial t} = rot\, \overset{\curvearrowright}{H},$$

$$(7) \qquad \frac{1}{c} \frac{\partial\overset{\curvearrowright}{H}}{\partial t} = -\, rot\, \vec{E},$$

$$(8) \qquad div\, \vec{E} = 4\pi\rho,$$

$$(9) \qquad div\, \overset{\curvearrowright}{H} = 0.$$

L'équation (6) remplace l'équation (13), page 134. Des équations (4), (6) et (8), nous pouvons immédiatement tirer quelques conséquences. Prenons la divergence des deux membres de l'équation (6). La formule (25), page 19, donne $div\, rot\, \overset{\curvearrowright}{H} = 0$; par suite

$$(9, a) \qquad div\left(\vec{v}\rho + \frac{1}{4\pi} \frac{\partial\vec{E}}{\partial t} \right) = 0,$$

ou, voir (4),

$$(10) \qquad div\, \vec{G} = 0.$$

En portant la valeur (8) de $div\, \vec{E}$ dans (9, *a*), on obtient l'équation importante

$$(11) \qquad \frac{\partial\rho}{\partial t} + div\, (\vec{v}\rho) = 0,$$

qui exprime le *principe de la conservation de l'électricité*.

A l'intérieur d'un électron *en repos* ($\vec{v} = 0$) peut exister la grandeur $\frac{\partial\vec{E}}{\partial t}$; mais on voit, d'après l'équation (9, *a*), que

$$(11, a) \qquad div\, \frac{\partial\vec{E}}{\partial t} = 0.$$

Lorsque l'électron se trouve dans un *champ électromagnétique*, chacun de ses éléments $d\omega$, qui renferme la quantité d'électricité $\rho d\omega$ et se meut avec la vitesse $\vec{v}$, est soumis à une force $\vec{F}\rho d\omega$, $\vec{F}$ désignant la force qui agit sur l'*unité de quantité d'électricité*. Cette force $\vec{F}$ est la résultante, c'est-à-dire la somme vectorielle de deux forces. La première, égale à $\vec{E}$, représente l'action du champ électrique, la seconde, l'action du champ magnétique qui, d'après la loi de Biot et Savart, est égale à $\frac{1}{c}[v\,\overset{\frown}{H}]$; sa grandeur absolue est

$$\frac{1}{c}\,|\overrightarrow{v}\,|\,.\,|\overset{\frown}{H}\,|\,.\,\sin\,(\overrightarrow{v},\,\overset{\frown}{H})$$

et sa direction est perpendiculaire à $\overrightarrow{v}$ et à $\overset{\frown}{H}$. On a donc

$$(12)\qquad\qquad \vec{F}=\vec{E}+\frac{1}{c}\,[\overrightarrow{v}\,\overset{\frown}{H}].$$

Quand l'électron se meut, *le travail de la seconde force composante est nul*, puisque cette composante est perpendiculaire à la direction de la vitesse $\overrightarrow{v}$ du mouvement. Le travail effectué par le champ durant le temps dt, dans le mouvement de la quantité d'électricité $\rho d\omega$, est égal au produit scalaire $(\vec{F}\rho d\omega\,.\,\vec{v}\,dt)$ où, ce qui revient au même à $(\vec{F}\,.\,\rho\,\vec{v})\,d\omega\,dt$. En substituant dans cette expression la valeur (12) de $\vec{F}$ et en ayant égard à ce qui a été dit plus haut, on obtient, pour le travail, l'expression $(\vec{E}\,.\,\rho\,\vec{v})\,d\omega\,dt$. Le travail total dA, effectué durant le temps dt dans un volume quelconque ω, est

$$dA = dt \int (\vec{E}\,.\,\rho\,\vec{v})\,d\omega.$$

Le travail effectué par *unité de temps* sur tous les électrons, qui se trouvent dans l'espace ω, est égal à $\dfrac{\partial A}{\partial t}$ et nous pouvons le considérer, *au moins dans des cas particuliers*, comme égal à la chaleur Q dégagée dans le volume ω. On a donc

$$(13)\qquad\qquad \frac{\partial A}{\partial t}=Q=\int (\vec{E}\,.\,\rho\,\vec{v})\,d\omega.$$

Nous conserverons, pour l'*énergie* de l'unité de volume du champ électromagnétique, l'expression analogue à la formule (23), page 137,

$$(14)\qquad\qquad W = \frac{1}{8\pi}\,(\vec{E}^2 + \overset{\frown}{H}{}^2),$$

dont nous allons vérifier l'exactitude. L'énergie totale J dans l'espace ω est égale à

$$(14.a)\qquad\qquad J = \int W\,d\omega = \frac{1}{8\pi}\int (\vec{E}^2 + \overset{\frown}{H}{}^2)\,d\omega.$$

Établissons que l'équation de Poynting, voir (32, *b*), page 142, *reste vraie* c'est-à-dire peut être déduite des équations fondamentales (6) et (7). Il n'est pas nécessaire de donner ici toute la démonstration, qui ne diffère presque pas de celle de l'équation (32, b), page 142. Multiplions les deux membres de l'équation (6) *scalairement* par $\vec{E}$, les deux membres de l'équation (7) par $\vec{H}$ et ajoutons, puis multiplions par $d\omega$ et intégrons dans le volume donné ω, limité par la surface Σ. On obtient comme résultat une équation qui ne diffère de (29, a), page 141, qu'en ce qu'à la place du premier terme $\dfrac{4\pi}{c}\displaystyle\int \sigma \vec{E}^2 d\omega$ figure le terme

$$\frac{4\pi}{c}\int (\vec{E}\cdot \rho \vec{v})\, d\omega.$$

Au lieu de l'équation (30), page 141, on a maintenant

$$(14, b) \qquad \int (\vec{E}\cdot\rho\vec{v})\, d\omega + \frac{\partial}{\partial t}\int \frac{\vec{E}^2 + \vec{H}^2}{8\pi}\, d\omega = -\frac{c}{4\pi}\int [\vec{E}\,\vec{H}]_n\, d\Sigma.$$

Mais, d'après (13), le premier terme est le travail effectué sur les électrons de l'espace ω, c'est-à-dire est égal à la grandeur Q. Introduisons encore le vecteur de POYNTING, voir (32), page 141,

$$(15) \qquad \vec{S} = \frac{c}{4\pi}[\vec{E}\,\vec{H}],$$

et nous avons l'équation (32, b), page 142, c'est-à-dire

$$(16) \qquad \frac{\partial J}{\partial t} + Q = -\int S_n\, d\Sigma.$$

Si le second membre est nul, on a l'équation

$$(16, a) \qquad \frac{\partial J}{\partial t} + Q = 0,$$

ou, voir (13),

$$(16, b) \qquad \frac{\partial J}{\partial t} + \frac{\partial \Lambda}{\partial t} = 0,$$

qui exprime, dans le cas actuel, le principe de la conservation de l'énergie ; c'est en cela que consiste la vérification de l'exactitude de la formule (14).

3. Mouvement de l'électron dans les champs électrique et magnétique. — Nous considérerons, dans ce paragraphe, l'électron comme un point possédant la charge e *mesurée en unités él. st.* et une *masse m*, conçue au sens ordinaire de la mécanique, c'est-à-dire comme le rapport de la force agissant sur l'électron à l'accélération. Nous n'aurons pas égard ici au champ magnétique produit par l'électron en mouvement lui-même, ni à la réaction de ce champ sur l'électron.

I. Mouvement de l'électron dans le champ électrique. — Soient données les grandeurs e, m, $\vec{E}$ et la vitesse $\vec{v}$ de l'électron, m et $\vec{v}$ étant exprimés en unités C. G. S., e et $\vec{E}$ en unités él. st. C. G. S. Sur l'électron, agit la force $\vec{E}e$, qui a même direction que le vecteur $-\vec{E}$ et il est clair par suite que le mouvement de l'électron ne se distingue en rien du mouvement d'un corps de masse m dans un champ de force quelconque. Dans le cas particulier d'un champ uniforme, où $\vec{E}$ a partout même grandeur et même direction, l'électron se meut sur une parabole, comme un corps pesant sous l'influence de la pesanteur dans le voisinage de la surface de la Terre. Nous avons déjà mentionné que les rayons cathodiques représentent un flux d'électrons libres, émis par la cathode dans un tube contenant un gaz très raréfié. Cherchons la déviation produite dans un rayon cathodique par un champ électrique transversal. Supposons que du point A (*fig.* 34) parte un électron avec la vitesse $\vec{v}$

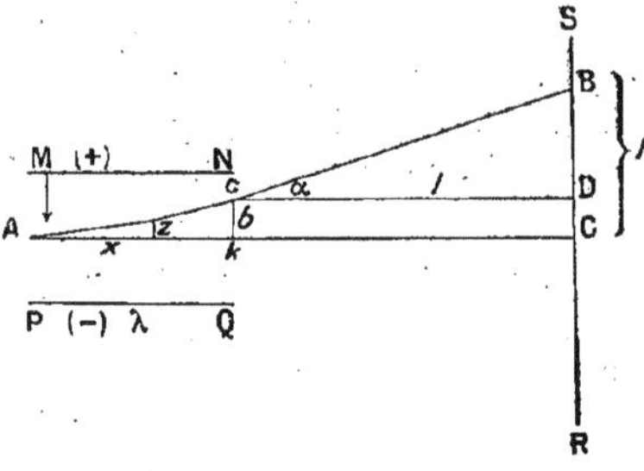

Fig. 34

dans la direction AC ; en l'absence de tout champ, il rencontrera un écran SR au point C. Mais soient MN et PQ les armatures d'un condensateur ; entre ces armatures existe le champ électrique transversal $\vec{E}$, qui force l'électron à se mouvoir sur l'arc de parabole Ac ; au point c, l'électron sort du champ électrique et poursuit son mouvement suivant la droite cB, rencontrant l'écran SR au point B. La distance BC $= h$ est la mesure de la déviation qu'il s'agit de déterminer. Soit Ak $= \lambda$ la longueur du condensateur et soit cD $= l$. Désignons par x et z les coordonnées d'un point quelconque sur la courbe Ac, par t le temps employé par l'électron à parcourir l'arc de parabole jusqu'en ce point à partir du début du mouvement en A. On a alors, en reprenant les notations cartésiennes pour v et E, $x = vt$, $z = \dfrac{eE}{2m} t^2$; par suite l'équation de la parabole est la suivante

$$z = \frac{eEx^2}{2mv^2}.$$

On en déduit, pour $b = ck$,

(17)
$$b = \frac{eE\lambda^2}{2mv^2}$$

et pour tg $\alpha = $ tg BcD, valeur de $\dfrac{dz}{dx}$ pour $x = \lambda$,

$$(17, a) \qquad\qquad \text{tg } \alpha = \frac{eE\lambda}{mv^2}.$$

On a enfin, pour $h = b + l$ tg α,

$$(18) \qquad\qquad h = \frac{eE\lambda}{mv^2}\left(l + \frac{\lambda}{2}\right).$$

d'où

$$(19) \qquad\qquad \frac{e}{mv^2} = \frac{h}{E\lambda\left(l + \frac{\lambda}{2}\right)};$$

En observant la déviation h, on peut déterminer le rapport de la charge de l'électron à la force vive de son mouvement.

Si les vecteurs $\vec{E}$ et $\vec{v}$ sont parallèles, le mouvement de l'électron est rectiligne et uniformément varié. Quand il passe du potentiel V_0 au potentiel V, sa vitesse cartésienne v est liée à la vitesse initiale v_0 par l'équation

$$\frac{1}{2}\,m(v^2 - v_0^2) = e(V - V_0).$$

Pour $v_0 = 0$, on a

$$(19, a) \qquad\qquad \frac{e}{mv^2} = \frac{1}{2(V - V_0)}.$$

II. Mouvement de l'électron dans le champ magnétique. — Sur l'électron agit la force $\vec{F}e = \dfrac{e}{c}[\vec{v}\,\vec{H}]$, qui est perpendiculaire à $\vec{v}$ et à $\vec{H}$, la disposition de $\vec{v}$, $\vec{H}$ et $\vec{F}e$ étant telle que lorsqu'on regarde dans la direction des lignes de force du champ supposées horizontales et que l'électron se meut dans le plan horizontal de la droite vers la gauche, la force $\vec{F}e$ est dirigée vers le bas. Comme la force $\vec{F}e$ reste toujours perpendiculaire à la direction du mouvement de l'électron, il est clair que *ce mouvement est uniforme*. De la formule connue de l'accélération normale, on déduit l'équation

$$\frac{e}{c}[\vec{v},\,\vec{H}] = \frac{\vec{mv^2}}{\vec{R}},$$

où $\vec{R}$ désigne le rayon de courbure de la trajectoire de l'électron. On en déduit, en reprenant les notations cartésiennes

$$(20) \qquad\qquad R = \frac{cmv^2}{evH \sin (v,\,H)} = \frac{cmv}{eH \sin (v,\,H)}.$$

Supposons $\vec{v}$ perpendiculaire à $\overset{\curvearrowleft}{H}$; dans ce cas, *l'électron se meut sur une circonférence de* rayon R' égal à

$$(20, a) \qquad R' = \frac{cmv}{eH}.$$

Quand $\vec{v}$ fait avec $\overset{\curvearrowleft}{H}$ l'angle α, cet angle ne varie pas. Le chemin x, parcouru dans la direction $\overset{\curvearrowleft}{H}$ au bout du temps t, est

$$(20, b) \qquad x = vt \cos \alpha.$$

La projection de la trajectoire sur un plan perpendiculaire à $\overset{\curvearrowleft}{H}$ est une circonférence, dont on obtient le rayon R'' en remplaçant simplement v par $v \sin \alpha$ dans $(20, a)$, de sorte que

$$(20, c) \qquad R'' = \frac{cmv \sin \alpha}{eH}.$$

Il est clair que *l'électron se meut sur une hélice*, dont le rayon de courbure est déterminé par la formule (20). La durée T d'un tour complet est

$$(20, d) \qquad T = \frac{2\pi R'}{v} = \frac{2\pi R''}{v \sin \alpha} = \frac{2\pi cm}{eH}.$$

La durée d'un tour ne dépend pas du tout de la vitesse v. La distance L entre les spires (pas de l'hélice) est égale à $Tv \cos \alpha$, de sorte que

$$(20, e) \qquad L = \frac{cmv \cos \alpha}{eH}.$$

Considérons maintenant *la déviation d'un rayon cathodique par un champ magnétique transversal*. Nous pouvons nous servir de la figure 34, en imaginant que les armatures MN et PQ du condensateur représentent deux larges pôles magnétiques, parallèles au plan de la figure, le pôle nord se trouvant en avant de ce plan et le pôle sud en arrière, de sorte que les lignes du champ $\overset{\curvearrowleft}{H}$ ont la direction dans laquelle regarde l'observateur. Au lieu de λ, l et h, prenons maintenant les notations λ_1, l_1 et h_1. Dans le cas considéré, l'électron se meut sur un *arc de cercle* Ac de rayon R'. Les coordonnées x et z d'un point de ce cercle sont liées par l'équation $x^2 = z(2R' - z)$ ou, comme z est très petit vis-à-vis de R', $z = \frac{x^2}{2R'}$, d'où $\frac{dz}{dx} = \frac{x}{R'}$. En faisant $x = \lambda_1$ et $z = b$, on a $b = \frac{\lambda_1^2}{2R'}$ et $\operatorname{tg} \alpha = \frac{\lambda_1}{R'}$. Si l'on porte dans ces égalités la valeur $(20, a)$ de R', il vient

$$b = \frac{\lambda_1^2 eH}{2cmv}, \qquad \operatorname{tg} \alpha = \frac{\lambda_1 eH}{cmv}.$$

On a, pour la déviation totale $h_1 = b + l_1 \operatorname{tg} \alpha$,

$$(21) \qquad h_1 = \frac{eH\lambda_1}{cmv}\left(l_1 + \frac{\lambda_1}{2}\right).$$

d'où

$$(22) \qquad \frac{e}{mv} = \frac{ch_1}{H\lambda_1\left(l_1 + \dfrac{\lambda_1}{2}\right)}.$$

En observant la déviation h_1, on peut déterminer le rapport de la charge de l'électron à sa quantité de mouvement.

En divisant membre à membre (22) par (19), on trouve

$$(23) \qquad v = \frac{cE\lambda\left(l + \dfrac{\lambda}{2}\right)h_1}{H\lambda_1\left(l_1 + \dfrac{\lambda_1}{2}\right)h}.$$

Ensuite, les formules (19) ou (22) donnent

$$(24) \qquad \frac{e}{m} = \frac{c^2 E\lambda\left(l + \dfrac{\lambda}{2}\right)h_1^2}{H^2\lambda_1^2\left(l_1 + \dfrac{\lambda_1}{2}\right)^2 h}.$$

En observant successivement les déviations dans des champs électrique et magnétique transversaux, on peut trouver le rapport $\dfrac{e}{m}$, appelé parfois charge spécifique de l'électron. Il ne faut pas oublier que, dans l'équation (24), les grandeurs e et E sont exprimées en unités él. st., H en unités él. mag. Les relations (5) et (5, b), page 132, montrent que *lorsque toutes les grandeurs sont exprimées en unités él. mag., le facteur c^2 disparaît.* Les observations, dont il sera question dans l'un des Chapitres suivants, ont donné pour $\dfrac{e}{m}$ des nombres qui diffèrent plus ou moins les uns des autres. Nous admettrons que

$$(25) \qquad \frac{e}{m} = 1,7.10^7 \text{ unités él. mag.} = 5,1.10^{17} \text{ unités élec. st.}$$

En prenant pour e la valeur (1)

$$(25, a) \qquad e = 4,9.10^{-10} \text{ unité él. st.,}$$

on trouve, pour la *masse de l'électron*,

$$(25, b) \qquad m = 0,96.10^{-27} \text{ gr.}$$

La masse m_{H} d'un *atome d'hydrogène* est égale à la masse d'une molécule-gramme d'hydrogène (c'est-à-dire 2 gr.) divisée par 2N, où $N = 5,9.10^{23}$, page 177; on a donc $m_{\text{H}} = 1,7.10^{-24}$ gr., d'où

$$(25, c) \qquad \frac{m}{m_{\text{H}}} = \frac{0,96.10^{-27}}{1,7.10^{-24}} = \frac{1}{1800}.$$

La masse d'un électron est environ 1800 fois plus petite que la masse d'un atome d'hydrogène. Si l'on porte la valeur (25) et si l'on fait $c = 3.10^{10}$ dans les formules (20, a) et (20, d), on obtient, pour le rayon R' de la circonférence décrite par l'électron, l'expression

$$(25, d) \qquad R' = \frac{1}{1,7.10^7}\, \frac{v}{H} \text{ cm.}$$

et pour la durée T d'un tour

$$(25, e) \qquad T = \frac{1}{0,3.10^7}\, \frac{1}{H} \text{ sec.}$$

En prenant, par exemple, $v = \frac{1}{3}\, c = 10^{10}\, \frac{\text{cm.}}{\text{sec.}}$, on obtient

$$(25, f) \qquad R' = \frac{530}{H} \text{ cm.}$$

Dans les trois dernières formules, H doit être exprimé en unités él. mag. C. G. S., c'est-à-dire en gauss.

III. Nous avons considéré le mouvement de l'électron respectivement dans un champ électrique uniforme et dans un champ magnétique uniforme. Nous n'envisagerons pas les cas plus compliqués de champs non-uniformes. Nous dirons seulement quelques mots du cas où deux champs *uniformes* $\vec{E}$ et $\vec{H}$ existent simultanément.

Supposons d'abord les vecteurs $\vec{E}$ et $\vec{H}$ parallèles. L'électron se meut alors dans la direction des champs avec une accélération constante ; la projection de sa trajectoire sur un plan normal aux champs sera une circonférence, dont le rayon est déterminé par la formule (20, c), où $v \sin \alpha$ est une grandeur constante. Il est clair que l'électron se meut sur une trajectoire, qui diffère de l'hélice en ce que la distance (pas) entre deux spires consécutives augmente constamment comme les espaces parcourus durant des temps égaux dans un mouvement uniformément accéléré, c'est-à-dire comme les nombres impairs 1, 3, 5, etc., quand la vitesse initiale est nulle.

Nous nous bornerons à donner les équations différentielles du mouvement dans le cas de *deux champs uniformes* $\vec{E}$ et $\vec{H}$ *rectangulaires*. Employons les axes de coordonnées ordinaires et supposons que $\vec{H}$ a la direction de l'axe des z et $\vec{E}$ celle de l'axe des y. En outre la vitesse initiale se trouvera dans le plan des xy et nous pourrons, en particulier, la supposer nulle. La trajectoire de l'électron sera alors entièrement disposée dans le plan des xy. La formule (12) donne

$$m \frac{d^2x}{dt^2} = Ee + \frac{e}{c}\, [\vec{v}\,\vec{H}]_x, \qquad m \frac{d^2y}{dt^2} = \frac{e}{c}\, [\vec{v}\,\vec{H}]_y.$$

D'après (9), page 10, on a, puisque $\vec{H}_z = H$ et $\vec{H}_x = \vec{H}_y = 0$,

$$m \frac{d^2x}{dt^2} = Ee + \frac{e}{c}\, v_y H, \qquad m \frac{d^2y}{dt^2} = - \frac{e}{c}\, v_x H,$$

d'où

$$(26) \quad \begin{cases} m\,\dfrac{d^2x}{dt^2} = \mathrm{E}e + e\,\dfrac{\mathrm{H}}{c}\,\dfrac{dy}{dt} \\[2mm] m\,\dfrac{d^2y}{dt^2} = -\,e\,\dfrac{\mathrm{H}}{c}\,\dfrac{dx}{dt}. \end{cases}$$

Ce sont les équations cherchées du mouvement.

4. Détermination élémentaire de l'énergie et de la masse de l'électron en mouvement. — Conservons encore les notations cartésiennes et supposons qu'un électron, dont la charge est égale à e unités él. st., se meuve rectilignement avec une vitesse v. Un électron en mouvement est non seulement analogue à un élément de courant électrique, mais lui est identique par sa nature même. Soit i l'intensité de ce courant en unités él. st., ds la longueur de l'élément; nous devons écrire

$$(27) \qquad ev = ids.$$

Un électron en mouvement produit dans tout l'espace environnant un champ magnétique H, auquel correspond une provision déterminée d'énergie W. Cette énergie est créée par les forces qui mettent l'électron en mouvement. Calculons W en supposant que *l'électron est une sphère de rayon a*, dans laquelle la charge est uniformément distribuée en couches concentriques de même densité. Prenons la direction du mouvement pour axe des coordonnées polaires r, φ, ψ. Nous avons alors, d'après la loi de BIOT et SAVART, en un point extérieur (r, φ, ψ) à la sphère, le champ

$$\mathrm{H} = \frac{ids \sin \varphi}{cr^2} = \frac{ev \sin \varphi}{cr^2}.$$

L'énergie dW, dans un élément de volume $d\omega$ qui entoure ce point, est égale à

$$d\mathrm{W} = \frac{\mathrm{H}^2}{8\pi}\,d\omega = \frac{e^2 v^2 \sin^2 \varphi}{8\pi c^2 r^4}\,d\omega,$$

où $d\omega = r^2 \sin \varphi \, dr\, d\varphi\, d\psi$. En intégrant par rapport à r de a à ∞, par rapport à φ de o à π et par rapport à ψ de o à 2π, on obtient l'énergie totale W du champ produit par l'électron en mouvement. On a donc

$$\mathrm{W} = \frac{e^2 v^2}{8\pi c^2} \int_{r=a}^{\infty} \int_{\varphi=o}^{\pi} \int_{\psi=o}^{2\pi} \frac{\sin^3 \varphi}{r^2}\, dr\, d\varphi\, d\psi,$$

c'est-à-dire

$$(27,a) \qquad \mathrm{W} = \frac{e^2 v^2}{3ac^2}.$$

Supposons que l'électron possède une certaine masse m_0 ayant exactement le même caractère que celle de la matière ordinaire. La provision totale d'énergie J qui apparaît dans le mouvement de l'électron est égale à

$$(28) \qquad J = \tfrac{1}{2}\, m_0 v^2 + \frac{e^2 v^2}{3ac^2} = \frac{v^2}{2}\left(m_0 + \frac{2e^2}{3ac^2}\right).$$

Cette formule montre que *la naissance du champ magnétique donne lieu à un certain accroissement de la masse de l'électron*, laquelle est égale à

$$(28,a) \qquad m = m_0 + \frac{2e^2}{3ac^2}.$$

Le second terme de cette expression de m est appelé la *masse électromagnétique de l'électron*. Soit $m_0 = 0$, c'est-à-dire supposons que *toute la masse m de l'électron est de nature électromagnétique* ; on a alors

$$(29) \qquad m = \frac{2e^2}{3ac^2},$$

où e est exprimé en unités él. st. De (29), on déduit que

$$(29,a) \qquad a = \frac{2e^2}{3c^2 m}.$$

En portant dans cette formule les valeurs (25) et (25,a), c'est-à-dire $e = 4{,}9.10^{-10}$, $e : m = 5{,}6.10^{17}$ et $c^2 = 9.10^{20}$, on obtient

$$(30) \qquad a = 2.10^{-13}\,\text{cm.} = 2.10^{-12}\,\text{mm.} = 2.10^{-6}\,\mu\mu.$$

Nous avons ainsi une idée de l'ordre de grandeur des dimensions d'un électron. Mais, le raisonnement qui nous a conduit à la formule (29) ne peut être considéré comme entièrement rigoureux ; la théorie plus exacte, que nous exposerons au § 7, donne des résultats beaucoup moins simples.

5. Les potentiels retardés. Intégration des équations de la théorie électronique. — Nous avons donné, dans ce qui précède, les équations fondamentales de la théorie électronique et nous avons étudié quelques questions particulières. Nous passons maintenant à une série d'autres problèmes, que l'on ne peut toutefois, dans un ouvrage de Physique générale, traiter d'une manière tout à fait complète. Nous devrons notamment, pour plusieurs démonstrations longues et compliquées, renvoyer aux travaux originaux mentionnés dans la bibliographie du § **1**. Pour plus de commodité, nous écrirons encore une fois les équations (6), (7), (8), (9), (11) et (12) :

$$(30,a) \qquad \frac{4\pi}{c}\,\vec{v}\rho + \frac{1}{c}\frac{\partial \vec{E}}{\partial t} = rot\,\vec{H},$$

$$(30,b) \qquad \frac{1}{c}\frac{\partial \vec{H}}{\partial t} = -\,rot\,\vec{E},$$

$$(30,c) \qquad div\,\vec{E} = -\,4\pi\rho,$$

$$(30,d) \qquad div\,\vec{H} = 0,$$

$$(30,e) \qquad \frac{\partial \rho}{\partial t} + div\,(\vec{v}\rho) = 0,$$

$$(30,f) \qquad \vec{F} = \vec{E} + \frac{1}{c}\,[\vec{v}\,\vec{H}].$$

Étant donnés ρ et $\vec{v}$ en fonction du temps et du lieu, ainsi que les champs $\vec{E}$ et $\overset{\vee}{H}$ à l'instant $t = 0$, proposons-nous de déterminer $\vec{E}$ et $\overset{\vee}{H}$ en fonction du temps.

Dans le Chapitre III. § **4**, en partant des équations de Maxwell, nous avons exprimé $\vec{E}$ et $\overset{\vee}{H}$ par le potentiel scalaire φ et par le potentiel vecteur $\vec{C}$. Nous allons introduire des potentiels analogues dans la théorie électronique. D'après (25), page 19, l'équation (30, d) montre qu'on peut égaler $\overset{\vee}{H}$ au tourbillon d'un certain potentiel vecteur $\vec{C}$. Posons donc

$$(31) \qquad \overset{\vee}{H} = rot\, \vec{C}.$$

L'équation (30, b) donne alors

$$rot\left(\vec{E} + \frac{1}{c}\, \frac{\partial \vec{C}}{\partial t} \right) = 0.$$

D'après (24), page 19, on voit que la grandeur entre parenthèses est le gradient d'un certain scalaire que nous désignerons par $-\varphi$; nous appellerons le scalaire φ le *potentiel scalaire*. On a donc

$$(32) \qquad \vec{E} = -\frac{1}{c}\, \frac{\partial \vec{C}}{\partial t} - grad\, \varphi.$$

Quand on connaît φ et $\vec{C}$, (31) et (32) donnent $\vec{E}$ et $\overset{\vee}{H}$. Cependant, une certaine indétermination subsiste : en effet, soient $\vec{C}_0$ et φ_0 deux fonctions particulières, qui déterminent $\overset{\vee}{H}$ et $\vec{E}$ à l'aide des formules (31) et (32) ; alors

$$(32, a) \qquad \begin{cases} \vec{C} = \vec{C}_0 + grad\, \psi, \\ \varphi = \varphi_0 - \dfrac{1}{c}\, \dfrac{\partial \psi}{\partial t}. \end{cases}$$

où ψ est un scalaire complètement arbitraire, donneront évidemment les mêmes valeurs pour $\vec{E}$ et $\overset{\vee}{H}$, voir (24), page 19. Nous pouvons donc soumettre $\vec{E}$ et $\overset{\vee}{H}$ à une condition supplémentaire. En portant les valeurs (31) et (32) de $\overset{\vee}{H}$ et $\vec{E}$ dans l'équation (30, a), nous avons, d'après (31), page 22,

$$\frac{4\pi}{c}\, \vec{v}\rho - \frac{1}{c^2}\, \frac{\partial^2 \vec{C}}{\partial t^2} - \frac{1}{c}\, grad\, \frac{\partial \varphi}{\partial t} = rot\, rot\, \vec{C} = grad\, div\, \vec{C} - \Delta\vec{C}.$$

Nous introduirons la condition supplémentaire

$$(33) \qquad c\, div\, \vec{C} + \frac{\partial \varphi}{\partial t} = 0,$$

de sorte qu'il nous reste l'équation

$$(34) \qquad \Delta\vec{C} - \frac{1}{c^2}\, \frac{\partial^2 \vec{C}}{\partial t^2} = -\frac{4\pi}{c}\, \rho v.$$

Portons maintenant la valeur (32) de $\vec{E}$ dans l'équation (30, c) ; nous avons

$$-\frac{1}{c}\frac{\partial}{\partial t}\, div\,\vec{C} - div\ grad\ \varphi = 4\pi\rho.$$

D'après (19), page 17, et la condition (33), on a donc l'équation

$$(35)\qquad \Delta\varphi - \frac{1}{c^2}\frac{\partial^2\varphi}{\partial t^2} = -\ 4\pi\rho.$$

Les équations (34) et (35), qui présentent une étroite analogie de forme, déterminent les potentiels φ et $\vec{C}$. Si l'on porte les valeurs (32, a) de $\vec{C}$ et φ dans (33), on obtient la condition suivante, à laquelle doit satisfaire la grandeur ψ,

$$(35, a)\qquad \Delta\psi - \frac{1}{c^2}\frac{\partial^2\psi}{\partial t^2} = -\ div\ \vec{C}_0 - \frac{1}{c}\frac{\partial\varphi_0}{\partial t}.$$

Il est facile de voir que la condition (33) *n'est pas incompatible* avec les équations (34) et (35). En effet, en prenant $c\ div$ des deux membres de (34) et la dérivée par rapport à t des deux membres de (35) et en ajoutant membre à membre les résultats, on a

$$(35, b)\quad \Delta\left(c\ div\ \vec{C} + \frac{\partial\varphi}{\partial t}\right) - \frac{1}{c^2}\frac{\partial^2}{\partial t^2}\left(c\ div\ \vec{C} + \frac{\partial\varphi}{\partial t}\right) = -\ 4\pi\left\{div\ (\rho\,\vec{v}) + \frac{\partial\rho}{\partial t}\right\}.$$

D'après (30, e), le second membre est nul et il en est de même, d'après (33), du premier membre

L'intégration des équations (34) et (35) repose sur la notion de *potentiel retardé* que nous avons déjà introduite dans l'étude de la diffraction Tome II, Chap. XIV, § 5) et sur la formule de KIRCHHOFF, dont nous avons donné une démonstration simple dans l'Acoustique (Tome I, 7ᵉ Partie, Chap. I, § 11). Il suffira que nous indiquions ici les résultats essentiels relatifs au problème que nous envisageons actuellement.

On sait que l'équation

$$(36)\qquad \Delta V = -\ 4\pi k,$$

où k peut être une fonction tout à fait quelconque des coordonnées x, y, z, est satisfaite par l'expression

$$(36, a)\qquad V = \int \frac{k\,d\omega}{r}.$$

L'intégration s'étend à tout le volume à l'intérieur duquel k n'est pas nul. Si x', y', z' sont les coordonnées de l'élément de volume $d\omega$, k est sous le signe $\int$ une fonction de x', y', z' ; r est la distance de l'élément $d\omega$ au point $M(x, y, z)$ auquel se rapporte la grandeur V et c'est par conséquent une fonction des six coordonnées x, y, z, x', y', z', tandis que k ne dépend que des trois coordonnées x', y', z'. Considérons maintenant l'équation

$$(36, b) \qquad \Delta V - \frac{1}{c^2} \frac{\partial^2 V}{\partial t^2} = - 4\pi k,$$

où k est une fonction des coordonnées et du temps et où c est une constante, que nous prendrons pour plus de commodité égale à la vitesse de la lumière. On peut déterminer une solution V de cette équation, en fonction des coordonnées x, y, z et du temps t, de la manière suivante. Supposons que les coordonnées de l'élément de volume $d\omega$ soient x', y', z' et qu'à l'instant t la grandeur k ait au point (x', y', z') la valeur $k(x', y', z', t)$. Prenons la valeur de cette grandeur qui, au même point (x', y', z'), correspondrait à l'instant antérieur $t' = t - \dfrac{r}{c}$, et désignons-la par $\overline{k}$, de sorte que

$$(36, c) \qquad \overline{k} = k\left(x', y', z', t - \frac{r}{c} \right).$$

On a alors

$$(37) \qquad V = \int \frac{\overline{k}\, d\omega}{r}.$$

Il est essentiel de remarquer que $\overline{k}$ est maintenant une fonction non seulement des coordonnées x', y', z' de l'élément de volume $d\omega$, mais aussi des coordonnées x, y, z du point M auquel se rapporte V, car r dépend des six coordonnées x, y, z, x', y', z' et il en est de même de $t' = t - \dfrac{r}{c}$. Il est facile de se rendre compte de la signification de la formule (37). Posons $t' = t - \tau$; τ est alors le temps nécessaire pour que la lumière ou une perturbation électromagnétique quelconque se propage dans l'éther depuis l'élément de volume $d\omega$ jusqu'au point M. *La valeur de la fonction V au point M (x, y, z), et à l'instant t dépend donc de la valeur de k au point (x', y', z') qui se rapporte non au même instant t, mais à un instant t' antérieur de l'intervalle nécessaire pour que l'action électromagnétique se propage de $d\omega$ en M.* On peut imaginer que de tous les éléments de volume $d\omega$ sont émises continuellement des actions qui, à l'instant t', sont déterminées par la grandeur $k(x', y', z', t')$ et se propagent avec la vitesse c. *La valeur de V au point M (x, y, z, t) résulte de l'ensemble des actions qui parviennent simultanément (à l'instant t) au point M et par suite ont été émises des divers éléments de volume $d\omega$ à des instants différents* $t' = t - \dfrac{r}{c}$.

La comparaison de (34) et (35) à (36, b) montre que, d'après (37), on a

$$(38) \qquad \overrightarrow{C} = \frac{1}{c} \int \frac{\overline{\rho \overrightarrow{v}}}{r} \, d\omega,$$

$$(39) \qquad V = \int \frac{\overline{\rho}}{r} \, d\omega.$$

On a ici $\overrightarrow{\rho} = \rho\left(x', y', z', t - \dfrac{r}{c}\right)$ et $\overrightarrow{\rho v} = \overrightarrow{\rho v}\left(x', y', z', t - \dfrac{r}{c}\right)$. Les potentiels $\overrightarrow{C}$ et φ, dont les valeurs au point (x, y, z) s'établissent en quelque sorte avec un certain retard, sont appelés pour cette raison des *potentiels retardés*. On peut encore se représenter, d'une manière peut-être plus expressive, le caractère spécial de ces potentiels : considérons autour du point M une surface sphérique, dont le rayon décroît avec la vitesse c jusqu'à s'annuler à l'instant t. En franchissant les volumes élémentaires $d\omega$, cette surface saisit, pour ainsi dire, les valeurs des éléments des intégrales (38) et (39) qu'elle y rencontre et elle les transporte avec la vitesse c au point M.

En substituant les expressions (38) et (39) dans (33), on peut vérifier que cette dernière condition est satisfaite.

Les grandeurs $\overrightarrow{\rho}$ et $\overrightarrow{\rho v}$ dans (38) et (39) se rapportent au même point et au même instant et sont liées en conséquence par l'équation (30, *e*).

Les équations (31), (32), (38) et (39) nous conduisent à la solution que nous voulions obtenir. Elles donnent en effet

$$(40) \qquad \overset{\smile}{H} = \frac{1}{c}\,rot \int \frac{\overrightarrow{\rho v}}{r}\,d\omega$$

$$(41) \qquad \overrightarrow{E} = -\frac{1}{c^2}\frac{\partial}{\partial t}\int \frac{\overrightarrow{\rho v}}{r}\,d\omega - grad \int \frac{\overline{\rho}}{r}\,d\omega.$$

Quand les champs sont *stationnaires*, le vecteur $\overrightarrow{E}$ est déterminé par la seule grandeur $\overrightarrow{\rho}$ et le vecteur $\overset{\smile}{H}$ par la seule grandeur $\overrightarrow{\rho v}$. La formule (40) rappelle la formule (37) du Chapitre précédent, page 144.

Nous allons encore établir les équations différentielles auxquelles satisfont les vecteurs $\overrightarrow{E}$ et $\overset{\smile}{H}$. Différentions les deux membres de l'équation (30, *a*) par rapport à t et prenons le tourbillon des deux membres de l'équation (30, *b*) ; nous avons, voir (31), page 22,

$$\frac{4\pi}{c}\frac{\partial(\overrightarrow{\rho v})}{\partial t} + \frac{1}{c}\frac{\partial^2 \overrightarrow{E}}{\partial t^2} = rot\,\frac{\partial \overset{\smile}{H}}{\partial t},$$

$$rot\,\frac{\partial \overset{\smile}{H}}{\partial t} = -c\,rot\,rot\,\overset{\smile}{H} = -c\,grad\,div\,\overrightarrow{E} + c\Delta\overrightarrow{E}.$$

En ayant égard à l'équation (30, *c*), nous en déduisons

$$(42) \qquad \Delta\overrightarrow{E} - \frac{1}{c^2}\frac{\partial^2 \overrightarrow{E}}{\partial t^2} = 4\pi\,grad\,\rho + \frac{4\pi}{c^2}\frac{\partial(\overrightarrow{\rho v})}{\partial t}.$$

Différentions les deux membres de (30, *b*) par rapport à t et prenons le tourbillon des deux membres de l'équation (30, *a*), nous obtenons

$$(43) \qquad \Delta\overset{\smile}{H} - \frac{1}{c^2}\frac{\partial^2 \overset{\smile}{H}}{\partial t^2} = -\frac{4\pi}{c}\,rot\,(\overrightarrow{\rho v}).$$

Nous voyons que $\vec{E}$ et $\overset{\smile}{H}$ satisfont, comme les potentiels $\vec{C}$ et φ, voir (34) et (35), à des équations du type (36, b).

Nous mentionnerons encore un vecteur intéressant, que nous désignerons par $\vec{Z}$ et qu'ABRAHAM appelle *vecteur de* HERTZ. Supposons donné un *champ électrique* à l'instant $t = 0$, c'est-à-dire les grandeurs ρ_0, φ_0 et $\vec{E}_0$. Introduisons le nouveau vecteur

$$(43, a) \qquad \vec{q} = \int_0^t \rho\,\vec{v}\,dt.$$

On a alors, d'après (30, e)

$$\operatorname{div}\vec{q} = \int_0^t \operatorname{div}(\rho\,\vec{v})\,dt = -\int_0^t \frac{\partial\rho}{\partial t}\,dt = \rho_0 - \rho,$$

$$(43, b) \qquad \rho - \rho_0 = -\operatorname{div}\vec{q}.$$

La divergence du vecteur $\vec{q}$ détermine la variation de la densité ρ en un point donné pendant le temps qui s'écoule de $t = 0$ à $t = t$. On a en outre

$$(43, c) \qquad \frac{\partial\vec{q}}{\partial t} = \rho\,\vec{v}.$$

Soit

$$(44) \qquad \vec{Z} = \int \frac{\overrightarrow{q}}{r}\,d\omega,$$

où $\overrightarrow{q} = \vec{q}\left(x', y', z', t - \dfrac{r}{c}\right)$: on voit facilement que $\dfrac{\partial\overrightarrow{q}}{\partial t} = \dfrac{\partial\overrightarrow{q}}{dt}$ et que, par exemple, $\dfrac{\overrightarrow{\partial q}}{\partial x'}$ et $\dfrac{\overrightarrow{\partial q}}{\partial x'}$ sont deux grandeurs différentes. Il résulte de (44), d'après (43, c), que

$$\frac{\partial\vec{Z}}{\partial t} = \int \frac{\overrightarrow{\partial q}}{\partial t}\frac{d\omega}{r} = \int \frac{\overrightarrow{\partial q}}{\partial t}\frac{d\omega}{r} = \int \frac{\overrightarrow{\rho v}}{r}\,d\omega\,;$$

on a donc, d'après (38),

$$(44, a) \qquad \vec{C} = \frac{1}{c}\frac{\partial\vec{Z}}{\partial t}.$$

D'autre part, il est facile de voir que

$$(44, b) \qquad \varphi - \varphi_0 = -\operatorname{div}\vec{Z}.$$

On a par suite, d'après (31) et (32),

$$(44, c) \qquad \overset{\smile}{H} = \frac{1}{c}\operatorname{rot}\frac{\partial\vec{Z}}{\partial t}$$

$$(44, d) \qquad \vec{E} - \vec{E}_0 = \operatorname{grad}\operatorname{div}\vec{Z} - \frac{\partial^2\vec{Z}}{\partial t^2}.$$

Les quatre dernières formules montrent qu'on peut exprimer au moyen du vecteur $\overrightarrow{Z}$ aussi bien les champs $\overrightarrow{E}$ et $\overrightarrow{H}$ que les potentiels $\overrightarrow{G}$ et φ.

6. Forces agissant sur un système donné. Quantité de mouvement électromagnétique. — La force, qui agit en un point donné sur l'unité de quantité d'électricité, est déterminée par la formule $(3o, f)$. Si la densité de l'électricité en ce point est égale à ρ, la force rapportée à l'unité de volume est

$$\overrightarrow{F}\rho = \overrightarrow{E}\rho + \frac{1}{c}[\overrightarrow{\rho v}\,.\,\overset{\smile}{\overrightarrow{H}}] = \overrightarrow{E}\rho - \frac{1}{c}[\overset{\smile}{\overrightarrow{H}}\,.\,\overrightarrow{\rho v}].$$

En portant dans cette formule la valeur de ρ donnée par $(3o, c)$ et la valeur de $\overrightarrow{\rho v}$ donnée par $(3o, a)$, on a

$$(45) \qquad \overrightarrow{F}\rho = \frac{1}{4\pi}\,\overrightarrow{E}\,div\,\overrightarrow{E} + \left[\left(rot\,\overset{\smile}{\overrightarrow{H}} - \frac{1}{c}\frac{\partial \overrightarrow{E}}{\partial t}\right)\overset{\smile}{\overrightarrow{H}}\right].$$

De cette manière, $\overrightarrow{F}\rho$ est exprimé au moyen des vecteurs $\overrightarrow{E}$ et $\overset{\smile}{\overrightarrow{H}}$. Considérons une partie ω de l'espace limitée par la surface Σ et supposons que les forces qui agissent sur tous les électrons contenus dans cette portion de l'espace aient une résultante unique, que nous désignerons par la même lettre $\overrightarrow{F}$. Nous pouvons ainsi écrire, d'après $(9, a)$, page 10,

$$(46) \qquad \overrightarrow{F} = \frac{1}{4\pi}\int \left\{ \overrightarrow{E}\,div\,\overrightarrow{E} + [rot\,\overset{\smile}{\overrightarrow{H}}.\overset{\smile}{\overrightarrow{H}}] - \frac{1}{c}\left[\frac{\partial \overrightarrow{E}}{\partial t}.\overset{\smile}{\overrightarrow{H}}\right] \right\} d\omega.$$

Mais on a, d'après $(9, c)$, page 10, et d'après l'équation $(3o, b)$,

$$\left[\frac{\partial \overrightarrow{E}}{\partial t}.\overset{\smile}{\overrightarrow{H}}\right] = \frac{\partial}{\partial t}[\overrightarrow{E}.\overset{\smile}{\overrightarrow{H}}] - \left[\overrightarrow{E}.\frac{\partial \overset{\smile}{\overrightarrow{H}}}{\partial t}\right] = \frac{\partial}{\partial t}[\overrightarrow{E}.\overset{\smile}{\overrightarrow{H}}] - c[rot\,\overrightarrow{E}.\overrightarrow{E}].$$

Cela posé, la force $\overrightarrow{F}$ peut être décomposée de la manière suivante

$$(46, a) \qquad \overrightarrow{F} = \overrightarrow{F}_1 + \overrightarrow{F}_2,$$

où

$$(46, b) \qquad \overrightarrow{F}_1 = \frac{1}{4\pi}\int \left\{ \overrightarrow{E}\,div\,\overrightarrow{E} + [rot\,\overset{\smile}{\overrightarrow{H}}.\overset{\smile}{\overrightarrow{H}}] + [rot\,\overrightarrow{E}.\overrightarrow{E}] \right\} d\omega$$

$$(46, c) \qquad \overrightarrow{F}_2 = -\frac{1}{4\pi c}\frac{\partial}{\partial t}\int [\overrightarrow{E}\,\overset{\smile}{\overrightarrow{H}}]\,d\omega.$$

Si nous introduisons le vecteur $\overrightarrow{S}$ de Poynting, voir (15), nous avons

$$(47) \qquad \overrightarrow{F}_2 = -\frac{1}{c^2}\int \frac{\partial \overrightarrow{S}}{\partial t}\,d\omega.$$

Dans la formule (46, b), les vecteurs $\overrightarrow{E}$ et $\overset{\curvearrowleft}{H}$ se présentent *de la même manière*, car on peut ajouter, sous le signe d'intégration, le terme $\overset{\curvearrowleft}{H}$ *div* $\overset{\curvearrowleft}{H}$, qui est nul d'après l'équation (3o, d). La composante $\overrightarrow{F_1}$ peut donc se décomposer à son tour en deux forces, qui sont respectivement des fonctions identiques de $\overrightarrow{E}$ et $\overset{\curvearrowleft}{H}$. Posons

$$(48) \qquad \overrightarrow{F_1} = F_1(\overrightarrow{E}) + F_1(\overset{\curvearrowleft}{H}).$$

nous aurons

$$(48, a) \qquad F_1(\overrightarrow{E}) = \frac{1}{4\pi} \int \{ \overrightarrow{E} \, div \, \overrightarrow{E} + [rot \, \overrightarrow{E} . \overrightarrow{E}] \} \, d\omega,$$

avec une expression analogue pour $F_1(\overset{\curvearrowleft}{H})$. L'intégrale (48, a), qui s'étend au volume ω, peut, à l'aide de l'équation suivante, être transformée en une intégrale sur la surface Σ. Soit n la direction de la normale à l'élément $d\Sigma$ de cette surface, α, β, γ les angles que fait n avec les axes de coordonnées, U une fonction quelconque des coordonnées x, y, z de l'élément $d\omega$. Il est aisé de démontrer que

$$(48, b) \qquad \int \frac{\partial U}{\partial x} \, d\omega = \int U \cos \alpha \, d\Sigma.$$

Désignons par $F_{1,x}(\overrightarrow{E})$ la composante suivant l'axe des x de la force $F_1(\overrightarrow{E})$. De la formule (48, a) résulte alors, d'après (18), page 1o, (9), page 16, et (23), page 19,

$$F_{1,x}(\overrightarrow{E}) = \frac{1}{4\pi} \int \left\{ \left(\frac{\partial X}{\partial x} + \frac{\partial Y}{\partial y} + \frac{\partial Z}{\partial z} \right) X + \left(\frac{\partial X}{\partial z} - \frac{\partial Z}{\partial x} \right) Z - \left(\frac{\partial Y}{\partial x} - \frac{\partial X}{\partial y} \right) Y \right\} d\omega,$$

X, Y, Z étant les composantes du vecteur $\overrightarrow{E}$, ou encore

$$F_{1,x}(\overrightarrow{E}) = \frac{1}{4\pi} \int \left\{ \frac{1}{2} \frac{\partial}{\partial x} (X^2 - Y^2 - Z^2) + \frac{\partial}{\partial y} (XY) + \frac{\partial}{\partial z} (XZ) \right\} d\omega.$$

D'après (48, b), on a donc

$$F_{1,x}(\overrightarrow{E}) = \frac{1}{4\pi} \int \left\{ \frac{1}{2} (X^2 - Y^2 - Z^2) \cos \alpha + XY \cos \beta + XZ \cos \gamma \right\} d\Sigma.$$

Soit $E_n = X \cos \alpha + Y \cos \beta + Z \cos \gamma$ la composante du vecteur $\overrightarrow{E}$ dans la direction de la normale n ; on voit facilement que

$$(48, c) \qquad F_{1,x}(\overrightarrow{E}) = \frac{1}{8\pi} \int (2E_n X - \overrightarrow{E}^2 \cos \alpha) \, d\Sigma,$$

avec des expressions analogues pour les composantes de $F_1(\overrightarrow{E})$ dans les directions des axes des y et des z. Ajoutons vectoriellement les trois composantes

$F_{1,x}(\vec{E})$, $F_{1,y}(\vec{E})$, $F_{1,z}(\vec{E})$ et désignons par $\vec{n}$ un *vecteur unité* dans la direction de la normale n ; nous aurons

$$F_1(\vec{E}) = \frac{1}{8\pi} \int \left\{ 2\,\vec{E}\,E_n - \vec{n}\,\vec{E^2} \right\}\, d\Sigma,$$

avec une expression entièrement analogue, comme nous l'avons déjà dit, pour $F_1(\vec{H})$; par suite

$$(49) \qquad \vec{F_1} = \frac{1}{8\pi} \int \left\{ 2\,\vec{E}\,E_n + 2\,\vec{H}\,H_n - \vec{n}(E^2 + H^2) \right\}\, d\Sigma.$$

On a donc finalement, d'après (46, a),

$$(50) \qquad \vec{F} = \frac{1}{8\pi} \int \left\{ 2\,\vec{E}\,E_n + 2\,\vec{H}\,H_n - \vec{n}(E^2 + H^2) \right\}\, d\Sigma - \frac{1}{c^2} \int \frac{\partial \vec{S}}{\partial t}\, d\omega.$$

La formule (50) montre que l'action du champ électromagnétique sur les corps qui se trouvent dans l'espace ω limité par la surface Σ se compose de deux parties. La première partie $\vec{F_1}$ est la résultante des forces exercées sur les éléments de la surface Σ, c'est-à-dire des pressions sur la surface Σ qui sont dues au champ. La seconde partie est relative à l'action sur les éléments du volume ω ; elle est donnée par la formule (47).

ABRAHAM appelle la grandeur

$$(51) \qquad \vec{K} = \frac{1}{c^2} \int \vec{S}\, d\omega$$

la *quantité de mouvement électromagnétique* du champ donné. La grandeur

$$(51,a) \qquad \vec{k} = \frac{1}{c^2}\, \vec{S},$$

qui ne diffère du vecteur de POYNTING que par le facteur $1 : c^2$, se nomme la *densité de la quantité de mouvement électromagnétique au point donné.* D'après (47), on a

$$(52) \qquad \vec{F_2} = - \frac{\partial \vec{K}}{\partial t}.$$

Dans un état *stationnaire*, $\vec{F_2} = 0$. On voit aisément que lorsque $\vec{E}$ et $\vec{H}$ et par suite aussi $\vec{S}$ sont des *fonctions périodiques du temps, la valeur moyenne de la force F_2 s'annule.* après tout intervalle de temps égal à un nombre entier de périodes et, en général, pour toute durée t qui est grande comparativement à une période ; autrement dit

$$(52,a) \qquad \frac{1}{t} \int_0^t \vec{F_2}\, dt = 0.$$

Dans les deux cas que nous venons d'indiquer, l'action du champ se réduit à $\vec{F_1}$, c'est-à-dire aux efforts appliqués sur les éléments de la surface Σ.

Quand la surface Σ embrasse tout le champ, de sorte qu'en chaque point de cette surface $\vec{E} = o$ et $\overset{\curvearrowleft}{H} = o$, on a $\vec{F_1} = o$ et il ne subsiste que $\vec{F_2}$. *La formule* (52) *montre que l'action du champ électromagnétique entier sur les corps qu'il contient est égale à la dérivée, changée de signe, de la quantité de mouvement électromagnétique du champ par rapport au temps.*

Le principe de l'égalité de l'action et de la réaction ne se trouve pas ici observé, car la théorie électronique n'admet aucune action *mécanique* sur l'éther, comme nous l'avons déjà dit au § **1**.

Il n'est pas sans intérêt de remarquer que *lorsqu'il n'existe pas d'électrons* dans l'espace ω, c'est-à-dire quand on a partout $\rho = o$, alors $\vec{F} = o$, c'est-à-dire $\vec{F_1} = - \vec{F_2}$. En effet, l'équation (8) donne $div\ \vec{E} = o$, et par suite, d'après (48), (48, a) et la formule analogue pour $F_1 (\overset{\curvearrowleft}{H})$,

$$\vec{F_1} = \frac{1}{4\pi} \int \left\{ [rot\ \vec{E} \cdot \vec{E}] + [rot\ \overset{\curvearrowleft}{H} \cdot \overset{\curvearrowleft}{H}] \right\} d\omega.$$

En remplaçant $rot\ \vec{E}$ et $rot\ \overset{\curvearrowleft}{H}$ par leurs valeurs déduites de (6) et (7) pour $\rho = o$, on a

$$\vec{F_1} = \frac{1}{4\pi c} \int \left\{ \left[\frac{\partial \vec{E}}{\partial t} \cdot \overset{\curvearrowleft}{H} \right] - \left[\frac{\partial \overset{\curvearrowleft}{H}}{\partial t} \cdot \vec{E} \right] \right\} d\omega$$

$$= \frac{1}{4\pi c} \int \left\{ \left[\frac{\partial \vec{E}}{\partial t} \cdot \overset{\curvearrowleft}{H} \right] + \left[\vec{E} \cdot \frac{\partial \overset{\curvearrowleft}{H}}{\partial t} \right] \right\} d\omega = \frac{1}{4\pi c} \int \frac{\partial}{\partial t} [\vec{E}\ \overset{\curvearrowleft}{H}]\ d\omega.$$

Il en résulte, d'après (15) et (47), que

$$\vec{F_1} = c^2 \int \frac{\partial \vec{S}}{\partial t}\ dt = - \vec{F_2}.$$

Au moyen de la formule (50), on peut calculer la *pression exercée par un flux d'énergie rayonnante sur la surface d'un corps.* Nous nous bornerons au cas d'une *surface plane noire et d'un flux d'énergie tombant normalement sur ce plan.* Supposons que la surface Σ soit infiniment voisine de la surface du corps. Le dernier terme de la formule (50) est nul ; on a en outre $E_n = o$, $H_n = o$, et il reste

$$(53) \qquad\qquad \vec{F} = - \frac{\vec{n}}{8\pi} \int (\vec{E}^2 + \overset{\curvearrowleft}{H}^2)\, d\Sigma.$$

La direction de la force $\vec{F}$ est opposée à celle de la normale n à la surface du corps. Les formules (14) et (53) montrent que *la pression par unité d'aire est numériquement égale à la provision d'énergie contenue dans l'unité de volume.*

7. Electrons animés d'un mouvement rectiligne et uniforme et champ de ces électrons. — Appliquons ce qui précède au cas où *tous les* *électrons se meuvent avec la même vitesse constante $\overrightarrow{v}$ dans la direction de l'axe des x.* On a alors, d'après (38), pour les composantes du potentiel vecteur $\overrightarrow{C}$,

$$(53, a) \qquad C_y = 0, \quad C_z = 0, \quad C_x = C,$$

en adoptant les notations cartésiennes. Posons

$$(54) \qquad \frac{v}{c} = \beta$$

et supposons que v soit inférieur ou à la limite égal à c, de sorte que $\beta \leqslant 1$. En même temps que l'électron en mouvement, le champ créé par lui se déplace. Toutes les grandeurs qui caractérisent ce champ, par exemple les potentiels C et φ, ne changent pas quand on augmente t de dt et simultanément x de $dx = v\,dt$. On a donc notamment

$$\frac{\partial \varphi}{\partial t} dt + \frac{\partial \varphi}{\partial x} v\,dt = 0,$$

c'est-à-dire

$$(54, a) \qquad \frac{\partial \varphi}{\partial t} = - v \frac{\partial \varphi}{\partial x}.$$

On trouve de même, en considérant la grandeur $\dfrac{\partial \varphi}{\partial t}$,

$$(54, b) \qquad \frac{\partial^2 \varphi}{\partial t^2} = - v \frac{\partial}{\partial x} \left(\frac{\partial \varphi}{\partial t} \right) = v^2 \frac{\partial^2 \varphi}{\partial x^2}.$$

D'une manière analogue, on obtient pour C :

$$(54, c) \qquad \frac{\partial^2 C}{\partial t^2} = v^2 \frac{\partial^2 C}{\partial x^2}.$$

Portons dans (34) et (35) ces valeurs des dérivées secondes par rapport au temps et introduisons la grandeur β, voir (54), à la place de v. Nous avons alors

$$(55) \qquad (1 - \beta^2) \frac{\partial^2 \varphi}{\partial x^2} + \frac{\partial^2 \varphi}{\partial y^2} + \frac{\partial^2 \varphi}{\partial z^2} = - 4\pi\rho,$$

$$(55, a) \qquad (1 - \beta^2) \frac{\partial^2 C}{\partial x^2} + \frac{\partial^2 C}{\partial y^2} + \frac{\partial^2 C}{\partial z^2} = - 4\pi\beta\rho.$$

De ces deux équations, il résulte que

$$(55, b) \qquad C = C_x = \beta\varphi.$$

Cette formule simple détermine le potentiel vecteur C, quand on a obtenu le potentiel scalaire φ. Toute la question se réduit donc à l'intégration de l'équation (55).

Désignons symboliquement par P le système *mobile* considéré, déterminé par les électrons en mouvement, les potentiels φ et C, les champs $\vec{E}$ et $\vec{H}$ et les éléments de volume $d\omega$ et envisageons un autre système *en repos* P', déterminé par les grandeurs φ', C', $\vec{E'}$, $\vec{H'}$ et $d\omega'$, tel qu'à chaque point (x, y, z) du système P corresponde le point (x', y', z') du système P', dont les coordonnées sont définies par les expressions suivantes :

$$(56) \qquad x' = \frac{1}{\sqrt{1 - \beta^2}} x, \quad y' = y, \quad z' = z.$$

Le système en repos P' *se déduit du système en mouvement* P *en quelque sorte par une dilatation, dans la direction du mouvement des électrons, toutes les dimensions étant augmentées suivant cette direction, qui est celle de l'axe des* x, *dans le rapport* $1 : \sqrt{1 - \beta^2}$. Dans le nouveau système, la forme des électrons est changée et la grandeur φ', par exemple, est une fonction de x', y, z. Entre les éléments de volume $d\omega$ et $d\omega'$ et entre les densités ρ et ρ', nous avons les relations

$$(56, a) \qquad d\omega' = \frac{1}{\sqrt{1 - \beta^2}} d\omega,$$

$$(56, b) \qquad \rho' = \sqrt{1 - \beta^2} \cdot \rho.$$

Avec les nouvelles coordonnées x', y, z, l'équation (55) devient

$$(56, c) \qquad \frac{\partial^2 \varphi}{\partial x'^2} + \frac{\partial^2 \varphi}{\partial y^2} + \frac{\partial^2 \varphi}{\partial z^2} = -4\pi\rho.$$

D'autre part, le potentiel scalaire (électrostatique) φ' dans le système en repos P' satisfait à l'équation

$$(56, d) \qquad \frac{\partial^2 \varphi'}{\partial x'^2} + \frac{\partial^2 \varphi'}{\partial y^2} + \frac{\partial^2 \varphi'}{\partial z^2} = -4\pi\rho' = -4\pi\sqrt{1 - \beta^2} \cdot \rho.$$

En comparant ces deux dernières équations, on trouve

$$(57) \qquad \varphi = \frac{1}{\sqrt{1 - \beta^2}} \varphi'.$$

On peut donc obtenir la grandeur cherchée φ *au point* x, y, z, *du système mobile* P, *en construisant, à l'aide des formules (56) et (56, b), un système en repos* P' *et en déterminant pour ce système le potentiel ordinaire scalaire; les grandeurs* φ *et* φ', *qui se rapportent aux points correspondants des deux systèmes, sont liées entre elles par l'équation* (57). La fonction $\varphi(x, y, z)$ ainsi trouvée suffit pour exprimer toutes les grandeurs relatives au système mobile P considéré. Le *potentiel vecteur* C $=$ C$_x$ est déterminé par la formule (55, b). En outre, (54, a) et (55, b) donnent

$$(57, a) \qquad \frac{\partial C}{\partial t} = \frac{\partial E_x}{\partial t} = -v \frac{\partial C}{\partial x} = -\beta^2 c \frac{\partial \varphi}{\partial x}.$$

Des équations (31) et (32), on déduit les composantes X, Y, Z et L, M, N des vecteurs $\vec{E}$ et $\vec{H}$; on a, voir (23), page 19, (53, a) et (55, b),

$$(57, b) \quad \begin{cases} X = -\dfrac{1}{c}\dfrac{\partial C_x}{\partial t} - \dfrac{\partial \varphi}{\partial x} = -(1 - \beta^2)\dfrac{\partial \varphi}{\partial x}, \\[2ex] Y = -\dfrac{\partial \varphi}{\partial y}, \\[2ex] Z = -\dfrac{\partial \varphi}{\partial z}; \end{cases}$$

$$(57, c) \quad \begin{cases} L = rot_x \vec{C} = \dfrac{\partial C_z}{\partial y} - \dfrac{\partial C_y}{\partial z} = 0, \\[2ex] M = rot_y \vec{C} = \dfrac{\partial C_x}{\partial z} - \dfrac{\partial C_z}{\partial x} = \beta\,\dfrac{\partial \varphi}{\partial z}, \\[2ex] N = rot_z \vec{C} = \dfrac{\partial C_y}{\partial x} - \dfrac{\partial C_x}{\partial y} = -\beta\,\dfrac{\partial \varphi}{\partial y}. \end{cases}$$

Exprimons au moyen de φ' l'énergie, le vecteur de POYNTING et la quantité de mouvement électromagnétique. L'*énergie électrique* W_e est, d'après (57, b), (57) et (56, a), égale à

$$W_e = \frac{1}{8\pi}\int \vec{E}^2 d\omega = \frac{1}{8\pi}\int (X^2 + Y^2 + Z^2)\,d\omega$$

$$= \frac{1}{8\pi}\int \left\{ (1 - \beta^2)^2 \left(\frac{\partial \varphi}{\partial x}\right)^2 + \left(\frac{\partial \varphi}{\partial y}\right)^2 + \left(\frac{\partial \varphi}{\partial z}\right)^2 \right\} d\omega,$$

$$(58) \quad W_e = \frac{1}{8\pi}\int \left\{ \sqrt{1 - \beta^2}\left(\frac{\partial \varphi'}{\partial x'}\right)^2 + \frac{1}{\sqrt{1 - \beta^2}}\left[\left(\frac{\partial \varphi'}{\partial y}\right)^2 + \left(\frac{\partial \varphi'}{\partial z}\right)^2 \right] \right\} d\omega'.$$

L'*énergie magnétique* W_m est, d'après (57, c), égale à

$$W_m = \frac{1}{8\pi}\int \vec{H}^2 d\omega = \frac{1}{8\pi}\int (L^2 + M^2 + N^2)\,d\omega$$

$$= \frac{\beta^2}{8\pi}\int \left\{ \left(\frac{\partial \varphi}{\partial y}\right)^2 + \left(\frac{\partial \varphi}{\partial z}\right)^2 \right\} d\omega,$$

$$(58, a) \quad W_m = \frac{\beta^2}{8\pi\sqrt{1 - \beta^2}}\int \left\{ \left(\frac{\partial \varphi'}{\partial y}\right)^2 + \left(\frac{\partial \varphi'}{\partial z}\right)^2 \right\} d\omega'.$$

Les composantes du vecteur de POYNTING sont déterminées par les formules suivantes, voir (15), page 182, (57, b), (57, c) et (9), page 10.

$$(58, b) \quad \begin{cases} S_x = \dfrac{c}{4\pi}[\vec{E}\vec{H}]_x = \dfrac{c}{4\pi}(YN - ZM) = \dfrac{c\beta}{1 - \beta^2}\left\{ \left(\dfrac{\partial \varphi'}{\partial y}\right)^2 + \left(\dfrac{\partial \varphi'}{\partial z}\right)^2 \right\}, \\[2ex] S_y = \dfrac{c}{4\pi}[\vec{E}\vec{H}]_y = \dfrac{c}{4\pi}(ZL - XN) = -\dfrac{c\beta}{\sqrt{1 - \beta^2}}\dfrac{\partial \varphi'}{\partial x'}\dfrac{\partial \varphi'}{\partial y}, \\[2ex] S_z = \dfrac{c}{4\pi}[\vec{E}\vec{H}]_z = \dfrac{c}{4\pi}(XM - YL) = -\dfrac{c\beta}{\sqrt{1 - \beta^2}}\dfrac{\partial \varphi'}{\partial x'}\dfrac{\partial \varphi'}{\partial z}. \end{cases}$$

·Enfin on a pour les *composantes de la quantité de mouvement électromagnétique*, d'après (51) et (56, *a*),

$$(58,c) \begin{cases} \mathrm{K}_x = \dfrac{1}{c^2} \displaystyle\int \mathrm{S}_x d\omega = \dfrac{\beta}{c\sqrt{1-\beta^2}} \int \left\{ \left(\dfrac{\partial\varphi'}{\partial y}\right)^2 + \left(\dfrac{\partial\varphi'}{\partial z}\right)^2 \right\} d\omega', \\[4mm] \mathrm{K}_y = \dfrac{1}{c^2} \displaystyle\int \mathrm{S}_y d\omega = -\dfrac{\beta}{c} \int \dfrac{\partial\varphi'}{\partial x'}\dfrac{\partial\varphi'}{\partial y} \, d\omega', \\[4mm] \mathrm{K}_z = \dfrac{1}{c^2} \displaystyle\int \mathrm{S}_z d\omega = -\dfrac{\beta}{c} \int \dfrac{\partial\varphi'}{\partial x'}\dfrac{\partial\varphi'}{\partial z} \, d\omega'. \end{cases}$$

Nous avons ainsi montré comment on peut déterminer les grandeurs relatives au système mobile P *uniquement à l'aide du potentiel scalaire* φ' *du système en repos* P'.

Considérons en particulier un *électron sphérique* ; désignons sa charge par *e*, son rayon par *a*. D'après (56), *nous avons, dans le système en repos* P', *un ellipsoïde de révolution allongé*, dont les axes sont

$$(59) \qquad b = \dfrac{a}{\sqrt{1-\beta^2}}, \qquad a, \qquad a,$$

Nous distinguerons deux cas : le premier où la charge *e* est uniformément distribuée sur la *surface* de la sphère, et le second où elle est uniformément distribuée dans tout le *volume*.

Prenons le premier cas, où, dans le système P, est donné un électron sphérique avec la *charge superficielle e*. Il lui correspond, dans le système P', l'ellipsoïde de révolution (59), sur la surface duquel la charge *e* est distribuée comme elle le serait à la surface d'un *conducteur* de même forme. Nous avons envisagé une telle distribution dans le Livre I, Chap. I, § **10**, où les formules (71) et (71, *a*) déterminent la densité de la charge en un point donné de la surface de l'ellipsoïde. L'équation de la surface de l'ellipsoïde est

$$(59, a) \qquad \dfrac{x'^2}{b^2} + \dfrac{y^2 + z^2}{a^2} = 1.$$

Les surfaces de niveau du potentiel φ' sont des surfaces ellipsoïdales homofocales de (59, *a*) ; leur équation est

$$(59, b) \qquad \dfrac{x'^2}{b^2 + h^2} + \dfrac{y^2 + z^2}{a^2 + h^2} = 1.$$

Le potentiel φ' sur la surface de paramètre *h* est égal à

$$\varphi' = \dfrac{e}{2\sqrt{b^2-a^2}} \log \dfrac{\sqrt{b^2+h^2} + \sqrt{b^2-a^2}}{\sqrt{b^2+h^2} - \sqrt{b^2-a^2}}.$$

En introduisant la valeur (59) de *b*, il vient

$$(59, c) \qquad \varphi' = \dfrac{e\sqrt{1-\beta^2}}{2\beta a} \log \dfrac{\sqrt{a^2+h^2(1-\beta^2)} + \beta a}{\sqrt{a^2+h^2(1-\beta^2)} - \beta a}.$$

A la surface de l'ellipsoïde $h = 0$, le potentiel φ'_0 est égal à

$$(59, d) \qquad \varphi'_0 = \frac{e \sqrt{1 - \beta^2}}{2\beta a} \log \frac{1 + \beta}{1 - \beta}.$$

Pour $\beta = 0$, on retrouve le potentiel d'une sphère, c'est-à-dire $\varphi'_0 = e : a$. Le second facteur dans $(59, d)$ est égal à

$$(59, e) \qquad \log \frac{1 + \beta}{1 - \beta} = 2\beta \left(1 + \frac{1}{3} \beta^2 + \frac{1}{5} \beta^4 + \ldots \right).$$

Nous ne poursuivrons pas plus loin ces calculs et nous nous bornerons à écrire les résultats que donnent les formules (57) à (58, c).

A l'intérieur de l'ellipsoïde, le potentiel φ'_0 prend en tous les points la valeur constante $(59, d)$; il en résulte que, dans le système P, le potentiel φ_0 prend à l'intérieur de l'électron la valeur $\varphi_0 = \varphi'_0 : \sqrt{1 - \beta^2}$, qui est aussi constante. Les formules $(57, b)$ et $(57, c)$ montrent qu'*à l'intérieur d'un électron sphérique, possédant une charge superficielle uniforme et se mouvant avec une vitesse constante en grandeur et en direction, on a* $\overrightarrow{\mathrm{E}} = 0$ *et* $\overrightarrow{\mathrm{H}} = 0$, *c'est-à-dire qu'il n'existe pas de champ électromagnétique.*

Les formules (58) et (58, a) donnent

$$(60) \qquad \mathrm{W}_e = \frac{e^2}{4a} \left\{ \frac{3 - \beta^2}{2\beta} \log \frac{1 + \beta}{1 - \beta} - 1 \right\},$$

$$(60, a) \qquad \mathrm{W}_m = \frac{e^2}{4a} \left\{ \frac{1 + \beta^2}{2\beta} \log \frac{1 + \beta}{1 - \beta} - 1 \right\}.$$

Si, dans le développement en série $(59, e)$, on néglige toutes les puissances de β supérieures à la seconde, on obtient

$$(60, b) \qquad \mathrm{W}_e = \frac{e^2}{2a}, \qquad \mathrm{W}_m = \frac{e^2}{3a} \beta^2.$$

Quand la vitesse v de l'électron est petite comparativement à la vitesse c de la lumière, l'énergie électrique du champ est indépendante de cette vitesse v de l'électron, tandis que l'énergie magnétique est proportionnelle à son carré. La formule $(27, a)$ est identique à la seconde formule $(60, b)$.

L'énergie totale du champ est égale à

$$(60, c) \qquad \mathrm{W} = \mathrm{W}_e + \mathrm{W}_m = \frac{e^2}{2a} \left\{ \frac{1}{\beta} \log \frac{1 + \beta}{1 - \beta} - 1 \right\}.$$

Les formules $(58, c)$ donnent, pour la *quantité de mouvement électromagnétique,*

$$(60, d) \qquad \mathrm{K} = \frac{e^2}{2ac\beta} \left\{ \frac{1 + \beta^2}{2\beta} \log \frac{1 + \beta}{1 - \beta} - 1 \right\}.$$

En comparant $(60, a)$ et $(60, d)$, on a

$$(60, e) \qquad \mathrm{K} = \frac{2}{v} \mathrm{W}_m.$$

Toutes les formules que nous venons d'établir se rapportent au cas d'un électron sphérique, possédant une charge *superficielle* uniforme. Lorsque *la charge e est uniformément distribuée dans le volume entier de la sphère*, on obtient les mêmes formules, avec cette seule différence que *toutes les grandeurs sont multipliées par le facteur* $\frac{6}{5}$.

8. Masse électromagnétique de l'électron. — Nous avons vu (page 197) que l'action du champ *entier* sur les électrons qu'il contient est exprimée par la formule (52). Pour $\overrightarrow{v} = const.$, la valeur de $\overrightarrow{K}$ est indépendante de t et par suite *la réaction du champ, dû à un électron animé d'un mouvement rectiligne et uniforme, est nulle sur cet électron. L'électron se meut d'un mouvement rectiligne et uniforme comme la matière ordinaire, c'est-à-dire comme s'il était doué d'inertie.*

Passons au cas du *mouvement varié de l'électron*. Nous pouvons écrire la formule (52)

$$(61) \qquad \overrightarrow{F} = -\frac{\partial \overrightarrow{K}}{\partial t};$$

en effet, puisque nous considérons le champ *entier*, $\overrightarrow{F_1} = 0$ et par suite $\overrightarrow{F} = \overrightarrow{F_2}$, voir $(46, a)$. Nous conserverons pour K l'expression $(60, d)$, bien qu'elle ait été établie dans l'hypothèse d'un état *stationnaire*, c'est-à-dire pour une vitesse $\overrightarrow{v}$ constante. Ceci n'est possible qu'à la condition que le temps $\frac{\lambda}{c}$, où λ est la plus grande dimension linéaire de l'électron (par exemple $2a$, pour une sphère), soit extrêmement petit vis-à-vis du temps pendant lequel le mouvement de l'électron éprouve une variation sensible ; nous admettrons que cette condition est remplie.

Supposons d'abord que *l'électron ait un mouvement rectiligne où l'accélération est w'* en notations cartésiennes. La formule (61) donne

$$(61, a) \qquad F = -\frac{\partial K}{\partial t} = -\frac{\partial K}{\partial v}\frac{\partial v}{\partial t} = -\frac{1}{1}\frac{\partial K}{\partial \beta}\, w'.$$

Si nous introduisons la notation

$$(62) \qquad m' = \frac{1}{c}\frac{\partial K}{\partial \beta},$$

il vient avec la notation vectorielle

$$(62, a) \qquad \overrightarrow{F} = -m'\overrightarrow{w'}.$$

Cette formule montre que, *dans un mouvement varié rectiligne de l'électron, le champ que produit cet électron réagit sur lui avec une force proportionnelle à son accélération et dirigée en sens inverse de cette accélération. Le coefficient m'* a le caractère d'une masse et on l'appelle la *masse électromagnétique longitudinale de l'électron.*

Considérons maintenant le cas d'un *mouvement uniforme, mais curviligne*, de *l'électron*. Pendant le temps Δt, les vecteurs $\vec{v}$ et $\vec{K}$ de même direction prennent des accroissements *vectoriels* $\Delta \vec{v}$ et $\Delta \vec{K}$ qui leur sont respectivement perpendiculaires. Soit α le petit angle dont les deux vecteurs $\vec{v}$ et $\vec{K}$ ont tourné pendant le temps Δt. On a alors en notations cartésiennes $\Delta v = \alpha v$ et $\Delta K = \alpha K$. En divisant par Δt et en passant à la limite, on obtient

$$\frac{\partial K}{\partial t} = K \lim \frac{\alpha}{\Delta t}, \qquad \frac{\partial v}{\partial t} = v \lim \frac{\alpha}{\Delta t}.$$

Mais $\lim \dfrac{\alpha}{\Delta t} = \dfrac{v}{R}$, où R désigne le rayon de courbure de la trajectoire de l'électron au point donné. Soit $w'' = v^2 : R$ l'accélération normale ; on a $\lim \dfrac{\alpha}{\Delta t} = w'' : v$. Par suite

$$\frac{\partial K}{\partial t} = \frac{K}{v} . w''$$

et par conséquent

$$(62, b) \qquad F = - \frac{K}{v} w''.$$

En introduisant la notation

$$(63) \qquad m'' = \frac{K}{v} = \frac{1}{c} \frac{K}{\beta},$$

on obtient, avec la notation vectorielle,

$$(63, a) \qquad \vec{F} = - m'' \vec{w''}.$$

La force $\vec{F}$ est donc encore proportionnelle à l'accélération et lui est directement opposée en direction. La grandeur m'' s'appelle la *masse électromagnétique transversale*.

Envisageons enfin le cas général d'un *mouvement curviligne quelconque* où *l'accélération est* $\vec{w}$. Cette accélération $\vec{w}$ se décompose en une composante tangentielle $\vec{w'}$ et en une composante normale $\vec{w''}$, de sorte que

$$(63, b) \qquad \vec{w} = \vec{w'} + \vec{w''}.$$

La force $\vec{F}$, qui agit sur l'électron, possède également deux composantes, l'une tangentielle $\vec{F'}$, et l'autre normale $\vec{F''}$:

$$(63, c) \qquad \vec{F} = \vec{F'} + \vec{F''}.$$

On a $\vec{F'} = - m' \vec{w'}$ et $\vec{F''} = - m'' \vec{w''}$, où m' et m'' sont déterminés par les formules (62) et (63). *Il est clair que les forces* $\vec{F'}$ *et* $\vec{F''}$ *n'étant pas dans la même proportion relativement aux accélérations qui ont même direction qu'elles, la force* F *ne possède pas la direction* — $\overrightarrow{w}$. Un électron mobile se distingue ainsi essentiellement d'une particule matérielle qui n'a qu'*une seule masse*. L'électron présente deux masses électromagnétiques, l'une longitudinale m' et l'autre transversale m'' ; il réagit différemment sur les causes extérieures, suivant que celles-ci changent en grandeur ou en direction la vitesse.

On pourrait admettre que l'électron possède une certaine masse ordinaire m_0, en dehors des masses électromagnétiques. Lorsqu'il existe un champ *extérieur*, abstraction faite de celui produit par l'électron, et quand ce champ extérieur exerce une force $\overrightarrow{F_0}$, la force totale qui agit sur l'électron, est égale à

$$\overrightarrow{f} = \overrightarrow{F_0} - \overrightarrow{F} = \overrightarrow{F_0} - m'\overrightarrow{w'} - m''\overrightarrow{w''} + m_0\overrightarrow{w} = m_0(\overrightarrow{w'} + \overrightarrow{w''}),$$

de sorte que

$$(64) \qquad \overrightarrow{F_0} = (m_0 + m')\overrightarrow{w'} + (m_0 + m'')\overrightarrow{w''}.$$

Si on suppose que $m_0 = 0$, c'est-à-dire que *l'électron ne possède que de la masse électromagnétique*, on a

$$(64, a) \qquad \overrightarrow{f} = \overrightarrow{F_0} - m'\overrightarrow{w'} - m''\overrightarrow{w''} = 0.$$

Appliquons nos formules au cas d'un *électron sphérique* de rayon a, avec une charge *superficielle* e. Les formules (60, d), (62) et (63) donnent

$$(65) \qquad m' = \frac{e^2}{2\beta^3 c^2 a}\left\{ \frac{2\beta}{1-\beta^3} - \log\frac{1+\beta}{1-\beta} \right\},$$

$$(66) \qquad m'' = \frac{e^2}{4\beta^3 c^2 a}\left\{ -2\beta + (1+\beta^2)\log\frac{1+\beta}{1-\beta} \right\}.$$

Dans le cas où la charge e est uniformément distribuée dans le *volume* de la sphère, il faut multiplier par $\frac{6}{5}$ les seconds membres de (65) et (66). En développant les expressions (65) et (66) suivant les puissances entières de β, on a

$$(66, a) \qquad m' = \frac{2e^2}{3ac^2}\left\{ 1 + \frac{6}{5}\beta^2 + \frac{9}{7}\beta^4 + \frac{12}{9}\beta^6 + \dots \right\},$$

$$(66, b) \qquad m'' = \frac{2e^2}{3ac^2}\left\{ 1 + \frac{6}{3.5}\beta^2 + \frac{9}{5.7}\beta^4 + \frac{12}{7.9}\beta^6 + \dots \right\}.$$

Ces formules montrent que *la masse longitudinale* m' *est plus grande que la masse transversale* m''. Lorsque la vitesse $\overrightarrow{v}$ est petite comparativement à la vitesse c de la lumière, on obtient

$$(66, c) \qquad m' = m'' = m = \frac{2e^2}{3ac^2},$$

ce qui est d'accord avec (29), page 189.

La théorie exposée dans ce paragraphe est due à Max Abraham. Elle repose sur d'hypothèse que l'électron sphérique ne change pas de forme dans son mouvement, qu'il est *invariable*. Mais H. A. LORENTZ a envisagé le cas où l'électron serait *déformable*, en vue d'expliquer quelques phénomènes dont il sera question plus loin (expérience de MICHELSON) ; il admet que l'électron, sphérique au repos, change de forme dans le mouvement, ses dimensions devenant $1 : \sqrt{1 - \beta^2}$ fois *plus petites* dans la direction de la vitesse $\overrightarrow{v}$. La sphère mobile devient un *ellipsoïde de révolution aplati*, dont les axes sont égaux à

$$(67) \qquad a\sqrt{1 - \beta^2}, \quad a, \quad a.$$

C'est ce qu'on appelle l'*ellipsoïde* d'HEAVISIDE. Cette hypothèse simplifie les calculs, car à l'ellipsoïde (67) dans le système P correspond, dans le système P', non plus un ellipsoïde, mais une *sphère* de rayon a, comme le montrent les formules (56) et (59). On obtient finalement les expressions très simples suivantes :

$$(67, a) \qquad m' = \frac{m}{(1 - \beta^2)^{\frac{3}{2}}},$$

$$(67, b) \qquad m'' = \frac{m}{\sqrt{1 - \beta^2}},$$

où m est déterminé par la formule (66, c). En développant suivant les puissances de β, il vient

$$(67, c) \qquad m' = \frac{2e}{3ac^2}\left(1 + \frac{3}{2}\beta^2 + \frac{15}{8}\beta^4 + \frac{35}{16}\beta^6 + \dots\right),$$

$$(67, d) \qquad m'' = \frac{2e}{3ac^2}\left(1 + \frac{1}{2}\beta^2 + \frac{3}{8}\beta^4 + \frac{5}{16}\beta^6 + \dots\right).$$

On a aussi dans ce cas $m' > m''$. La dépendance des masses m' et m'' à l'égard de β, c'est-à-dire de la vitesse v est, dans la théorie de LORENTZ, autre que dans la théorie de MAX ABRAHAM. Les expériences, dont il sera question plus loin, ne permettent pas encore de décider entre les deux théories ; elles semblent cependant plus favorables à la théorie de LORENTZ.

La variation de forme de l'électron en mouvement, admise dans la théorie de LORENTZ, comporte une variation du volume de cet électron.

9. Diélectriques, conducteurs et aimants. — Nous avons déjà mentionné au § 1 que la constante diélectrique ε, la conductibilité spécifique σ et la perméabilité magnétique μ d'une substance doivent être déterminées par les propriétés, la position et le mouvement des électrons qu'elle renferme.

Nous ne jugeons pas nécessaire de nous arrêter ici sur la question de la constante diélectrique, qui se trouve liée à celle de la dispersion de la lumière. Dans l'un des Chapitres suivants, nous étudierons en détail la théorie des phénomènes qui se rattachent à ce sujet.

Le *courant électrique dans les conducteurs* représente un flux d'électrons, qui se meuvent *librement* entre les atomes matériels de la substance conductrice. Ce mouvement libre des électrons est analogue à celui des molécules d'un gaz, de sorte qu'on peut comparer le courant électrique à un courant gazeux. Nous ne donnerons qu'une démonstration élémentaire de l'expression de la *conductibilité électrique* σ. Soit $\overrightarrow{E}$ le champ électrique dans le conducteur. Les N électrons contenus dans l'unité de volume sont soumis à la *force mécanique*

$$(68) \qquad \overrightarrow{F_e} = Ne\overrightarrow{E}.$$

Au mouvement des électrons s'oppose une force intérieure *analogue au frottement*; on peut la supposer égale à $kN\overrightarrow{v}$, où $\overrightarrow{v}$ est la vitesse du mouvement général de translation des électrons et k un coefficient qui dépend de la nature de la substance conductrice. La force de frottement équilibre la force mécanique $\overrightarrow{F_e}$, de sorte que l'on a $Ne\overrightarrow{E} = kN\overrightarrow{v}$, d'où

$$(69) \qquad e\overrightarrow{E} = k\overrightarrow{v}.$$

Nous désignerons la densité de courant par $\overrightarrow{I} = Ne\overrightarrow{v}$; on a donc

$$(70) \qquad \overrightarrow{I} = \frac{Ne^2}{k} \overrightarrow{E}.$$

En posant $\overrightarrow{I} = \sigma \overrightarrow{E}$, on obtient

$$(71) \qquad \sigma = \frac{Ne^2}{k}.$$

On a ainsi trouvé l'expression de la conductibilité électrique. Lorsqu'on admet l'existence de *diverses espèces d'électrons*, on a

$$(71, a) \qquad \sigma = \sum \frac{N_i e_i^2}{k_i}.$$

S'il existe un champ magnétique extérieur et si on désigne par $\overrightarrow{v'}$ la vitesse du mouvement du conducteur dans ce champ, par $\overrightarrow{v''}$ la vitesse des électrons par rapport au conducteur, par $\overrightarrow{v}$ leur vitesse par rapport au champ $\overrightarrow{H}$, on a

$$(71, b) \qquad \overrightarrow{v} = \overrightarrow{v'} + \overrightarrow{v''}.$$

La formule (12), page 181, montre que, dans ce cas, à la force $\overrightarrow{F_e}$ s'ajoute la force

$$(71, c) \qquad \overrightarrow{F_m} = \frac{1}{c} [\overrightarrow{v} \overrightarrow{H}] = \frac{1}{c} [\overrightarrow{v'} \overrightarrow{H}] + \frac{1}{c} [\overrightarrow{v''} \overrightarrow{H}].$$

Le premier terme du second membre détermine l'intensité du *courant induit* produit par le mouvement du conducteur, le second terme l'action mécanique du champ $\overrightarrow{H}$ sur le courant.

Dans l'un des Chapitres suivants, nous étudierons d'une manière plus approfondie la théorie électronique des conducteurs.

La théorie électronique du *magnétisme* suppose l'existence, dans les molécules matérielles, d'électrons de nature particulière, qui sont animés d'un mouvement circulaire. Si la période de ce mouvement circulaire est égale à T, un tel électron en mouvement est équivalent à un *courant* d'AMPÈRE d'intensité $i = e : T$. Le champ magnétique ne modifie pas la vitesse du mouvement de l'électron, mais change le rayon de la trajectoire et la période T ; on peut aussi admettre une rotation du plan dans lequel s'effectue le mouvement. L'explication des phénomènes magnétiques, en particulier du paramagnétisme et du ferromagnétisme, présente cependant de grandes difficultés et ne peut être obtenue sans diverses hypothèses complémentaires. Nous ne considérerons pas ici les théories très compliquées qui ont été édifiées dans cette voie.

10. La notion d'action dans la dynamique de l'électron [1]. — H. A. LORENTZ, K. SCHWARZSCHILD (1903) et depuis H. POINCARÉ (1905) se sont proposé d'introduire dans la dynamique de l'électron une notion analogue à celle de l'*action* dans la dynamique classique. Nous donnerons à leurs recherches une forme qui les rapproche de celle adoptée par E. et F. COSSERAT dans les notes qu'ils ont ajoutées à cet ouvrage.

Considérons un élément de volume de l'espace, qui part d'une position initiale $dx_0 dy_0 dz_0$ et emporte avec lui une *charge invariable* ; une telle charge peut être définie de la manière suivante. Désignons par Δ le déterminant fonctionnel de x, y, z par rapport à x_0, y_0, z_0 :

$$\Delta = \frac{\partial (x,\, y,\, z)}{\partial (x_0,\, y_0,\, z_0)}.$$

Nous définirons, pour chaque point $(x,\, y,\, z)$ à l'instant t, une fonction qui satisfait à la condition que $\rho\Delta$ ne dépende que de x_0, y_0, z_0, et non de t ; la charge invariable emportée par l'élément $dx_0 dy_0 dz_0$ est alors

$$\rho\Delta dx_0 dy_0 dz_0.$$

Soit maintenant $\overrightarrow{C}\,(C_x,\, C_y,\, C_z)$ un vecteur associé à chaque point $(x,\, y,\, z)$ à l'instant t ; posons, en prenant la vitesse de la lumière égale à l'unité,

$$E_x = -\frac{\partial C_x}{\partial t}, \quad E_y = -\frac{\partial C_y}{\partial t}, \quad E_z = -\frac{\partial C_z}{\partial t},$$

$$H_x = \frac{\partial C_z}{\partial y} - \frac{\partial C_y}{\partial z}, \quad H_y = \frac{\partial C_x}{\partial z} - \frac{\partial C_z}{\partial x}, \quad H_z = \frac{\partial C_y}{\partial x} - \frac{\partial C_x}{\partial y};$$

soient d'autre part

$$x = x_0 + U_x, \quad y = y_0 + U_y, \quad z = z_0 + U_z.$$

Les fonctions que nous venons d'introduire peuvent être regardées soit

---

comme dépendant des variables de LAGRANGE x_0, y_0, z_0, t, soit comme dépendant des variables d'EULER x, y, z, t. En désignant par $\vec{v}(v_x, v_y, v_z)$ la vitesse de l'électron, on aura

$$v_x = \frac{dx}{dt} = \frac{dU_x}{dt} = \frac{\partial U_x}{\partial t} + v_x \frac{\partial U_x}{\partial x} + v_y \frac{\partial U_x}{\partial y} + v_z \frac{\partial U_x}{\partial z},$$

avec des formules analogues pour v_y et v_z. En appelant ρ_1 la masse cinétique supposée invariable du point x_0, y_0, z_0, qui se transporte en x, y, z, nous prendrons l'expression suivante pour l'*action* que nous voulons étudier :

$$2\,V = \int \Big\{ (E_x^2 + E_y^2 + E_z^2) - (H_x^2 + H_y^2 + H_z^2) + 2\rho\,(C_x v_x + C_y v_y + C_z v_z)$$
$$+ \rho_1\,(v_x^2 + v_y^2 + v_z^2) \Big\}\, dt\,d\omega,$$

$d\omega$ étant l'élément de volume. Nous supposerons, pour simplifier, comme LORENTZ et H. POINCARÉ, que le champ d'intégration est infini.

Cela étant, on a

$$\delta V = \int \Big\{ - \Big(\vec{E}\,\frac{\partial \vec{\partial C}}{\partial t}\Big) - (\vec{H}\,rot\,\delta\,\vec{C}) + \rho\,(\vec{v}\,\delta\,\vec{C}) + (\vec{C}\,\delta\rho\,\vec{v}) + \rho_1\,(\vec{v}\,\delta\,\vec{v}) \Big\} dt\,d\omega,$$

d'où

$$\delta V = -\int \Big\{ \Big((rot\,\vec{H} - \frac{\partial \vec{E}}{\partial t} - \rho\,\vec{v})\,\delta\,\vec{C} \Big) - (\vec{C}\,\delta\rho\,\vec{v}) + \rho_1\Big(\frac{d\vec{v}}{dt}\,\delta\,\vec{U}\Big) \Big\}\, dt\,d\omega.$$

Pour préciser le sens de l'expression δ, considérons nos fonctions comme contenant, outre les variables x_0, y_0, z_0, t, ou x, y, z, t, un quatrième paramètre ε ; alors F étant une fonction quelconque, on aura

$$\delta F = \frac{\partial F}{\partial \varepsilon}\,\delta \varepsilon.$$

La charge d'un élément $dx_0 dy_0 dz_0$ devant demeurer constante quand t ou ε varient, on a

$$\frac{d\rho\Delta}{dt} = \frac{d\rho\Delta}{d\varepsilon} = 0 \;;$$

on en déduit

$$\frac{d^2\rho\Delta\,\vec{U}}{dt\,d\varepsilon} = \frac{d}{d\varepsilon}\Big(\rho\Delta\,\frac{d\vec{U}}{dt}\Big) = \frac{d}{dt}\Big(\rho\Delta\,\frac{d\vec{U}}{d\varepsilon}\Big).$$

Supposons que la fonction quelconque F soit adjointe à l'élément de volume $dx_0 dy_0 dz_0$; on aura

$$\frac{dF\Delta}{dt} = \Delta\,\frac{dF}{dt} + F\,\frac{d\Delta}{dt} \;;$$

or,

$$\frac{d\mathrm{F}}{dt} = \frac{\partial \mathrm{F}}{\partial t} + v_x \frac{\partial \mathrm{F}}{\partial x} + v_y \frac{\partial \mathrm{F}}{\partial y} + v_z \frac{\partial \mathrm{F}}{\partial z},$$

et

$$\frac{1}{\Delta} \frac{d\Delta}{dt} = \frac{\partial v_x}{\partial x} + \frac{\partial v_y}{\partial y} + \frac{\partial v_z}{\partial z};$$

donc

$$\frac{1}{\Delta} \frac{d\mathrm{F}\Delta}{dt} = \frac{\partial \mathrm{F}}{\partial t} + \frac{\partial \mathrm{F}v_x}{\partial x} + \frac{\partial \mathrm{F}v_y}{\partial y} + \frac{\partial \mathrm{F}v_z}{\partial z}$$

et

$$\frac{1}{\Delta} \frac{d\mathrm{F}\Delta}{d\varepsilon} = \frac{\partial \mathrm{F}}{\partial \varepsilon} + \frac{\partial \mathrm{F}\frac{d\mathrm{U}_x}{d\varepsilon}}{\partial x} + \frac{\partial \mathrm{F}\frac{d\mathrm{U}_y}{d\varepsilon}}{\partial y} + \frac{\partial \mathrm{F}\frac{d\mathrm{U}_z}{d\varepsilon}}{\partial z};$$

par suite

$$\frac{1}{\Delta} \frac{d}{d\varepsilon}\left(\rho\Delta\frac{d\mathrm{U}_x}{dt}\right) = \frac{\partial\left(\rho\frac{d\mathrm{U}_x}{dt}\right)}{\partial\varepsilon} + \frac{\partial\left(\rho\frac{d\mathrm{U}_x}{dt}\frac{d\mathrm{U}_x}{d\varepsilon}\right)}{\partial x} + \frac{\partial\left(\rho\frac{d\mathrm{U}_x}{dt}\frac{d\mathrm{U}_y}{d\varepsilon}\right)}{\partial y} + \frac{\partial\left(\rho\frac{d\mathrm{U}_x}{dt}\frac{d\mathrm{U}_z}{d\varepsilon}\right)}{\partial z},$$

$$\frac{1}{\Delta} \frac{d}{dt}\left(\rho\Delta\frac{d\mathrm{U}_x}{d\varepsilon}\right) = \frac{\partial\left(\rho\frac{d\mathrm{U}_x}{d\varepsilon}\right)}{\partial t} + \frac{\partial\left(\rho\frac{d\mathrm{U}_x}{dt}\frac{d\mathrm{U}_x}{d\varepsilon}\right)}{\partial x} + \frac{\partial\left(\rho\frac{d\mathrm{U}_y}{dt}\frac{d\mathrm{U}_x}{d\varepsilon}\right)}{\partial y} + \frac{\partial\left(\rho\frac{d\mathrm{U}_z}{dt}\frac{d\mathrm{U}_x}{d\varepsilon}\right)}{\partial z}.$$

Les premiers membres de ces dernières relations sont égaux et l'on a, d'après la définition $\delta\mathrm{F} = \frac{\partial \mathrm{F}}{\partial \varepsilon}\,\delta\varepsilon$,

$$\delta\rho v_x + \frac{\partial(\rho v_x \delta\mathrm{U}_x)}{\partial x} + \frac{\partial(\rho v_y \delta\mathrm{U}_y)}{\partial y} + \frac{\partial(\rho v_x \delta\mathrm{U}_z)}{\partial z}$$

$$= \frac{\partial(\rho v_x \delta\mathrm{U}_x)}{\partial t} + \frac{\partial(\rho v_x \delta\mathrm{U}_x)}{\partial x} + \frac{\partial(\rho v_y \delta\mathrm{U}_x)}{\partial y} + \frac{\partial(\rho v_z \delta\mathrm{U}_x)}{\partial z}.$$

On a, par conséquent, en écrivant pour plus de clarté en notations cartésiennes,

$$\mathrm{C}_x \delta\rho v_x + \mathrm{C}_y \delta\rho v_y + \mathrm{C}_z \delta\rho v_z = \mathrm{C}_x\left[\frac{\partial(\rho\delta\mathrm{U}_x)}{\partial t} + \frac{\partial(\rho v_y \delta\mathrm{U}_x)}{\partial y} + \frac{\partial(\rho v_z \delta\mathrm{U}_x)}{\partial z} - \frac{\partial(\rho v_x \delta\mathrm{U}_y)}{\partial y} - \frac{\partial(\rho v_x \delta\mathrm{U}_x)}{\partial z}\right]$$

$$+ \mathrm{C}_y\left[\frac{\partial(\rho\delta\mathrm{U}_y)}{\partial t} + \frac{\partial(\rho v_z \delta\mathrm{U}_y)}{\partial z} + \frac{\partial(\rho v_x \delta\mathrm{U}_y)}{\partial x} - \frac{\partial(\rho v_y \delta\mathrm{U}_z)}{\partial z} - \frac{\partial(\rho v_y \delta\mathrm{U}_x)}{\partial x}\right]$$

$$+ \mathrm{C}_z\left[\frac{\partial(\rho\delta\mathrm{U}_z)}{\partial t} + \frac{\partial(\rho v_x \delta\mathrm{U}_z)}{\partial x} + \frac{\partial(\rho v_y \delta\mathrm{U}_z)}{\partial y} - \frac{\partial(\rho v_z \delta\mathrm{U}_x)}{\partial x} + \frac{\partial(\rho v_z \delta\mathrm{U}_y)}{\partial y}\right]$$

et, par une intégration par parties,

$$\int (\mathrm{C}_x \delta\rho v_x + \mathrm{C}_y \delta\rho v_y + \mathrm{C}_z \delta\rho v_z)\,dt\,d\omega$$

$$= -\int\left\{\left(\frac{\partial\mathrm{C}_x}{\partial t} + v_y\frac{\partial\mathrm{C}_x}{\partial y} + v_z\frac{\partial\mathrm{C}_x}{\partial z}\right)\rho\delta\mathrm{U}_x - v_x\frac{\partial\mathrm{C}_x}{\partial y}\rho\delta\mathrm{U}_y - v_x\frac{\partial\mathrm{C}_x}{\partial z}\rho\delta\mathrm{U}_z\right.$$

$$+ \left(\frac{\partial\mathrm{C}_y}{\partial t} + v_z\frac{\partial\mathrm{C}_y}{\partial z} + v_x\frac{\partial\mathrm{C}_y}{\partial x}\right)\rho\delta\mathrm{U}_y - v_y\frac{\partial\mathrm{C}_y}{\partial z}\rho\delta\mathrm{U}_z - v_y\frac{\partial\mathrm{C}_y}{\partial x}\rho\delta\mathrm{U}_x$$

$$\left.+ \left(\frac{\partial\mathrm{C}_z}{\partial t} + v_x\frac{\partial\mathrm{C}_z}{\partial x} + v_y\frac{\partial\mathrm{C}_z}{\partial y}\right)\rho\delta\mathrm{U}_z - v_z\frac{\partial\mathrm{C}_z}{\partial x}\rho\delta\mathrm{U}_x - v_z\frac{\partial\mathrm{C}_z}{\partial y}\rho\delta\mathrm{U}_y\right\}dt\,d\omega.$$

Il vient donc finalement, en notations vectorielles,

$$\delta V = -\int \left\{ (\vec{\mathcal{F}} \, \delta \, \vec{C}) + (\vec{F'} \, \delta \, \vec{U}) \right\} dt\, d\omega,$$

où

$$\vec{\mathcal{F}} = rot\, \overset{\smile}{\hat{H}} - \frac{\partial \vec{E}}{\partial t} - \rho\, \vec{v}, \qquad \vec{F'} = \rho_1 \frac{d\vec{v}}{dt} - \rho\, (\vec{E} + [\vec{v}\, \overset{\smile}{\hat{H}}]).$$

Cela posé, lorsqu'on dit que le mouvement des électrons détermine l'état du système, on sous-entend que l'on a un état qui est *établi*, en sorte que le mouvement est permanent ou stationnaire. On peut concevoir que l'on soit d'abord très près de l'instant à partir duquel les électrons se mettent en marche et en outre qu'il y ait une sorte d'inertie s'opposant au mouvement.

Ceci indique que l'on peut faire d'abord une théorie où $\vec{C}$ est indépendant du mouvement des électrons, pour passer ensuite au cas particulier où le régime est établi. L'expression $\vec{\mathcal{F}}$ correspond à la supposition que le régime n'est pas établi, et l'annuler sera dire que le régime est devenu permanent. Si on l'annule, on a la définition du courant

$$\vec{I} = \frac{\partial E}{\partial t} + \rho\, \vec{v} = rot\, \overset{\smile}{\hat{H}}.$$

D'autre part, l'équation définissant $\vec{F'}$ s'écrit

$$\vec{F'} + \rho\, (\vec{E} + rot\, \hat{H}) = \rho_1 \frac{d\vec{v}}{dt}$$

et peut s'interpréter en disant que l'élément de volume $dx\,dy\,dz$ subit une force pondéromotrice qui, rapportée à l'unité de quantité d'électricité, a pour expression

$$\vec{F} = \vec{E} + rot\, \hat{H}.$$

Lorentz, après avoir rappelé la formule

$$(\mathrm{I}) \qquad \int \rho\, \vec{F}\, d\omega = \int \rho\, \vec{E}\, d\omega + \int \rho\, rot\, \hat{H}\, d\omega$$

où les intégrales sont étendues au volume de l'électron, puis les formules

$$(\mathrm{II}) \qquad \frac{\partial \vec{E}}{\partial t} + \rho\, \vec{v} = rot\, \overset{\smile}{\hat{H}},$$

$$(\mathrm{III}) \qquad \frac{\partial \hat{H}}{\partial t} = -rot\, \vec{E},$$

s'exprime ainsi : « le physicien, qui voudrait admettre les équations (I), (II) et (III) sans les déduire des principes de la mécanique, serait obligé de justifier son choix en démontrant que ces équations sont compatibles avec la loi de la conservation de l'énergie. Voici comment on le vérifie.

Soient m la masse d'une particule chargée, $\overrightarrow{F'}$ la force extérieure à laquelle elle est soumise ; alors

$$(IV) \qquad \rho \overrightarrow{F} + \overrightarrow{F'} = m \frac{d\overrightarrow{v}}{dt}.$$

Il faut que le travail des forces extérieures par unité de temps, c'est-à-dire l'expression

$$A = \sum (\overrightarrow{F'}\,\overrightarrow{v}).$$

soit égal à $\dfrac{dJ}{dt}$, J étant une fonction qui est déterminée par l'état du système. Or, en employant les formules (I) et 1V), on trouve d'abord

$$J = \frac{d}{dt} \sum \frac{1}{2} m \overrightarrow{v^2} - \sum (\overrightarrow{v} \int \rho \overrightarrow{E}\, d\omega) = \frac{d}{dt} \sum \frac{m}{2} \overrightarrow{v^2} - \sum \int \rho (\overrightarrow{v}\, \overrightarrow{E})\, d\omega.$$

Dans la dernière intégrale, qui doit être étendue à l'espace infini, on peut substituer la valeur de $\rho \overrightarrow{v}$ qu'on tire de l'équation (II) ; ensuite, on peut intégrer par parties et employer l'équation (III). En fin de compte,

$$A = \frac{dJ}{dt},$$

si on pose

$$J = \sum \frac{m}{2} \overrightarrow{v^2} + \frac{1}{2} \int \overrightarrow{E^2}\, d\omega + \frac{1}{2} \int \overrightarrow{H^2}\, d\omega.$$

C'est la valeur de l'énergie du système, eu égard au système d'unités adopté ici. Le premier terme n'est autre chose que l'énergie cinétique que les particules possèdent en vertu de leurs masses. Les deux autres termes ont la forme que nous connaissons déjà. Seulement, du point de vue où nous nous sommes placé maintenant, il n'est pas nécessaire de regarder comme potentielle l'énergie $\dfrac{1}{2} \int \overrightarrow{E^2}\, d\omega$ et comme cinétique l'énergie $\dfrac{1}{2} \int \overrightarrow{H^2}\, d\omega$. »

On remarquera, dans ce qui précède, le changement de signe de la force, quand on interprète le mouvement d'un point. On observera en outre qu'en posant

$$\overrightarrow{C} = \overrightarrow{C_1} + grad\ \psi_1.$$

puis

$$\psi = \frac{\partial \psi_1}{\partial t},$$

on a les notations de H. Poincaré, l'auxiliaire ψ_1 pouvant servir à assujettir $\overrightarrow{C_1}$ à une relation convenable, de façon à faire par exemple la décomposition classique (Tome I, Acoustique). Il faut encore noter que, dans l'exposition actuelle, on n'a pas supposé

$$\rho = div\ \overrightarrow{E},$$

c'est-à-dire

$$\rho = \frac{\partial}{\partial t}\, div\ C_1 \; ;$$

c'est une condition de liaison en quelque sorte, qui s'introduit *a posteriori* et qui est alors arbitraire ; on pourrait rechercher si elle ne s'introduit pas comme $\overrightarrow{I}$, qui apparaît dans le travail de H. Poincaré d'une façon arbitraire et *a priori*. H. Poincaré néglige de plus la condition $div\ C_1 = o$ (*Electricité et Optique*, p. 426, éq. (8) ; § **353**, p. 454), qui ne se présente pas dans son mémoire du Cercle de Palerme. Lorentz a généralisé le calcul que nous avons cité ci-dessus dans son *Versuch* et § **6**, p. 159 de son article de l'*Encyclopédie* ; au lieu de considérer l'espace infini, il envisage un domaine limité par une surface. Nous attirerons l'attention sur la note (27) relative à Larmor, page 167 de l'article de Lorentz.

———

BIBLIOGRAPHIE

—

1. — Introduction.

H. A. Lorentz. — *Versuch einer Theorie der elektrischen und optischen Erscheinungen in bewegten Körpern* , Leiden, 1895.

Stoney. - *Phil. Mag.*, (5), **38**, p. 418, 1894.

Arrhenius — *W. A.*, **32**, p. 545, 1887 ; **33**, p. 638, 1888.

Elster et Geitel. — *Wien. Ber.*, **97**, p. 1255, 1888.

Giese. — *W. A.*, **17**, p. 537, 1882 ; **37**, p. 576, 1889.

Schuster. — *Proc. R. Soc.*, **37**, p. 317, 1889.

Richarz. — *W. A.*, **52**, p. 385, 1894.

J. J. Thomson. — *Phil. Mag.*, (5), **40**, p. 510, 1895 ; **47**, p. 253, 1899.

J. Larmor. — *Phil. Trans.*, **186**, p. 195, 1896 ; **190**, p. 205, 1897.

Wiechert. — *W. A.*, **59**, p. 283, 1896.

2. — Les équations fondamentales de la théorie électronique.

H. A. Lorentz. — *Encyklop. der math. Wiss.*, V, n° 14, pp. 145-280, 1903. *The Theory of Electrons*, Leipzig, Teubner, 1909.

Max Abraham. — *Prinzipien der Dynamik des Elektrons*, Ann. Phys., **10**, 1903 ; *Theorie der Elektrizität*, II, 2ᵉ éd., 1908.

Bucherer. — *Mathemat. Einführung in die Elektronentheorie*, Leipzig, 1904.

Graetz. — *Die Elektronentheorie*, Winkelmanns Handb. d. Physik, V, 2ᵉ éd., pp. 897-934, 1908.

6. — Quantité de mouvement électromagnétique.

Max Abraham. — *Prinzipien der Dynamik des Elektrons*, Ann. de Phys., **10**, p. 105, 1903.

8. — Masse électromagnétique de l'électron.

J. J. Thomson. — *On the electric and magnetic effects produced by the motion of electrified bodies*, Phil. Mag., (5), **11**, p. 227, 1881.

Max Abraham. — *Die Grundhypothesen der Elektromentheorie*, Phys. Ztschr., **5**, p. 576, 1904.

A. H. Bucherer. — *Mathemat. Einführung in die Elektronentheorie*, pp. 57, 58, Leipzig, 1904.

P. Langevin. — *La physique des électrons*, Rev. gén. des Sc. pures et appl., **16**, p. 257, 1905.

10. — La notion d'action dans la dynamique de l'électron.

H. A. Lorentz. — *Encyklopädie der math. Wiss.*, V., n° 8, pp. 164-167, 1903.

K. Schwarzschild. — *Zwei Formen des Princips der kleinsten Action in der Elektronentheorie*, Gött. Nachr., 16 mai 1903, pp. 125-131.

H. Poincaré. — *Sur la dynamique de l'électron*, Rend. di Circ. di Palermo, **21**, 1906.

———

CHAPITRE V

—

LE PRINCIPE DE RELATIVITÉ [1]

1. Introduction. Le principe de relativité dans la Mécanique newtonienne. — Ce qu'on appelle aujourd'hui le *principe de relativité* constitue la base d'une nouvelle doctrine, tout d'abord appliquée à l'espace et au temps, ensuite à toutes les autres grandeurs physiques. La portée de la conception initiale de cette théorie, formulée et développée pour la première fois par Einstein en 1905 avec une extrême hardiesse, en bouleversant de fond en comble les idées premières sur lesquelles reposait jusqu'ici la Physique, n'a peut-être rien d'analogue dans l'histoire des sciences diverses consacrées aux phénomènes qui nous environnent et que nous observons. Elle conduit à une nouvelle image du monde, qui diffère radicalement de celle à laquelle on était parvenu auparavant et où se trouvent annulés précisément les traits que l'on envisageait comme des axiomes, comme des vérités évidentes par elles-mêmes n'ayant pas à être établies ni même définies, mais admises presque inconsciemment par tous comme possédant une certitude entière. La révolution produite par la substitution de la conception héliocentrique de l'univers au système géocentrique est infime vis-à-vis des perspectives ouvertes à l'humanité, si elle

---

[1] Ce Chapitre a été rédigé par l'auteur.

adhère définitivement au principe de relativité, se fie à lui et en fait la pierre angulaire d'une nouvelle construction de la Philosophie naturelle. Il a suffi de moins de huit ans pour que le nouveau principe fasse surgir un vaste édifice scientifique, d'une harmonie remarquable au point de vue *formel* ; une littérature énorme, croissant chaque jour, lui a été consacrée ; le domaine qu'il embrasse s'étend sans cesse et il n'y a aucun chapitre de la Physique qui ne doive ressentir son influence, toutes les notions fixées par la tradition se trouvant détruites et une révision totale de toutes les acquisitions qui ont été le fruit du travail séculaire des flambeaux de la science s'imposant de toute nécessité.

Dans un Traité de Physique générale, nous devons nous borner à exposer seulement les points les plus essentiels de la nouvelle doctrine.

Les termes *relatif* et *absolu* sont employés aussi bien dans la langue courante que dans le langage scientifique. Mais dans ce dernier, ils ont parfois une signification purement conventionnelle, comme le montre, par exemple, la dénomination d'*unité absolue*. Nous parlons de la distance absolue entre deux points et de leur distance relative à un troisième. Ici aussi la différence n'est qu'une simple convention, car la distance *absolue* entre deux points est numériquement égale au rapport de cette distance à l'unité de longueur.

Ce qui nous intéresse surtout actuellement, c'est la question du *mouvement absolu* et du *mouvement relatif*. Appelons *système* S un certain nombre de corps physiques et de figures géométriques liées à ces derniers, que nous pouvons supposer animés d'un mouvement d'ensemble. Nous regardons comme donnée la notion de ligne droite et d'axes de coordonnées dans le *système* S. Désignons par S′ un autre système et admettons que les positions géométriques des systèmes S et S′, ou du moins des axes de coordonnées qu'ils contiennent, coïncident géométriquement à un instant donné, quoique les corps physiques rapportés à ces systèmes puissent bien entendu occuper des endroits différents dans l'espace. Nous appellerons *mouvement relatif* des deux systèmes S et S′ le mouvement qu'aperçoit un observateur invariablement lié à l'un des systèmes. Nous n'aurons presque exclusivement affaire dans ce qui suit qu'au *mouvement relatif rectiligne et uniforme*. Il est clair que si v est la vitesse d'un tel mouvement du système S′ par rapport au système S, c'est-à-dire d'un mouvement qui est observé des points de ce dernier système, le système S a un mouvement relatif de vitesse $-v$ par rapport à S′.

Occupons-nous maintenant de la *question fondamentale* de l'introduction dans la science de la notion de *mouvement absolu*. Cette notion a-t-elle en général un sens ou même *existe-t-il* un tel mouvement absolu ? La question est évidemment identique à celle du *repos absolu*. S'il existe un tel repos et si nous considérons le système S_0, avec les axes de coordonnées qui lui sont fixés, en état de repos absolu, le mouvement de tout système S′ par rapport à S_0 apparaîtra comme ce que nous pouvons à bon droit nommer le mouvement absolu du système S′. Mais comment construire et où prendre le système S_0 ? Il est clair que nous ne pouvons pas nous le représenter comme lié à la Terre, ou au Soleil, ou au centre d'inertie d'un système quelconque d'étoiles. Si nous *étions convaincus* qu'il existe un nombre infini de corps dans l'univers et que tous ces corps n'ont pas de mouvement d'ensemble dans l'espace, le *centre d'inertie du monde* représenterait le point fixe que nous pourrions prendre comme origine d'un système d'axes de coordonnées en repos absolu et comme base pour la construction du système S_0. Cette voie nous est naturellement fermée, mais il en existe une autre. *La question du repos absolu est étroitement rattachée à celle de l'existence de l'éther.* Si l'éther existe comme substance remplissant tout l'espace et si nous avons le droit de le considérer comme immobile, du moins en dehors de la matière, *le repos relativement à l'éther sera aussi un repos absolu et tout mouvement rapporté à des axes de coordonnées immobiles dans l'éther représentera aussi un mouvement absolu.* Mais nous laisserons de côté, pour le moment, la question de l'éther et nous en considérerons d'abord une autre.

Certaines *propriétés déterminées du mouvement* peuvent avoir un caractère *absolu.* Supposons en effet qu'un observateur A se trouve dans un système clos S, qu'il puisse faire à l'intérieur de ce système des observations de tout genre, mais que tout ce qui est situé en dehors de S lui soit caché. *Que peut-il apprendre, par ses observations, sur le mouvement du système S? L'observateur A peut constater toute accélération dans le mouvement du système S, aussi bien une accélération normale qu'une accélération tangentielle,* et par suite, en particulier, *toute rotation du système.* Il est facile d'imaginer un grand nombre d'appareils qui manifesteront toute accélération du système ; il nous suffira d'indiquer que si, dans un système S, un champ de force uniforme agit sur un liquide, la surface de ce liquide devient un paraboloïde de révolution quand le système S est animé d'un mouvement de rotation. *Il existe donc une rotation absolue, comme il existe une courbure absolue dans une trajectoire quelconque et une accélération absolue dans un mouvement rectiligne.* C'est pourquoi l'existence du mouvement absolu *rectiligne et uniforme* et la possibilité d'en déterminer la vitesse v présentent seules de l'intérêt pour nous ; dans la suite, nous ne considérerons qu'un tel mouvement.

Lorsque l'observateur A, qui se trouve dans S, remarque qu'un corps M est animé d'un mouvement rectiligne et uniforme de vitesse v, il ne peut en déduire évidemment aucune indication sur son propre mouvement, car le mouvement relatif v peut être la résultante d'une infinité de mouvements *absolus* du système S et du corps M, différents en grandeur et en direction. Nous sommes ici en présence d'un cas particulier de la proposition beaucoup plus générale connue sous le nom de *principe de relativité de la mécanique,* en entendant par cette dernière la mécanique fondée par Newton. Ce principe est le suivant :

Tous les processus mécaniques, dans un système animé d'un mouvement rectiligne et uniforme, se produisent exactement comme dans le système en repos.

Nous regardons comme *processus mécaniques* tous les phénomènes physiques dans les corps *liés* au système S, en excluant cependant provisoirement les *phénomènes de l'énergie rayonnante.* En étudiant les phénomènes mécaniques, l'observateur A ne trouve jamais en eux d'indication sur l'existence et encore moins sur la grandeur de la vitesse v. Ce principe découle de la loi fondamentale de la dynamique de Newton, qui détermine, par la grandeur de l'accélé-

ration produite dans un corps, la force agissant sur ce corps. Cette loi se
traduit par les formules

$$(1) \qquad X = m\,\frac{d^2x}{dt^2}, \qquad Y = m\,\frac{d^2y}{dt^2}, \qquad Z = m\,\frac{d^2z}{dt^2},$$

où m désigne la masse, x, y, z les coordonnées d'un point matériel dans le
système S, t le temps ; X, Y, Z sont les composantes de la force agissant sur
le point. Les expressions dans les seconds membres des formules (1) restent
invariables de *forme* ou, comme on dit encore, *invariantes*, dans les deux cas
suivants, où l'on remplace le système S avec les axes des coordonnées x, y, z
par un autre système S$'$ avec les axes des coordonnées x', y', z'. Dans le
premier cas, S$'$ se trouve en repos relativement à S ; il y a simplement transformation ordinaire des coordonnées, les nouveaux axes résultant des anciens
par déplacement de l'origine sans rotation du trièdre de référence, ou par
rotation des axes sans changement de leur origine, ou enfin, plus généralement, par changement de l'origine et de la direction des axes. Dans toutes
ces transformations, les nouvelles coordonnées et les anciennes sont liées
entre elles par des équations *linéaires*, de sorte qu'en remplaçant les anciennes
coordonnées par les nouvelles, la force s'exprime de la manière suivante :

$$(2) \qquad X' = m\,\frac{d^2x'}{dt^2}, \qquad Y' = m\,\frac{d^2y'}{dt^2}, \qquad Z' = m\,\frac{d^2z'}{dt^2},$$

c'est-à-dire par des formules identiques à (1). Le *second cas* est beaucoup plus
important : le système S$'$ est animé d'un mouvement rectiligne et uniforme
de vitesse v par rapport au système S. Supposons l'axe des x pris dans la
direction de v et admettons qu'à l'instant $t = o$ les axes de coordonnées des
deux systèmes coïncident ; on a alors

$$(3) \qquad x' = x - vt, \qquad y' = y, \qquad z' = z,$$

ou

$$(3,a) \qquad x = x' + vt, \qquad y = y', \qquad z = z'.$$

Si on porte les valeurs (3, a) de x, y, z dans les seconds membres des formules (1), on obtient les seconds membres des formules (2) ; *les expressions* (1)
de la force restent invariantes dans les transformations (3) *et* (3, a). En supposant que tous les phénomènes physiques observés dans les corps appartenant
respectivement aux systèmes donnés S et S$'$ se ramènent à des actions mécaniques, nous concluons que les observateurs ne remarqueront pas de différence
entre les phénomènes qui se produisent dans S et S$'$.

Nous appellerons *fondamental* un système auquel les lois de la mécanique
newtonienne sont applicables, par exemple un corps qui, ayant reçu une
impulsion et étant ensuite abandonné à lui-même, prend, en vertu de l'inertie,
un mouvement rectiligne et uniforme. Un tel système ne possède pas d'accélération absolue, en particulier pas de rotation. On peut donc formuler le
principe de relativité de la mécanique newtonienne de la manière suivante :

lorsqu'un système S *est fondamental, tout autre système* S′, *qui est animé d'un mouvement rectiligne et uniforme par rapport à* S, *est également un système fondamental.*

Nous ajouterons une remarque importante sur le passage de S à S′ à l'aide des équations (3). Nous avons, dans les seconds membres des formules (1), *quatre* grandeurs variables x, y, z et t. En passant à S′, nous avons remplacé les coordonnées x, y, z par les coordonnées x', y', z', *mais nous avons laissé la variable* t *sans changement, car nous admettons que le temps est le même dans les deux systèmes, c'est-à-dire qu'il a un caractère absolu.* Nous introduisons ainsi tacitement la notion de *simultanéité* de deux phénomènes, dont l'un s'effectue dans le système S (où le point M a pour coordonnée x), l'autre dans le système S′ (où le même point M a pour coordonnée x'). Si on désigne par t' le temps variable dans le système S′ et si on suppose qu'au moment de la coïncidence des deux systèmes on a $t = 0$, $t' = 0$, on admet en outre qu'à tous les instants ultérieurs l'égalité $t' = t$ subsiste. Pour la clarté, nous écrirons maintenant les équations (3) de la manière suivante :

$$(4) \qquad x' = x - vt, \qquad y' = y, \qquad z' = z, \qquad t' = t.$$

Nous verrons dans la suite quelle importance considérable possède l'hypothèse $t' = t$, s'imposant d'elle-même en apparence. Au lieu de (3, a), nous avons ici

$$(5) \qquad x = x' + vt', \qquad y = y', \qquad z = z', \qquad t = t',$$

et cela conduit à remplacer t par t' dans les seconds membres des formules (2).

Nous indiquerons encore une interprétation très curieuse des équations (3) ou (4), que nous aurons à généraliser plus loin. Supposons que le système S possède non pas trois, mais seulement *deux dimensions*, et qu'il se trouve dans un *plan* P contenant les axes des coordonnées x et y. Le point M se meut dans ce système. Menons par l'origine des coordonnées un *troixième axe* normal au *plan* P et appelons-le l'*axe du temps* t ; autrement dit, en chaque point de la trajectoire du point M dans le plan P, élevons une perpendiculaire à P et portons sur cette perpendiculaire une longueur numériquement égale au temps. Nous obtenons ainsi *une courbe* Σ *dans l'espace à trois dimensions, qui est à tous égards caractéristique du mouvement du point* M *dans le plan* P. La projection de cette ligne sur le plan des x, y donne la trajectoire réelle du point mobile M ; la distance d'un point N de Σ au plan P définit l'instant où M est la projection de N sur P. Projetons en outre la courbe Σ à trois dimensions sur les plans des x, t et des y, t. Les directions des tangentes à ces projections déterminent les composantes $\dfrac{dx}{dt}$ et $\dfrac{dy}{dt}$ de la *vitesse* du mouvement du point M. Supposons ce mouvement défini par les deux premières équations (1). Considérons un système S′ avec les axes de coordonnées des x', y', t' qui, pour $t = t' = 0$, coïncident avec les axes des x, y, t, et supposons que S′ se meuve avec la vitesse v dans la direction de l'axe des x ; on a alors

$$(5, a) \qquad x' = x - vt, \qquad y' = y, \qquad t' = t,$$
$$(5, b) \qquad x = x' + vt', \qquad y = y', \qquad t = t'.$$

En portant les valeurs $(5, b)$ de x, y, t dans les deux premières équations (1), on obtient les deux premières équations (2). On voit donc que la loi du mouvement dans S' est la même que dans S et que cette loi peut être caractérisée par une courbe Σ' dans le système $S'(x', y', t')$, identique à la courbe Σ dans le système $S(x, y, t)$, mais se mouvant en même temps que S'. La transformation $(5, a)$ permet de passer de S à S', c'est-à-dire du repos relatif au mouvement relatif, la courbe Σ, *sans changer de forme*, passant également du repos au mouvement. Mais on peut interpréter autrement les équations $(5, a)$; on peut les regarder comme les formules de transformation des axes des coordonnées rectangulaires x, y, t, qui sont fixes, dans les *axes des coordonnées obliques* x', y', t', les axes des x' et des y' coïncidant *immuablement* avec les axes des x et des y et *l'axe des t' ayant tourné dans le plan des t, x de l'angle* $\alpha = $ arc tg v, de sorte que

$$(5, c) \qquad \text{tg } (t, t') = \text{tg } \alpha = v.$$

L'axe des t' a tourné du même angle dans le plan des t, y. On voit immédiatement que les nouvelles coordonnées sont alors liées aux anciennes par les équations $(5, a)$. Les courbes Σ et Σ' ont des équations identiques dans les deux systèmes et sont toutes deux fixes. *Le passage du repos relatif au mouvement relatif rectiligne et uniforme peut donc être représenté formellement par une rotation de l'axe des temps, non seulement les équations fondamentales du mouvement restant sans changement, mais aussi les équations de la courbe caractéristique* Σ.

FRANCK (1909) a démontré la proposition suivante. Soit E l'énergie d'un système de points matériels, composée de l'énergie cinétique de ces points et de leur énergie potentielle. Conformément au principe de la conservation de l'énergie, on a $\dfrac{d\mathrm{E}}{dt} = 0$. Si l'on exprime que cette équation reste invariante dans la transformation $(3, a)$, on est conduit à l'équation

$$(5, d) \qquad \frac{d^2\xi}{dt^2} = 0,$$

où ξ est l'abscisse du centre d'inertie du système ; autrement dit, on obtient le théorème connu que le centre d'inertie d'un système de points matériels, non soumis à des forces extérieures, ne peut posséder qu'un mouvement rectiligne et uniforme.

On peut aussi se demander (¹) s'il n'existe pas d'autre transformation que (4) ou (5) qui conserve les équations du mouvement de NEWTON. Pour simplifier, considérons l'équation du mouvement rectiligne

$$(\alpha) \qquad m \frac{d^2x}{dt^2} = \mathrm{X}$$

et proposons-nous de trouver une fonction t' de t et une fonction $x = \varphi(x', t)$

(¹) Cette fin du § **1** a été ajoutée à l'édition française par E. et F. COSSERAT.

telle que le premier membre de l'équation (α) se reproduise à un facteur près.

On a

$$\frac{dx}{dt} = \frac{\partial \varphi}{\partial x'} \frac{dx'}{dt} + \frac{\partial \varphi}{\partial t},$$

$$\frac{d^2x}{dt^2} = \frac{\partial^2 \varphi}{\partial x'^2} \left(\frac{dx'}{dt}\right)^2 + 2 \frac{\partial^2 \varphi}{\partial x' \partial t} \frac{dx'}{dt} + \frac{\partial^2 \varphi}{\partial t^2} + \frac{\partial \varphi}{\partial x'} \frac{d^2x'}{dt^2}.$$

D'autre part,

$$\frac{dx'}{dt} = \frac{dx'}{dt'} \frac{dt'}{dt},$$

$$\frac{d^2x'}{dt^2} = \frac{d^2x'}{dt'^2} \left(\frac{dt'}{dt}\right)^2 + \frac{dx'}{dt'} \frac{d^2t'}{dt^2}.$$

On trouve donc

$$\frac{d^2x}{dt^2} = \frac{\partial \varphi}{\partial x'} \left(\frac{dt'}{dt}\right)^2 \frac{d^2x'}{dt'^2} + \frac{\partial^2 \varphi}{\partial x'^2} \left(\frac{dt'}{dt}\right)^2 \left(\frac{dx'}{dt'}\right)^2 + \left[2 \frac{\partial^2 \varphi}{\partial x' \partial t} \frac{dt'}{dt} + \frac{\partial \varphi}{\partial x'} \frac{d^2t'}{dt^2}\right] \frac{dx'}{dt'} + \frac{\partial^2 \varphi}{\partial t^2}.$$

Si l'on veut que

$$\frac{d^2x}{dt^2} = \lambda \frac{d^2x'}{dt^2},$$

on doit avoir

$$\frac{\partial^2 \varphi}{\partial x'^2} = 0, \qquad \frac{\partial^2 \varphi}{\partial t^2} = 0,$$

$$2 \frac{\partial^2 \varphi}{\partial x' \partial t} \frac{dt'}{dt} + \frac{\partial \varphi}{\partial x'} \frac{d^2t'}{dt^2} = 0,$$

$$\frac{\partial \varphi}{\partial x'} \left(\frac{dt'}{dt}\right)^2 = \lambda.$$

On en conclut que la fonction φ est de la forme

$$\varphi = a_0 + a_1 x' + a_2 t + a_3 x' t,$$

a_0, a_1, a_2, a_3 étant des constantes ; de plus

$$2a_3 \frac{dt'}{dt} + (a_1 + a_3 t) \frac{d^2t'}{dt^2} = 0.$$

Si $a_3 = 0$, on a

$$\frac{d^2t'}{dt^2} = 0$$

et l'on retrouve une transformation telle que (4) ou (5). *Mais si $a_3 \neq 0$, on a*

$$\frac{dt'}{dt} = \frac{k}{(a_1 + a_3 t)^2},$$

$$\lambda = \frac{k^2}{(a_1 + a_3 t)^3}.$$

La masse m, qui est constante dans le système de variables x, t, devient donc, si l'on veut, une fonction du temps dans le système de variables x', t'.

2. Milieux de propagation ; l'air et l'éther. — Dans le paragraphe précédent, nous avons envisagé les phénomènes physiques qui se passent dans les systèmes S et S' et qui se ramènent à des actions mécaniques mutuelles entre les corps appartenant à ces systèmes. Supposons que l'espace, dans lequel sont situés ces systèmes, se trouve rempli d'un milieu où peut *se propager* un phénomène quelconque. Considérons d'abord le milieu où le son se propage, l'*air* où les observateurs dans S et S' peuvent mesurer la vitesse w de propagation d'une perturbation sonore. Deux cas sont possibles.

En premier lieu, *l'air peut être lié aux systèmes* et se mouvoir en même temps qu'eux. Il est clair qu'alors les observateurs dans S et S' obtiennent la même vitesse w du son par la formule

$$(5, e) \qquad w = \frac{l}{t},$$

où l désigne la distance entre deux points A et B du système considéré, et t le temps au bout duquel le son a parcouru l'espace de A à B ou de B à A. *La mesure de la vitesse w du son ne donne aucune indication sur la vitesse v du mouvement commun au système et à l'air.*

On obtient un tout autre résultat lorsque l'air est immobile et que le système S' se meut par rapport à lui avec la vitesse v. N'ayons pas égard au fait que le mouvement relatif peut être décelé par la sensation due au vent ou par le mouvement de corps légers et que la vitesse v peut être mesurée à l'aide d'un anémomètre (Tome I). Mesurons la vitesse du son entre deux points A et B du système S', en admettant que la vitesse v du *système* a la direction et le sens du segment de droite qui joint A à B. Il semblera à l'observateur dans S' que le son se propage de A à B avec la vitesse $w - v$ et de B à A avec la vitesse $w + v$. Soit $AB = l$ et supposons que l'intervalle de temps mesuré dans le premier cas soit t_1, dans le second t_2 ; ces intervalles de temps ne sont pas égaux, car on a

$$(6) \qquad t_1 = \frac{l}{w - v}, \qquad t_2 = \frac{l}{w + v},$$

d'où

$$(6, a) \qquad t_1 - t_2 = \frac{2v}{w^2 - v^2} \, l.$$

Au moyen des formules

$$(6, b) \qquad v = \frac{l(t_1 - t_2)}{2 t_1 t_2}, \qquad w = \frac{l(t_1 + t_2)}{2 t_1 t_2}$$

que l'on déduit de (6), l'observateur trouvera la vitesse *relative* v et la vitesse *réelle* w du son. Mais il obtiendra aussi le même résultat quand le système S' est immobile et que l'air se meut avec la vitesse v dans le sens de B vers A.

Les mesures ne lui donnent donc que la vitesse relative de l'air et du système S', mais non la vitesse absolue de l'air ou du système.

Occupons-nous maintenant du cas beaucoup plus important dans lequel le milieu de propagation est l'*éther*, qui propage les ondes lumineuses ou électromagnétiques avec la vitesse $c = 3.10^5$ km. par seconde. Pour simplifier, nous ne parlerons que des *ondes lumineuses*.

Pour déterminer *ce qui se passe avec l'éther, quand des corps physiques s'y trouvent en mouvement,* on a fait trois hypothèses, auxquelles nous en ajouterons une quatrième, qui supprime radicalement le problème même que nous envisageons.

I. HYPOTHÈSE DE HERTZ. — *L'éther est complètement entraîné par les corps en mouvement,* de sorte que la vitesse de l'éther contenu dans ces corps est égale à la vitesse de ces derniers.

II. HYPOTHÈSE DE H. A. LORENTZ. — *L'éther est absolument immobile* ; l'éther qui se trouve à l'intérieur des corps en mouvement ne prend pas part à leur mouvement.

III. HYPOTHÈSE DE FRESNEL ET DE FIZEAU. — *L'éther est partiellement entraîné par la matière en mouvement* ; nous formulerons cette hypothèse avec plus de précision un peu plus loin.

IV. HYPOTHÈSE D'EINSTEIN ET DE PLANCK. — *Il n'existe pas du tout d'éther.* Cette hypothèse ne répond pas à la question posée ; elle la supprime radicalement. Nous verrons que cette hypothèse se rattache étroitement au *nouveau* principe de relativité auquel ce Chapitre est consacré et apparaît comme une conséquence nécessaire ou même, si on veut, comme une partie essentielle de ce principe.

Considérons d'abord l'*hypothèse de* HERTZ ; nous allons indiquer les faits et les considérations qui contraignent à la *rejeter absolument*.

1. Nous avons étudié précédemment (Tome II, Chap. III, § **3**) le *phénomène de l'aberration de la lumière* et nous avons mentionné (*loc. cit.*, § **7**) l'expérience d'AIRY (1871), qui a trouvé que l'angle d'aberration reste le même, quand il est déterminé à l'aide d'un tube rempli d'air ou d'un tube rempli d'eau. Il est très difficile d'expliquer non seulement cette expérience, mais aussi le phénomène même de l'aberration, si on admet l'hypothèse de HERTZ.

2. Le *principe de* DÖPPLER peut, comme nous l'avons vu (Tome II, Chap. VII, §§ **14** et **18**), être appliqué aux phénomènes lumineux. Ce fait serait difficile aussi à expliquer dans l'hypothèse que l'éther est entraîné aussi bien par la source lumineuse que par la Terre.

3. FRESNEL (1818) a donné la formule (Tome II, Chap. III, § **7**)

$$(7) \qquad u = \frac{n^2 - 1}{n^2}\, v,$$

où v désigne la vitesse du mouvement d'un milieu matériel, n l'indice de réfraction de ce milieu, u la vitesse avec laquelle est entraîné simultanément l'éther contenu dans le milieu, ainsi que l'énergie lumineuse qui s'y propage. Soient c la vitesse de la lumière dans le vide, $c : n$ la vitesse de la lumière dans le milieu en repos et c' la vitesse de la lumière dans le milieu en mouvement ; on a

$$(7, a) \qquad\qquad c' = \frac{c}{n} \pm \frac{n^2 - 1}{n^2}\, v,$$

lorsque le sens du mouvement du milieu coïncide (signe $+$) avec le sens de la propagation de la lumière ou lui est opposé (signe $-$). A l'endroit du Tome II auquel nous renvoyons, nous avons établi la formule (7) en nous basant sur ce que la grandeur de l'aberration est indépendante de la nature du milieu traversé par les rayons lumineux (expérience d'Airy). Nous avons aussi décrit l'expérience classique de Fizeau (1871), qui a montré que *dans l'eau en mouvement* la vitesse de la lumière diffère effectivement de la vitesse dans l'eau au repos et est déterminée par la formule (7, a). Quand l'expérience a été répétée avec l'*air* au lieu de l'eau, on n'a pu remarquer l'influence du mouvement de l'air sur la vitesse de la lumière qui s'y propageait, ce qui est également conforme à l'équation (7, a), car n est très peu différent de l'unité pour l'air. Il est clair que l'expérience de Fizeau contredit l'hypothèse de Hertz; cette expérience a été reprise par Michelson et Morley (1886), qui ont confirmé l'exactitude de la formule (7, a).

4. Les *expériences* de Röntgen, Wilson et A. Eichenwald se rapportent aux phénomènes électromagnétiques dans les corps en mouvement ; nous parlerons de ces expériences dans l'un des Chapitres suivants. Nous nous bornerons à indiquer ici que les résultats de ces expériences contredisent la théorie de Hertz, construite entièrement sur l'hypothèse d'un mouvement commun à l'éther et aux corps mobiles.

5. Lodge (1893) a montré, par des expériences directes, que l'éther qui se trouve dans le voisinage immédiat des corps en mouvement, par exemple entre deux disques horizontaux en acier tournant avec rapidité autour d'un même axe, n'est pas entraîné par ces corps.

6. On conçoit difficilement que les gaz en mouvement, dont les molécules n'occupent qu'une petite partie du volume total, puissent entraîner complètement tout l'éther qu'ils contiennent, en particulier lorsque ces gaz ont été amenés à la limite extrême possible de raréfaction et qu'on imagine ce degré de raréfaction croissant toujours de plus en plus.

De ce qui précède résulte que l'on doit renoncer à l'hypothèse de Hertz, *qui suppose une mobilité parfaite de l'éther.* Il est inutile aussi que nous nous arrêtions sur la théorie de Fresnel et de Fizeau, d'après laquelle l'éther est entraîné partiellement par la matière en mouvement. Lorentz (1895) *a en effet montré que son hypothèse d'un éther complètement immobile conduit à la formule (7, a).* Si la formule (7, a) établit une dépendance quantitative exacte entre la vitesse de la lumière et celle du milieu, il n'est donc nullement nécessaire de voir dans cette exactitude la preuve de l'entraînement de l'éther par la matière en mouvement.

En admettant l'existence de l'éther, nous nous trouvons par conséquent contraints de le considérer comme *complètement immobile* et ne participant pas au mouvement des corps ordinaires. De l'hypothèse de l'éther immobile découle immédiatement une conséquence très importante, que nous diviserons en deux parties.

A. *S'il existe un éther immobile, ou du moins un éther dont toute la masse interstellaire se trouve en repos, le repos absolu et le mouvement absolu rectiligne et uniforme doivent exister aussi.* Nous devons considérer comme en repos absolu un corps qui est fixe par rapport à l'éther ; nous devons également regarder comme un mouvement absolu un mouvement rectiligne et uniforme par rapport à l'éther en repos.

SI NOUS RENONÇONS COMPLÈTEMENT A L'IDÉE DE L'EXISTENCE DU REPOS ABSOLU ET DU MOUVEMENT ABSOLU RECTILIGNE ET UNIFORME, NOUS SOMMES CONTRAINTS DE RENONCER AUSSI A L'IDÉE DE L'EXISTENCE DE L'ÉTHER.

B. *En supposant que l'éther est absolument immobile et n'est pas du tout entraîné par les corps en mouvement (hypothèse de* LORENTZ), *nous devons nous attendre à ce que le mouvement absolu rectiligne et uniforme d'un corps, par exemple de la Terre, se manifeste dans les phénomènes de propagation des perturbations électromagnétiques observés sur ce corps.*

Nous devons en effet retrouver quelque chose de tout à fait analogue à ce qu'on observe dans la détermination de la vitesse du son sur un corps en mouvement dans l'air en repos (page 222). Il y a plus : en mesurant la vitesse du son dans deux directions contraires, nous ne pouvons reconnaître si l'observateur se meut par rapport à l'air en repos, ou si l'air se meut à l'égard de l'observateur en repos, ou enfin si tous les deux sont en mouvement, mais avec des vitesses différentes. Avec l'éther, ces doutes disparaissent ; si les expériences manifestent un mouvement relatif, par exemple de la Terre et de l'éther, il est hors de doute que c'est la Terre qui se meut dans l'éther et non l'éther par rapport à la Terre.

Le plus important des phénomènes que pourrait manifester le mouvement de la Terre par rapport à l'éther est la *propagation des perturbations électromagnétiques dans l'éther.* Nous choisissons la Terre, parce que c'est sur elle que nous effectuons nos observations et parce que *sa vitesse absolue rapportée à l'éther,* s'il est légitime de parler d'une telle vitesse absolue, dépasse de beaucoup les vitesses de tous les corps en mouvement à sa surface. D'après le caractère des perturbations électromagnétiques, nous distinguerons, pour plus de commodité, les *phénomènes optiques (lumineux)* et les *phénomènes électriques.*

Pendant un court intervalle de temps, on peut considérer le mouvement de la Terre comme rectiligne et uniforme. Prenons sa *vitesse v* égale à 30^{km} par seconde ; la vitesse de propagation c des perturbations électromagnétiques dans l'éther ou, pour abréger, la *vitesse de la lumière* est égale à $300\,000^{km}$ par seconde. On a donc

$$(8) \qquad \frac{v}{c} = 10^{-4}, \qquad \left(\frac{v}{c}\right)^{2} = 10^{-8},$$

d'où, pour la valeur numérique de la grandeur β (page 206),

$$(8,a) \qquad \sqrt{1 - \frac{v^{2}}{c^{2}}} = \beta = 1 - 5 \cdot 10^{-9}.$$

L'influence du mouvement de la Terre sur les phénomènes optiques et électriques doit *théoriquement* se manifester par une variation des valeurs numériques de certaines grandeurs mesurées et il est facile de voir que ce changement doit être fonction du rapport $v : c$. Suivant qu'il est proportionnel à $\dfrac{v}{c}$ ou à $\dfrac{v^2}{c^2}$, nous dirons que *l'action du mouvement de la Terre est du premier ou du second ordre*. Les nombres (8) montrent que, dans les phénomènes où la théorie accuse une action du second ordre, on ne peut espérer que très rarement mettre en évidence cette action par l'expérience et la mesurer.

3. Recherches expérimentales. Hypothèse de Fitzgerald et de Lorentz. Temps local de Lorentz. — Un très grand nombre de recherches expérimentales ont été faites par divers auteurs en vue de manifester l'influence du mouvement de la Terre sur les phénomènes optiques et électriques qui se produisent à sa surface. Des exposés de tous les travaux relatifs à ce sujet sont dus à Laub (1910), qui donne une bibliographie complète, et à Boursiane (1912). Nous renvoyons le lecteur à ces exposés, car nous ne pouvons présenter ici que quelques brèvres indications sur les travaux les plus importants.

Occupons-nous tout d'abord des recherches dans lesquelles on s'attendait à une *action du premier ordre*, c'est-à-dire, d'après (8), de l'ordre de 10^{-4} ; on pensait qu'une telle action serait facile à observer sur les grandeurs mesurées, mais les expériences *optiques* de Fizeau (1861), Klinkerfues (1870), Haga (1902), Ketteler (1872), Mascart (1872 et 1874), Lord Rayleigh (1902), Nordmeyer (1903), Brace (1905), Strasser (1907) et Smith (1902), ainsi que les expériences *électriques* de Röntgen (1885), des Coudres (1889), Trouton (1902) et Kœnigsberger (1905) *ont donné des résultats négatifs. Aucune action du mouvement de la Terre sur les phénomènes observés, c'est-à-dire sur les grandeurs mesurées, n'a pu être mise en évidence.* L'idée fondamentale de toutes ces recherches peut être caractérisée de la manière suivante : on observe un phénomène optique ou électrique qui se propage dans une direction déterminée ; une première observation est faite, alors que cette direction est, à un instant donné, parallèle au mouvement de la Terre autour du Soleil, et une seconde quand elle lui est directement opposée ou perpendiculaire. Si l'éther est immobile et s'il existe un mouvement *absolu* de la Terre rapporté à l'éther, une différence doit être remarquée dans les valeurs numériques de certaines grandeurs caractéristiques du phénomène observé. Nous mentionnerons brièvement, à titre d'exemple, quelques-unes de ces expériences.

Ketteler a observé l'interférence de deux rayons traversant, dans des sens contraires, deux tubes pleins d'eau presque parallèles, disposés dans la direction du mouvement de la Terre. En faisant tourner tout l'appareil (de 90° ou de 180°, par exemple), il ne se produit aucun déplacement des franges d'interférence, bien qu'on doive s'attendre à un changement du nombre des ondes dans chacun des deux rayons, c'est-à-dire à une variation de leur différence optique de marche.

Fizeau a fait passer un rayon polarisé à travers une lame à faces parallèles, qui était oblique sur ce rayon ; le plan de polarisation tourne alors d'un angle qui dépend de l'indice de réfraction de la lame, c'est-à-dire de la vitesse de propagation de la lumière dans cette lame (Tome II, Chap. XV, § 5). La grandeur de la rotation doit dépendre de la direction du rayon relativement au mouvement de la Terre. Fizeau a trouvé une petite variation de l'angle de rotation dans le changement de direction, mais les expériences de Brace et de Strasser ont montré que cette variation n'existe pas en réalité. Les expériences de Mascart et de Lord Rayleigh sur la rotation naturelle du plan de polarisation (Tome II, Chap. XVIII) ont donné le même résultat.

Toute charge électrique qui se meut avec la Terre doit créer un courant de convection et par suite être entourée d'un champ magnétique. Röntgen a constaté qu'un tel champ ne se produit pas.

Des Coudres a placé, à mi-distance de deux bobines identiques A et B parcourues par un courant constant dans des sens *contraires*, une troisième bobine C reliée à un galvanomètre sensible ; au changement de direction du courant, il ne s'est manifesté aucune action inductrice dans le galvanomètre. La direction de A vers B coïncidait avec celle du mouvement de la Terre. En faisant tourner tout l'appareil de 180°, on n'observe aucune action inductive, bien qu'on doive la prévoir, en raison de la diminution de la distance AC et de l'accroissement simultané de la distance BC dans le rapport $v : c$.

Mais les résultats négatifs des expériences précédentes n'ont pas été regardés comme résolvant définitivement la question, fondamentale à un point de vue scientifique tout à fait général, du mouvement de la Terre rapporté à l'éther. Nous allons maintenant passer aux recherches qui ont servi de point de départ et de base à la théorie de la relativité, que nous exposerons dans le cours de ce Chapitre. *On doit placer au premier rang de ces recherches l'expérience classique de* Michelson (1881), répétée par Michelson et Morley (1887) et depuis par Morley et Miller (1904). Le travail de Michelson a été l'objet d'une discussion critique à laquelle ont pris part Lodge (1898), Sutherland (1900), Lüroth (1909), Debye (1909), Kohl (1910), Laub (1910) et d'autres encore. On a reconnu finalement que les résultats obtenus par Michelson sont certainement exacts. Des recherches d'un tout autre caractère sont dues à Lord Rayleigh (1902), Brace (1904), à Trouton et Noble (1903), enfin à Trouton et Rankine (1908). Passons en revue ces *quatre séries* de travaux.

I. Nous avons déjà dit que *l'expérience de* Michelson doit être considérée comme classique ; on en trouvera une description détaillée dans l'ouvrage de Michelson, *Wave length and their uses*. Dans cette expérience, que nous allons décrire d'une manière détaillée, *l'interféromètre de* Michelson, dont nous avons parlé antérieurement (Tome II, Chap XIII, § 11), joue un rôle essentiel. On a représenté cet interféromètre d'une manière purement schématique dans la figure 35 ; les parties accessoires ont été enlevées. Un rayon émis par la source S est réfléchi partiellement en o sur une lame de verre A légèrement argentée ; il est réfléchi par le miroir R_2 et une partie de ce rayon réfléchi traverse la lame A et pénètre dans la lunette F. L'autre partie du rayon So traverse la lame A, est réfléchie par le miroir R_1 et ensuite en o, d'où elle

parvient également à la lunette F. L'observateur voit en F des franges d'interférence, qui résultent de la différence de marche entre oR_1o et oR_2o. Nous
avons vu dans le Tome II que ces franges peuvent se présenter sous la forme
de droites parallèles ou de cercles concentriques; mais cette différence n'a
aucune importance dans ce qui suit. Lorsqu'on envisage le phénomène à un
point de vue purement géométrique et qu'on n'a pas égard tout d'abord au
mouvement commun à tout l'appareil et à la Terre, on peut dire qu'à un
endroit déterminé du plan focal de la lunette F apparaît une frange d'interférence répondant à la différence effective de marche optique des deux rayons.

Cherchons maintenant quelle influence peut avoir sur l'ensemble du phé-

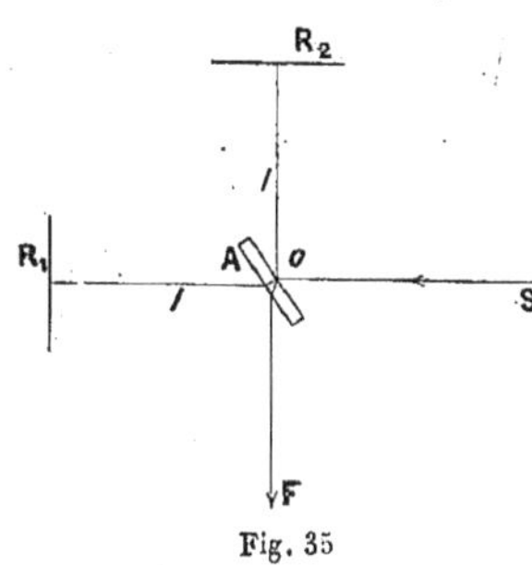

Fig. 35

nomène interférentiel le mouvement commun à tout l'appareil et à la Terre dans
l'éther *immobile*. Supposons que ce mouvement s'effectue parallèlement à l'une
des directions oR_1 ou oR_2 et que les distances oR_1 et oR_2 sont égales; désignons
ces distances par l. L'un des rayons inter-
férents parcourt un chemin $2l$, à un point
de vue *purement géométrique*, dans la direction du mouvement de la Terre et dans la
direction opposée; l'autre, au contraire,
parcourt le même chemin $2l$ dans une di-
rection perpendiculaire à ce mouvement. Quels chemins parcourent ces rayons
en réalité, c'est-à-dire *dans l'éther immobile*? Nous pouvons nous représenter
la source lumineuse comme se trouvant au point o.

Si la source lumineuse et le miroir, qui se trouvent distants de l, sont immobiles par rapport à l'éther, le chemin $2l$ est parcouru dans l'intervalle de
temps

$$(9) \qquad t = \frac{2l}{c};$$

mais si la source et le miroir se meuvent, relativement à l'éther, suivant la
droite qui les joint et avec la même vitesse v, il est clair que l'un des chemins l
sera parcouru avec la vitesse $c + v$, l'autre avec la vitesse $c - v$. Il faut donc,
pour que la lumière parcoure le trajet aller et retour, l'intervalle de temps

$$(10) \qquad t_1 = \frac{l}{c+v} + \frac{l}{c-v} = \frac{2lc}{c^2 - v^2} = \frac{2l}{c} \cdot \frac{1}{1 - \frac{v^2}{c^2}} = \frac{2l}{c} \cdot \frac{1}{\beta^2}.$$

Puisque $v^2 : c^2$ est égal à la très petite fraction 10^{-8}, on peut écrire

$$(11) \qquad t_1 = \frac{2l}{c}\left(1 + \frac{v^2}{c^2}\right).$$

Passons maintenant au cas où la source lumineuse A (*fig.* 36) et le
miroir RR se meuvent avec la vitesse v dans la direction perpendiculaire à la
droite AB $= l$, AB étant perpendiculaire à RR. Quand le rayon réfléchi

revient à la source, celle-ci se trouve déjà en un autre endroit, en A_1 par exemple. La source est donc atteinte par un rayon qui est tombé un peu obliquement sur le miroir et a parcouru le chemin AB_1A_1. Soit $AB_1 = B_1A_1 = s$, $AC = CA_1 = p$. La lumière parcourt le chemin $2s$ avec la vitesse c, dans

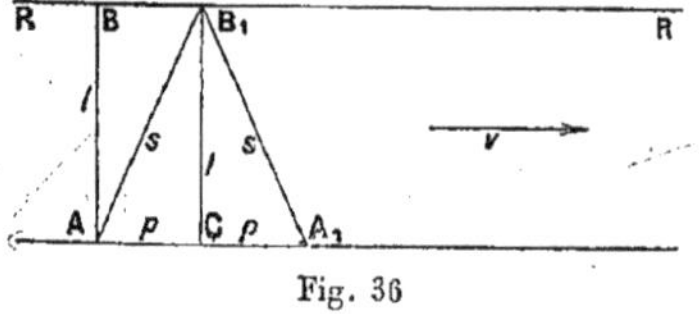

Fig. 36

l'intervalle de temps où la source parcourt le chemin $2p$ avec la vitesse v ; il en résulte que $p : s = v : c$, c'est-à-dire $p = \dfrac{vs}{c}$. On a d'ailleurs

$$s^2 = l^2 + p^2 = l^2 + \frac{s^2 v^2}{c^2} ;$$

par suite

$$s = \frac{l}{\sqrt{1 - \dfrac{v^2}{c^2}}}.$$

L'intervalle de temps t_2 nécessaire à la lumière pour parcourir le chemin $2s$ est égal à

$$(12) \qquad t_2 = \frac{2s}{c} = \frac{2l}{c\sqrt{1 - \dfrac{v^2}{c^2}}} = \frac{2l}{c} \cdot \frac{1}{\beta},$$

ou

$$(13) \qquad t_2 = \frac{2l}{c}\left(1 + \frac{1}{2}\frac{v^2}{c^2}\right).$$

On voit que l'on a $t_1 > t_2 > t$ et que

$$(14) \qquad t_1 - t_2 = \frac{l}{c} \cdot \frac{v^2}{c^2}.$$

Par suite du mouvement de tout le système, les intervalles de temps, durant lesquels la lumière parcourt le chemin entre la source et le miroir dans deux directions opposées, deviennent donc différents. Cette différence correspond à une différence optique de marche d'autant de longueurs d'onde que la durée T d'une période de la vibration lumineuse est contenue de fois dans $t_1 - t_2$. En faisant tourner tout l'interféromètre de 90°, on change le signe de cette dernière différence, ce qui introduit une différence de marche double. Soit N le nombre de franges dont tout le système de franges doit se déplacer ; on a

$$(15) \qquad N = \frac{2(t_1 - t_2)}{T} = \frac{2l}{cT} \cdot \frac{v^2}{c^2} = \frac{2l}{\lambda} \cdot \frac{v^2}{c^2},$$

la longueur d'onde étant $\lambda = cT$. La formule (15) montre que le déplacement des franges d'interférence que l'on peut prévoir est une grandeur petite du *second ordre* (page 226). MICHELSON n'a observé aucun déplacement des franges. Il a répété ses expériences avec MORLEY, en employant un dispositif perfectionné où les rayons parcouraient un chemin plus long, par réflexion sur plusieurs miroirs. On avait alors $l = 2\,200^{cm}$, $\lambda(Na) = 5,9.10^{-5}$ cm., de sorte que les équations (15) et (8) donnaient $N = 0,37$; en réalité, on a constaté que N n'était pas supérieur à 0,02. Enfin, dans les expériences de MORLEY et MILLER, on avait théoriquement $N = 1,5$, tandis que N observé ne s'est pas trouvé supérieur à 0,0076. Nous avons déjà mentionné la discussion critique qui s'est ouverte sur ces expériences. *Il n'y a pas le moindre doute que, dans l'expérience de* MICHELSON, *l'effet du mouvement de la Terre dans l'éther immobile que l'on peut prévoir théoriquement ne se manifeste pas, bien qu'une expérience analogue, dans le domaine des phénomènes sonores, indiquerait certainement le mouvement relatif de l'observateur et de l'air.*

FITZGERALD et LORENTZ ont proposé, indépendamment l'un de l'autre, une hypothèse nouvelle et très hardie, pour expliquer la contradiction entre les expériences que nous venons de décrire et les résultats que la théorie conduit à escompter. *Ils ont admis que, dans chaque corps, les dimensions linéaires parallèles au mouvement du corps dans l'éther, éprouvent un raccourcissement, dû uniquement à ce mouvement, dans le rapport* $1 : \sqrt{1 - \dfrac{v^2}{c^2}}$, *c'est-à-dire* $1 : \beta$.

Soit l la dimension linéaire d'un corps en repos ou qui se meut dans une direction perpendiculaire à l. Lorsque, dans le premier cas, on met le corps en mouvement et que, dans le second, on le fait tourner de 90°, de façon que l prenne la direction du mouvement, la longueur l change et devient égale à

$$(16) \qquad l' = \beta l = l\sqrt{1 - \frac{v^2}{c^2}} = l\left(1 - \frac{1}{2}\frac{v^2}{c^2}\right).$$

Une tige de 1^m de longueur, disposée perpendiculairement à la direction du mouvement de la Terre, se raccourcit de 5.10^{-8} mm. $= 5\,\mu\mu$, quand on la fait tourner de 90°. Une sphère en mouvement se change en un ellipsoïde de révolution d'HEAVISIDE (page 207), aplati dans la direction du mouvement. On comprend facilement que cette hypothèse explique complètement le résultat des expériences de MICHELSON. La longueur oR_2 (*fig.* 35), perpendiculaire à la direction du mouvement de la Terre, reste invariable, et par suite la formule (12) pour l'intervalle de temps t_2 reste exacte ; mais la longueur $l = oR_1$ se change en $l' = \beta l$, de sorte que la formule (10) devient

$$t_1 = \frac{2l'}{c} \cdot \frac{1}{\beta^2} = \frac{2l}{c}\frac{1}{\beta}.$$

En comparant cette valeur à (12), on voit que $t_1 = t_2$ et qu'il ne faut s'attendre à aucun déplacement des franges, quand on fait tourner de 90° tout l'appareil de MICHELSON. La dalle en *pierre*, sur laquelle était posé l'interféromètre, subissait un raccourcissement dans sa longueur. MORLEY et

Miller (1905) se sont demandé si la *substance* de cette dalle ne jouait pas un certain rôle. Ils ont répété l'expérience en posant l'appareil sur un plateau de *bois* et ont obtenu le même résultat négatif.

L'hypothèse que nous venons de mentionner doit paraître étrange et même peu vraisemblable. Cependant Lorentz a pu la justifier dans une certaine mesure par les considérations suivantes. Supposons que les atomes matériels soient constitués surtout ou même exclusivement par des électrons et que les forces de cohésion, qui déterminent les conditions d'équilibre intérieur de ces atomes et par suite aussi la forme de tout corps, possèdent partiellement ou même exclusivement un caractère électromagnétique. Lorsqu'un corps, c'est-à-dire les électrons qui le constituent, entre en mouvement, il se produit une déformation des champs magnétiques intérieurs, les forces de cohésion changent et avec elles les conditions d'équilibre. Un nouvel équilibre s'établit, dans lequel les dimensions du corps se modifient conformément à la formule (16).

II. Les *expériences de* Lord Rayleigh *et de* Brace ont été entreprises en vue de vérifier l'une des conséquences possibles de l'hypothèse de Fitzgerald et de Lorentz. Si on suppose que les électrons ne changent pas de forme dans leur mouvement, le raccourcissement dans une seule direction des dimensions d'un corps isotrope doit produire dans ce corps une anisotropie optique et par suite donner lieu à une *double réfraction* (Tome II, Chap. XVI). Lord Rayleigh (1902) a placé des tubes remplis d'eau ou de sulfure de carbone entre des nichols croisés ; en faisant tourner les tubes de 90°, il n'a pu observer aucune trace de double réfraction ; une colonne en verre a donné le même résultat négatif. Brace (1904) a répété ces expériences avec de l'eau et avec du verre, dans de meilleures conditions, les rayons parcourant dans l'eau un chemin de 28^m,5 ; mais il a trouvé aussi que le retard d'un rayon ne dépassait pas une grandeur de l'ordre de 7.10^{-13}, bien que l'on dût s'attendre à un nombre de l'ordre de 10^{-8}.

III. *Expériences de* Trouton *et* Noble. — A l'une des extrémités de la tige horizontale d'une balance unifilaire (Tome I) est fixé un condensateur ; à l'autre extrémité se trouve un contre-poids. Soit α l'angle entre la direction du mouvement de la Terre et la normale aux plateaux du condensateur. D'après la théorie de Max Abraham, un couple agit sur le condensateur ; le moment M de ce couple est égal à

$$(17) \qquad\qquad M = \frac{U}{c^2}\, v^2 \sin 2\alpha,$$

U désignant l'énergie du condensateur chargé. Le moment M atteint son maximum pour $\alpha = 45°$. Trouton et Noble (1903) n'ont observé aucune rotation. Lorentz explique ce résultat par la variation, conformément à son hypothèse, des dimensions de l'appareil.

IV. *Expérience de* Rankine *et* Trouton. — D'après l'hypothèse de Fitzgerald et de Lorentz, on doit s'attendre à ce que la *résistance* r d'un fil rectiligne dépende de sa position par rapport à la direction du mouvement de la Terre. Si la longueur du fil est parallèle à v, elle doit se raccourcir et r doit *diminuer* ;

si au contraire elle est perpendiculaire à v, le fil doit s'amincir et par suite r doit *augmenter*. Trouton et Rankine (1908) ont disposé un pont de Wheatstone très sensible, dans lequel deux branches opposées étaient parallèles à v, les deux autres perpendiculaires. Tout le dispositif pouvait facilement tourner de 90°. Dans une telle rotation, on n'a pu constater de variation relative de la résistance atteignant 5.10^{-10}, bien qu'on dût s'attendre à une variation de l'ordre de 10^{-8}.

Nous avons indiqué les expériences les plus importantes qui ont joué un rôle dans la naissance et le développement du nouveau principe de relativité et montré comment, par l'hypothèse de Fitzgerald et de Lorentz, on pouvait expliquer les résultats expérimentaux. Mais, pour donner une vue plus complète de l'état de la science au moment de l'apparition du principe de relativité, nous devons encore faire connaître l'idée ingénieuse de Lorentz du *temps local*. Les équations du champ électromagnétique changent de forme, quand, à l'aide des formules (4) ou (5), page 219, on passe du système fixe S au système mobile S'. Nous reviendrons plus loin sur cette question ; mais Lorentz a montré *qu'on peut passer de S à S', sans changer la forme des équations du champ électromagnétique, en négligeant les grandeurs petites du second ordre ($v^2 : c^2$) et en introduisant dans le système mobile un mode original de mesure du temps*. Soit t le temps dans le système fixe ; supposons qu'à l'instant $t = 0$ les axes de coordonnées des systèmes S et S' coïncident et que la vitesse v du système S' soit parallèle à l'axe des x et des x'. On doit alors, pour les points du système S', introduire un temps particulier t', déterminé par la formule

$$(18) \qquad t' = t - \frac{vx}{c^2}$$

et se rapportant à l'instant où, *en tous les points* du système fixe S, le temps est égal à t. La formule (18) montre que chaque point du système S' possède son temps spécial, son *temps local*. Plus un point du système S' est éloigné de l'origine fixe des coordonnées du système S, plus son temps local diffère du temps t du système entier S.

L'idée du temps local t' peut être rendue plus claire par les considérations suivantes. Supposons qu'à l'instant $t = 0$ un signal lumineux soit envoyé de l'origine des coordonnées ; on peut se demander quand ce signal parviendra au point M du système S', dont la coordonnée est égale à x pour $t = 0$. L'observateur dans S dira que ce temps est égal à

$$(18, a) \qquad t = \frac{x}{c} + \frac{\xi}{c},$$

ξ désignant le chemin parcouru par le point M pendant la durée de propagation du signal. On a évidemment $\xi : x = v : c$, d'où

$$(18, b) \qquad t = \frac{x}{c} + \frac{vx}{c^2}.$$

L'observateur, qui se trouve dans S' et qui n'a pas la sensation de son propre mouvement, dira que le signal a parcouru le chemin x pendant le temps

$$(18, c) \qquad\qquad t' = \frac{x}{c}.$$

De $(18, b)$ et $(18, c)$, on déduit la formule (18). *Il est très important de remarquer que* Lorentz *n'a pas attribué d'importance physique à la formule* (18) *et à l'idée même du temps local.* L'expression (18) de t' a pour lui un caractère mathématique purement formel. Il n'introduit le temps local t' que dans le but de conserver aux équations du champ électromagnétique leur forme, du moins dans certaines limites, quand on passe du système immobile S au système mobile S'.

On obtient les formules (16) et (18), en négligeant les grandeurs du second ordre dans les formules plus complètes que Lorentz a établies et qui ont reçu le nom de *formules de transformation de* Lorentz ; elles sont analogues aux *formules* (4) *de transformation de* Newton, page 219. Nous ferons connaître dans le paragraphe suivant ces formules plus complètes de Lorentz.

4. Le principe de relativité. Les idées d'Einstein. — Le travail classique d'Einstein, paru en 1905, a attiré vivement l'attention. Son importance considérable et la révolution qu'il tend à réaliser dans toute la Physique et dans les notions les plus fondamentales et les plus élémentaires, ont déjà été caractérisées précédemment.

*Dans la théorie de la relativité d'*Einstein *se tient au premier plan une notion du temps tout à fait nouvelle et au premier abord étrange et difficile à saisir.* Il faut beaucoup d'efforts et un travail prolongé pour s'habituer à cette nouvelle conception du temps. Mais on a encore incomparablement plus de peine à admettre les nombreuses conséquences qui découlent du principe de relativité et portent sur presque toutes les parties de la Physique. Beaucoup de ces conséquences choquent ce qu'on a coutume, quoique souvent sans raison suffisante, d'appeler le *sens commun.* On peut dire que ce sont les *paradoxes* de la nouvelle théorie et nous en ferons connaître plus loin quelques-uns.

Abordons l'exposé des *fondements* de la nouvelle théorie ; dans un Traité de Physique générale, ils importent plus que le très grand édifice érigé actuellement sur eux.

Nous venons de voir que toutes les tentatives que l'on a faites, en vue de manifester expérimentalement l'action du mouvement de la Terre dans l'éther immobile, ont donné un résultat négatif, et nous avons fait connaître l'hypothèse de Fitzgerald et de Lorentz, proposée pour expliquer cet insuccès, ainsi que le *temps local* de Lorentz.

On peut formuler de la manière suivante les idées d'Einstein au sujet du temps : il n'existe pas de temps général ou absolu. *Le temps local de* Lorentz *n'est pas une fiction mathématique et n'exprime pas quelque chose de purement formel, servant seulement pour la transformation de certaines équations différentielles ; il a une signification réelle et c'est le temps vrai dans le système considéré.* Chacun des *deux* systèmes S et S', en mouvement l'un par rapport à l'autre, a effectivement son *temps propre*, perçu et mesuré par l'observateur qui se meut avec le système, de même que chaque point d'*un même* système possède des coordonnées relatives à ce système, perçues et mesurées aussi par l'observateur dudit système.

La simultanéité, au sens général, n'existe pas. Deux événements, qui ont lieu en des endroits différents, peuvent, pour l'observateur dans S, paraître simultanés (temps t), tandis que, pour l'observateur dans S', ils semblent se produire à des instants différents t'_1 et t'_2. *Il est possible que dans S un même phénomène ait lieu plus tôt que dans S' et inversement.* On n'a pas trop de peine à s'accoutumer à une telle conception du temps ; mais il n'en va plus de même pour les nombreux autres *paradoxes* auxquels conduit le principe de relativité et que nous indiquerons dans le prochain paragraphe. Nous croyons utile d'énoncer dès maintenant une série de *propositions*, qui découlent du principe de relativité même *admis dans toute sa portée* ou qu'on peut y rattacher étroitement. Elles ne sont pas relatives aux *paradoxes*, mais toutes changent radicalement les notions fondamentales sur lesquelles on a jusqu'ici construit le monde.

1. *Il n'existe pas d'éther.*

2. *On doit renoncer aux lois du mouvement de* Newton (Tome I) et par suite aussi à presque toute la mécanique de Newton, qui a fait la vie et le développement de la Physique pendant deux siècles. Ces lois représentent seulement une première approximation des lois réelles, qui sont beaucoup plus compliquées.

3. *La notion d'espace, prise isolément, n'a aucun sens. Seul l'ensemble de l'espace et du temps possède une réalité.*

4. *Aucune vitesse relative ne peut dépasser la vitesse c de la lumière.* Il s'agit ici aussi bien des mouvements des corps que de la propagation des signaux. *La vitesse c joue donc, dans l'univers relativiste, un rôle absolument exclusif ; la valeur de cette grandeur est une valeur limite ; on peut l'appeler une vitesse critique.*

5. *L'énergie est douée d'inertie* ; elle est analogue à la matière et ce qu'on nomme la masse de la matière pondérable peut se transformer dans la masse de l'énergie et inversement.

6. *L'énergie peut avoir une existence propre*, indépendante de tout substratum matériel au sens le plus général du mot. Elle peut être émise et absorbée par les corps et peut se propager dans l'espace, qui est absolument et littéralement vide.

7. *L'énergie peut avoir une structure atomistique.* Il s'agit ici surtout de l'énergie rayonnante (voir l'un des Chapitres suivants). *Les propositions 5 et 6 prises ensemble représentent un retour à la théorie de l'émission de* Newton, *quoique sous une forme modifiée.*

8. *On doit distinguer la forme géométrique d'un corps et sa forme cinématique.* Expliquons cette proposition et, à cette occasion, introduisons les notations dont nous nous servirons plus tard. Supposons, comme précédemment, que nous ayons deux systèmes S et S' ; dans chacun d'eux sont disposés des axes de coordonnées. Les coordonnées et le temps sont x, y, z, t dans S, x', y', z', t'

dans S′. Les origines O et O′ des axes de coordonnées coïncident à l'instant
où on a respectivement $t = t' = 0$ *dans les systèmes* S *et* S′ ; les axes des x et
des x' coïncident, les axes des y et y' ainsi que les axes des z et des z' sont
parallèles. Les deux systèmes ont un mouvement *relatif* rectiligne et uniforme
dans la direction commune des axes des x et des x'. La vitesse du système S′
par rapport à S est égale à $+ v$; celle du système S par rapport à S′ est égale
à $- v$. Supposons que dans le système S′ se trouve un corps en repos P, dont
nous désignerons un point quelconque par M′. *L'ensemble des points* M′ *dans* S′
donne la forme géométrique du corps P *dans* S′, *c'est-à-dire la forme que perçoit*
l'observateur qui se trouve dans S′. A un *instant* quelconque t (du *système* S),
les points M′ dans S′ coïncident avec des points déterminés M du système S.
L'ensemble de ces points M *dans* S *donne la forme cinématique du corps* P *dans* S,
c'est-à-dire la forme que perçoit l'observateur qui se trouve dans S. *Il est très*
important de remarquer que tous les points M′ *se trouvent aux points* M *à un*
même instant t *pour l'observateur dans* S, *mais à des instants* t' *différents pour*
l'observateur dans S′.

Nous pouvons maintenant formuler d'une manière plus précise les bases de
la théorie d'EINSTEIN. Répétons encore une fois qu'*on n'a pas réussi* à constater,
par voie expérimentale, le mouvement rectiligne et uniforme de la Terre
dans l'éther. *La théorie d'EINSTEIN consiste au fond à remplacer les mots* « on
n'a pas réussi » *par les mots* « on ne peut pas réussir ». Cette substitution
change complètement le sens et le caractère de la première locution verbale.

« On n'a pas réussi », c'est un *fait* en quelque sorte historique, un résultat inattendu de nombreuses recherches expérimentales. On peut chercher à
expliquer ce fait, en introduisant par exemple de nouvelles hypothèses, dans
le genre de celle de FITZGERALD et de LORENTZ.

« On ne peut pas réussir » *est une affirmation a priori, un axiome ou un*
postulat, sur lequel on peut se proposer de construire une nouvelle conception de
l'univers ; mais il ne peut être question ni de démontrer cet axiome, ni d'es-
sayer de l'expliquer. En l'admettant, nous devons le prendre pour le fondement
principal sur lequel s'édifie la Physique ; nous devons nous efforcer d'en
tirer toutes les *conséquences* possibles et, si cela apparaît réalisable, vérifier
expérimentalement l'exactitude des déductions obtenues.

EINSTEIN a fait reposer toute sa théorie sur *deux postulats*. On peut formuler
le premier de la façon suivante : *Le monde dans lequel nous vivons est construit*
de telle façon qu'aucune observation dans un système quelconque S, *par exemple*
sur la Terre, ne peut mettre en évidence le mouvement rectiligne et uniforme de
ce système et, a fortiori, ne peut servir à déterminer la vitesse de ce mouvement.
En d'autres termes, *les lois des phénomènes qui se produisent dans un système*
quelconque sont indépendantes de ce système, pourvu qu'il ne possède pas d'accé-
lération.

Entre les grandeurs x, y, z, t dans S et les grandeurs x', y', z', t' dans S′
existent des relations qui dépendent de la vitesse relative v des systèmes S et
S′. *Les formules qui expriment les lois des phénomènes dans* S *ne changent pas*
de forme, lorsqu'on passe au système S′ *en remplaçant* x, y, z, t *par* x', y', z', t'.

Le principe de relativité d'EINSTEIN est une généralisation du principe de relativité de Newton, lequel se rapporte à des phénomènes purement mécaniques ; le principe d'Einstein s'applique d'une manière générale à tous les phénomènes physiques, *y compris les phénomènes électromagnétiques.*

Le second postulat d'Einstein peut s'énoncer comme il suit : *quel que soit le système (sans accélération) où l'on mesure la vitesse de la lumière, et quelles que soient les conditions dans lesquelles s'effectue cette mesure, on obtient toujours pour la vitesse cherchée la même valeur numérique c.*

Autrement dit, les observateurs dans S et dans S' obtiennent la même valeur pour la grandeur c. Soient de plus deux points A et B d'un même système S. *Le temps (de ce système) dans lequel a lieu la propagation de la lumière de A en B est égal au temps dans lequel a lieu la propagation de la lumière de B en A, quel que soit le mouvement non accéléré du système S.*

Le second postulat permet de préciser la notion de simultanéité de deux événements qui se produisent en deux points A et B d'un même système S. Soit $AB = l$ et supposons qu'à l'instant où un événement quelconque se produit au point A, un signal lumineux émane de ce point. S'il arrive en B au bout du temps $l : c$ après qu'a eu lieu en B un autre événement, les événements en A et B *dans le système* S se sont produits simultanément, c'est-à-dire au même instant t.

Du second postulat découle encore une conséquence. Supposons que dans S et S' se trouvent respectivement les observateurs A et A' et qu'à l'instant où ces observateurs occupent le même endroit (c'est-à-dire sont l'un à côté de l'autre), on envoie de cet endroit un signal lumineux qui se propage dans tous les sens. On devrait s'attendre à ce que l'observateur *au repos* trouve qu'il reste constamment au centre de la sphère sur laquelle à un instant donné est parvenu le signal ; mais l'observateur, *qui se meut avec la vitesse* v, remarque qu'il est entouré par une sphère dont le rayon croît avec la vitesse c, tandis que le centre de la sphère s'éloigne de lui avec la vitesse v. Le second postulat conduit donc à ce résultat paradoxal que les deux observateurs se trouvent, chacun séparément, au centre d'une sphère qui s'étend, quelle que soit la vitesse relative v des observateurs, par exemple aussi dans le cas où $v = 0,99\,c$. Ce paradoxe apparaît comme une conséquence de ce que les deux observateurs décomptent le temps d'une manière différente.

Nous venons de voir qu'Einstein introduit *deux postulats* ; mais Planck (*Sechs Vorlesungen*, etc., 1910), Kordisch (1911), v. Ignatowsky (1911), Franck et Rothe (1911) et d'autres encore tiennent pour possible de se borner au premier postulat et de considérer le second comme un cas particulier ou comme une conséquence directe du premier.

Etablissons maintenant les *formules fondamentales qui expriment le principe de relativité,* c'est-à-dire les formules qui lient les grandeurs x, y, z, t du système S aux grandeurs x', y', z', t' du système S'. La disposition des axes dans les deux systèmes a été indiquée à la page 235. Ces formules résultent des propositions suivantes :

1. *Les grandeurs x', y', z', t' sont des fonctions linéaires des grandeurs x, y, z, t.* Une autre dépendance, plus complexe, conduit à des résultats contradictoires, comme l'a montré par exemple Kordisch (1911). Ces fonctions,

pour de petites valeurs de $v : c$, doivent prendre la forme (4), page 219, car toutes les déductions tirées de (4) se vérifient en fait.

2. *Les coefficients, dans les relations linéaires précédentes, ne peuvent être que des fonctions de la vitesse relative v.*

3. *Les grandeurs x, y, z, t doivent s'exprimer par les mêmes fonctions linéaires de x', y', z', t', mais — v doit prendre la place de $+ v$ dans les coefficients.*

4. *Le second postulat peut se traduire de la manière suivante.* Supposons qu'à l'instant où les origines O et O′ des coordonnées coïncident parte de ces points un signal lumineux. Les observateurs dans S et S′ remarquent la même vitesse c de la lumière ; l'équation de la sphère sur laquelle se trouve le signal à l'instant t dans S est donc $x^2 + y^2 + z^2 = c^2 t^2$ et l'équation de la sphère sur laquelle se trouve le même signal à l'instant t' dans S′ est

$$x'^2 + y'^2 + z'^2 = c^2 t'^2.$$

D'après le premier postulat, les formules qui expriment les lois des phénomènes ne changent pas de forme *quand on passe de S à S′*. On doit avoir par conséquent l'*identité*

$$(19) \qquad x'^2 + y'^2 + z'^2 - c^2 t'^2 \equiv x^2 + y^2 + z^2 - c^2 t^2.$$

5. La position relative que nous avons admise pour les axes de coordonnées montre que les plans des xz et des xy coïncident constamment avec les plans des $x'z'$ et des $x'y'$. Nous avons donc les expressions conjuguées suivantes :

$$(20) \qquad \text{quels que soient} \qquad y \text{ et } z, \qquad x' = 0 \qquad \text{et} \qquad x = vt,$$
$$(20,a) \qquad \text{»} \qquad x, z \text{ et } t, \qquad y' = 0 \qquad \text{et} \qquad y = 0,$$
$$(20,b) \qquad \text{»} \qquad x, y \text{ et } t, \qquad z' = 0 \qquad \text{et} \qquad z = 0.$$

D'après la proposition 1, les relations que nous voulons déterminer *contiennent 16 coefficients, qui sont des fonctions de v.* Mais les autres propositions réduisent d'abord leur nombre à *sept*, puis à *trois*. En effet, les équations (20, a) et (20, b) montrent que x' est indépendant de y et z, que y' est indépendant de x, de z et de t et que z' est indépendant de x, de y et de t. Par là disparaissent huit coefficients, de sorte qu'il en reste seulement huit. En outre, la relation entre y et y' doit être identique à celle entre z et z', puisque les directions des axes des y et des z sont arbitraires et peuvent être échangées ; deux des coefficients doivent donc être égaux, de sorte qu'il ne reste plus que *sept coefficients :*

$$(21) \qquad x' = bx + ht,$$
$$(21,a) \qquad y' = ay,$$
$$(21,b) \qquad z' = az,$$
$$(21,c) \qquad t' = kx + py + qz + nt.$$

Soit $a = \varphi(v)$, de sorte que $y' = \varphi(v)y$; la relation entre y et y' est indépendante du signe de v et par suite $\varphi(v) = \varphi(-v)$. D'après la proposition 3,

$y = \varphi(-v)y'$, d'où $y = \varphi(v)\varphi(-v)y$, c'est-à-dire $\varphi(v)\varphi(-v) = 1$. Il est clair que $\varphi(v) = a = 1$, et nous obtenons ainsi

$$(22) \qquad\qquad y' = y, \qquad z' = z.$$

Il reste encore actuellement six coefficients. En vertu de (20),

$$bx + ht = b\left(x + \frac{h}{b}t\right) = 0$$

pour $x = vt$; on a donc $h = -bv$, d'où

$$(22,a) \qquad\qquad x' = b(x - vt).$$

En substituant $(21,c)$, (22) et $(22,a)$ dans (19), il vient l'identité

$$(22,b)\ b^2(x - vt)^2 + y^2 + z^2 + c^2(kx + py + qz + nt)^2 = x^2 + y^2 + z^2 - c^2t^2,$$

d'où l'on conclut que

$$(22,c) \qquad\qquad p = q = 0,$$
$$(23) \qquad\qquad b^2 = c^2k^2 + 1,$$
$$(23,a) \qquad\qquad b^2v = -c^2kn,$$
$$(23,b) \qquad\qquad b^2v^2 = c^2n^2 - c^2,$$

De $(23,a)$ résulte que

$$(23,c) \qquad\qquad k = -\frac{b^2v}{c^2n},$$

et en portant $(23,c)$ dans (23), on a

$$(23,d) \qquad\qquad n^2 = \frac{b^4v^2}{c^2(b^2 - 1)}.$$

Si nous introduisons cette dernière valeur dans $(23,b)$, il vient, voir $(8,a)$, page 225.

$$(24) \qquad\qquad b = \frac{1}{\sqrt{1 - \dfrac{v^2}{c^2}}} = \frac{1}{\beta};$$

$(23,c)$ et $(23,d)$ donnent alors

$$(24,a) \qquad\qquad \left\{ \begin{aligned} n &= \frac{1}{\sqrt{1 - \dfrac{v^2}{c^2}}} = \frac{1}{\beta} \\[2ex] k &= -\frac{v}{c^2}\frac{1}{\sqrt{1 - \dfrac{v^2}{c^2}}} = -\frac{1}{\beta}\frac{v}{c^2}. \end{aligned} \right.$$

Finalement, en ayant égard à ces dernières valeurs de n et k et en se rappelant que $p = q = o$, $(22, a)$, $(21, c)$ et (22) fournissent les **célèbres for-mules de transformation de Lorentz.**

$$(25) \quad \begin{cases} x' = \dfrac{1}{\beta}\,(x - vt), \\[2mm] y' = y, \\[1mm] z' = z, \\[1mm] t' = \dfrac{1}{\beta}\left(t - \dfrac{vx}{c^2}\right), \\[2mm] \beta = \sqrt{1 - \dfrac{v^2}{c^2}}. \end{cases}$$

Ces formules constituent la base de la théorie de la relativité d'Einstein. Elles donnent lieu immédiatement aux remarques suivantes :

1. Quand v est très petit comparativement à c, on peut poser $\beta = 1$, et les formules (25) se réduisent aux formules (4), page 219, c'est-à-dire que *la transformation de* Lorentz *devient la transformation de* Newton.

2. Si on résout les équations (25) par rapport à x, y, z, t, on obtient

$$(25, a) \quad \begin{cases} x = \dfrac{1}{\beta}\,(x' + vt'), \\[2mm] y = y', \\[1mm] z = z', \\[1mm] t = \dfrac{1}{\beta}\left(t' + \dfrac{vx'}{c^2}\right). \end{cases}$$

La proposition 3, page 237, dont nous nous sommes déjà servi pour établir les équations (22), est donc vérifiée. *Les systèmes* S *et* S' *jouent absolument le même rôle ; aucun d'eux n'a de privilège sur l'autre ; le passage de l'un à l'autre dépend exclusivement de la vitesse relative* $\pm v$ *de ces systèmes.*

3. Ce qu'il y a d'essentiel dans la transformation de Lorentz est exprimé dans la première et la quatrième relation (25), savoir

$$(25, b) \qquad x' = \frac{1}{\beta}\,(x - vt),$$

$$(25, c) \qquad t' = \frac{1}{\beta}\left(t - \frac{vx}{c^2}\right).$$

Sur ces deux formules reposent la nouvelle Physique et la vaste théorie de la relativité si riche en conséquences remarquables, mais en partie paradoxales. Nous devons méditer ces deux formules, nous familiariser avec elles, en bannissant de nos pensées tout ce qui est accoutumance et tout ce qui nous paraissait évident jusqu'ici. Comme les coordonnées y et z ne jouent aucun rôle particulier, il est plus simple de considérer seulement les points pour lesquels $y = o$, $z = o$, qui sont situés sur les axes en coïncidence Ox et $O'x'$, O et O' possédant la vitesse relative $\pm v$.

La formule $(25, b)$ exprime ce qui suit. A un instant déterminé les points M et M' des systèmes S et S' coïncident. L'observateur A dans S trouve que la distance $OM = x$ et en conclut que la distance $O'M' = x - vt$, de sorte que $OO' = vt$. Mais l'observateur A' dans S' mesure la distance $O'M'$ et la trouve égale à x', c'est-à-dire $1 : \beta$ fois *plus grande*. Il faut admettre ceci *comme un fait*, non sujet à explication, ni même à éclaircissement, comme une propriété du monde où nous vivons.

La formule $(25, c)$ est incomparablement plus paradoxale. Quand O et O' coïncident, on a aux points $x = 0$, $x' = 0$ le temps $t = 0$ dans le système S et le temps $t' = 0$ dans le système S'. Un observateur A_0 en $O (x = 0)$ croit qu'à l'instant t, où le point M'_0 du système S' coïncide avec O, l'observateur A'_0 en M'_0 note aussi l'instant t : en réalité, ce dernier note l'instant $t' = t : \beta$.

En outre, les observateurs A_1, A_2, A_3, ... dans S croient que lorsqu'on a le même temps t aux points M_1, M_2, M_3, ..., où ils se trouvent, aux points M'_1, M'_2, M'_3, ... du système S' qui coïncident *simultanément* (temps t de S) avec M_1, M_2, M_3, ..., il y a aussi au moins le *même* instant. Il n'en est pas ainsi en réalité : les observateurs A'_1, A'_2, A'_3, ... en M'_1, M'_2, M'_3, ... notent des instants t' différents, qui dépendent des distances $OM_i = x_i$ et sont déterminés par la formule $(25, c)$. Plus M_i est éloigné de O et plus le temps t'_i en M'_i diffère du temps t en M_i. Les observateurs A'_i trouvent par suite que leurs points M'_i *ne coïncident pas simultanément* avec les points M_i. *Ce fait illustre aussi clairement que possible l'affirmation qu'il n'existe pas de temps absolu et que chacun des systèmes S et S' possède son temps propre.*

5. Conséquences du principe de relativité. — Nous allons indiquer maintenant quelques-unes des conséquences les plus importantes du principe de relativité, sans prétendre épuiser même l'énumération des questions qui appartiennent à cet immense domaine.

I. Vitesse limite. — La vitesse relative v de deux systèmes ne peut jamais dépasser la vitesse c de la lumière dans le vide, qui est ainsi la vitesse relative limite. En effet, pour $v > c$, la grandeur β dans (25) devient imaginaire, et même le cas $v = c$ conduit à des conséquences nettement inadmissibles. Nous indiquerons plus loin que des signaux ne peuvent non plus se propager, relativement à un système quelconque, avec une vitesse supérieure à c.

II. Éther. — La question de l'existence de l'éther est actuellement (1914) l'une des plus brûlantes. La lutte pour ou contre l'existence de l'éther est conduite avec une extrême vivacité, parfois avec aigreur. Contre l'éther se sont prononcés Einstein, Planck, Laue, Corbino, Campbell, etc. ; pour l'éther, Lorentz, Goldhammer, Wiechert, Lenard, Helm, Weinstein, etc. Il est clair qu'on ne peut accepter l'existence de l'éther, lorsqu'on admet le principe de relativité *dans toute sa portée*, c'est-à-dire quand *a priori* on regarde comme inexistants le repos absolu et le mouvement absolu et qu'on considère même ces notions comme dénuées de sens. Mais tout l'aspect de la question se modifie si, ayant admis les postulats d'Einstein, on les envisage comme l'expression de propriétés données de notre monde, en y comprenant l'éther, et peut-être aussi de notre psychisme en tant que de lui dépend notre intuition de l'espace et du temps. Helm (1911) a montré que l'hypothèse de l'éther, considéré comme substratum fondamental et même unique, où les électrons, et par suite aussi la matière constituée d'électrons, sont des endroits dans un état spécial (nœuds), conduit immédiatement au principe de relativité. Il convient ici de mentionner que WITTE, par une analyse très complète et très profonde, arrive à cette conclusion que les propriétés du champ électromagnétique ne peuvent, par aucune hypothèse complémentaire, être expliquées à l'aide de la mécanique ordinaire, si on admet l'existence d'un éther *continu*. WITTE regarde même comme inadmissible l'hypothèse d'un éther à structure atomistique.

III. RÉSULTATS DES EXPÉRIENCES. — Les résultats négatifs des expériences décrites au § 3 n'exigent aucune explication, lorsqu'on accepte la théorie de la relativité. Au contraire, un résultat positif viendrait contredire les postulats fondamentaux de cette théorie.

IV. LONGUEUR ET VOLUME. — Nous avons indiqué à la page 234 qu'il faut distinguer la forme géométrique d'un corps et sa forme cinématique. Supposons qu'une tige se trouve en repos dans le système S', sa longueur l' coïncidant avec l'axe Ox'. Soient x'_1 et x'_2 les abscisses de ses extrémités M'_1 et M'_2, de sorte que $x'_2 - x'_1 = l'$ représente la longueur *géométrique* de la tige, mesurée par l'observateur A' dans S'. Deux observateurs A_1 et A_2 dans S notent les points M_1 et M_2 avec lesquels coïncident *au même instant t* les extrémités M'_1 et M'_2. Si on désigne les abscisses des points M_1 et M_2 par x_1 et x_2, $x_2 - x_1 = l$ représente la longueur *cinématique* de la tige, mesurée par les observateurs dans S. La première des formules (25) donne

$$x'_2 - x'_1 = \frac{1}{\beta}(x_2 - x_1), \qquad l' = \frac{1}{\beta} l$$

ou

$$(26) \qquad\qquad l = \beta l'.$$

La longueur cinématique est plus petite que la longueur géométrique. Supposons maintenant qu'une autre tige $N_1 N_2 = l$ se trouve en repos dans S et soit $x_2 - x_1 = l$. Deux observateurs A'_1 et A'_2 dans S' notent *au même instant t'* que les points N_1 et N_2 coïncident avec les points N'_1 et N'_2 ayant respectivement x'_1 et x'_2 pour abscisses. Alors $l = x_2 - x_1$ est la longueur géométrique de la tige (dans S) et $l' = x'_2 - x'_1$ sa longueur cinématique (dans S') ; la formule (25, a) donne

$$x_2 - x_1 = \frac{1}{\beta}(x'_2 - x'_1), \qquad l = \frac{1}{\beta} l'$$

ou

$$(26, a) \qquad\qquad l' = \beta l.$$

Les formules (26) et (26, a) ne sont aucunement contradictoires, car le temps t' est décompté autrement que le temps t. *La tige, en repos dans un système, paraît toujours raccourcie, quand on mesure sa longueur dans un autre système en mouvement par rapport au premier. La méthode de mesure est évidente d'après ce qui précède. Le raccourcissement déterminé par les formules (26) et* (26, *a*) *correspond exactement à l'hypothèse de* FITZGERALD *et de* LORENTZ *que* nous avons exprimée par la formule (16), page 23o, savoir

$$(26, b) \qquad l' = \beta l.$$

Il y a pourtant une grande différence entre ces relations. Dans (26, *b*), l est la longueur de la tige en *repos absolu* (dans l'éther), l' est sa longueur *réelle* quand elle est en mouvement dans l'éther. Les formules (26) et (26, *a*) déterminent le raccourcissement *apparent* que mesurent les observateurs qui se meuvent relativement à la tige. Les longueurs l' dans (26) et l dans (26, *a*) sont *pour ainsi dire* analogues à la longueur l dans (26, *b*); l dans (26) et l' dans (26, *a*) sont de même analogues à l' dans (26, *b*); mais l' dans (26) et l dans (26, *a*) se rapportent au cas du *repos relatif*, tandis que l dans (26, *b*) se rapporte au cas du *repos absolu*.

Pour une tige *perpendiculaire* à v, la longueur géométrique est la même que la longueur cinématique, comme on le voit par (25) et (25, *a*).

Une sphère en repos dans S' *apparaît à l'observateur dans* S *comme un ellipsoïde de révolution aplati* (ellipsoïde d'HEAVISIDE). L'axe de révolution parallèle à v est β fois plus petit que le diamètre de la section équatoriale. Plus v se rapproche de c, plus la longueur de l'axe de révolution se rapproche de zéro. Pour $v = c$, la figure cinématique d'une sphère géométrique devient un cercle.

Si V' est le volume d'un corps en repos dans S', le volume V mesuré par un observateur dans S est égal à

$$(26, c) \qquad V = \beta V'.$$

Le volume cinématique est plus petit que le volume géométrique. C'est ce qu'on voit facilement en considérant, par exemple, un parallélépipède, dont les arêtes sont parallèles aux axes de coordonnées.

V. VITESSE RELATIVE. — Passons maintenant à l'une des conséquences les plus paradoxales du principe de relativité; il s'agit de la *composition des vitesses*. Supposons qu'un point M' soit animé dans le système S' d'un mouvement rectiligne et uniforme de vitesse v', dont nous désignerons les composantes suivant les axes des x', y', z' par $v'_{x'}$, $v'_{y'}$, $v'_{z'}$, et se trouve à l'instant $t' = 0$ en O'. On a alors

$$27) \qquad x' = v'_{x'}\, t', \qquad y' = v'_{y'}\, t', \qquad z' = v'_{z'}\, t'.$$

L'observateur A' dans S' mesure toutes les grandeurs entrant dans (27). L'observateur A dans S voit le point en coïncidence à chaque instant t avec un certain point M du système S; désignons la vitesse du point M dans S par u et ses composantes suivant les axes des x, y, z par u_x, u_y, u_z. On a

$$(27, a) \qquad x = u_x t, \qquad y = u_y t, \qquad z = u_z t,$$

Comme S' se meut relativement à S avec la vitesse v le long de l'axe des x, on doit s'*attendre*, eu égard au choix que nous avons fait des systèmes d'axes, à ce que l'on ait

$$)27, b) \qquad u_x = v'_{x'} + v, \qquad u_y = v'_{y'}, \qquad u_z = v'_{z'},$$

c'est-à-dire à ce que $\vec{u}$ soit la somme vectorielle des vitesses $\vec{v}$ et $\vec{v'}$. Si $\vec{v'}$ fait l'angle α' avec l'axe des x', c'est-à-dire avec v, on doit avoir

$$(27,c) \qquad u^2 = v^2 + v'^2 + 2vv' \cos \alpha.$$

Mais, remplaçons dans (27) x', y', z', t' par leurs expressions (25) ; au lieu de $x' = v'_{x'}\, t'$, nous obtenons

$$\frac{1}{\beta}(x - vt) = v'_{x'} \cdot \frac{1}{\beta}\left(t - \frac{vx}{c^2}\right),$$

d'où

$$(27,d) \qquad x = \frac{v + v'_{x'}}{1 + \dfrac{vv'_{x'}}{c^2}}\, t.$$

Au lieu de $y' = v'_{y'}\, t'$, nous avons

$$y = v'_{y'} \cdot \frac{1}{\beta}\left(t - \frac{vx}{c^2}\right),$$

ou en introduisant la valeur $(27, d)$ de x,

$$(27,e) \qquad y = \frac{\beta v'_{y'}}{1 + \dfrac{vv'_{x'}}{c^2}}\, t,$$

avec une formule analogue pour z. En portant $(27,d)$ et $(27,e)$ dans $(27,a)$, ou obtient les formules classiques de la composition des vitesses (nous remplaçons les indices x', y', z' par les indices x, y, z, d'après la convention que nous avons faite antérieurement sur les directions des deux systèmes d'axes)

$$(28) \qquad u_x = \frac{v + v'_x}{1 + \dfrac{vv'_x}{c^2}},$$

$$(28,a) \qquad u_y = \frac{\beta v'_y}{1 + \dfrac{vv'_x}{c^2}},$$

$$(28,b) \qquad u_z = \frac{\beta v'_z}{1 + \dfrac{vv'_x}{c^2}},$$

qui doivent être substituées aux formules $(27, b)$ que l'on avait d'abord été porté à écrire.

Faisons tourner les axes de façon que $\vec{v'}$ vienne dans le plan $x'O'y'$; on a alors $v'_z = 0$ et $u_z = 0$. Soit α' l'angle entre $\vec{v'}$ et $O'x'$, mesuré dans le système S' ; on a $\cos \alpha' = v'_x : v$ et $\sin \alpha' = v'_y : v$. Comme v'^2 et u^2 sont égaux à la somme des carrés de leurs composantes, on déduit facilement de (28) et (28, a) que

$$(28, c) \qquad u^2 = \frac{v^2 + v'^2 + 2vv' \cos \alpha' - \left(\dfrac{vv' \sin \alpha'}{c}\right)^2}{\left(1 + \dfrac{vv' \cos \alpha'}{c^2}\right)^2},$$

au lieu de la formule (27, c) primitivement prévue.

La règle bien connue du *parallélogramme des vitesses* donne, pour l'angle α_0 entre $\overrightarrow{u}$ et Ox, l'expression

$$(28, d) \qquad \operatorname{tg} \alpha_0 = \frac{v' \sin \alpha'}{v + v' \cos \alpha'}.$$

Par contre, l'angle α entre $\overrightarrow{u}$ et Ox, mesuré dans le système **S**, a pour expression, d'après (28) et (28, a),

$$\operatorname{tg} \alpha = \frac{u_y}{u_x} = \frac{\beta v'_y}{v + v'_x} = \frac{\beta v' \sin \alpha'}{v + v' \cos \alpha'},$$

d'où

$$(29) \qquad \operatorname{tg} \alpha = \beta \operatorname{tg} \alpha_0.$$

Cette relation montre de la manière la plus nette que la règle du parallélogramme des vitesses est ici inapplicable. Quand $\alpha' = 90°$, c'est-à-dire lorsque $\overrightarrow{v'}$ est perpendiculaire à $\overrightarrow{v}$, on a

$$(29, a) \qquad u^2 = v^2 + v'^2 - \left(\frac{vv'}{c}\right)^2.$$

Si en même temps $v = v'$ et qu'on doive par suite s'attendre à ce que $\alpha_0 = 45°$ et $\operatorname{tg} \alpha_0 = 1$, on obtient $\operatorname{tg} \alpha = \beta = \sqrt{1 - \dfrac{v^2}{c^2}}$. Le cas où $\overrightarrow{v'}$ a la direction de l'axe $O'x'$ présente un intérêt particulier : on a alors $v'_x = v'$, $v'_y = v'_z = u_y = u_z = 0$ et par suite $u_x = u$; on devait s'attendre à

$$(29, b) \qquad u = v + v',$$

mais (28) donne

$$(30) \qquad u = \frac{v + v'}{1 + \dfrac{vv'}{c^2}}.$$

Cette formule anéantit complètement la notion que nous nous faisons d'ordinaire de la vitesse relative. Quand un navire se déplace le long d'une rive avec la vitesse v et qu'un objet est en mouvement sur le pont de ce navire avec la vitesse v' dans la même direction, l'observateur, qui mesure de la rive la vitesse de l'objet, ne trouvera pas la valeur $v + v'$, mais celle donnée par la formule (30). La grandeur u ne peut jamais dépasser c, quelque voisins de c

que puissent être v et v'. Posons $v = (1 — \alpha)c$, $v' = (1 — \alpha')c$, où α et α' sont des fractions arbitraires petites ; (30) donne

$$(30, a) \qquad u = \frac{2 — \alpha — \alpha'}{2 — \alpha — \alpha' + \alpha\alpha'}\, c < c.$$

Faisons $v = c$ dans (30), on obtient alors $u = c$. Quelle que soit la vitesse v' que l'on ajoute à c, le résultat est toujours égal à c. La vitesse c joue dans la Physique un rôle analogue à celui de l'infini en mathématique ; c'est une vitesse *limite*. Même si $v = c$ et $v' = c$, la formule (30) donne $u = c$. Supposons que, dans le système S, le point O$'$ soit en mouvement le long de Ox avec la vitesse $v = c$; l'observateur A dans S trouve à l'instant t, pour abscisse du point O$'$, la valeur $x = ct$. Soit en outre un point M$'$ qui se meut dans S$'$, le long de O$'x'$, avec la vitesse c ; l'observateur A$'$ dans S$'$ trouve à l'instant t', pour l'abscisse du point M$'$, la valeur $x' = ct'$. Néanmoins, l'observateur A dans S trouve qu'à l'instant t l'abscisse du point M$'$ est $x = ct$, autrement dit que le point M$'$ coïncide avec O$'$. Dans ce cas singulier, la grandeur β, dans les formules (25), s'annule. Ce n'est pas tout : si $v = c$ et si $\vec{v'}$, ayant une valeur quelconque, fait dans S$'$ un angle quelconque α' avec l'axe O$'x'$ (même si $\alpha' = 90°$), on a $u = u_x = c$, $u_y = u_z = 0$, c'est-à-dire que M$'$ paraît à l'observateur A (dans S) coïncider constamment avec O$'$.

Il est très intéressant de remarquer que (30) conduit immédiatement à la formule $(7, a)$, qui exprime le résultat de la célèbre expérience de Fizeau. L'eau (S$'$) coule relativement à l'observateur A (dans S) avec la vitesse v. Le rayon lumineux se propage dans S$'$ avec la vitesse $v' = c : n$, n étant l'indice de réfraction de l'eau. L'observateur A dans S obtient, pour la vitesse du rayon, la valeur $u = c'$. Portons ces valeurs dans (30) ; nous avons, v étant très petit comparativement à c,

$$c' = \frac{v + \dfrac{c}{n}}{1 + \dfrac{v}{cn}} = v + \frac{c}{n}\left(1 — \frac{v}{cn}\right) = \frac{c}{n} + \frac{n^2 — 1}{n^2}\, v,$$

c'est-à-dire la formule $(7, a)$, qui apparaît seulement comme approchée ; pour de grandes valeurs de v, il faudrait conserver la formule exacte pour c', sans y faire les calculs d'approximation que nous venons d'effectuer. L'observateur A$'$, qui mesurerait la vitesse v' de la lumière à l'intérieur de l'eau coulant avec une vitesse quelconque, trouverait pour cette vitesse la valeur $v' = c : n$.

Einstein, Laue et d'autres encore ont démontré que, pour l'observateur A dans S, non seulement la vitesse d'un corps, mais aussi la vitesse de n'importe quel signal ne peut dépasser la grandeur c. Dans le Tome II (Chap. VI, § **9** et Chap. VII, § **21**), nous avons vu que, dans certains cas, l'indice de réfraction n est plus petit que l'unité et par suite la vitesse de la lumière c' plus grande que c. Mais Sommerfeld (1907) a expliqué cette contradiction apparente avec l'une des conséquences du principe de relativité.

Nous avons exposé avec quelque détail, dans ce qui précède, d'abord les considérations et les faits qui conduisent à la nouvelle théorie ; nous avons formulé ensuite les bases sur lesquelles s'appuie cette théorie et indiqué quelques-unes de ses conséquences. Nous devrons, dans ce qui suit, nous borner à un aperçu plus rapide des autres résultats qu'elle fournit ; nous nous attacherons surtout à donner une idée claire des questions traitées, laissant de côté les démonstrations.

VI. LE PRINCIPE DE DOPPLER. L'ABERRATION. — Nous avons fait connaître, dans le Tome I, le principe de DOPPLER et nous avons établi la formule

$$(31) \qquad n_1 = n \frac{V + u}{V - u'},$$

où n désigne le nombre de vibrations dans l'unité de temps de la source Q (de son ou de lumière), V la vitesse de propagation des vibrations dans le milieu intermédiaire entre la source Q et l'observateur A (par exemple l'air, l'éther), u la vitesse de l'observateur A *dirigée vers* Q, u' la vitesse de la source Q *dirigée vers* A, de sorte que u et u' positifs correspondent au rapprochement mutuel de la source Q et de l'observateur A ; enfin n_1 est le nombre des vibrations perçues par l'observateur A. Nous allons maintenant changer un peu les notations : nous écrirons en particulier c au lieu de V. Nous prendrons en outre QA comme sens positif des vitesses. Soit v la vitesse de l'observateur dans la direction de la droite QA *prolongée* ; on a alors, dans la formule (31), $u = -v$; désignons la vitesse de la source (de Q vers A) par $v' = u'$ et écrivons n_0 au lieu de n_1. La formule (31) prend alors la forme suivante :

$$(31,a) \qquad n_0 = n \frac{c - v}{c - v'}.$$

On voit que v et v' jouent des rôles différents. Lorsque v et v' sont très petits comparativement à c, on obtient, par l'introduction de la vitesse relative $u = v - v'$,

$$(31,b) \qquad n_0 = n\left(1 - \frac{u}{c}\right).$$

Dans la théorie de la relativité, il ne peut être question de vitesses v et v' *absolues*, ni, en particulier, de vitesses v et v' *simultanées*, à moins d'introduire, en dehors des systèmes S et S' auxquels appartiennent respectivement Q et A, un troisième système S″ par rapport auquel Q et A seraient en mouvement, ce qui constituerait une complication inutile. Nous devons distinguer *deux cas*, que nous allons maintenant considérer en les généralisant.

A. Dans le système S se trouve la source Q et, *dans ce système*, la vitesse $\vec{v}$ de l'observateur A' fait avec la droite QA *prolongée* l'angle φ. On a alors

$$(32) \qquad n_1 = n \frac{1 - \dfrac{v}{c}\cos\varphi}{\sqrt{1 - \dfrac{v^2}{c^2}}} = n \frac{1 - \dfrac{v}{c}\cos\varphi}{\beta}.$$

Pour $\varphi = 0$,

$$(32, a) \qquad n_1 = \frac{n}{\beta}\left(1 - \frac{v}{c}\right),$$

tandis que, d'après $(31, a)$,

$$(32, b) \qquad n_0 = n\left(1 - \frac{v}{c}\right).$$

B. Dans le système S se trouve l'observateur A et, *dans ce système*, la vitesse $\overrightarrow{v'}$ de la source Q fait avec la droite QA l'angle φ'. On a dans ce cas

$$(33) \qquad n_1 = n\,\frac{\sqrt{1 - \dfrac{v'^2}{c^2}}}{1 - \dfrac{v'}{c}\cos\varphi'} = \frac{n\beta'}{1 - \dfrac{v'}{c}\cos\varphi'}.$$

Pour $\varphi' = 0$,

$$(33, a) \qquad n_1 = \frac{n\beta'}{1 - \dfrac{v'}{c}},$$

tandis que d'après $(31, a)$

$$(33, b) \qquad n_0 = \frac{n}{1 - \dfrac{v'}{c}}.$$

Il est clair que, pour de petites valeurs de v ou v', on obtient des formules identiques à $(31, b)$, u étant égal à v ou v'. Il est intéressant de comparer $(32, a)$ et $(33, a)$ avec $(31, a)$.

1. Pour $v = c$, on a $n_0 = 0$ et $n_1 = 0$.

2. Pour $v' = c$, on a $n_0 = \infty$ et $n_1 = \infty$.

3. Pour $v = -c$ (l'observateur se rapproche de la source avec la vitesse c), on a $n_0 = 2n$, mais $n_1 = \infty$.

Pour $v' = -c$ (la source s'éloigne de l'observateur avec la vitesse c), on a $n_0 = \frac{1}{2}n$, mais $n_1 = 0$.

Les deux derniers cas sont particulièrement importants ; mais il faut attribuer plus d'importance encore au cas où *les mouvements ont lieu perpendiculairement à la droite* QA. L'ancienne théorie donne $n_0 = n$; la vitesse *tangentielle* des étoiles ne déplace pas les raies du spectre ; mais, d'après (32), on a, pour $\varphi = 90°$,

$$(33, c) \qquad n_1 = \frac{n}{\sqrt{1 - \dfrac{v^2}{c^2}}} = \frac{n}{\beta}.$$

De même, d'après (33), on a, pour $\varphi' = 90°$,

$$(33, d) \qquad n_1 = n\sqrt{1 - \dfrac{v'^2}{c^2}} = n\beta'.$$

Une confirmation expérimentale de ces deux dernières formules serait de la plus haute importance. Peut-être y parviendra-t-on en étudiant les flux lumineux qui se produisent dans les gaz raréfiés traversés par des décharges électriques.

Nous nous sommes déjà occupé dans le Tome II (Chap. III, § **3**) de l'*aberration* astronomique. La théorie de la relativité conduit au résultat suivant. Supposons de nouveau que, dans le système S auquel appartient la source Q, la vitesse v de l'observateur A forme avec le rayon QA *prolongé* (c'est-à-dire avec la normale à la surface d'onde) l'angle φ. Dans le système S' auquel appartient l'observateur A, le rayon QA prolongé fait avec la direction de la vitesse v l'angle φ' déterminé par la formule

$$(34) \qquad \cos \varphi' = \frac{\cos \varphi - \dfrac{v}{c}}{1 - \dfrac{v}{c} \cos \varphi},$$

d'où l'on déduit facilement l'angle d'aberration $\alpha = \varphi' - \varphi$; on a

$$(34,a) \qquad \sin \alpha = \frac{\dfrac{v}{c} - (1 - \beta) \cos \varphi}{1 - \dfrac{v}{c} \cos \varphi} \sin \varphi,$$

tandis que le résultat donné pour cette grandeur par la théorie élémentaire s'écrit habituellement de la manière suivante :

$$(34,b) \qquad \sin \alpha_0 = \frac{v}{c} \sin \varphi.$$

Pour $\varphi = 0$, on a $\alpha_0 = \alpha = 0$; pour $\varphi = 90°$, on a, comme dans la théorie élémentaire,

$$(34,c) \qquad \sin \alpha = \sin \alpha_0 = \frac{v}{c}.$$

VII. Le champ électromagnétique. — Nous présenterons la théorie développée par Einstein, mais sous forme abrégée et avec des notations légèrement modifiées. Supposons que, dans le système S, existe un champ électrique $\vec{E}(X, Y, Z)$ et un champ magnétique $\vec{H}(L, M, N)$; soit ρ la densité de l'électricité, qui est en mouvement avec la vitesse $\vec{u}(u_x, u_y, u_z)$. Les équations du champ peuvent, comme nous l'avons vu, s'écrire sous la forme

$$(35) \qquad \left\{ \begin{aligned} \frac{4\pi}{c}\, \vec{u}\rho + \frac{1}{c} \frac{\partial \vec{E}}{\partial t} &= rot\, \vec{H}, \\[2mm] \frac{1}{c} \frac{\partial \vec{H}}{\partial t} &= - rot\, \vec{E}, \\[2mm] 4\pi\rho &= div\, \vec{E}. \end{aligned} \right.$$

Le système S' se meut par rapport à S avec la vitesse v, dans la direction commune aux axes Ox et $O'x'$. Les formules $(25, a)$ donnent, dans le système S', les équations

$$(35, a) \qquad \begin{cases} \dfrac{4\pi}{c}\, \vec{u'}\rho' + \dfrac{1}{c}\, \dfrac{\partial \vec{E'}}{\partial t'} = \operatorname{rot} \vec{H'}, \\[2mm] \dfrac{1}{c}\, \dfrac{\partial \vec{H'}}{\partial t'} = -\operatorname{rot} \vec{E'}, \\[2mm] 4\pi\rho' = \operatorname{div} \vec{E'}, \end{cases}$$

si l'on définit les composantes X', Y', Z' de la grandeur dirigée $\vec{E'}$ et les composantes L', M', N' de la grandeur dirigée $\vec{H'}$ par les formules

$$(35\,b) \qquad X' = X, \qquad Y' = \frac{1}{\beta}\,(Y - \frac{v}{c}\,N), \qquad Z' = \frac{1}{\beta}\,(Z + \frac{v}{c}\,M),$$

$$(35, c) \qquad L' = L, \qquad M' = \frac{1}{\beta}\,(M + \frac{v}{c}\,Z), \qquad N' = \frac{1}{\beta}\,(N - \frac{v}{c}\,Y),$$

et si on pose

$$(35, d) \qquad \rho' = \frac{1}{\beta}\left(1 - \frac{v u_x}{c^2}\right)\rho ;$$

on a en outre, d'après (28), $(28, a)$ et $(28, b)$,

$$(35, e) \qquad u'_x = \frac{u_x - v}{1 - \dfrac{u_x v}{c^2}},$$

$$(35, f) \qquad u'_y = \frac{\beta u_y}{1 - \dfrac{u_x v}{c^2}}, \qquad u'_z = \frac{\beta u_z}{1 - \dfrac{u_x v}{c^2}}.$$

Les équations $(35, a)$ *sont de forme identique à celle des équations* (35) et nous obtenons par suite ce résultat que *la transformation de* LORENTZ *ne change pas la forme des équations du champ électromagnétique*, si l'on interprète ρ' comme la densité de l'électricité et $\vec{E'}\,(X', Y', Z')$, $\vec{H'}\,(L', M', N')$ comme les intensités respectives du champ électrique et du champ magnétique dans le système S'.

Les équations $(35, b)$ et $(35, c)$ sont particulièrement importantes : elles montrent que *le champ électrique et le champ magnétique n'existent pas isolément et par eux-mêmes*. Ce qui, dans un système, apparaît par exemple comme un champ magnétique peut se montrer dans l'autre système comme un champ électrique. Lorsque dans le système S *existe seulement un champ magnétique* $\vec{H}$ et qu'on suppose un électron en mouvement dans ce champ, alors, dans le système S' où l'électron est immobile, agit sur cet électron un *champ électrique*, dont les composantes sont égales à $X' = 0$, $Y' = -\frac{v}{c}\,N$ et $Z' = -\frac{v}{c}\,M$.

Einstein a montré que la question litigieuse de l'endroit où est appliquée la force électromotrice dans l'*induction unipolaire* se trouve complètement supprimée; tout dépend du système dans lequel on considère le phénomène.

Des formules (26, c) et (35, d) résulte que *la grandeur e de la charge électrique dans* S *ne change pas quand on passe au système* S', c'est-à-dire que l'on a

$$(36) \qquad e' = e.$$

VIII. Force et masse. — Supposons qu'au point x', y', z' du système S' se trouve un électron *en repos e* et qu'à l'instant t'_0 (dans S, l'instant correspondant est t_0) *commence* à agir sur cet électron la force $\overrightarrow{E'}$; il prend alors une accélération déterminée par les équations suivantes

$$(37) \qquad m \frac{d^2 x'}{dt'^2} = eX', \qquad m \frac{d^2 y'}{dt'^2} = eY', \qquad m \frac{d^2 z'}{dt'^2} = eZ',$$

m désignant la masse de l'électron en repos dans S'. Transformons (37), en passant au système S où l'électron possède à l'instant $t = t_0$ la *vitesse initiale v*. On obtient

$$(38) \qquad \frac{m}{\beta^3} \frac{d^2 x}{dt^2} = eX,$$

$$(38, a) \qquad \frac{m}{\beta} \frac{d^2 y}{dt^2} = e\left(Y - \frac{v}{c} N\right), \qquad \frac{m}{\beta} \frac{d^2 z}{dt^2} = e\left(Z + \frac{v}{c} M\right).$$

Puisque v est parallèle à l'axe des x, il est clair que $m : \beta^3$ n'est pas autre chose que ce que nous avons appelé la *masse longitudinale* et $m : \beta$ ce qui a été dénommé la *masse transversale* (page 205). *La théorie de la relativité conduit donc, pour les deux masses, aux mêmes expressions que la théorie de* Lorentz (page 207), tandis que la théorie de Max Abraham donne des expressions différentes (page 206). Nous ferons connaître plus loin les expériences de Kaufmann, Bestelmeyer, Bucherer et Hupka effectuées en vue de déterminer quelles formules répondent à la réalité. Les expériences de Bucherer et Hupka sont favorables à la théorie de Lorentz et par suite à la théorie de la relativité Cependant, même si les résultats de ces expériences ne pouvaient d'aucune manière être mis en doute, il n'en découlerait pas une confirmation de l'exactitude absolue de la théorie de la relativité, car la théorie de Lorentz conduit aux mêmes formules.

Einstein a généralisé les équations (38) et (38, a), en envisageant le cas où l'électron possède, dans le système S et *à un instant donné*, une vitesse arbitrairement dirigée.

$$(38, b) \qquad v = \sqrt{\left(\frac{dx}{dt}\right)^2 + \left(\frac{dy}{dt}\right)^2 + \left(\frac{dz}{dt}\right)^2}.$$

On obtient alors les équations

$$(39) \qquad \frac{d}{dt}\left(\frac{m}{\beta} \frac{dx}{dt}\right) = F_x, \qquad \frac{d}{dt}\left(\frac{m}{\beta} \frac{dy}{dt}\right) = F_y, \qquad \frac{d}{dt}\left(\frac{m}{\beta} \frac{dz}{dt}\right) = F_z,$$

où

$$(39, a) \qquad \beta = \sqrt{1 - \frac{v^2}{c^2}}$$

et

$$(39, b) \qquad F_x = e\left(X + \frac{N}{c}\frac{dy}{dt} - \frac{M}{c}\frac{dz}{dt}\right),$$

avec des expressions analogues pour F_y et F_z. *Nous appellerons le vecteur* $\overrightarrow{F}(F_x, F_y, F_z)$ *la force agissant sur e.*

Les équations (39) et les expressions (39, *b*) ont été établies pour l'électron qui se trouve dans un champ électromagnétique. Mais EINSTEIN *fait maintenant une hypothèse hardie : il admet que les équations* (39) *donnent aussi l'expression de la force dans un système matériel ordinaire.* Si on se refusait à faire ce nouveau pas en avant, il arriverait que les équations fondamentales du mouvement de l'électron resteraient invariantes dans la transformation de LORENTZ, alors que les équations du mouvement de la matière pondérable ne seraient invariantes que dans la transformation de NEWTON. Les équations du mouvement de la mécanique newtonienne doivent donc être remplacées par les équations (39) qui, pour $v : c$ très petit, c'est-à-dire pour $\beta = 1$, se réduisent aux équations de la dynamique classique. De cette manière, EINSTEIN, comme l'avait déjà d'ailleurs proposé WIEN, *fait reposer la mécanique sur les nouvelles bases électromagnétiques,* auxquelles on peut ainsi rattacher une nouvelle conception de l'univers ; *ce n'est pas la mécanique newtonienne qui doit expliquer tous les phénomènes, y compris les phénomènes électromagnétiques ; mais ce sont, au contraire, les lois des phénomènes électromagnétiques qui doivent constituer les principes premiers de la mécanique de la matière qui nous entoure.* PLANCK (1907) a même proposé de construire non seulement la Mécanique, mais aussi toute la Physique, en partant du principe de relativité et du principe de la *moindre action* ; il introduit sans changement ce dernier principe dans la nouvelle mécanique, en lui donnant l'importance d'un principe universel. Nous avons vu déjà, dans le précédent Chapitre, comment SCHWARZSCHILD, LORENTZ et POINCARÉ avaient déduit du principe de la moindre action toute la dynamique de l'électron.

IX. ENERGIE. — Soit m_0 la masse d'un point matériel qui se trouve en repos relatif. Les équations (39) montrent que, dans le mouvement relatif, la masse du point devient égale à

$$(40) \qquad m = \frac{m_0}{\beta}.$$

L'accroissement μ *de la masse est donc*

$$(40, a) \qquad \mu = m - m_0 = m_0\left(\frac{1}{\beta} - 1\right).$$

Supposons que sur la masse m agisse la force f dans l'intervalle de temps dt ;

son énergie cinétique η reçoit alors l'accroissement $d\eta = \int v\,dt$; mais on a $\int dt = d(mv) = m\,dv + v\,dm$ et par suite $d\eta = mv\,dv + v^2\,dm$, ou, d'après (40),

$$d\eta = m_0 \left(\frac{v\,dv}{\sqrt{1 - \dfrac{v^2}{c^2}}} + v^2 d\,\frac{1}{\sqrt{1 - \dfrac{v^2}{c^2}}} \right).$$

On déduit de là en intégrant que

$$(41) \qquad\qquad \eta = m_0 c^2 \left(\frac{1}{\beta} - 1 \right),$$

et en développant la valeur de β suivant les puissances de $\dfrac{v}{c}$

$$(41,a) \qquad\qquad \eta = \frac{1}{2} m_0 v^2 \left(1 + \frac{3}{4}\frac{v^2}{c^2} + \dots \right).$$

L'expression habituelle de l'énergie cinétique ne représente donc qu'une première approximation ; lorsque v est grand, elle est beaucoup plus grande que $\dfrac{1}{2} m_0 v^2$ *et devient infinie pour $v = c$.* Il faut par suite un travail infiniment grand pour que la vitesse d'un point matériel devienne égale à c ; on voit très clairement par là que cette vitesse a une limite qu'on ne peut atteindre pratiquement. Mais le résultat le plus surprenant est fourni par les formules (40, a) et (41) ; on a

$$(42) \qquad\qquad \mu = \frac{\eta}{c^2}.$$

L'ÉNERGIE CINÉTIQUE η POSSÈDE UN COEFFICIENT D'INERTIE $\mu = \eta : c^2$. — WIEN a établi la formule (42) en considérant l'énergie rayonnante η qu'un corps émet dans le vide *par unité de temps*. Cette énergie rayonnante exerce sur le corps une pression $\eta : c$, qui lui donnerait un mouvement *absolu*, ce qui est impossible ; mais si on admet que l'énergie η possède la masse μ, on est ramené simplement à un recul (comme dans une arme à feu), le centre d'inertie restant fixe. L'égalité des impulsions donne $\eta : c = \mu c$, d'où la relation (42).

Toutes les formes d'énergie pouvant se transformer l'une dans l'autre, ce résultat se généralise en disant que TOUTE FORME D'ÉNERGIE η POSSÈDE UN CERTAIN COEFFICIENT D'INERTIE DÉTERMINÉ PAR LA FORMULE (42) ; μ *représente ce coefficient d'inertie*. Nous ne nous demanderons pas, pour le moment, si l'énergie possède aussi une *masse pondérable* et nous allons indiquer la série de conséquences remarquables que l'on a déduites de ce qui précède.

1. *Lorsqu'un corps acquiert ou cède de l'énergie, sa masse change.* Si 2^{gr} d'hydrogène s'unissent à 16^{gr} d'oxygène, il se dégage $2,87 . 10^{12}$ ergs de chaleur ; par suite, on n'obtient pas 18^{gr} d'eau, mais $3,2 . 10^{-6}$ mgr. en moins (PLANCK). *La loi de la constance des masses dans les réactions chimiques apparaît comme inexacte.*

2. *La masse d'un corps dépend de sa température.* A l'intérieur de chaque corps se trouve une provision d'*énergie rayonnante*, qui possède une certaine

masse et dépend de la température. PLANCK a montré que si un gaz se trouve sous la pression de $0^{mm},001$ et à la température de fusion du platine ($1790°$ C.), $0,25$ de l'apport de chaleur est employé à augmenter la provision d'énergie rayonnante à l'intérieur du gaz.

3. Si toute énergie η possède une masse $\mu = \eta : c^2$, il s'ensuit *que l'énergie et la masse sont équivalentes et que toute masse m_0 en repos est identique à la provision colossale d'énergie*

$$(43) \qquad E_0 = m_0 c^2.$$

Cette énergie subsiste presque tout entière dans le corps à la température du zéro absolu ($T = 0$). L'énergie *perceptible* que le corps possède en outre dans toute autre condition physique et dans les mouvements les plus rapides est extrêmement petite comparativement à l'énergie qu'il renferme à la température $T = 0$ et que PLANCK a appelée l'*énergie latente*. Il a proposé de considérer l'énergie dégagée dans la désagrégation des atomes des *substances radioactives* comme provenant précisément de cette provision d'énergie latente. La masse d'un atome-gramme de radium diminue, dans l'espace d'une année, de $0^{mgr},012$, *qui sont transformés en énergie*.

4. Quand une masse m_0 en repos acquiert la vitesse v, sa masse devient égale à $m = m_0 : \beta$, voir (40), et par suite la provision *totale* d'énergie E devient égale à

$$(44) \qquad E = mc^2 = \frac{m_0 c^2}{\sqrt{1 - \dfrac{v^2}{c^2}}} = m_0 c^2 \left(1 + \frac{1}{2} \frac{v^2}{c^2} + \frac{3}{8} \frac{v^4}{c^4} + \ldots \right)$$

ou

$$(45) \qquad E = m_0 c^2 + \frac{1}{2} m_0 v^2 + \frac{3}{8} m_0 \frac{v^4}{c^2} + \ldots.$$

Cette formule étonnante montre que *la grandeur $\frac{1}{2} m_0 v^2$, appelée ordinairement l'énergie cinétique du corps en mouvement, ne constitue qu'une partie extrêmement petite de l'énergie correspondant au passage du système S′, où le corps est en repos, au système S relativement auquel S′ est en mouvement*. Dans les autres cas considérés plus haut, le changement de grandeur de l'énergie cinétique n'est pas mesurable ; pour nos sens, la grandeur colossale $m_0 c^2$ reste cachée et nous n'avons affaire pratiquement qu'à sa variation extrêmement faible $\frac{1}{2} m_0 v^2$.

X. PRESSION, TEMPÉRATURE, ENTROPIE ET GRAVITATION. — PLANCK et EINSTEIN ont montré que, dans le passage du système S au système S′, on a les formules de transformation suivantes pour la pression p, la température absolue T et l'entropie Σ d'un corps *en repos* dans S,

$$(46) \qquad p' = p,$$

$$(47) \qquad T' = T\beta = T \sqrt{1 - \frac{v^2}{c^2}},$$

$$(48) \qquad \Sigma' = \Sigma.$$

La pression et l'entropie ne changent pas, quand on passe de S à S'. La tempé-
rature du corps, dans le système par rapport auquel il se meut, est plus basse que
dans le système par rapport auquel il est en repos.

Einstein (1907) a étendu le principe de relativité au cas où un système est animé d'un mouvement *uniformément varié* par rapport à un autre système, et a étudié la question étroitement liée à la précédente du *champ* de force dû à la *gravitation* et de l'action d'un tel champ sur les phénomènes électroma-gnétiques. Il part du fait que, dans un champ uniforme dû à la gravitation, tous les corps tombent avec la même vitesse. Nous devons nous borner à indiquer les deux résultats suivants qu'il a obtenus dans ce nouvel ordre de recherches.

1. *L'énergie E ne possède pas seulement un coefficient d'inertie, mais aussi la masse pondérable* $\mu = E : c^2$.

2. *Un rayon lumineux éprouve une déviation dans un champ de force dû à la gravitation.* La grandeur de cette déviation est proportionnelle à sin φ, φ dési-gnant l'angle entre la direction du rayon et celle de la force de gravitation. Einstein (1911) a donné, dans un nouveau travail, la formule

$$(49) \qquad\qquad \alpha = \frac{2kM}{c^2 R},$$

où α est la déviation d'un rayon qui passe devant une masse sphérique M (par exemple la masse d'un astre); k est la constante de gravitation (Tome I), R est la distance du centre de la sphère au rayon. Pour un rayon passant dans le voisinage de la surface du Soleil, on trouve $\alpha = 0'',83$, c'est-à-dire une grandeur que l'on peut mesurer, en observant, par exemple, la position d'une étoile près du bord du Soleil, lors d'une éclipse solaire.

6. La théorie de Minkowski. — En 1907, un travail remarquable a été publié par Minkowski (qui est mort malheureusement quelques années après, 1909). Ce travail a donné à la théorie de la relativité une forme mathé-matique toute nouvelle. Les idées de Minkowski ont reçu rapidement un vaste développement, dont on trouvera l'exposition dans l'ouvrage de Laue, *Das Relativitätsprinzip*, Braunschweig, 1913.

Dans une conférence du 21 septembre 1908, Minkowski commence par cette phrase devenue classique : « *Von Stund an sollen Raum und Zeit für sich völlig zu Schatten herabsinken, und nur noch eine Art Union der beiden soll Selbständigkeit bewahren* ». c'est-à-dire, à l'heure actuelle, les notions de l'espace et du temps, considérées comme indépendantes et en elles-mêmes, doivent être abandonnées, et seule leur union peut posséder une individualité.

Minkowski réunit l'espace et le temps en un tout inséparable, qu'il appelle l'*univers* : cet univers se traduit dans le langage géométrique par un *espace à quatre dimensions*, dans lequel le temps joue le rôle de la quatrième dimension. Un *point* de l'*univers* a quatre coordonnées : d'abord les coordonnées x, y, z, ensuite une quatrième coordonnée que nous pouvons supposer égale à ct. L'histoire d'un point de l'univers est représentée par une *courbe de l'univers*, qui est une généralisation de la courbe Σ dont nous avons parlé à la page 219, quand nous avons ajouté aux deux coordonnées x et y, dans un espace à *deux dimensions*, une troisième coordonnée t. Mais on obtient un système de coordonnées incomparablement plus élégant, en prenant pour la quatrième coordonnée d'un point de l'univers, non pas ct, mais ict, où $i = \sqrt{-1}$. Si on adopte les notations x_1, x_2, x_3 au lieu de x, y, z et si l'on prend $x_4 = ict$, on a quatre coordonnées d'univers x_1, x_2, x_3, x_4 dont l'emploi donne aux formules, comme nous allons le voir, une *symétrie* remarquable. Ainsi, l'équation fondamentale (19), page 237, prend la forme

$$(50) \qquad x_1^2 + x_2^2 + x_3^2 + x_4^2 = x'^2_1 + x'^2_2 + x'^2_3 + x'^2_4.$$

Les équations du champ électromagnétique prennent également une forme parfaitement symétrique. Par un choix convenable des unités, nous pouvons écrire ces équations

$$(51) \qquad \begin{cases} rot\ \overset{\smile}{\mathrm{H}} - \dfrac{\partial \overrightarrow{\mathrm{E}}}{\partial t} = \rho \overrightarrow{v}, \\[2mm] div\ \overrightarrow{\mathrm{E}} = \rho. \end{cases}$$

$$(52) \qquad \begin{cases} rot\ \overrightarrow{\mathrm{E}} + \dfrac{\partial \overset{\smile}{\mathrm{H}}}{\partial t} = 0, \\[2mm] div\ \overset{\smile}{\mathrm{H}} = 0. \end{cases}$$

Nous devons ici écrire x_1, x_2, x_3, x_4 pour x, y, z, it (la vitesse de la lumière étant prise égale à l'unité). Écrivons en outre ρ_1, ρ_2, ρ_3, ρ_4 pour ρv_x, ρv_y, ρv_z, $i\rho$, c'est-à-dire pour les composantes du courant de convection $\rho \overrightarrow{v}$ et la densité de volume de l'électricité multipliée par i, et

$$f_{23},\ f_{31},\ f_{12},\ f_{14},\ f_{24},\ f_{34}$$

pour

$$\mathrm{H}_x,\ \mathrm{H}_y,\ \mathrm{H}_z,\ -i\mathrm{E}_x,\ -i\mathrm{E}_y,\ -i\mathrm{E}_z,$$

c'est-à-dire pour les composantes du champ magnétique $\overset{\smile}{\mathrm{H}}$ et pour celles de $-i\overrightarrow{\mathrm{E}}$, $\overrightarrow{\mathrm{E}}$ étant le champ électrique. Supposons enfin que l'on ait

$$f_{kh} = -f_{hk}.$$

La première équation (51) et la seconde multipliée par i se transforment alors dans le système

$$(53) \qquad \begin{cases} \qquad\quad \dfrac{\partial f_{12}}{\partial x_2} + \dfrac{\partial f_{13}}{\partial x_3} + \dfrac{\partial f_{14}}{\partial x_4} = \rho_1, \\[3mm] \dfrac{\partial f_{21}}{\partial x_1} \qquad\quad + \dfrac{\partial f_{23}}{\partial x_3} + \dfrac{\partial f_{24}}{\partial x_4} = \rho_2, \\[3mm] \dfrac{\partial f_{31}}{\partial x_1} + \dfrac{\partial f_{32}}{\partial x_2} \qquad\quad + \dfrac{\partial f_{34}}{\partial x_4} = \rho_3, \\[3mm] \dfrac{\partial f_{41}}{\partial x_1} + \dfrac{\partial f_{42}}{\partial x_2} + \dfrac{\partial f_{43}}{\partial x_3} \qquad\quad = \rho_4. \end{cases}$$

De même, la première équation (52) et la seconde multipliée par i donnent le système

$$(54) \quad \begin{cases} \qquad\;\; \dfrac{\partial f_{34}}{\partial x_2} + \dfrac{\partial f_{42}}{\partial x_3} + \dfrac{\partial f_{23}}{\partial x_4} = 0, \\[2mm] \dfrac{\partial f_{43}}{\partial x_1} \qquad\;\; + \dfrac{\partial f_{14}}{\partial x_3} + \dfrac{\partial f_{31}}{\partial x_4} = 0, \\[2mm] \dfrac{\partial f_{24}}{\partial x_1} + \dfrac{\partial f_{41}}{\partial x_2} \qquad\;\; + \dfrac{\partial f_{12}}{\partial x_4} = 0, \\[2mm] \dfrac{\partial f_{32}}{\partial x_1} + \dfrac{\partial f_{13}}{\partial x_2} + \dfrac{\partial f_{21}}{\partial x_3} \qquad\;\; = 0. \end{cases}$$

Ces deux systèmes possèdent, comme on le voit, une *symétrie complète* par rapport aux indices 1, 2, 3, 4.

Nous allons mettre maintenant en évidence l'invariance (ou plus exactement la covariance) des systèmes (53) et (54) dans une rotation du système de coordonnées autour de l'origine. Soit d'abord une rotation autour de l'axe des z, par exemple, de l'angle φ :

$$x'_1 = x_1 \cos \varphi + x_2 \sin \varphi, \quad x'_2 = - x_1 \sin \varphi + x_2 \cos \varphi, \quad x'_3 = x_3, \quad x'_4 = x_4 ;$$

en exprimant que les vecteurs $\overrightarrow{E}$, $\overrightarrow{H}$, $\overrightarrow{v}$ restent fixes dans cette rotation, on a

$$\rho'_1 = \rho_1 \cos \varphi + \rho_2 \sin \varphi, \quad \rho'_2 = - \rho_1 \sin \varphi + \rho_2 \cos \varphi, \quad \rho'_3 = \rho_3, \quad \rho'_4 = \rho_4$$
$$f'_{23} = f_{23} \cos \varphi + f_{31} \sin \varphi, \quad f'_{31} = - f_{23} \sin \varphi + f_{31} \cos \varphi, \quad f'_{12} = f_{12}$$
$$f'_{14} = f_{14} \cos \varphi + f_{24} \sin \varphi, \quad f'_{24} = - f_{14} \sin \varphi + f_{24} \cos \varphi, \quad f'_{34} = f_{34}$$

et on vérifie que les systèmes (53) et (54) se transforment dans des systèmes identiques où les nouvelles grandeurs sont accentuées.

Soit maintenant un angle $i\psi$ dont la grandeur est une pure imaginaire. En raison de la symétrie que nous avons établie plus haut, nous sommes conduits à considérer la rotation

$$x'_1 = x_1, \quad x'_2 = x_2, \quad x'_3 = x_3 \cos i\psi + x_4 \sin i\psi, \quad x'_4 = - x_3 \sin i\psi + x_4 \cos i\psi.$$

Si l'on pose $\operatorname{tg} i\psi = i\beta$, on a $\cos i\psi = \dfrac{1}{\sqrt{1 - \beta^2}}$, $\sin i\psi = \dfrac{i\beta}{\sqrt{1 - \beta^2}}$, où $-1 < \beta < 1$ et où $\sqrt{1 - \beta^2}$ doit être pris avec le signe positif. En écrivant en outre

$$x'_1 = x', \quad x'_2 = y', \quad x'_3 = z', \quad x'_4 = it',$$

la rotation prend la forme

$$(55) \qquad x' = x, \quad y' = y, \quad z' = \dfrac{z - \beta t}{\sqrt{1 - \beta^2}}, \quad t' = \dfrac{- \beta z + t}{\sqrt{1 - q^2}}$$

et les coefficients de cette transformation deviennent *réels*. Si nous introduisons les nouvelles grandeurs

$$\rho'_1 = \rho_1, \quad \rho'_2 = \rho_2, \quad \rho'_3 = \rho_3 \cos i\psi + \rho_4 \sin i\psi, \quad \rho'_4 = - \rho_3 \sin i\psi + \rho_4 \cos i\psi,$$
$$f'_{41} = f_{41} \cos i\psi + f_{13} \sin i\psi, \quad f'_{13} = - f_{41} \sin i\psi + f_{13} \cos i\psi, \quad f'_{34} = f_{34},$$
$$f'_{32} = f_{32} \cos i\psi + f_{42} \sin i\psi, \quad f'_{42} = - f_{32} \sin i\psi + f_{42} \cos i\psi, \quad f'_{12} = f_{12},$$

les systèmes (53) et (54) se transforment encore dans des systèmes identiques
où les nouvelles grandeurs sont accentuées. Passons à la forme *réelle* et nous
arrivons au résultat suivant. Si on prend la transformation réelle (55) et si
on introduit les grandeurs

$$(56) \quad \begin{cases} \rho' = \rho \cdot \dfrac{-\beta v_z + 1}{\sqrt{1 - \beta^2}}, \quad \rho' v'_z = \rho \cdot \dfrac{v_z - \beta}{\sqrt{1 - \beta^2}}, \quad \rho' v'_x = \rho v_x, \quad \rho' v'_y = \rho v_y, \\[2ex] E'_{x'} = \dfrac{E_x - \beta H_y}{\sqrt{1 - \beta^2}}, \quad H'_{y'} = \dfrac{-\beta E_x + H_y}{\sqrt{1 - \beta^2}}, \quad E'_{z'} = E_z, \\[2ex] H'_{x'} = \dfrac{H_x - \beta E_y}{\sqrt{1 - \beta^2}}, \quad E'_{y'} = \dfrac{\beta H_x + E_y}{\sqrt{1 - \beta^2}}, \quad H'_{z'} = H_z, \end{cases}$$

on retrouve toutes les formules qui expriment le principe de relativité dans
le champ électromagnétique. Remarquons qu'ici $E_x - \beta H_y$, $E_y + \beta H_x$, E_z
sont les composantes du vecteur $\overrightarrow{E} + [\overrightarrow{v}\,\overset{\curvearrowleft}{H}]$, $\overrightarrow{v}$ étant un vecteur dans la direc-
tion de l'axe positif des z de grandeur $|\overrightarrow{v}| = \beta$ et $[\overrightarrow{v}\,\overset{\curvearrowleft}{H}]$ désignant le produit
vectoriel des vecteurs $\overrightarrow{v}$ et $\overset{\curvearrowleft}{H}$. De même, $H_x + \beta E_y$, $H_y - \beta E_x$, H_z sont les
composantes du vecteur $\overset{\curvearrowleft}{H} - [\overrightarrow{v}\,\overrightarrow{E}]$.

Les secondes et les troisièmes formules (56) peuvent être associées deux à
deux et résumées, par un autre emploi des grandeurs imaginaires, dans les
suivantes :

$$E'_{x'} + iH'_{x'} = (E_x + iH_x) \cos i\psi + (E_y + iH_y) \sin i\psi$$
$$E'_{y'} + iH'_{y'} = -(E_x + iH_x) \sin i\psi + (E_y + iH_y) \cos i\psi$$
$$E'_{z'} + iH'_{z'} = E_z + iH_z.$$

Les premières équations (56) conduisent, avec un changement convenable
de notation, à la formule (30) d'EINSTEIN et à toutes les conséquences qu'on
peut en déduire. On a notamment

$$\beta i = \operatorname{tg} i\psi = i\,\frac{e^\psi - e^{-\psi}}{e^\psi + e^{-\psi}};$$

pour $\psi = \infty$, on a donc $\beta = 1$; autrement dit, *la valeur limite de la vitesse $\overrightarrow{v}$
est égale à la vitesse de la lumière.*

MINKOWSKI a donné à la transformation de LORENTZ, d'après les considérations précédentes, la forme d'une transformation linéaire homogène

$$(57) \quad x_i = \alpha_{i1} x'_1 + \alpha_{i2} x'_2 + \alpha_{i3} x'_3 + \alpha_{i4} x'_4 \qquad (i = 1, 2, 3, 4)$$

telle que $x_1^2 + x_2^2 + x_3^2 + x_4^2$ se transforme dans $x'^2_1 + x'^2_2 + x'^2_3 + x'^2_4$.
Il a ainsi posé les bases d'une *analyse vectorielle dans l'espace à quatre dimensions.* Dans cette analyse, la distinction entre le vecteur polaire et le vecteur
axial est particulièrement importante. Un *vecteur polaire* est défini par un
système quelconque de quatre grandeurs ρ_1, ρ_2, ρ_3, ρ_4 qui est remplacé par le
système ρ'_1, ρ'_2, ρ'_3, ρ'_4 obtenu en substituant respectivement ces deux systèmes
de grandeurs à x_1, x_2, x_3, x_4 et x'_1, x'_2, x'_3, x'_4 dans (57). Considérons main-

tenant deux vecteurs polaires (x_1, x_2, x_3, x_4) et (y_1, y_2, y_3, y_4) et envisageons la combinaison bilinéaire

$$(58) \quad \begin{cases} f_{23}(x_2y_3 - x_3y_2) + f_{31}(x_3y_1 - x_1y_3) + f_{12}(x_1y_2 - x_2y_1) \\ + f_{14}(x_1y_4 - x_4y_1) + f_{24}(x_2y_4 - x_4y_2) + f_{34}(x_3y_4 - x_4y_3), \end{cases}$$

qui contient six coefficients $f_{23}, \ldots f_{34}$. En substituant à x_1, x_2, x_3, x_4 et y_1, y_2, y_3, y_4 les valeurs données par (57), on trouve la nouvelle combinaison bilinéaire

$$(59) \quad \begin{cases} f'_{23}(x'_2y'_3 - x'_3y'_2) + f'_{31}(x'_3y'_1 - x'_1y'_3) + f'_{12}(x'_1y'_2 - x'_2y'_1) \\ + f'_{14}(x'_1y'_4 - x'_4y'_1) + f'_{24}(x'_2y'_4 - x'_4y'_2) + f'_{34}(x'_3y'_4 - x'_4y'_3), \end{cases}$$

où les six coefficients $f'_{23}, \ldots f'_{34}$ dépendent seulement des six grandeurs $f_{23}, \ldots f_{24}$ et des seize coefficients $\alpha_{11}, \alpha_{12}, \ldots, \alpha_{44}$. Un *vecteur axial* est défini par un système de six grandeurs $f_{23}, f_{31}, f_{12}, f_{14}, f_{24}, f_{34}$, qui est remplacé par le nouveau système $f'_{23}, f'_{31}, f'_{12}, f'_{14}, f'_{24}, f'_{34}$ en vertu de la dépendance dont nous venons de parler, résultant elle-même de la transformation (57) de Lorentz. En particulier, les quatre grandeurs ρv_x, ρv_y, ρv_z et $i\rho$ que nous avons considérées précédemment, représentent un vecteur polaire ; les six grandeurs H_x, H_y, H_z, $-iE_x$, $-iE_y$, $-iE_z$ représentent un vecteur axial.

L'analyse vectorielle dans l'espace à quatre dimensions a été particulièrement développée par Sommerfeld, dans les deux mémoires des *Annalen der Physik* que nous mentionnons dans la bibliographie.

Nous devons nous borner ici à ces indications rapides sur la belle théorie de Minkowski.

7. Les idées relativistes au point de vue mathématique [1]. — Quand on se place au point de vue mathématique, le principe de relativité, tel qu'il a été envisagé par Lorentz, Einstein et Minkowski, peut recevoir une forme beaucoup plus générale, qui le rattache à des idées dont le rôle a déjà été important dans la Physique.

Nous avons indiqué au § 1 qu'il existe plusieurs transformations qui conservent les équations de Newton. Dans ces équations ne se présente qu'une seule variable indépendante, le temps t. Considérons maintenant une équation telle que

$$\frac{\partial^2 V}{\partial x^2} + \frac{\partial^2 V}{\partial y^2} = 0,$$

où V est une fonction de deux variables indépendantes x et y. On sait que toute transformation où $x + iy$ $(i = \sqrt{-1})$ est une fonction analytique quelconque de $x' \pm iy'$ conserve cette équation et fait apparaître la notion, si féconde dans la Physique, de *fonction conjuguée* (voir Tome IV, Livre II, Chap. III, § 5, pages 551-557). On a alors ce qu'on appelle la *représentation conforme* d'un plan sur un plan.

---

[1] Ce paragraphe a été ajouté à l'édition française par E. et F. Cosserat.

Lord Kelvin, dans une proposition célèbre d'où découle le principe des *images électriques* (voir Tome IV, Livre I, Chap. I, § 10, page 136), a montré qu'en restant dans le domaine réel l'équation

$$\frac{\partial^2 V}{\partial x^2} + \frac{\partial^2 V}{\partial y^2} + \frac{\partial^2 V}{\partial z^2} = 0$$

est conservée, non seulement par une transformation homothétique telle que

$$dx^2 + dy^2 + dz^2 = l^2(dx'^2 + dy'^2 + dz'^2),$$

mais aussi par une inversion ou transformation par rayons vecteurs réciproques telle que

$$dx^2 + dy^2 + dz^2 = \frac{k^4}{r'^4}\,(dx'^2 + dy'^2 + dz'^2).$$

On a dans ce dernier cas

$$\frac{x}{x'} = \frac{y}{y'} = \frac{z}{z'} = \frac{k^2}{x'^2 + y'^2 + z'^2} = \frac{k^2}{r'^2}$$

et $\frac{1}{r'}\,V\,(x,\,y,\,z)$ est une solution de l'équation de Laplace relative aux nouvelles variables $x',\,y',\,z'$. Vito Volterra est d'ailleurs parvenu depuis, par l'introduction de la notion de *fonction de ligne*, à obtenir la *fonction conjuguée* de V, analogue à celle qui se présente dans le cas de deux variables. L'interprétation de cette fonction conjuguée, dans un champ magnétique constant, est la suivante. Le potentiel du champ sur une masse magnétique est une fonction qui vérifie l'équation de Laplace. Si l'on considère le potentiel du champ sur un courant fermé d'intensité *un*, c'est une fonction de ligne, et un calcul très simple montre que cette fonction est précisément conjuguée de V.

P. Appell a aussi étudié dès 1892, au point de vue où nous nous plaçons actuellement, l'équation de la théorie de la conduction de la chaleur (Tome III), que nous prendrons sous la forme simple

$$\frac{\partial^2 V}{\partial x^2} - \frac{\partial V}{\partial t} = 0.$$

Il est évident que l'équation ne change pas de forme par le changement de variables

$$x' = kx + \alpha, \qquad t' = k^2 t + \beta,$$

quelles que soient les constantes k, α, β; si $V\,(x,\,t)$ est une intégrale, il en est donc de même de $V(kx + \alpha,\,k^2 t + \beta)$. Mais il existe aussi, pour cette équation, une transformation analogue à l'inversion, qui est définie par les formules

$$x' = \frac{x}{t}, \qquad t' = -\frac{1}{t}, \qquad V = \frac{V'}{\sqrt{t}}\,e^{-\frac{x^2}{4t}};$$

en faisant le calcul, on trouve que l'équation précédente est remplacée par une équation de même forme $\dfrac{\partial^2 V'}{\partial x'^2} = \dfrac{\partial V'}{\partial t'}$. Par suite, si $V(x, t)$ est une intégrale de l'équation primitive, il en est de même de la fonction

$$\frac{1}{\sqrt{t}}\, e^{-\frac{x^2}{4t}}\, V\left(\frac{x}{t},\, \frac{1}{t}\right).$$

P. APPELL a démontré que toutes les transformations de la forme

$$x' = \varphi(x, t), \qquad t' = \psi(x, t), \qquad V = \lambda(x, t)V',$$

par lesquelles l'équation de la chaleur se change en elle-même, se ramènent à des combinaisons des transformations simples précédentes.

Passons aux équations du champ électromagnétique et prenons-les sous la forme (53) et (54) qui est due à MINKOWSKI. Nous pouvons les mettre sous une nouvelle forme très symétrique en posant

$$2f_{32} = \frac{\partial V_3}{\partial x_2} - \frac{\partial V_2}{\partial x_3}, \qquad 2f_{13} = \frac{\partial V_1}{\partial x_3} - \frac{\partial V_3}{\partial x_1}, \qquad 2f_{21} = \frac{\partial V_2}{\partial x_1} - \frac{\partial V_1}{\partial x_2},$$

$$2f_{41} = \frac{\partial V_4}{\partial x_1} - \frac{\partial V_1}{\partial x_4}, \qquad 2f_{42} = \frac{\partial V_4}{\partial x_2} - \frac{\partial V_2}{\partial x_4}, \qquad 2f_{43} = \frac{\partial V_4}{\partial x_3} - \frac{\partial V_3}{\partial x_4},$$

ce qui est possible d'après le système (54), et le système (53) prend la forme

$$(60) \qquad \begin{cases} \Delta V_1 - \dfrac{\partial \Theta}{\partial x_1} = 2\rho_1, \\[2mm] \Delta V_2 - \dfrac{\partial \Theta}{\partial x_2} = 2\rho_2, \\[2mm] \Delta V_3 - \dfrac{\partial \Theta}{\partial x_3} = 2\rho_3, \\[2mm] \Delta V_4 - \dfrac{\partial \Theta}{\partial x_4} = 2\rho_4, \end{cases}$$

où le signe Δ désigne l'opérateur différentiel

$$\Delta = \frac{\partial^2}{\partial x_1^2} + \frac{\partial^2}{\partial x_2^2} + \frac{\partial^2}{\partial x_3^2} + \frac{\partial^2}{\partial x_4^2}$$

et où

$$\Theta = \frac{\partial V_1}{\partial x_1} + \frac{\partial V_2}{\partial x_2} + \frac{\partial V_3}{\partial x_3} + \frac{\partial V_4}{\partial x_4}.$$

Quand on fait l'hypothèse $\Theta = 0$, le système (60) prend, dans les premiers membres, la forme qui a été considérée par W. VOIGT en 1887, dans son mémoire sur le principe de DOPPLER, et qui l'a conduit pour la première fois à la transformation retrouvée depuis par LORENTZ. Une transformation orthogonale effectuée sur les quatre fonctions V_1, V_2, V_3, V_4 et sur les quatre variables indépendantes x_1, x_2, x_3, x_4 ne change pas, en effet, les premiers membres des équations (60), que Θ soit nul ou non ; on a, dans ce cas,

$$dx_1^2 + dx_2^2 + dx_3^2 + dx_4^2 = dx_1'^2 + dx_2'^2 + dx_3'^2 + dx_4'^2.$$

Mais si l'on ne s'astreint pas à cette dernière relation, qui ne s'impose pas nécessairement au point de vue physique dans le principe de relativité tel que l'ont conçu Lorentz, Einstein et Minkowski, et si l'on regarde x_1', x_2', x_3', x_4' comme des *coordonnées curvilignes*, on voit qu'il peut exister d'autres transformations que celles de W. Voigt et de Lorentz ne changeant pas le système (60). Si, par exemple, $\Theta = 0$, les expressions ΔV_1, ΔV_2, ΔV_3, ΔV_4 peuvent se reproduire, à un facteur près, par l'inversion

$$\frac{x_1}{x_1'} = \frac{x_2}{x_2'} = \frac{x_3}{x_3'} = \frac{x_4}{x_4'} = \frac{k^2}{x_1'^2 + x_2'^2 + x_3'^2 + x_4'^2} = \frac{k^2}{r'^2}.$$

L'espace hypereuclidien à quatre dimensions se trouve rapporté, avec les variables x_1', x_2', x_3', x_4', à un système de coordonnées curvilignes tel que

$$dx_1^2 + dx_2^2 + dx_3^2 + dx_4^2 = \frac{k^4}{r'^4}(dx_1'^2 + dx_2'^2 + dx_3'^2 + dx_4'^2).$$

Nous ferons remarquer que l'hypothèse $\Theta = 0$ de W. Voigt est analogue à celle qu'a faite G. Green pour l'éther envisagé comme un milieu élastique isotrope dans la théorie de la lumière, tandis que le système (60) correspond à l'idée de l'*éther contractile* de Lord Kelvin (voir Tome II). Supposons que Θ satisfasse simplement à la condition

$$\Delta\Theta = 0 ;$$

on pourra, en posant

$$U_1 = V_1 - \frac{1}{2}x_1\Theta, \quad U_2 = V_2 - \frac{1}{2}x_2\Theta, \quad U_3 = V_3 - \frac{1}{2}x_3\Theta, \quad U_4 = V_4 - \frac{1}{2}x_4\Theta,$$

ramener le système (60) à la forme qu'il possède lorsque $\Theta = 0$, et il est aisé de voir que l'inversion sera encore une transformation qui peut se traduire par un principe de relativité.

8. La question des horloges. Conclusion. — Le lecteur quelque peu familier avec la littérature du principe de relativité a probablement remarqué, non sans étonnement, que dans les pages précédentes on n'a rien dit des *horloges* associées aux systèmes S et S', ni de la façon dont elles marchent, quel temps lit sur elles l'un ou l'autre observateur dans des conditions données, etc. Einstein lui-même, dans le premier mémoire fondamental qu'il a publié en 1905, s'est servi d'horloges pour expliquer et illustrer ses propositions et les déductions qu'il en a tirées. Les horloges jouent aussi, dans beaucoup d'autres travaux, un rôle important, en particulier et sans exception dans les très nombreux exposés de vulgarisation du nouveau principe. Cohn (1911) a même construit un appareil très ingénieux avec deux horloges appartenant respectivement pour ainsi dire aux deux systèmes S et S' ; cet appareil permet de faire voir d'un coup d'œil les relations paradoxales qui existent entre les longueurs et les temps dans les systèmes S et S', et de mettre en évidence le fait que la vitesse de la lumière possède, dans toutes les circonstances, la même valeur.

L'auteur d'un Traité est évidemment obligé d'exposer objectivement le contenu de la Science à un instant donné et de reproduire scrupuleusement les idées des divers auteurs. Ses idées personnelles doivent rester à l'arrière-plan. Dans les Tomes précédents et dans celui-ci, nous nous sommes efforcé de satisfaire à cette règle ; mais il y a une limite. Nous sommes, au moins pour le moment, convaincu que l'introduction d'horloges dans l'exposition du principe de relativité ne peut être d'aucune utilité, n'explique rien et ne peut qu'embarrasser l'esprit ou conduire à des méprises ; la notion de l'heure est tout à fait étrangère à la question de relativité. Une horloge est un instrument *physique* ; il existe des horloges à ressort ou à balancier, mais tout corps qui répète périodiquement un mouvement quelconque peut servir d'horloge, par exemple une roue dentée montée sur un axe animé d'un mouvement de rotation uniforme, un électron dont les vibrations produisent des ondes-électromagnétiques de longueur d'onde déterminée. Il me paraît tout à fait impossible de dire comment un tel instrument physique se comportera dans les circonstances envisagées par la théorie de la relativité. On ne peut déterminer *à priori* quelle action exercera sur cet instrument la vitesse relative. Un examen critique préalable de la question de l'heure est nécessaire, mais nous ne voyons pas qu'il en ait été fait un. *En rapprochant les raisonnements qui ont été faits à ce point de vue par les différents auteurs, on rencontre les contradictions les plus évidentes.*

On peut aussi exposer ce qu'il y a d'essentiel dans la théorie de la relativité, sans avoir recours à des illustrations qui exigent la considération de l'heure ; c'est ce que je me suis efforcé de faire dans les pages précédentes.

CONCLUSION. — Le tableau de l'état actuel (1914) de la théorie de la relativité serait incomplet, si nous ne parlions pas, pour finir, du désaccord qui existe entre les physiciens sur la signification de cette théorie et sur la réalité physique de ses conséquences. Beaucoup la regardent comme définitivement établie, comme ne pouvant donner lieu à aucun doute et enfin comme introduite pour toujours dans le trésor de la Science. Mais il existe aussi des savants, et non en petit nombre, qui traitent cette théorie avec scepticisme et même la repoussent absolument, l'envisageant comme un simple jeu d'esprit (ein drolliger Witz). En toute rigueur, quand on ne renonce pas à l'existence de l'éther, on ne peut rester *complètement* d'accord avec la théorie de la relativité.

Il faut attendre de l'avenir la solution des questions en litige et l'explication de la véritable signification *physique* du principe de relativité.

BIBLIOGRAPHIE

—

1. — Le principe de relativité dans la mécanique newtonienne.

FRANK. — *Wien. Ber.*, **148**, p. 373, 1909.

J. R. SCHÜTZ. — *Das Prinzip der absoluten Erhaltung der Energie*, *Gött. Nachr.*, p. 110, 1897.

2. — Milieux de propagation ; l'air et l'éther.

HERTZ. — *W. A.*, **41**, p. 369, 1890 ; *Gesammelte Werke*, **2**, p. 256, 1894.

H. A. LORENTZ. — *Arch. Néerl.*, **25**, p. 363, 1892 ; *Versuch einer Theorie*, etc., Leiden, 1895 ; *Enziklop. d. math. Wiss.*, V$_2$, n° 14, 1903.

FRESNEL. — *Ann. de chim. et phys.*, (2), **9**, p. 56, 1818 ; *Œuvres*, **2**, p. 627.

FIZEAU. — *C. R.*, **33**, p. 349, 1851 ; *Ann. de chim. et phys.*, (3), **57**, p. 385, 1859 ; *Pogg. Ann.*, *Ergbd.*, **3**, p. 457, 1853.

MICHELSON et MORLEY. — *Amer. J. of Sc.*, **31**, p. 377, 1886.

EINSTEIN. — *Ann. d. Phys.*, (4), **17**, p. 891, 1905 ; **18**, p. 639, 1905 ; **23**, p. 371, 1907.

AIRY. — *Proc. R. Soc.*, **20**, p. 35, 1871 ; **21**, p. 121, 1873 ; *Phil. Mag.*, (4), **43**, p. 310, 1872.

3. — Recherches expérimentales. Hypothèses de Fitzgerald et de Lorentz. Temps local de Lorentz.

LAUB. — *Jahrb. d. Radioakt.*, **7**, p. 405, 1910.

BOURSIANE. — *Les nouvelles idées dans la Physique*, rédaction de J. J. BORGMANN, **3**, pp. 1-36, 1912.

FIZEAU. — *Pogg. Ann.*, **114**, p. 554, 1861.

KETTELER. — *Pogg. Ann.*, **144**, 1872.

MASCART. — *Ann. Ecole normale*, 1872, p. 216 ; 1874.

KLINKERFUES. — *Götting. Nachr.*, **8**, p. 226, 1870.

HAGA. — *Phys. Ztschr.*, **3**, p. 191, 1902 ; *Arch. Néerl.*, (2), **6**, p. 765, 1902.

LORD RAYLEIGH. — *Phil. Mag.*, (6), **4**, p. 215, 1902.

BRACE. — *Phil. Mag.*, (6), **10**, p. 591, 1905.

STRASSER. — *Ann. d. Phys.*, (4), **24**, p. 137, 1907.

SMITH. — *Edinb. Proc.*, **24**, p. 225, 1902.

RÖNTGEN. — *W. A.*, **35**, p. 268, 1888.

DES COUDRES. — *W. A.*, **38**, p. 71, 1889.

TROUTON. — *Dubl. Trans.*, (2), **7**, p. 379, 1902.

KŒNIGSBERGER. — *Ber. d. Naturf. Ges. Freiburg i. B.*, **13**, p. 95, 1905.

MICHELSON. — *Amer. J. of Sc.*, **21**, p. 120, 1881 ; *Phil. Mag.*, (6), **8**, p. 716, 1904.

MICHELSON et MORLEY. — *Amer. J. of Sc.*, **34**, p. 333, 1887.

MORLEY et MILLER. — *Phil. Mag.*, (6), **8**, p. 753, 1904 ; **9**, p. 680, 1905.

SUTHERLAND. — *Nature*, **63**, p. 205, 1900.

LODGE. — *Phil. Mag.*, (5), **46**, p. 343, 1898.

LUROTH. — *Ber. d. Bayer. Akad. d. Wiss.*, **7**, 1909.

Kohl. — *Ann. d. Phys.*, (4), **28**, pp. 259, 662, 1909.

Laue — *Ann. d. Phys.*, (4), **33**, p. 156, 1910; *Phys. Zeitschr.* **13**, p. 501, 1912.

Lord Rayleigh. — *Phil. Mag.*, (6), **4**, p. 678, 1902.

Brace. — *Phil. Mag.*, (6), **7**. p. 317, 1904; **10**, p. 71, 1905; Boltzmann, *Festschr.*, p. 576, 1904.

Trouton et Noble. — *Proc. R. Soc.*, **72**, p. 132, 1903.

Trouton et Rankine. — *Proc. R. Soc.*, **8**, p. 420, 1908.

Fitzgerald. — *Trans. R. Soc. Dublin*, (2), **1**, p. 319, 1883; voir Lodge, *Trans. R. Soc. London*, **184**, p. 727, 1893.

H. A. Lorentz. — *Zittingsval. Acad. v. Wet.*, **1**, p. 74, 1892; *Versuch einer Theorie*, etc., 2ᵉ édition, Leipzig, 1906.

4, 5, 6. — Le principe de relativité. Les idées d'Einstein. La théorie de Minkowski.

Einstein. — *Ann. d. Phys.*, (4), **17**, p. 891, 1905; **18**, p. 639, 1905; **20**, p. 627, 1905; **23**, pp. 197, 206, 371, 1907; **26**, p. 532, 1908; **35**, p. 898, 1911; **38**, pp. 355, 443, 1059, 1912; **39**, p. 704, 1912; *Jahrb. d. Radioakt.*, **4**, p. 411, 1907; *Phys. Ztschr.*, **10**, p. 819, 1909; **12**, p. 509, 1911; *Vierteljahrsschr. d. Naturf. Ges. in Zürich.*, **56**, Cah. 1 et 2 (27 nov. 1911).

Einstein et Grossmann. — *Entwurf einer verallgemeinerten Theorie*, etc. Leipzig, Teubner, 1913.

Minkowski. — *Götting. Nachr.*, 1908, p. 53; *Phys. Ztschr.*, 1909, p. 104; réimpression, Teubner, 1909; *Math. Ann.*, **68**, p. 472, 1910.

Minkowski et Born. — *Math. Ann.*, **68**, p. 526, 1910; *Fortschr. d. math. Wiss. in Monograph.*, n° 1, 1910.

H. Poincaré. — *Sur la dynamique de l'électron*, Rend. del Circolo Matem. di Palermo, **21**, 1906.

Planck. — *Acht Vorlesungen über theoret. Phys.*, Leipzig, 1910, p. 110; *Ann. d. Phys.*, (4), **26**, p. 1, 1908; *Phys. Ztschr.*, **11**, p. 294, 1910; *Berl. Ber.*, 1907, p. 542.

Laue. — *Die Wissenschaft*, n° 38. Braunschweig, 1911; 2ᵉ éd., 1913; *Ann. d. Phys.*, (4), **33**, p. 186, 1910; **35**, p. 524, 1911; **38**, p 370, 1912; *Phys. Ztsch.*, **12**, pp. 85, 1008, 1911; **13**, pp. 118, 501, 1912; **14**, p. 210, 1913; *Verh. d. Deutsch, Phys. Ges.*, 1911, p. 513; *Proc. Amsterd.*, **14**, II, p. 825, 1912.

Born. — *Ann. d. Phys.*, (4), **28**, p. 571, 1909; **30**, p. 1, 1909; *Phys. Ztschr.*, **10**, p. 814, 1909; **12**, p. 569, 1911; *Verh. d. Deutsch. Phys. Ges.*, 1910, pp. 457, 730; *Götting. Nachr.*, 1910, p. 161.

Ehrenfest. — *Phys. Ztschr.*, **10**, p. 918. 1909; **11**, p. 1127, 1910; **12**, p. 412, 1911; **13**, p. 317, 1912; *Ann. d. Phys.*, (4), **23**, p. 204, 1907; *Proc. Kon. Akad. van Wet. Amst.* 22 fév. 1913, p. 1187; *Versl. k. Ak. van Wet*, **21**, p. 1234, 1912-13.

Frank. — *Ann. d. Phys.*, (4), **27**, p. 897, 1908; **35**, p. 599, 1911; **39**, p. 693. 1912; *Wien. Ber.*, **118**, p. 373, 1909; *Phys. Ztschr.*, **12**, pp. 1112, 1114, 1911; *Phys. Chem.*, **74**, p. 466, 1910.

Frank et Rothe. — *Wien. Ber.*, **119**, p. 631, 1910; *Ann. d. Phys.*, (4), **34**, p. 825, 1911; *Phys. Ztschr.*, **13**, p. 750, 1912.

Max Abraham. — *Phys. Ztschr.*, **10**, p. 737, 1909; **11**, p. 527, 1910; **12**, pp. 1, 4, 310, 311, 1911; **13**, p. 793, 1912; *Rendic. Circolo Mathem. di Palermo*, **30**. II, p. 29, Janv. 1910; *Ann. d. Phys.*, (4), **38**, p. 1056, 1912; **39**, p. 444, 1912.

v. Ignatowsky. — *Ann. d. Phys.*, (4), **33**, p. 607, 1910; **34**, p. 373, 1911; *Verh. d. Deutsch. Phys. Ges.*, 1910, p. 788; *Phys. Ztschr.*, **11**, p. 972, 1910; **12**, pp. 164, 414, 441, 606, 776, 779, 1911; *Archiv. f. Math. u. Phys.*, (3), **17**, 1911.

SOMMERFELD. — *Phys. Ztschr.*, **8**, p. 841, 1907 ; *Ann. d. Phys.*, (4), **32**, p. 749, 1910 ; **33**, p. 649, 1910.

BUCHERER. — *Phys. Ztschr.*, **7**, p. 553, 1906 ; **9**, p. 755, 1908 ; *Ann. d. Phys.*, (4), **28**, p. 513, 1909 ; **29**, p. 1063, 1909 ; **30**, p. 974, 1909 ; *Verh. d. Deutsch. Phys. Ges*, 1908, p. 688.

HERGLOTZ. — *Phys. Ztschr.*, **10**, p. 997, 1909 ; *Ann. d. Phys.*, (4), **31**, p. 393, 1910 ; **36**, p. 493, 1911.

BESTELMEYER. — *Ann. d. Phys.*, (4), **30**, p. 166, 1909 ; **32**, p. 231, 1910.

WIECHERT. — *Phys. Ztschr.*, **12**, pp. 689, 737, 1911.

GEHRCKE. — *Verh. d. Deutsch. Phys. Ges.*, 1911, pp. 665, 990 ; 1912, p. 294 ; 1913, p. 260 ; *Sitzsungsber. d. Münch. Akad.*, 1912, p. 209.

STEAD et DONALDSON. — *Phil. Mag.*, (6), **20**, p. 92, 1910 ; **21**, p. 319, 1911.

WILSON. — *Phil. Mag.*, (6), **19**, p. 809, 1910.

LEWIS et TOLMAN. — *Phil. Mag.*, (6), **18**, p. 510, 1909.

COMSTOCK. — *Phil. Mag.*, (6), **15**, p. 1, 1908.

CAMPBELL. — *Phil. Mag.*, (6), **21**, pp. 502, 626, 1911 ; *Phys. Ztschr.*, **13**, p. 120, 1912.

TOLMANN. — *Phys. Rev.*, **31**, p. 26, 1910 ; **35**, p. 136, 1912 ; *Phil. Mag.*, (6), **21**, p. 458, 1911 ; **23**, p. 375, 1912 ; **25**, p. 150, 1913.

STEWART. — *Phys. Rev.*, **32**, p. 418, 1911.

CUNNINGHAM. — *Proc. Math. Soc.*, (2), **8**, p. 77, 1910 ; **10**, p. 116, 1911.

HUNTINGTON. — *Phil. Mag.*, (6), **23**, p. 494, 1912.

MAGIE. — *Phys. Rev.*, **34**, p. 125, 1912.

LA ROSA. — *N. Cim.*, (6), **5**, p. 47, 1912 ; *Phys. Ztschr.*, **13**, p. 1130, 1912.

LEMERAY. — *Congrès Rad.*, 1911, p. 246 ; *C. R.*, **152**, p. 1465, 1911 ; **155**, pp. 1005, 1224, 1912 ; *Le Radium*, 1910, p. 232.

H. A. LORENTZ. — *Congrès Rad.*, 1911, p. 264 ; *Versl. K. Ak. Wet.*, **20**, I, p. 87, 1911.

ISHIWARA. — *Proc. Math.-Phys. Soc. Tokio*, (2), **6**, p. 164, 1911 ; *Jahrb. d. Radioakt.*, **9**, p. 560, 1912 ; *Phys. Ztschr.*, **13**, p. 1189, 1912 ; **14**, p. 26, 1913.

KORDISCH. — *Journ. de l'Institut polytechnique de Kieff* (en russe), 1911.

OUMOFF. — *Phys. Ztschr.*, **11**, p. 905, 1910 ; *Journ. de la Soc. russe phys.-chim.*, 1912 ; p. 349.

SCHAPOSCHNIKOFF. — *Journ. de la Soc. russe phys.-chim.*, **44**, pp. 102, 261, 1912 ; *Phys. Ztschr.*, **13**, pp. 212, 403, 1912 ; *Ann. d. Phys.*, (4), **38**, p. 239, 1912.

VORICAK. — *Phys. Ztschr.*, **11**, pp. 287, 586, 1910 ; **12**, p. 169, 1911.

LEVI-CIVITA. — *Ann. d. Phys.*, (4), **32**, p. 236, 1910.

WESTPHAL. — *Verh. d. Deutsch. Phys. Ges.*, 1911, pp. 590, 607, 974.

WASSMUTH. — *Wien. Ber.*, **120**, p. 543, 1911.

LAUB. — *Jahrb. d. Radioakt.*, **7**, p. 405, 1910 ; *Phys. Rev.*, **34**, p. 268, 1912.

GROUZINTSEFF. — *Communications de la Soc. math. de Kharkoff* (en russe), (2), **12**, n° 6, 1911 ; *Rend. Circolo Matem. di Palermo*, **33**, I, 1912.

HEFFTER. — *Vierdimensionale Welt*, Freiburg i. B., 1912.

CARLEBACH. — *Trägheitssatz und Relativität*, Berlin, 1912.]

CARMICHAEL. — *Phys. Rev.*, **35**, p. 153, 1912.

KRAFT. — *Bull. Acad. Krakov.*, 1911, pp. 537, 564, 596 ; 1912, pp. 385, 952.

E. BOREL. — *C. R.*, **156**, p. 215, 1913 ; **157**, p. 703, 1913 ; *Introduction géométrique à quelques théories physiques*, Paris, 1914.

PETZOLD. — *Verh. d. Deutsch. Phys. Ges.*, 1912, p. 1055.

WISNIEWSKI. — *Ann. d. Phys.*, (4), **40**, p. 387, 1913.

Silberstein. — *Phil. Mag.*, (6), **25**, p. 150, 1913.

Swinne. — *Phys. Ztschr.*, **14**, p. 145, 1913.

Carmichael. — *Phys. Rev.*, (2), **1**, p. 161, 179, 1913.

H. A. Lorentz, A. Einstein, H. Minkowski. — *Eine Sammlung von Abhandlungen, mit Anmerkungen von A. Sommerfeld und Vorwort von O. Blumenthal, Fortschritte der Math. Wissenchaften*, Heft 2, Leipzig et Berlin, B. G. Teubner, 1913.

V. Volterra. — *Sur quelques progrès récents de la physique mathématique.* Lectures of Clark University, 1912.

Cailler. — *Arch. sc. phys. et natur.* (4) **35**, p. 109, 1913.

Nordstroem. — *Annal. d. Phys.* (4) **40**, p. 856, 1913 ; **42**, p. 533, 1913.

Swann. — *Phil. Mag.* (6) **23**, pp. 64. 86, 1912.

P. Langevin. — *Journ. de Phys.* (5) **3**, p. 553, 1913.

Livens. — *Phil. Mag.* (6) **26**, p. 362, 1913.|

Alfred A. Robb. — *Opt. Geometry of motion*, Cambridge, 1911.

Max. B. Weinstein. — *Die Physik der bewegten Materie und die Relativitaetstheorie*, Leipzig, Barth, 1913.

Grammel. — *Annal. d. Phys.* (4) **41**, p. 570, 1913.

Kottler. — *Wien. Ber.* **121**, p. 1659, 1912.

Schottky. — *Relativitheoret. Energetik und Dynamik*, Berl. Diss. 1912.

Mc Laren. — *Phil. Mag.* (6) **26**, p. 636, 1913.

7. — Les idées relativistes au point de vue mathématique.

V. Volterra. — *Leçons professées à Stockholm en 1906 sur l'intégration des équations aux dérivées partieiles*, Paris, Hermann, 1912.

P. Appell. — *Journ. de Math.*. (4) **8**, 1892, p. 187.

TRAITÉ COMPLET D'ANALYSE CHIMIQUE
APPLIQUÉE AUX ESSAIS INDUSTRIELS
PAR

J. POST	**B. NEUMANN**
Professeur honoraire	Professeur à la Technische
à l'Université de Gœttingue	Hochschule de Darmstadt

Avec la collaboration de nombreux chimistes et spécialistes. Deuxième édition française *entièrement refondue*, traduite d'après la troisième édition allemande et augmentée de nombreuses additions par G. Chenu, M. Pellet et L. Gautier. La deuxième édition française, entièrement refondue, du **Traité d'analyse chimique appliquée aux essais industriels** de J. Post et B. Neumann comprend trois volumes grand in-8° d'environ 1.000 pages chacun, avec de nombreuses figures ; elle est publiée en neuf fascicules se vendant séparément et renfermant, autant que possible, un groupe d'industries ayant entre elles certaines analogies.

Prix de l'ouvrage complet en trois volumes formant environ 3 000 pages avec nombreuses figures . . . . 100 fr. »»
Index Général . . . . 0 fr. 50

CHWOLSON (O. D.)
Professeur à l'Université Impériale de Saint-Pétersbourg

TRAITÉ DE PHYSIQUE

Ouvrage traduit sur les éditions russse et allemande par Ed. Davaux, Ingénieur de la Marine, avec notes de MM. Eug. et F. Cosserat. Cinq fort volumes grand in-8°, avec nombreuses figures, se vendant séparément. Les fascicules se vendent séparément :

Tome I. — 1er volume. — Introduction, Mécanique, Méthodes et Instruments de mesure. Un volume de 530 pages, avec 219 figures. 1912. (*Seconde édition refondue*) . . . . 17 fr.

Tome I. — 2e fascicule. — L'état gazeux des corps, avec 60 figures dans le texte 1906 . . . . 6 fr.

Tome I. — 3e fascicule. — L'état liquide et l'état solide des corps, avec 136 figures dans le texte. 1907 . . . . 12 fr.

Tome I. — 4e fascicule. — Acoustique, avec 87 figures dans le texte . . . 8 fr.

Tome II. — 1er fascicule. — Emission et absorption de l'énergie rayonnante. Vitesse de propagation. Réflexion et réfraction. Un vol. de 202 pages avec 105 fig. 6 fr.

Tome II. — 2e fascicule. — L'indice de réfraction. Dispersion et transformation de l'énergie rayonnante, avec 157 figures dans le texte . . . . 10 fr.

Tome II. — 3e fascicule. — Photométrie. Instruments d'optique. Interférence de la lumière. Notions d'optique physiologique, avec 150 figures et 3 épreuves stéréoscopiques . . . . 9 fr.

Tome II. — 4e fascicule. — Diffraction. Double réfraction et polarisation de la lumière, avec 182 figures dans le texte . . . . 17 fr.

Tome III. — 1er fascicule. — Thermométrie. Capacité calorifique. Thermochimie. Conductibilité calorifique, avec 126 figures, 408 pages. 1909 . . . . 13 fr.

Tome III. — 2e fascicule. — Thermodynamique générale. Fusion. Vaporisation, 335 pages et 206 figures. 1910 . . . . 11 fr.

Tome III. — 3e fascicule. — Propriétés des Vapeurs. Equilibre des substances en contact, avec 93 figures. 1912 . . . . 9 fr.

Tome IV. — L'énergie électrique. Fascicule I. — Champ électrique constant, 440 pages et 165 figures. 1911 . . . . 12 fr.

Tome IV. — L'énergie électrique. Fasc. II. — Champ magnétique constant. 1913. 22 fr.

Tome V et dernier. — Fascicule I. — Champ magnétique variable. 1914 . . 9 fr.

Extrait du Catalogue des publications de la Librairie Scientifique

A. HERMANN ET FILS

(Tél. : Gobelins 14-19)

FABRY (E). — Problèmes d'Analyse Mathématiques. 1912. gr. in-8°   12 fr. »»
FABRY (E.). — Démonstration du théorème de Fermat. 1913.   1 fr. 50
GOURSAT (E.). — Leçons sur l'intégration des équations aux dérivées partielles du second ordre. 2 volumes grand in-8°, 1896-98 . . . . 18 fr. »»
TANNERY (J.). — Introduction à la Théorie des fonctions d'une variable. 2º édition en 2 volumes. Tome Ier, 1904 . . . . 14 fr. »»
Tome II, 1911, avec note de J. HADAMARD . . . . 15 fr. »»
MACH (E). — La Mécanique. Exposé historique et critique de son développement. Trad. sur la 4e édition par ED. BERTRAND, avec introduction de EM. PICARD, 500 pages avec fig. et portrait, 1904 . . . . 15 fr. »»
ROUSE BALL (W.). — Histoire des mathématiques. Traduction FREUND. 2 volumes grand in-8°, 1906-1908 . . . . 20 fr. »»
ROUSE BALL. — Récréations mathématiques. 2e édit. 3 vol. . . 15 fr. »»
FABRY (E.). — Traité de Mathématiques générales, avec préface de M. DARBOUX, 1912 . . . . 9 fr. »»
BJERKNES (Traduction HOUEL). — Niels-Henrik Abel. Grand in-8°, 380 pages avec portrait . . . . 6 fr. »»
DUHEM (P.). — Les origines de la statique, 2 vol. . . . . . . 20 fr. »»
DUHEM (P.). — Etudes sur Léonard de Vinci. 3 vol. . . . . . 47 fr. »»
GOURSAT (E.). — Leçons sur l'intégration des équations aux dérivées partielles du premier ordre. . . . . 14 fr. »»
KLEIN (F.). — Leçons sur les Mathématiques . . . . 6 fr. »»
LEGENDRE (A. M.). — Théorie des Nombres. Nouvelle édit. 2 vol.   40 fr. »»
TANNENBERG. — Leçons sur les applications géométriques du calcul infinitésimal . . . . 6 fr. »»
FABRY (E.). — Problèmes et Exercices de Mathématiques générales, 2e éd. 1913 . . . . 10 fr. »»
ANDOYER (H.). — Cours d'Astronomie. 2 vol. 1909-1910 . . . . 22 fr. »»
HADAMARD (J.). — Leçons sur le calcul des variations. T. Ier, 1911.   18 fr »»
SOMMER. — Introduction à la Théorie des nombres algébriques. 1911 . . . . 15 fr. »»
BURALI-FORTI et MARCOLONGO. — Calcul vectoriel et applications. 1911 . . . . 8 fr. »»
HEYWOOD et FRÉCHET. — L'équation de Fredholm et ses applications à la physique mathématique, 1912 . . . . 5 fr »»
LALESCO. — Introduction à la Théorie des Equations intégrales 1912 . . . . 4 fr. »»
FABRY (E.). — Théorie des Séries à termes constants. Applications aux calculs numériques, 1912 . . . . 6 fr 50
BOREL (E.). — Eléments de la Théorie des probabilités. 2e éd. 1910   6 fr. »»
POINCARÉ (H.). — Leçons sur les hypothèses cosmogoniques. 2e édition, 1913 . . . . 12 fr. »»
SVANTE ARRHÉNIUS. — Conférences sur quelques Thèmes choisis de la Chimie physique, 1912 . . . . 3 fr. »»
DARBOUX (G.). — Eloges académiques et Discours, 1912. In-12 de 528 pages avec portrait . . . . 5 fr »»
GUICHARD (C.) — Problèmes de Mécanique et Cours de Cinématique. 1913. . . . . 6 fr. »»
CAHEN (E.) — Théorie des Nombres. Tome Premier. Le premier degré 1913 . . . . 14 fr. »»
BURALI-FORTI et MARCOLONGO. — Analyse vectorielle générale. — I. Transformations linéaires, 1912. . . . . 6 fr. 75
PERRY (J.). trad. DAVAUX. — Mécanique appliquée. Tome Ier. L'Energie mécanique (avec 205 fig.), 1913 . . . . 10 fr. »»
HILBERT (D.). — Théorie des corps de nombres algébriques. Trad. GOT et LÉVY, 1913 . . . . 25 fr. »»
DELASSUS (E.) — Leçons sur la dynamique des systèmes matériels, 1913 . . . . 14 fr. »»

SAINT-AMAND (CHER). — IMPRIMERIE BUSSIÈRE

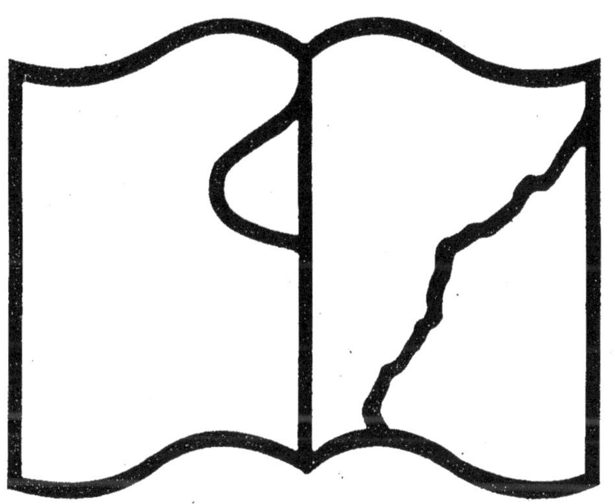

Texte détérioré — reliure défectueuse

NF Z 43-120-11